信息技术与应用

主　编　谢志英　李　婷　谢方方　李　艳
主　审　李雄伟

北京航空航天大学出版社

内 容 简 介

本书共分为六个专题,分别是信息技术基础、操作系统、网络技术、多媒体技术、算法与程序、办公软件应用,包含二十五项任务。为便于读者更好地学习,本书在讲解中提供"小贴士"栏目补充知识,在专题结尾安排有练习题,方便读者对所学知识进行练习和巩固。本书与《信息技术与应用实验教程》配套使用,为读者上机实践提供全面有效的实验指导。

本书适合作为普通高等学校、高职高专院校信息基础课程和计算机基础课程的教材或参考书,也可作为零基础读者自学计算机基础知识的参考书。

图书在版编目(CIP)数据

信息技术与应用 / 谢志英等主编. -- 北京 : 北京
航空航天大学出版社,2022.9
ISBN 978 - 7 - 5124 - 3895 - 8

Ⅰ. ①信… Ⅱ. ①谢… Ⅲ. ①电子计算机-高等学校
-教材 Ⅳ. ①TP3

中国版本图书馆 CIP 数据核字(2022)第 176448 号

信息技术与应用

主　编　谢志英　李　婷　谢方方　李　艳
主　审　李雄伟
策划编辑　刘　扬　　责任编辑　刘　扬

*

北京航空航天大学出版社出版发行

北京市海淀区学院路 37 号(邮编 100191)　http://www.buaapress.com.cn
发行部电话:(010)82317024　传真:(010)82328026
读者信箱: qdpress@buaacm.com.cn　邮购电话:(010)82316936
涿州市新华印刷有限公司印装　各地书店经销

*

开本:710×1 000　1/16　印张:28.75　字数:613 千字
2022 年 12 月第 1 版　2022 年 12 月第 1 次印刷
ISBN 978 - 7 - 5124 - 3895 - 8　定价:89.00 元

前　言

进入 21 世纪以来,以计算机技术、通信技术等为核心的信息技术逐渐渗透到人们工作和生活的方方面面。计算、软件、算法、程序、互联网、多媒体等计算机术语已经泛化到人类的各个知识领域,上升为一种普遍的科学概念。同时,计算机早已不再只是科研人员专用的计算工具,而是人们工作、生活不可或缺的组成部分。在这个令人眼花缭乱、快节奏的信息时代,计算机正在成为每个人的必需品,并随着网络的发展拓展着人们的心灵空间。计算机基础教育从 20 世纪 70 年代开始萌芽,虽然只有四十多年的时间,但它却得以蓬勃发展,并逐步进入更加科学和规范的发展时期。然而,随着计算机教育在中小学阶段的普及发展,大学计算机教学的定位以及内容的选取等问题一直难以把握。鉴于此,教材编写组本着紧贴信息时代的新理论、新技术的原则,注重课程内容模块之间的紧密衔接,力求为学生后续信息课程的学习奠定坚实的基础。

本教材具有以下三个特点:

① 在编写理念上,它以激发学习兴趣为出发点,兼顾学生科学修养和信息素养的提高,培养学生利用计算机分析问题、解决问题的能力,并纠正普遍存在的"工具论"的狭隘思想,发掘计算机的科学内涵,以促进学科之间的交叉融合。

② 在内容组织上,它以"专题式任务驱动"为内容框架,包括六大专题、二十五项任务。它既包含计算机的基础知识、基本理论和原理,也包括用计算机解决现实问题的基本思想和方法,突出理论联系实际。

③ 在写作手法上,它以思维导图为纲,提炼知识点,生成知识架构;以一个个任务实例为出发点,围绕具体应用,切实提高学生计算机综合应用能力。它力求言简意赅、通俗易懂,便于学生课前预习与课后复习,从而使该教材切实成为师生得心应手的工具。

本教材的作者都是从事计算机教学多年、具有较为丰富教学经验的一线教师,从而较好地保证了教材的编写质量和内容的完整性。全书共分六个专题:专题一信息技术基础由王寅龙、崔静编写;专题二操作系统由谢方方编写;专题三网络技术由李玺编写;专题四多媒体技术由李婷编写;专题五算法与程序由李艳编写;专题六办公软件应用由谢志英、张英编写。全书由李雄伟主审。由于教材编写组成员的能力、水平及视野有限,本教材的错误、疏漏之处在所难免,衷心希望广大读者予以批评指正。

编写组
2022 年 4 月

目　　录

专题一　信息技术基础

　　从古至今，信息技术不仅在世界范围内深刻地影响着经济结构与经济效率，而且作为先进生产力的代表，对社会文化和精神文明产生着深刻的影响。可以说，信息技术促进着人类文明的进步。现代信息技术是指在计算机和通信技术支持下产生、收集、交换、存储、传输、显示、识别、提取、控制、加工和利用文字、数值、图像、声音等信息所采用的各种技术的总称。本专题从信息和信息技术的基本概念出发，介绍影响信息技术的计算工具发展史；从数字和文字的诞生开始，揭秘计算机的编码原理，解码现代计算机的内部结构；通过人工智能、虚拟现实、云计算、大数据、区块链等前沿技术，窥探信息技术未来的发展和应用趋势。

信息
信息技术
手动时代
机械时代
机电时代
电子时代

认识信息及计算工具

数字和文字编码
数制及数制转换
计算机中数的表示
常用编码方式

揭秘计算机编码

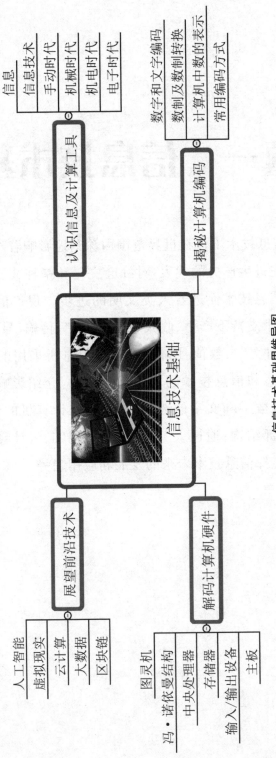

信息技术基础

展望前沿技术

人工智能
虚拟现实
云计算
大数据
区块链

解码计算机硬件

图灵机
冯·诺依曼结构
中央处理器
存储器
输入/输出设备
主板

信息技术基础思维导图

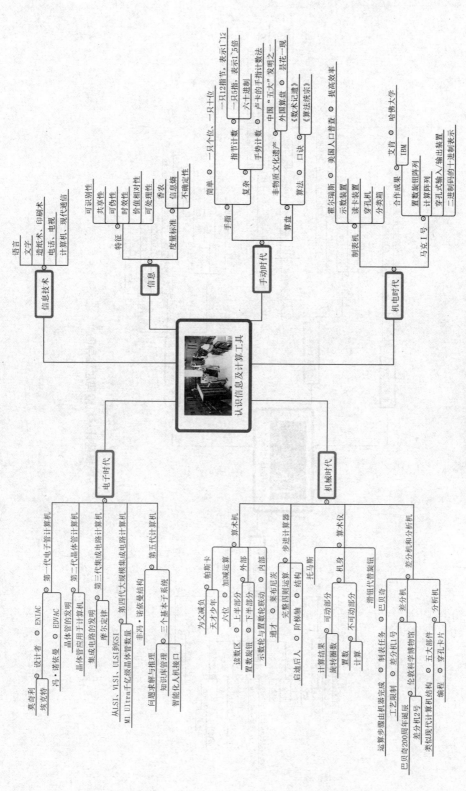

认识信息及计算工具思维导图

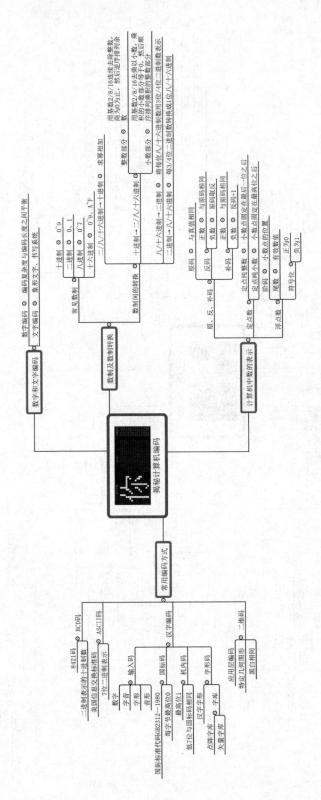

揭秘计算机编码思维导图

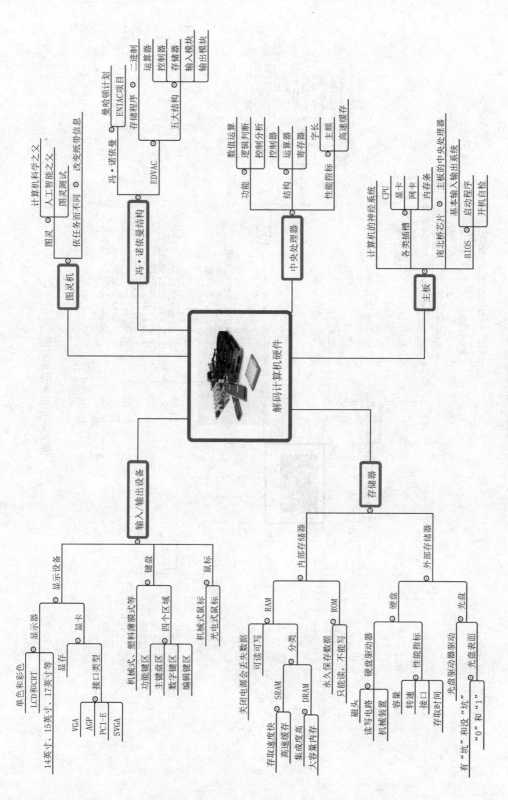

解码计算机硬件思维导图

展望前沿技术思维导图

展望前沿技术

人工智能

- 发展历程
  - 诞生（20世纪40~50年代）○ 达特茅斯会议
  - 黄金时代（20世纪50~70年代）○ 移动机器人Shakey / 聊天机器人ELIZA / 计算机鼠标
  - 低谷（20世纪70~80年代）○ 计算机内存和处理速度有限 / 不足以解决任何实际的人工智能问题
  - 繁荣期（1980~1987年）○ 《大百科全书》Cyc项目 / 首个3D打印机 / 专家系统的局限性
  - 冬天（1987~1993年）○ 人工智能技术暂时成功
  - 春天（1993年至今）○ 沃森 / Spaun / Tensor Flow / AlphaGo
- 应用领域
  - 机器人
  - 智能语音
  - 图像识别
  - 专家系统

虚拟现实

- 发展历程
  - 模拟酝酿 ○ 机械飞行模拟器 / 全通道体验显示系统 / 单人用固定立体电视镜设备 / 头盔式显示器
  - 系统化阶段 ○ 虚拟世界视觉显示器 / 多传感个人仿真系统设备 / 三维可视系统 / 提出"虚拟现实"的概念
  - 高速发展 ○ VCASS飞行系统仿真器 / 第一场虚拟现实技术博览会 / 第一个虚拟现实球网 / 虚拟波音777飞机
- 应用领域
  - 医疗
  - 教育
  - 军事训练

大数据

- 发展历程
  - 萌芽起步 ○ 阿尔文·托夫勒的《第三次浪潮》/ 生物识别数据库
  - 广泛关注 ○ 《数据，无所不在的数据》/ "十二五"规划 / 《大数据时代，大数据》
  - 快速发展 ○ 《大数据的研究和发展计划》/ 《大数据的发展——挑战与机遇》/ 促进大数据发展行动纲要
  - 爆发增长 ○ 国家大数据安全标准化白皮书 / 《大数据地方政府数据开放"中国报告"》/ 《2017中国地方政府数据开放平台报告》/ 中国大数据综合试验区 / 《关于加快建设"中国数谷"的实施意见》
- 应用领域
  - 金融
  - 电力
  - 物流
  - 交通

云计算

- 发展历程
  - 概念探索 ○ 亚马逊的云计算平台 / IBM的"蓝云"计划 / VMware的云操作系统 / Chrome OS操作系统
  - 技术落地 ○ 广泛的网络访问 / 资源池化 / 快速弹性 / 计费弹性 / 五大基本特征 / 三层服务架构平台 / IaaS / PaaS / SaaS / 四大部署模型 / 公有云 / 私有云 / 社区云 / 混合云
  - 应用繁荣 ○ 云计算带来重点产业 / 新兴经济体成为领先军 / 云平台软件领域成长
- 应用领域
  - 教育云
  - 医疗云
  - 交通云

区块链

- 发展历程
  - 萌芽 ○ 《货币的非国家化》/ 《密码学的新方向》/ 拜占庭将军问题 / 密码学支付系统Cash / SHA-2系列算法
  - 1.0 ○ 中本聪 / 比特币 / 区块链 / 第二代可编程区块链 / 中国人民银行探索发行数字货币 / 使每个个人的永久数字记录所需成为可能
  - 2.0 ○ 数字货币 / 以太坊 / 数字货币的构想
- 应用领域
  - 金融
  - 供应链管理
  - 防伪溯源
  - 医疗
  - 身份验证
  - 融合应用

任务一　认识信息及计算工具

【任务描述】

通过信息的概念、特征和度量标准认识信息；经由信息技术的概念和发展历程认识信息技术；沿着人类文明的发展脉络，了解计算工具的演进历程，认识各时期的代表性计算工具。

【任务内容与目标】

内　容	1. 信息； 2. 信息技术； 3. 手动时代的计算工具； 4. 机械时代的计算工具； 5. 机电时代的计算工具； 6. 电子时代的计算工具
目　标	1. 了解信息及其度量方式； 2. 了解信息技术和计算工具； 3. 掌握计算工具的本质

【知识点 1】信　息

1. 基本概念

美国信息管理专家福雷斯特·伍迪·霍顿给信息下的定义是：信息是为了满足用户决策的需要而经过加工处理的数据。简单地说，信息是经过加工处理的数据。换一种说法，信息是对人有用的数据。数据是对未经组织的事实、概念或指令的一种特殊表达形式，这种特殊的表达形式可以用人工的方式或者用自动化的装置进行通信、翻译转换或者进行加工处理。数据与信息的区别在于数据仅涉及事物的表示形式，而信息则涉及这些数据的内容和解释，是一种有意义的数据。

值得注意的是，消息、信号、情报和知识等都是与信息比较相近的概念，人们有时甚至把它们当成一回事，但实际上它们是有区别的：

① 消息是信息的外壳，信息是消息的内核。

② 信息是事物运动的状态和方式，信号是用来载荷信息的物理载体。

③ 情报是一类特殊的信息,是信息集合的一个子集。任何情报都是信息,但并非所有信息都是情报。

④ 知识是信息加工的产物,是一种高级形式的信息。任何知识都是信息,但并非任何信息都是知识。

2. 基本特征

信息有其固有的本质属性。从总体上看,信息主要具有可识别性、共享性、可伪性、时效性、价值相对性以及可处理性等特征。

(1)信息的可识别性

只要是信息,都可以通过某种媒介、以某种方式被人类所感知。人类进而可掌握信息所反映的客观事物的运动状态和方式,这就是信息的可识别性。

(2)信息的共享性

信息可以被无限制地复制、传播或分配给众多用户,并能在这个过程中保持低损耗甚至无损耗,这就是信息的共享性。信息的共享性突出表现在两个方面:一是信息脱离所反映的事物而独立地存在并附于其他载体,而载体在空间上的位移,使信息能够在不同空间和不同对象之间进行传递;二是信息不像水、石油、货币这些物质遵循守恒原则(即总量固定,与他人共享必然带来损耗,甚至丧失),它可以被无限复制、广泛传递。

(3)信息的可伪性

信息能够被人类主观地加工、改造,进而产生畸变;同时,一定的方式和手段也可使人类对信息产生失真甚至错误的理解、认识,这就是信息的可伪性。例如:1944年,盟军在诺曼底登陆之前成功地进行了信息欺骗和信息封锁,导致德军对盟军登陆地点的判断失误。

(4)信息的时效性

信息的价值会随时间的推移而改变,这就是信息的时效性。

(5)信息的价值相对性

所谓信息的价值相对性,是指同样的信息对于不同的人具有不同的价值。这是由于信息的价值与信息接受者的观察能力、想象能力、思维能力、注意力和记忆力等智力因素密切相关,同时也依赖其知识结构和知识水平。正如威廉·莎士比亚所言:"一千个观众眼中有一千个哈姆雷特"。

(6)信息的可处理性

信息可以被编辑、压缩、存储及有序化。例如:学生的姓名、电话、住址、年龄、所在院校等信息经过处理可以被有序存储在 Excel 表格中。信息处理的本质是数据处理,信息处理的目标是获取有用的信息。

3. 度量标准

信息的大小可用信息量表示,它与信息的不确定性有关,大家都知道的事情没有什么信息量。在克劳德·艾尔伍德·香农之前,人们并不认为信息还能像质量、体积、电流一样可以用某种单位进行衡量,而是绞尽脑汁地从信息的内容出发,通过对比重要性,度量信息。但是香农却说,对于一条信息,重要的是找出其中有多少信息量,也就是对信息进行量化的度量。香农将信息的量化度量和不确定性联系起来,并给出基本单位——比特(bit)。如果一个黑盒子中有 A 和 B 两种可能性,它们出现的概率相同,那么要搞清楚黑盒子中到底是 A 还是 B,所需要的信息量就是 1 bit。这个充满不确定性的黑盒子叫作信息源,这种不确定性叫作信息熵。如果要搞清楚黑盒子里是怎么一回事,所需要的信息量就等于黑盒子的信息熵。

既然知道信息是可度量的,那么针对当今信息过载的问题,就可以由此做出明智的判断。比如判断一篇报道到底有多少信息量,不是看它对不对,而是看它消除了多少不确定性。如果它描述的大部分事情大家都知道,那么它的信息量就很少。

从古至今,信息的形式不断演变,其最终的目的是便于传播,从一个地方传到另一个地方,从古代传到今天,从今天传到未来,因此伴随而生了各种信息技术。

【知识点 2】信息技术

1. 基本概念

一般认为,所谓信息技术就是人类开发和利用信息资源的所有手段和方法的总和,主要包括信息的产生、获取、变换、传递、存储、处理、显示、识别、提取、控制和使用技术等。因此,信息技术是研究信息的产生、获取、变换、传输、存储和利用的工程技术,又称信息工程。在本质上,信息技术就是扩展人的信息器官功能的一类技术。在现代社会,由于科学技术的发展,信息技术达到了高级阶段,并且促进和推动了人类社会的发展。信息技术已经成为人类交流感情与消息、处理各种数据以及了解、检测、反映客观世界的有力工具。

信息技术按表现形态的不同,可分为硬技术(物化技术)与软技术(非物化技术)。硬技术指各种信息设备及其功能,如显微镜、电话机、通信卫星、多媒体计算机。软技术指有关信息获取与处理的各种知识、方法与技能,如语言文字技术、数据统计分析技术、规划决策技术、计算机软件技术等。按工作流程中基本环节的不同,信息技术可分为信息获取技术、信息传递技术、信息存储技术、信息加工技术及信息标准化技术。按技术的功能层次不同,可将信息技术体系分为基础层次的信息技术(如新材料技术、新能源技术)、支撑层次的信息技术(如机械技术、电子技术、激光技术、生物技术、空间技术等)、主体层次的信息技术(如感测技术、通信技术、计算机技术、控制技术)、应用层次的信息技术(如各种自动化、智能化、信息化应用软件与设备)。

2. 发展历程

人类自生命诞生以来就离不开信息的交流,从语言、文字到造纸术、印刷术,再到电报、电话,一直到人工智能、大数据、区块链等,人类的信息技术在不断变革。纵观信息技术的发展历史,共经历了 5 次革命。

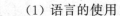

（1）语言的使用

人类语言的起源是一个具有高度争议性的话题，有神授说、人创说以及劳动创造说等。由原始人向现代人进化的过程中，语言发挥了重要的作用，而同时人类的进化（如脑容量的增加、发音器官的改善），也成为现代语言出现的有利条件，推动了原始语言向现代语言的演变。语言是人类最伟大的发明，它不仅为最初的人类交流提供了便利，更扩大了大脑对信息的记忆量，便于人类把信息提炼成知识，从而利用知识支配环境。

（2）文字的创造

人类的语言进化多年后，将其记录下来的文字才出现。文字的出现也标志着人类文明的开始。有了文字，人类可以超越时间和地域的局限保存和传播信息，从而使信息可以广泛流传。

（3）造纸术、印刷术的发明

在造纸术被发明之前，文字的载体是竹简、丝帛、甲骨、青铜器皿等，均笨重且价格昂贵，不利于文化的传播。纸的发明是人类文字载体的一次革命，它改善了信息的存储方式，增加了信息的存储容量，扩大了信息的交流渠道。但是，直到印刷术的出现，信息的传播才不再依赖手抄书籍的方式。随着印刷技术的逐步改进，印刷速度也大幅提高，可以印出成千上万册书籍，大大提高了信息的传播速度和传播效率。

（4）电报、电话、电视的发明

电发明后，人类就进入了电气化时代。1837 年，美国人萨缪尔·芬利·布里斯·摩尔斯造出第一台电报机；1860 年，意大利人安东尼奥·梅乌奇发明了电话；20 世纪 20 年代电视机被发明。电报、电话、电视等信息长途传播方式的出现，从根本上改变了人类的通信方式和获取信息的方式，距离不再是人们交流的障碍。

（5）计算机和现代通信技术的应用

随着计算机应用越来越普及，无线通信和卫星通信网络越来越发达，计算机与现代通信技术的结合越来越紧密，从而使得信息的传递更加快捷、有效。

从语言的使用到文字的创造，从印刷术的发明到电报、电话、电视的普及应用，再到现在的电子计算机与通信技术的有机结合，信息技术发展迅猛。信息技术也给人们的生活带来许多便利。例如：在贸易中，计算机互联网的产生与普及，使得全球经济一体化，货物、技术、服务等各种信息都在全球范围内流动；在教育中，随着信息技术的发展，多媒体教学正在走向普及，教育方式个性化、远程化；在生活中，信息技术使人们的生活便捷化，如居家上班、网上购物、远程医疗、网上交友等。

信息技术的巨大进步是人类在科学上取得的最具有历史意义的成就之一。虽然人类文明将越来越多地通过信息技术被创造和发展，但是信息技术在给人类带来许多好处的同时，也将带来一些负面影响。人类必须正确利用信息技术，创造更加美好的未来。

那么，今后信息技术的发展趋势又会是怎样的呢？随着微电子与光电子向着高

效能方向发展,现代通信技术向着网络化、数字化、宽带化方向发展,信息技术的发展呈现出以下趋势:

① 高速大容量:速度和容量是紧密联系的,随着要传递和处理的信息量越来越大,高速大容量是必然趋势。因此,从器件到系统,从处理、存储到传递,从传输到交换无不向着高速大容量地要求发展。

② 综合集成:社会对信息的多方面需求,要求信息业提供更丰富的产品和服务。因此,采集、处理、存储与传递的结合,信息生产与信息使用的结合,各种媒体的结合,各种业务的综合都体现了综合集成的要求。

③ 网络化:通信本身就是网络,其广度和深度都在不断发展,计算机系统本身也越来越网络化。各个使用终端或使用者都被组织到统一的网络中,国际电信联盟的口号"一个世界,一个网络"虽然过于绝对,但其方向是正确的。

总之,人类将全面进入信息时代。信息产业无疑将成为未来全球经济中最宏大、最具活力的产业。信息将成为知识经济社会中最重要的资源和竞争要素。信息技术也必将适应于现代社会的需求,变得更加灵活,更好地融合于现代社会,更好地满足人们的生活。

【知识点 3】手动时代的计算工具

1. 手　指

在文明萌芽之前,人类的祖先还没有数的概念。然而,人类终究要与数,甚至较大的数打交道,比如打到多少猎物、部落有多少人口等简单的统计问题。祖先们开始用身体上的各个部位实现计数,其中手指的应用最广、流传最久。

相对简单的手指计数通常用一只手指示个位,另一只手指示十位,可以直白地表示出 1~99。进一步,可以用手指的关节表示更大的数。一种理论认为,古巴伦人用一只手的 12 个指节表示 1~12,另一只手的五指表示 12 的 1~5 倍,从而可以表示 1~60,这正对应着楔形文字中六十进制的记载,如图 1-1 所示。

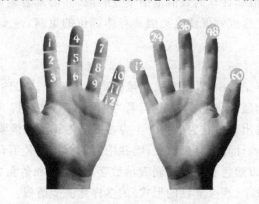

图 1-1　六十进制手指计数

手指的弯曲、指关节的方向所形成的各种手势可用来表示再大一些的数。比较典型的例子是 1494 年，由意大利数学家卢卡·帕乔利整理的一套手指计数法。其中，左侧两列为左手手势，表示 1～90；右侧两列为右手手势，表示 100～9 000；左右动作相对称，如图 1-2 所示。

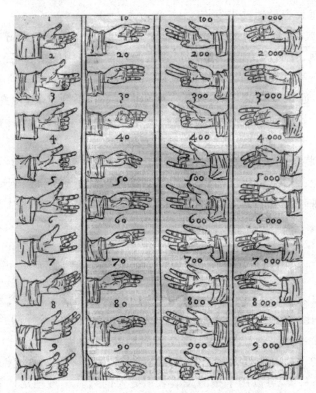

图 1-2 意大利数学家卢卡·帕乔利的手指计数法

手算虽然方便，但能计算的数值范围毕竟有限，还需配合复杂的心算口诀，实际用起来存在局限性。这也就促使人类摆脱身体部位的束缚，一步步朝着更先进的计算工具迈进。

2. 算 盘

在诸多古老计算工具中，算盘是人们最为熟悉的一种。2013 年 12 月 4 日，珠算正式被列入人类非物质文化遗产名录，号称"中国的五大发明"，中国算盘如图 1-3 所示。其他国家也曾出现过算盘（图 1-4 为古罗马沟算盘和俄罗斯算盘），但都是昙花一现，很快就被其他计算工具所取代，唯独中国的算盘经久不衰。我国的算盘经历了以位置表示数字、以颜色和位置共同表示数字、以颜色和数量共同表示数字、以位置和数量共同表示数字（现今算盘的形式）的多样化演变历程。

算盘的用法十分简单，将相应数目的算珠推向横梁表示加上相应数字、推离横梁则表示减去相应数字。算盘的算法从算筹继承而来，从最早的《数术记遗》到经典的

图 1-3　中国算盘

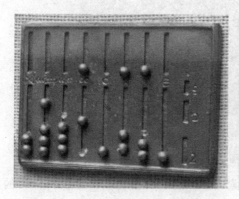

图 1-4　古罗马沟算盘和俄罗斯算盘

《算法统宗》,口诀数不胜数。规则虽然简单,但要用得熟练、能够掌握各种复杂的口诀、算法却并不容易。然而,即使在今天,算盘的速度也不比机械计算机甚至电子计算机的速度慢,熟练的算盘手能敲出"无影手"的感觉。中华人民共和国成立后,在"两弹一星"那段艰苦卓绝的岁月里,机械计算机最为流行,而我国的科研条件不足,机械计算机不够用,伟大的科学家们就用算盘"打"出了原子弹爆炸时中心压力的准确数据。

　　算盘作为一种计算工具,配合口诀、算法,能够计算很大的数据,解决了双手计数的局限性,但它依然需要人类的大脑记住算法,并能熟练运用。如何让机器记住这些口诀、算法,解放人类的大脑,成为人类不断发明和改进计算工具的动力。

【知识点 4】机械时代的计算工具

　　手动时代的计算工具要么是自然界现成的,要么是简单制作而成的,原理都十分简单。许多经典的计算工具之所以强大,是因为它们依托了强大的算法,工具本身并不复杂,比如算盘。因此,手动时代人们在做计算时,除了动手,还要动脑,甚至动口(念口诀),必要时还得动笔(记录中间结果),人工成本很高。

机械时代的计算工具的发明是人类"偷懒"的必然结果。早在中世纪，哲学家们就提出了用机器实现人脑部分功能的想法。13—14世纪，一位名为拉蒙·卢尔的哲学家在其《大艺术》一书中就构想了一种思维轮盘，如图1-5所示。

图1-5 思维轮盘

轮盘中有18种基本的思想元素，转动轮盘，可组合出各种值得探讨的问题。思维轮盘的本质是将思维拆解为一个个最基本的通用元素，再通过合理的规则与推导，对这些元素进行组合，元素好比是数据，规则与推导好比是算法。

1. 帕斯卡算术机

布莱士·帕斯卡的父亲是一名税务总管，其工作涉及大量枯燥而繁重的加减计算。为减轻父亲的负担，1642年，年仅19岁的帕斯卡着手制作机械计算机。到1645年公开成果时，帕斯卡研制的原型机有50台之多。

帕斯卡研制的机器被称为帕斯卡算术机，它只能做加减运算，如图1-6所示。从外表看，机器的上半部分是开着6个小窗口的读数区，下半部分是6个肩并肩紧挨

图1-6 帕斯卡算术机

着的置数旋钮,盒子内部的示数轮与置数轮联动。

帕斯卡算术机一经问世就广受好评。路易十四甚至授予其皇家特权,让帕斯卡成为唯一一个可以在法国设计、生产机械计算机的人。然而,由于成本太高、售价太贵,它只被卖掉 20 台左右,但这并不影响它成为 17 世纪最成功的机械计算机,同时,它也是历史上第一次真正投入使用的机械计算机。帕斯卡算术机现存 9 台,7 台藏于法国和德国的几处博物馆、1 台在 IBM(国际商业机器公司)、1 台在法国的一位私人收藏家手中。

2. 莱布尼茨步进计算器

戈特弗里德·威廉·莱布尼茨出生在 17 世纪的德国,他在哲学、法律、历史、地质、心理、语言、数学、物理、生物、医药等诸多领域均有建树。他发明的步进计算器只是其众多成就中较小的一项。莱布尼茨步进计算器是有史以来第一台具有完整的四则运算能力的机械计算机,"步进"的名字来自其乘除法实现原理,如图 1-7 所示。

最开始,莱布尼茨尝试在帕斯卡的加减运算算术机上进行改进,但他发现现有结构无法实现其设想的自动化,只能重新设计。最终,他设计出一种沿用了 300 年的经典装置——阶梯轴,后人称之为莱布尼茨轮,如图 1-8 所示。

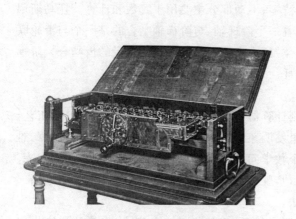

图 1-7 莱布尼茨步进计算器

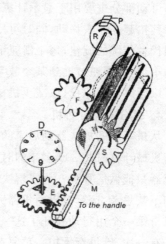

图 1-8 阶梯轴

为了配合阶梯轴的使用,莱布尼茨还提出把机器分为可动和不动两部分。上半身不可动,用于计数;下半身可左右移动,用于置数。阶梯轴的设计成为后人建造机械计算机的核心启迪,先后有德、英、法、美、澳等多国的发明家利用这一装置成功地做出了各种计算器产品。

3. 托马斯算术仪

19 世纪初,在莱布尼茨逝世百年之后,查尔斯·泽维尔·托马斯弥补了步进计算器的缺陷,将机械计算推广到了全世界。在总结了帕斯卡和莱布尼茨的经验教训后,经过两年的潜心研究,托马斯在巴黎的一位钟表匠的帮助下,于 1820 年完成第一台原型机,并取名"算术仪"。但直到 30 年之后,托马斯才重拾年轻时的发明,掀起世界范围内计算方式的变革。

托马斯算术仪有 4 种主流型号,分别支持 10、12、16、20 位数的计算。它被装在一个质感厚重的木盒内,是一架结构精致的黄铜机械,如图 1-9 所示。算术仪是对步进计算器的改进,机身也分为可动和不动两大部分。

图 1-9 托马斯算术仪

可动部分主要用于显示计算结果,以及计算手柄的旋转圈数,借助两侧的把手可以将其抬起并左右移动,同时可用于清零;不动部分主要用于置数和计算。托马斯用滑钮代替传统的旋钮,每个滑钮下藏着一个阶梯轴,与阶梯轴啮合的是一个与滑轮联动的小齿轮,滑钮被推到某个数字的位置,小齿轮与阶梯轴相应数量的齿啮合。阶梯轴可以始终待在原位,以减少机械损耗。

4. 差分机与分析机

从最基本的加法器到后来的四则计算器,发明家们不断精进机器的设计和工艺。但在机械计算时代 300 多年的时光里发明家们考虑的却仅仅是基本的四则运算,难道机器只能做运算吗?为了解决一个数学问题,人们往往需要将多步运算串联起来。人们不禁思考:运算可以由机器完成,步骤也许也可以由机器完成。英国的查尔斯·巴贝奇第一个用行动验证了这一想法。

有一次,巴贝奇承担一项复杂的制表任务,表的规模十分庞大,出错的概率也很高。他在制表过程中思考:能否将出错最多的地方让机器来做?1822 年,巴贝奇向皇家天文学会递交了一篇名为《论机械在天文及数学用表计算中的应用》的论文,差分机的概念正式问世。

差分机的名字源自帕斯卡于 1654 年提出的差分思想:n 次多项式的 n 次数值差分为同一常数。有了差分,多项式的计算就可以用加法代替乘法。数学上很多常见函数都可以用多项式逼近,借助差分思想,这些函数可以进一步转换为重复的加法。加法正是机械计算机的强项,从而使得大部分数学运算都可以由机器来完成。

巴贝奇设计的差分机受当时工艺的限制,并没有全部实现,只实现了差分机 1号。20 世纪末,伦敦科学博物馆为了纪念巴贝奇诞辰 200 周年,根据其 1849 年的设计,用纯 19 世纪的技术成功造出差分机 2 号,如图 1-10 所示。其设计稿中的少量错误,也基本断定为刻意设置的防盗设施。

图 1-10　差分机 2 号

差分机虽然夭折,但巴贝奇没有停止对设计稿的改进。差分机固然强大,但它只能计算多项式。有没有可以解决所有计算问题的通用机器成为巴贝奇思考的问题。这种通用机器就是巴贝奇设计的分析机,其部分组件实验模型如图 1-11 所示。

图 1-11　分析机部分组件实验模型

分析机将机械计算的理念从地表推上云端。后人惊讶地发现,由五大部件构成的分析机与现代计算机的结构如出一辙。巴贝奇首次将运行步骤从机器身上剥离,靠随时可以替换的穿孔卡片指挥机器,成就了机器的可编程性。

【知识点 5】机电时代的计算工具

机械计算机的工作方式本质上是通过旋钮或把手带动齿轮旋转,这一过程全部手动,实现方式比较清晰。电引入后,计算机就变得令人费解,但也开始从笨重走向神奇。在机电时期,电磁继电器发挥着重要作用,它将电能转换为动能。衔铁在磁场和弹簧作用下的往返运动,驱动特定的纯机械结构完成计算任务。20 世纪,随着继电器电路的发展,许多科学家将二进制、布尔代数和电路联系在一起。其中,美国的克劳德·艾尔伍德·香农于 1938 年发表硕士论文《继电器与开关电路的符号分析》,奠定了数字电路的理论基础。香农的研究成为后来二进制机电计算机和电子计算机的理论支柱。

1. 制表机

从 1790 年开始,美国每 10 年进行一次人口普查。1880 年,美国开始进行第 10 次人口普查,千万级的人口统计历时 8 年才最终完成,工作量之大已让政府无法承受。如何减轻手工劳动强度、提高统计效率,成为当时亟待解决的问题。于是,政府面向全社会寻求解决方案。毕业于哥伦比亚大学的赫尔曼·霍尔瑞斯发明的制表机在众多方案中脱颖而出,如图 1-12 所示。

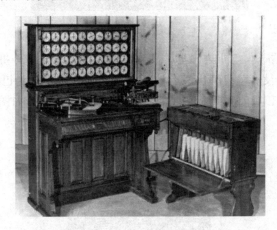

图 1-12 制表机

制表机专门用来制作数据统计表,它由示数装置、穿孔机、读卡装置和分类箱组成。制表机的工作围绕穿孔卡片展开:操作员先使用穿孔机制作穿孔卡片;再使用读卡装置识别卡片上的信息,机器自动完成统计并在示数表盘上实时显示结果;最后将卡片投入分类箱的某一格中分类存放,以供下次统计使用。卡片设有 300 多个孔位,靠每个孔位打孔与否表示信息。在制表机被发明之前,穿孔卡片多用于存储指令而非数据,霍尔瑞斯将穿孔卡片作为数据存储介质推广开来,开启了崭新的数据处理纪元。

穿孔机打好孔后,下一步就是将卡片上的信息统计出来。原理上,读卡装置通过电路通断识别卡片上的信息。当把卡片放在底座上、按下压板时,卡片上有孔的地方,针可以通过,与水银接触,电路接通;没孔的地方,针被挡住。通电的位置产生磁场,牵引相关杠杆拨动齿轮完成计数,体现到示数表盘上为指针的旋转。

第一代制表机的线路固定,当遇到新的统计任务时,改造起来非常麻烦。1906 年,霍尔瑞斯引入接插线板,可通过改变导线插脚在板上的位置改变线路逻辑,和现在很

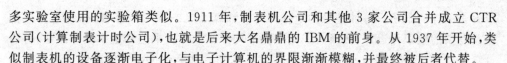

多实验室使用的实验箱类似。1911 年,制表机公司和其他 3 家公司合并成立 CTR 公司(计算制表计时公司),也就是后来大名鼎鼎的 IBM 的前身。从 1937 年开始,类似制表机的设备逐渐电子化,与电子计算机的界限渐渐模糊,并最终被后者代替。

2. 马克Ⅰ号

1937 年,哈佛大学在校物理学博士生霍华德·艾肯被手头繁复的计算困扰,想建造一台计算机,于是他拿着方案四处寻找合作公司。1939 年,哈佛大学与 IBM 签订计算机研发协议。计算机由艾肯主导设计,IBM 派出顶尖的工程师团队负责实现,成果(即为马克Ⅰ号)归哈佛大学所有。

马克Ⅰ号在当时属于大型计算机,由约 765 000 个机电元件组成,内部电线总长约 800 km。机器长约 15.5 m、高 2.4 m、重 5 t,撑满了整个机房的墙面。机器左侧是 2 个 30 行、24 列的置数旋钮阵列,可输入 60 个 23 位十进制数;中间部分是更为壮观的计算阵列,由 72 个计数器组成,每个计数器包括 24 个机电计数轮,共可存放 72 个 23 位十进制数;机器右侧是若干台穿孔式输入/输出装置,包括 2 台读卡器、3 台穿孔带读取器、1 台穿孔机和 2 台自动打字机。从数据输入到数据处理再到数据输出,马克Ⅰ号自始至终都在与十进制打交道,即便它使用了继电器和穿孔技术。不论是置数旋钮,还是计数器,其背后都是 10 齿的金属轮。对于每个金属轮,都有一个电刷与它的某个齿接触,接通表示相应数值的电路。这个电路进而可以引起某个磁性爪抓住另一个金属轮的轴,并带动它旋转相应的角度。如此,一个轮的数值便作用到另一个轮身上。

为了编程,艾肯给 72 个计数器和 60 组置数旋钮进行了统一编号。编号的规律与穿孔带有关,虽然艾肯用十进制为数据地址编号,但其实它是一种二进制码的十进制表示。操作指令的编号也类似。这些数字构成的简单语句按照一定顺序排列,用穿孔机在纸带上打出相应的孔洞,就形成了马克Ⅰ号可以识别的程序,足以解决各种复杂的数学问题。在马克Ⅰ号上运行的第一批程序就包括冯·诺依曼为曼哈顿计划编写的原子弹内爆模拟程序。

马克Ⅰ号的计算速度并不出众,一次加减运算需要 3 s,乘法运算需要 6 s,除法运算需要 15.6 s,正弦和乘方运算往往超过 1 min,对数运算更是高达 89.4 s。但它仍然是当时非常成功的通用计算机,在美国海军服役了 14 年之久。

后来,哈佛大学和 IBM 关系破裂,艾肯继续在哈佛大学研制了马克Ⅱ号～马克Ⅴ号。后来的产品组件采用真空管和晶体二极管取代继电器,马克Ⅴ号就已经是纯电子计算机了,并采用了性能更好的磁芯存储器。

【知识点 6】电子时代的计算工具

电子时代的计算机以图灵机为灵魂,结合冯·诺依曼架构,在后继者的不断努力下发展得越来越强大。

1. 第一代电子管计算机

计算是现代化武器的灵魂。在第二次世界大战期间,美国军方遇到了和当年人口普查一样的难题。每种型号的炮弹都需要计算 2 000～4 000 条弹道,每条弹道都涉及复杂的微积分运算,转换成四则运算平均涉及 750 次乘法和更多次加减法,普通计算员使用机械计算机平均需要 20 h 才能算完。这给弹道研究实验室带来很大的计算压力,他们急需一台强大的计算机器来解决难题。

1943 年,弹道研究实验室所属的美国陆军军械部与宾夕法尼亚大学莫尔电气工程学院签订了研制计算机的合同。这台计算机就是大名鼎鼎的电子数字积分器与计算机(The Electronic Numerical Integrator And Computer,以下简称 ENIAC),如图 1-13 所示。设计师是当时的一名在读研究生普雷斯伯·埃克特和比他大 12 岁的约翰·莫奇利,后来并称为"ENIAC 之父"。

图 1-13 ENIAC

ENIAC 是计算机发展史上的里程碑,它能够通过不同部分之间的重新接线进行编程,并拥有并行计算能力。ENIAC 使用了 18 000 个电子管、70 000 个电阻器,有 500 万个焊接点,耗电功率约 160 kW,其运算速度比马克 I 号快 1 000 倍。

20 世纪 40 年代中期,冯·诺依曼加入了宾夕法尼亚大学的研制小组,并于 1945 年设计了电子离散变量自动计算机(Electronic Discrete Variable Automatic Computer,以下简称 EDVAC),将程序和数据以相同的格式一起储存在存储器中。这使得计算机可以在任意点暂停或继续工作。机器结构的关键部分是中央处理器(CPU),它使计算机所有功能通过单一的资源统一起来。

2. 第二代晶体管计算机

1948 年,晶体管的发明大大促进了计算机的发展,晶体管代替了体积庞大的电子管,电子设备的体积不断减小。1956 年,晶体管被应用在计算机中,晶体管和磁芯存储器推动了第二代计算机的产生。第二代计算机体积小、速度快、功耗低、性能更稳定。首先使用晶体管技术的是早期的超级计算机,它主要用于原子科学的大量数据处理,这些机器价格昂贵,生产数量极少。

1960 年出现了被成功地用在商业领域、大学和政府部门的第二代计算机。第二代计算机用晶体管代替电子管,并采用了打印机、磁带、磁盘、内存、操作系统等部件。

计算机中存储的程序使得计算机有很好的适应性,可以更有效地用于商业用途。这一时期出现了更高级的 COBOL(Common Business-Oriented Language)和 FOR-TRAN(Formula Translator)等语言,以单词、语句和数学公式代替了二进制机器码,使计算机编程更容易。新的职业(如程序员、分析员和计算机系统专家)与整个软件产业由此诞生。

3. 第三代集成电路计算机

虽然晶体管比起电子管是一个明显的进步,但晶体管会产生大量的热量,从而损害计算机内部的敏感元件。1958 年,集成电路(IC)被发明,它将 3 种电子元件结合到一片小小的硅片上。科学家使更多的元件集成到单一的半导体芯片上,于是,计算机变得更小,功耗更低,速度更快。英特尔(Intel)创始人之一戈登·摩尔预言,集成电路上能被集成的晶体管数目将会以每 18 个月翻一番的速度稳定增长,这就是著名的摩尔定律。这一时期计算机的发展还包括使用了操作系统。操作系统使得计算机在中心程序的控制、协调下可以同时运行许多不同的程序。

4. 第四代大规模集成电路计算机

集成电路出现后,其唯一的发展方向是扩大规模。大规模集成电路(LSI)可以在一个芯片上容纳几百个元件。之后的甚大规模集成电路(VLSI)在芯片上容纳了几十万个元件,超大规模集成电路(ULSI)将数字扩充到百万级,巨大规模集成电路(GSI)可将数字扩充到亿级。2022 年 3 月,苹果(Apple)公司在其春季发布会上推出的新款个人计算机芯片 M1 Ultra 的晶体管数量达到了千亿级。可以在硬币大小的芯片上容纳如此数量的元件使得计算机的体积和价格不断下降,而功能和可靠性不断增强。世界各国也随着半导体及晶体管的发展开启了计算机发展史上的新篇章。

1981 年,IBM 推出个人计算机(PC)用于家庭、办公室和学校。20 世纪 80 年代,个人计算机的竞争使得其价格不断下跌,微型计算机的拥有量不断增加,计算机继续缩小体积,从桌上到膝上到掌上。与 IBM PC 竞争的 Apple Macintosh 系列于 1984 年被推出,Macintosh 提供了友好的图形界面,用户可以用鼠标方便地操作。20 世纪 90 年代,个人计算机走向成熟。在摩尔定律的作用下,个人计算机不断推陈出新,从外观、尺寸到功能配置,再到硬件设备的物理布局都变得更加多样化。智能手机和平板计算机在 21 世纪初相继问世,它们的出现快速改变着人们与计算机的交互方式。

5. 第五代计算机

第五代计算机是把信息采集、存储、处理、通信同人工智能结合在一起的智能计算机系统。它能进行数值计算或处理一般的信息,主要面向知识处理,具有形式化推理、联想、学习和解释的能力,能够帮助人们进行判断、决策、开拓未知领域和获得新的知识。人机之间可以直接通过自然语言(声音、文字)或图形、图像交换信息。

第五代计算机的系统结构突破传统的冯·诺伊曼机器的概念,通常由问题求解与推理、知识库管理和智能化人机接口 3 个基本子系统组成。

问题求解与推理子系统相当于传统计算机中的中央处理器。与该子系统打交道的程序语言称为核心语言，国际上都以逻辑型语言或函数型语言为基础进行这方面的研究，它是构成第五代计算机系统结构和各种超级软件的基础。

知识库管理子系统相当于传统计算机主存储器、虚拟存储器和文体系统结合。与该子系统打交道的程序语言称为高级查询语言，用于知识的表达、存储、获取和更新等。这个子系统的通用知识库软件是第五代计算机系统基本软件的核心。通用知识库包含有日用词法、语法、语言字典和基本字库常识的一般知识库，用于描述系统本身技术规范的系统知识库，以及把某一应用领域（如超大规模集成电路设计）的技术知识集中在一起的应用知识库。

智能化人机接口子系统是使人能通过说话、文字、图形和图像等与计算机对话，用人类习惯的各种可能方式交流信息。在这里，自然语言是最高级的用户语言，它使非专业人员操作计算机，并为从中获取所需的知识信息提供可能。

任务二　揭秘计算机编码

【任务描述】

计算机只能保存和处理纯粹的数字，而一切信息都可以用数字进行编码。英文字母、汉字、音乐、图像等经过编码才能在计算机中保存。本任务通过数字和文字最初的起源介绍编码的作用；通过数制转换、数在计算机中的表示方法以及几种常用编码方式，揭秘计算机编码的过程。

【任务内容与目标】

内　容	1. 数字和文字的编码； 2. 数制及数制转换； 3. 计算机中数的表示； 4. 常用编码方式
目　标	1. 了解数字和文字的编码过程； 2. 理解计算机中的数据表示； 3. 熟练掌握二、八和十六进制的表示与转换； 4. 熟悉几种常用的编码方式

【知识点1】数字和文字的编码

1. 数字编码

人类早期对信息的编码,基本上是一种信息对应一种编码。要想表达 5 这个数字,就伸出 5 根手指,但很快人的 10 根手指就不够用了,于是很多早期文明就把脚也用上了。在历史上,一些文明采用二十进制,比如玛雅文明。另一些文明多少留有二十进制的痕迹,比如英语中 20(score)这个词就是如此。当手和脚都用上也不够时,人类开始在石头和骨头上刻痕;当数字多到刻痕也无法表达时,就有了对数字的编码,也就是各种文明的数字,即用有限数字的组合表示更多的数。

比如,要表达 100 个数字,一种方法是设计 100 个不同的编号,让它们一一对应;另一种方法是只设计几种编号,然后将其相互组合,来表达 100 个数。假定从 100 个数中挑选一个数,不确定性是 100 选 1,它所代表的信息熵是 log 100＝6.65 bit。也就是说,如果有 6.65 bit 的信息量,就可以确定 100 个数中的一个。在第一种方法中,一个编码正好表示一个数,编码长度为 1。

第二种方法若采用十进制编码,也就是用 10 种符号,则每个符号所代表的信息量只有 log 10＝3.325 bit,想用 10 种符号表示 100 个数字,就需要将其两两组合。也就是说,一个符号无法消除 100 个数的不确定性,两个符号的信息量加起来是 6.65 bit,才可以消除 100 个数的不确定性。这种编码方法比较简单,但是它增加了编码的长度。与之相似,如果采用二进制编码,则只有 0 和 1 两种符号,每个符号所包含的信息量只有 log 2＝1 bit,要表达 100 个数,需要 6.65 个码。进位取整后,也就是 7 位的码长才能表示 100 个数字。可见,符号越少,码位越长,数字编码无非是平衡编码复杂性和编码长度之间的关系,这也是香农第一定理表达的信息。

2. 文字编码

文字的诞生与数字相似,早期无论是苏美尔人、古埃及人、古中国人,还是印度河文明的古印度人,都采用的是象形文字——一个图形就表示一个意思。但后来要表达的意思实在太多,总不能无限制地发明文字,于是就用几个文字表达一个复杂的含义。文字编码的目的也是消除所表达意思的不确定性。假如一个原始人的家里有 10 个物品,他给每个物品起一个名字,这就是最简单的编码,而且早期的名字都容易让人联想起物品的特性。当家里的物品多了,相关动作也多了,就难以把每一件事单独编码,从而需要将一些编码进行组合。比如有对物品的编码,有对动作的编码,就形成了可以表达复杂意思的简单句子。有了象形文字和动词之后,人类就有了书写系统,各种信息就通过文字这种编码记录下来,这才让人们了解到过去的历史。

【知识点2】数制及数制转换

计算机中数据的基本形式有数字、文字、图像、图形、音频和视频等多种形式,但本质上都是二进制数。在计算机的发展进程中,香农设计了能够实现布尔代数即二进制运算的开关逻辑电路,这在计算机的加、减、乘、除运算和简单的电路之间搭起了一座桥梁。也就是说,计算机系统中所有数据的存储、加工、传输都是以电子元件的"开/关"状态来表示的,即以电信号的高/低电平表示。

1. 数　制

数制也称为计数制,是用一组固定的符号和统一的规则来表示数值的一种计数方法,一般用于刻画事物间的数量关系。

任何一个数制都包含两个基本要素:基数和位权。基数表示某种进位制所具有的数字符号的个数。位权表示数中不同位置上数字的单位数值。每一个数位上的数码与该位具有的位权相乘,其积就是该位数值的大小。一个数的数值为各数位上的数码与该位上的位权的积之和。

例如:567.1,基数是10,位权从小数点开始,向右是 10^{-1},向左依次是 10^{0},10^{1},10^{2},因此 $567.1 = 5 \times 10^{2} + 6 \times 10^{1} + 7 \times 10^{0} + 1 \times 10^{-1}$。

由此,对于 R 进制 n 位的数值可表示为:

$$N = \sum_{i=-m}^{n-1} A_i \times R^i$$

其中,n 为整数位;m 为小数位;A 为数码 $0,1,\ldots,R-1$;R 为基数;R^i 为权系数。

人类生活中常用的数制有十进制、二进制、八进制、十六进制、十二进制、二十四进制等,其中,十进制可用于货币、长度、质量、体积等领域,十二/二十四进制用于时间、日期等领域。

(1) 十进制(Decimal)

① 数码:$1,2,\cdots,9,0$。

② 进位:逢十进一。

(2) 二进制(Binary)

① 数码:$0,1$。

② 进位:逢二进一。

③ 特点:只有 0 和 1 两个数码,基数为 2,权系数为 2 的整数次幂,容易用物理状态表示,是计算机的基础数制。

④ 二进制加法和乘法运算规则:

$$0+0=0;0+1=1;1+0=1;1+1=10$$
$$0 \times 0=0;0 \times 1=0;1 \times 0=0;1 \times 1=1$$

(3) 八进制(Octal)

① 数码:$0,1,2,3,4,5,6,7$。

② 进位:逢八进一,3 位二进制数对应 1 位八进制数。

(4) 十六进制(Hexadecimal)

① 数码:$0,1,\ldots,9$ 和 A,B,C,D,E,F;其中 A～F 对应十进制的 $10,11,12,13,14,15$。

② 进位:逢十六进一,4 位二进制数对应 1 位十六进制数。

2．数制转换

（1）二/八/十六进制→十进制

方法：求幂相加——展开多项式。

例 1 - 1　把二进制数 1101.01 转换为十进制数。

$$(1101.01)_2 = 1 \times 2^3 + 1 \times 2^2 + 0 \times 2^1 + 1 \times 2^0 + 0 \times 2^{-1} + 1 \times 2^{-2} =$$
$$8 + 4 + 0 + 1 + 0 + 0.25 = (13.25)_{10}$$

（2）十进制→二/八/十六进制

方法：对于整数部分，用基数 2/8/16 连续去除该十进制整数，直至商等于 0 为止，然后逆序排列余数；对于小数部分，用基数 2/8/16 连续去乘以该十进制小数，直至乘积的小数部分等于 0 为止，然后顺序排列每次乘积的整数部分。

例 1 - 2　将 $(118.225)_{10}$ 转换成二进制数。

对于整数部分：采用除 2 取余倒排的方法。

```
2 | 118
    2 | 59      ·········0    ↑ 低位
        2 | 29      ·········1
            2 | 14      ·········1
                2 | 7       ·········0
                    2 | 3       ·········1
                        2 | 1       ·········1
                            0       ·········1    高位
```

得到整数部分 $(118)_{10} = (1110110)_2$。

对于小数部分：采用乘 2 取整顺排的方法。

```
2 | 0.125
    2 | 0.250      0    高位
        2 | 0.500      0
            2 | 0.000      1    ↓ 低位
```

得到小数部分 $(0.225)_{10} = (0.001)_2$。

至此，最终得到 $(118.225)_{10} = (1110110.001)_2$。

（3）八/十六进制→二进制

1）八进制→二进制

方法：1 位八进制数对应 3 位二进制数。

例 1 - 3　将 $(736.25)_8$ 转换成二进制数。

$$\begin{array}{ccccc} 7 & 3 & 6 & 2 & 5 \\ 111 & 011 & 110 & 010 & 101 \end{array}$$

得到 $(736.25)_8 = (111011110.010101)_2$。

2) 十六进制→二进制

方法：1 位十六进制数对应 4 位二进制数。

例 1 - 4 将（A3F.2B）₁₆ 转换成二进制数。

A	3	F	2	B
1010	0011	1111	0010	1011

得到（A3F.2B）₁₆ ＝（101000111111.00101011）₂。

（4）二进制→八/十六进制

1) 二进制→八进制

方法：3 位二进制数对应 1 位八进制数。

例 1 - 5 将（1010111011.0010111）₂ 转换为八进制数。

1	010	111	011.	001	011	1
1	2	7	3.	1	3	4

得到（1010111011.0010111）₂ ＝（1273.134）₈。

2) 二进制→十六进制

方法：4 位二进制数对应 1 位十六进制数。

例 1 - 6 将（1010111011.0010111）₂ 转换为十六进制数。

10	1011	1011.0010	111
2	B	B.	2	E

得到（1010111011.0010111）₂ ＝（2BB.2E）₁₆。

【知识点 3】计算机中数的表示

计算机中的一切数归根到底都是用二进制的 0 和 1 来表示的，可是如何表示数的正负呢？可采取一种约定的方法来解决数的正或负的问题。

解决方法：在数的前面增加一位符号位，用"0"表示正数，用"1"表示负数。

例如：＋1011 写作 01011；－1011 写作 11011。

机器数是把符号"数字化"的数，是数字在计算机中的二进制表示形式。

在计算机数值表示中，用正负号加绝对值表示数据的形式被称为真值。

1. 原码、反码和补码

根据对数的不同运算采用不同的编码方法，主要有原码、反码和补码 3 种表示法。

（1）原 码

正数的原码和它的真值相同，符号位为 0；负数的原码为这个数真值的绝对值，符号位为 1。原码表示法在数值前面增加了一位符号位（即最高位为符号位）：正数该位为 0，负数该位为 1（0 有两种表示：＋0 和－0），其余位表示数值的大小。

（2）反 码

正数的反码与原码相同，负数的反码为对该数的原码除符号位外各位取反。

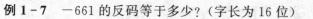

例 1 – 7 －661 的反码等于多少？（字长为 16 位）

$$(-661)_原 = 1000001010010101$$

$$(-661)_反 = 1111110101101010$$

特点：一个数的反码和这个数的原数相加，其结果为所有位都是 1。

（3）补　码

正数的补码与原码相同，负数的补码为对该数的原码除符号位外各位取反，然后在最后一位加 1。

例 1 – 8 ＋661，－661 的补码等于多少？（字长为 16 位）

$$(+661)_补 = (+661)_原 = 0000001010010101$$

－661 的补码 ＝ ？

$$(-661)_原 = 1000001010010101$$

$$(-661)_反 = 1111110101101010$$

$$(-661)_补 = 1111110101101011$$

符号位保持不变，如果最高位有进位，则进位被舍弃。

注意：补码的补码将还原为原码。

例 1 – 9 十进制的 $a = 11$ 和 $b = -10$，求 a，b 的补码，已知数据的字长为 5 位。

$$a_补 = a_原 = 01011$$

$$b_原 = 11010, b_反 = 10101, b_补 = 10110$$

例 1 – 10 已知两个带符号数 35 和 18，求这两个数的和，已知数据的字长为 8 位。

$$(35)_原 = 00100011, (18)_原 = 00010010$$

因为 35 和 18 都是正数，所以补码与原码相同。00100011 ＋ 00010010 ＝ 00110101，结果为十进制的 53。

2. 定点数和浮点数

如果在计算机中要表示的数需要考虑以下 4 个因素该如何解决？

① 数的类型（小数、整数、实数等）。

② 可能的数值范围：确定存储、处理能力。

③ 数值精确度：与处理能力相关。

④ 数据存储和处理所需要的硬件代价等。

计算机中的数一般有两种常用表示格式：定点、浮点。

（1）定点数

定点格式数值范围有限：定长，16 或 32 位。小数点固定在某一个位置。为了处理方便可将定点数分为定点小数和定点整数。

1）定点小数

小数点固定在最高位之后称为定点小数，或者称为小数点固定在数值部分最高位的左边。

若机器字长为 $n+1$ 位,则数值表示为:
$$X = X_0.X_1X_2 \ldots X_n,其中 X_i = \{0,1\},0 \leq i \leq n$$
$$|X| \leq 1-2^{-n}$$

数值的绝对值大于1,使用定点小数格式将产生"溢出(overflow)"。

比例因子:原数据按比例缩小,计算结果再按该比例扩大得到实际的结果。

2) 定点整数

小数点位固定在最后一位之后称为定点整数。若机器字长为 $n+1$ 位,则数值表示为:
$$X = X_0X_1X_2 \ldots X_n,其中 X_i = \{0,1\},0 \leq i \leq n$$

数值范围是 $-(2^n-1) \leq X \leq 2^n-1$。

(2) 浮点数

浮点数的小数点可以浮动,类似于科学记数法(指数)。如 $123.456\,7 = 0.123\,456\,7 \times 10^3$。浮点数容许的数值范围很大,但要求得处理硬件复杂。

浮点数由阶码、尾数和符号位3个域组成。

① 阶码:表示小数点在该数中的位置,为带符号整数。

② 尾数:表示数的有效数值,可用整数或纯小数表示。

③ 符号位:整个浮点数的符号,正为0,负为1。

(3) 定点数与浮点数的比较

① 数值的表示范围:定点表示法所能表示的数值范围将远远大于浮点表示法。

② 精度:对于字长相同的定点数与浮点数来说,定点数虽然扩大了数的表示范围,但这是以降低精度为代价的,也就是数轴上各点的排列更稀疏了。

③ 数的运算:浮点运算要比定点运算复杂。

④ 溢出处理:在定点运算时,运算结果超出数的表示范围就发生溢出;而在浮点运算时,运算结果超出尾数的表示范围却并不一定发生溢出,只有当阶码也超出所能表示的范围时,才发生溢出。

【知识点4】常用编码方式

通过前面的学习,大家已经知道在计算机系统中数据是指具体的数或二进制代码,而信息则是二进制代码所表达(或承载)的具体内容。在计算机中,数都以二进制的形式存在,同样,各种信息包括文字、声音、图像等也均以二进制的形式存在。

1. BCD 码

计算机中的数用二进制表示,而人们习惯使用十进制数。计算机提供了一种自动进行二进制与十进制转换的功能,它要求用 BCD 码作为输入/输出的桥梁,以 BCD 码输入十进制数,或以 BCD 码输出十进制数。

BCD 码就是将十进制的每一位数用多位二进制数表示的编码方式,最常用的是8421 码,即用 4 位二进制数表示一位十进制数。十进制数与 BCD 码对应关系如

表1-1所列。

表1-1 十进制数与BCD码对应关系

十进制数	BCD 码	十进制数	BCD 码
0	0000	5	0101
1	0001	6	0110
2	0010	7	0111
3	0011	8	1000
4	0100	9	1001

例如:$(29.06)_{10} = (0010\ 1001.0000\ 0110)_{BCD}$。

2. ASCII 编码

计算机中常用的基本字符包括十进制数字符号 0～9,大小写英文字母 A～Z、a～z,各种运算符号,标点符号以及一些控制符,总数不超过 128 个。在计算机中它们都被转换成能被计算机识别的二进制编码形式。目前,在计算机中普遍采用的一种字符编码方式,就是已被国际标准化组织(ISO)采纳的美国信息交换标准码(ASCII),如表 1-2 所列。

表1-2 ASCII 表

低 位	高 位							
	000	001	010	011	100	101	110	111
0000	NUL	DLE	SP	0	@	P	`	p
0001	SOH	DC1	!	1	A	Q	a	q
0010	STX	DC2	"	2	B	R	b	r
0011	ETX	DC3	#	3	C	S	c	s
0100	EOT	DC4	$	4	D	T	d	t
0101	ENQ	NAK	%	5	E	U	e	u
0110	ACK	SYN	&.	6	F	V	f	v
0111	BEL	ETB	'	7	G	W	g	w
1000	BS	CAN	(	8	H	X	h	x
1001	HT	EM	)	9	I	Y	i	y
1010	LF	SUB	*	:	J	Z	j	z
1011	VT	ESC	+	;	K	[	k	{
1100	FF	FS	,	<	L	\	l		
1101	CR	GS	—	=	M	]	m	}
1110	SO	RS	.	>	N	`	n	~
1111	SI	US	/	?	O	_	o	DEL

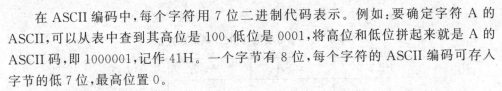

在 ASCII 编码中,每个字符用 7 位二进制代码表示。例如:要确定字符 A 的 ASCII,可以从表中查到其高位是 100、低位是 0001,将高位和低位拼起来就是 A 的 ASCII 码,即 1000001,记作 41H。一个字节有 8 位,每个字符的 ASCII 编码可存入字节的低 7 位,最高位置 0。

3. 汉字编码

对汉字进行编码是为了使计算机能够识别和处理汉字,在汉字处理的各个环节中,由于要求不同,采用的编码也不同。

(1) 汉字的输入码

汉字的输入码是为了用户能够利用西文键盘输入汉字而设计的编码。由于汉字数量众多,字形、结构都很复杂,因此,要找出一种简单易行的方案不那么简单。人们从不同的角度总结出了各种汉字的构字规律,设计出了多种输入码方案,主要有以下 4 种:

① 数字编码,如区位码。

② 字音编码,如各种全拼、双拼输入码方案。

③ 字形编码,如五笔字型。

④ 音形编码,根据语音和字形双重因素确定的输入码。

(2) 汉字的国标码

1980 年,我国颁布了《信息交换用汉字编码字符集 基本集》(GB 2312—1980),称为国标码。GB 2312—1980 中共收录了 6 763 个汉字、682 个非汉字字符(图形、符号)。汉字又分一级汉字 3 755 个和二级汉字 3 008 个,一级汉字按拼音字母顺序排列,二级汉字按部首顺序排列。

国标码中每个汉字或字符用双字节表示,每个字节最高位都置 0,而低 7 位中又有 34 种状态做控制用,所以每个字节只有 94(127-34=94) 种状态可以用于汉字编码。前一字节表示区码(表示行,区号 0~94),后一字节表示位码(表示列,位号 0~94),形成区位码。区码和位码各用两位十六进制数字表示,例如汉字"啊"的国标码为 3021H。有了统一的国标码,不同系统之间的汉字信息就可以互相交换。

(3) 汉字的机内码

汉字的机内码是汉字在计算机系统内部实际存储、处理统一使用的代码,又称汉字内码。机内码用两个字节表示一个汉字,每个字节的最高位都为 1,低 7 位与国标码相同。这种规则能够方便地区分汉字与英文字符(ASCII 的每个字节的最高位为 0)。例如:"啊"的国标码为 00110000 00100001,"啊"的机内码为 10110000 10100001。

(4) 汉字的字形码

字形码提供输出汉字时所需要的汉字字形,在显示器或打印机中输出所用字形的汉字或字符。字形码与机内码对应,字形码集合在一起形成字库。字库分点阵字库和矢量字库两种。

由于汉字是由笔画组成的方块字,所以对于汉字来讲,不论其笔画多少,都可以将其放在相同大小的方框里。如果用 m 行、n 列的小圆点组成这个方块(称为汉字的字模点阵),那么每个汉字都可以由点阵中的一些点组成,如图 1-14 所示。

如果将每一个点用一位二进制数表示,有笔形的位为 1,否则为 0,那么就可以得到该汉字的字形码。由此可见,汉字字形码是一种汉字字模点阵的二进制码,是汉字的输出码。

计算机上显示使用的汉字字形大多采用 16×16 点阵,这样每一个汉字的字形码就要占用 32 个字节(每一行占用 2 个字节,总共 16 行)。而打印使用的汉字字形大多为 24×24 点阵、32×32 点阵、48×48 点阵等,所需要的存储空间会相应地增加。显然,点阵的密度越大,输出的效果就越好。

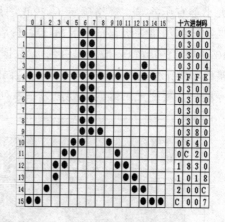

图 1-14　点阵图形

4. 二维码

二维码在生活中很常用,它具有存储量大、保密性好、追踪性高、抗损性强、备援性大、成本便宜等特性,这些特性特别适用于表单、安全保密、追踪、证照、存货盘点等方面。

需要指出的是,二维码和其他各种码虽然都含有"码",但它们完全不在一个层面上。其他编码几乎都是在计算机内部运算或处理时所使用的底层编码,而二维码则是经过若干次运用底层编码后得到的一种应用层面的信息存储单元。

二维码又称二维条码,常见的二维码为 QR(Quick Response)码,常用于移动设备。与传统的条形码(Bar Code)相比,它能存储更多的信息,也能表示更多的数据类型。二维码是用某种特定的几何图形按一定规律在平面(二维方向上)分布的、黑白相间的、记录数据符号信息的图形;在代码编制上巧妙地利用构成计算机内部逻辑基础的"0""1"比特流的概念,使用若干个与二进制相对应的几何形体来表示文字数值信息,通过图像输入设备或光电扫描设备自动识读以实现信息自动处理。它具有条码技术的一些共性:每种码制有其特定的字符集;每个字符占有一定的宽度;具有一定的校验功能等。同时,它还具有对不同行的信息自动识别及处理图形旋转变化点的功能。以下主要以 QR 码为例进行介绍。

(1) 基本结构

QR 码一共有 40 个尺寸,官方叫版本(V)。V1 是 21×21 的矩阵,V2 是 25×25 的矩阵,V3 是 29×29 的矩阵。每增加一个版本,行列尺寸就会各增加 4。公式是 $(n-1)×4+21$(n 是版本号)。最高版本 V40 的尺寸为 $(40-1)×4+21=177$,所以 V40 是 177×177 的正方形。

  QR 码基本结构如图 1－15 所示,其中,位置探测图形、位置探测图形分隔符、定位图形用于对二维码进行定位。对每个 QR 码来说,位置都是固定存在的,只是规格大小会有所差异。规格确定了,校正图形的数量和位置也就确定了。格式信息表示二维码的纠错等级,分为 L,M,Q,H;版本信息表示二维码的规格,QR 码符号共有40 种规格的矩阵(一般为黑白色)。数据和纠错码字是实际保存的二维码信息,其中纠错码字用于修正二维码损坏带来的错误。图中的黑白点可看作是二进制中的 0 和 1。一段信息要变成二维码还要经过一系列复杂的编码变换过程。

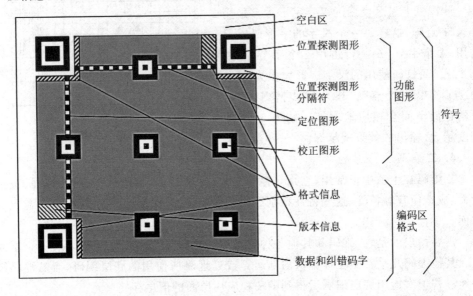

图 1－15　QR 码基本结构

(2) 编码过程

1) 数据分析

  确定编码的字符类型,按相应的字符集转换成符号字符;选择纠错等级,在规格一定的条件下,纠错等级越高,其真实数据的容量越小。

2) 数据编码

  将数据字符转换为位流,每 8 位一个码字,整体构成一个数据的码字序列,从而确定二维码的数据内容。

  数据可以按照一种模式进行编码,以便进行更高效地解码。例如对数据01234567 编码(V1－H):

  ① 分组:012 345 67。

  ② 转成二进制:

012 → 0000001100

345 → 0101011001

67 → 1000011

③ 转成序列:0000001100 0101011001 1000011。

④ 字符数转成二进制:8→0000001000。

⑤ 加入模式指示符 0001:0001 0000001000 0000001100 0101011001 1000011。

对于字母、中文、日文等只是分组的方式、模式等内容有所区别,但基本方法是一致的。

3) 纠错编码

按需要将上面的码字序列分块,根据纠错等级和分块的码字产生纠错码字,并将纠错码字加入数据码字序列后面,使其成为一个新的序列。L 级(低),7%的码字可以被恢复;M 级(中),15%的码字可以被恢复;Q 级(四分),25%的码字可以被恢复;H 级(高),30%的码字可以被恢复。

在二维码规格和纠错等级确定的情况下,它所能容纳的码字总数和纠错码字数也就确定了。例如:版本 10,纠错等级是 H 时,它总共能容纳 346 个码字,其中 224 个纠错码字。也就是说,二维码区域中大约 1/3 的码字是冗余的。这 224 个纠错码字能够纠正 112 个替代错误(如黑白颠倒),或者 224 个无法读到、无法译码的错误,这样纠错容量为 112/346＝32.4%。

4) 构造最终数据信息

在规格确定的条件下,将上面产生的序列按次序放入分块中。按规定把数据分块,然后对每一块进行计算,得出相应的纠错码字区块,把纠错码字区块按顺序构成一个序列,添加到原先的数据码字序列后面。如 D1,D12,D23,D35,D2,D13,D24,D36,…,D11,D22,D33,D45,D34,D46,E1,E23,E45,E67,E2,E24,E46,E68,…。

5) 构造矩阵

将探测图形、分隔符、定位图形、校正图形和码字模块放入矩阵中。把上面的完整序列填充到相应规格的二维码矩阵的区域中,如图 1-16 所示。

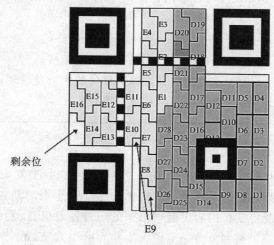

图 1-16　构造矩阵

6）掩　摸

将掩摸图形用于符号的编码区域,使得二维码图形中的深色和浅色(黑色和白色)区域能够以最优的比率分布。

7）格式和版本信息

最终生成格式和版本信息并将其放入相应区域内。

任务三　解码计算机硬件

【任务描述】

自第一台电子管计算机诞生以来,计算机的硬件配置不断更新换代,相应的工作速度和效率也在不断提升。本任务通过图灵机和冯·诺依曼结构介绍计算机硬件系统的灵魂和架构;通过拆解计算机机箱,解码计算机硬件部件的内部组成和工作原理,阐述硬件配置与计算机工作速度、工作效率之间的关系。

【任务内容与目标】

内　容	1. 图灵机; 2. 冯·诺依曼结构; 3. 中央处理器; 4. 存储器; 5. 输入/输出设备; 6. 主板
目　标	1. 了解图灵机和冯·诺依曼结构; 2. 掌握中央处理器等部件的构成及原理; 3. 掌握主板的构成及原理

【知识点 1】图灵机

1936 年,艾伦·麦席森·图灵在《伦敦数学协会会刊》上发表《论可计算数及其在判定问题中的应用》,提出了图灵机的概念。他被称为"计算机科学之父"。

图灵机是图灵受打字机的启发假想出来的一种抽象机器,其处理对象是一条无限长的一维纸带。纸带被划分为一个个大小相等的小方格,每个小方格可以存放一个符号(可以是数字、字母或其他符号)。有个贴近纸带的读写头,可以对单个小方格进行读取、擦除和打印操作。图灵认为,图灵机上的所有信息都可以表达成纸带上的符号串。如果把策略表中的信息以统一的格式写成符号串,然后把这些符号放在纸带的头部,再设计一台能在运行开始时读取这些信息的图灵机,那么针对不同的任务,就不需要设计不同的图灵机,只需要改变纸带上的策略即可。

图灵用长达 36 页的数学论证,证明了图灵机不是万能的。他不仅回答了戴维·希尔伯特的判定问题,更参透了数学和计算机的本质关系:计算机是为了解决数学问题而诞生的,却又基于数学,因而数学自身的极限也框定了计算机的能力范围。

从图灵开始,计算机有了真正坚实的理论基础,更多的人开始投身计算机的理论研究,而不仅是尝试构建一台机器。如今所有通用计算机都是图灵机的一种实现。当一个计算系统可以模拟任意图灵机时,即为图灵完备;当一个图灵完备的系统可以被图灵机模拟时,即为图灵等效。图灵完备和图灵等效成为衡量计算机和编程语言能力的基础指标。

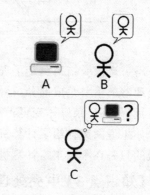

图 1-17 图灵测试

1950 年,图灵发表《计算机器与智能》。在那个电子计算机才刚刚起步的年代,他用一个问题"机器会思考吗?"叩开了人工智能的大门。他在文中提出了著名的图灵测试,即让一台机器"躲"在挡板后回答测试人员的提问,看测试人员能否判断自己面对的是机器还是真人,如图 1-17 所示。

能否通过图灵测试是衡量机器智能程度的重要指标。图灵曾预言:到 2000 年,计算机应该能"骗过"30%的测试人员。他如果没有英年早逝,这个预言或许会实现。

【知识点 2】冯·诺依曼结构

在机电时代,人们使用穿孔卡片或穿孔带编程。但是在电子时代,穿孔输入已经跟不上电子运算的节奏,人们利用旋钮、开关和接插线的不同位置来表示程序,这使得编程变得非常复杂。

1944 年,在 ENIAC 还未建成时,普雷斯伯·埃克特和约翰·莫奇利申请研制一台可以存储程序的新机器,即 EDVAC。第二次世界大战期间,拥有极高学术地位的冯·诺依曼加入曼哈顿计划。原子弹的研制涉及大量运算,洛斯·阿拉莫斯国家实验室对 ENIAC 寄予很高期望,于是,1944 年夏天,冯·诺依曼作为顾问加入 ENIAC 项目,提出了很多建设性意见,并深度参与到 EDVAC 的讨论中。1945 年,冯·诺依曼完成了《EDVAC 报告书的第一份草案》。它详细描述了 EDVAC 的设计,并为现代计算机的发展指明了道路:机器内部使用二进制表示数据;像存储数据一样存储程序;计算机由运算器、控制器、存储器、输入模块和输出模块 5 部分组成。这实际上是冯·诺依曼对当时全世界计算机建造经验集大成式的高度提炼。这种基于存储程序思想的计算机结构,后来被称为冯·诺依曼结构,如图 1-18 所示。

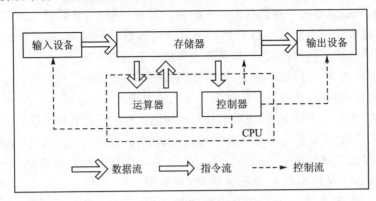

图 1-18   冯·诺依曼结构

冯·诺依曼结构奠定了现代计算机的基调。直到今天,运算器和控制器还是中央处理器的主要组成部分,存储器主要对应为内存,输入和输出模块被芯片化后集成到主板,外部记录媒体变得丰富多样,如鼠标、键盘、显示器、手柄、音箱等。

如果说图灵描绘了计算机的灵魂,那么冯·诺依曼则框定了计算机的骨架,后人所做的只是在不断丰富计算机的血肉。

【知识点 3】中央处理器

中央处理器是计算机的核心,如图 1-19 所示,计算机所有的信息都要经过它来处理,它主要负责计算机系统中数值运算、逻辑判断、控制分析等核心工作。中央处理器的性能高低直接影响着计算机的性能。

图 1-19   中央处理器

中央处理器主要由控制器、运算器和几组寄存器构成。控制器的主要功能是依据预先设定的操作步骤,控制计算机各个部件协调一致地自动工作。运算器又称算术逻辑单元,是执行算术和逻辑运算(如加、减、乘、除、与、或、非、异或等)的功能部件。寄存器是中央处理器内部的存储部件,暂存各种中间数据。

中央处理器的性能指标主要有字长、主频和高速缓存。字长指中央处理器一次能并行处理的二进制位数。字长总是 8 的整数倍,通常计算机的字长为 32 位或 64 位。字长越长,计算机的并行处理能力越强,运算速度越快。主频指中央处理器工作的时钟频率,表示计算机的运算、处理速度,单位通常为兆赫(MHz)或千兆赫(GHz)。高速缓存(Cache)是中央处理器和主存之间的一级或二级存储器,其速度介于中央处理器与主存之间,它主要用来缓解高速处理器与低速主存之间速度不匹配的问题。随着集成电路集成度的不断增加,大部分的高速缓存都被集成进中央处理器内部。

中央处理器通常由两大公司生产:Intel 和超威半导体公司(AMD)。Intel 自1971 年推出第一颗微处理器 4044 以来,又推出 80X86 系列、奔腾系列和最新计算机产品中搭配的酷睿系列。酷睿系列包括 i3、i5、i7、i9 子系列。i3 表示低端,i5 表示中端,i7 和 i9 表示高端。AMD 曾与 Intel 有过一段紧密的合作,但 1993 年 Intel 发布奔腾系列产品后,不再对 AMD 授权。AMD 的研发能力强大,先后推出 K5~K8 系列处理器。目前最新的处理器为锐龙系列,包括 R3、R5、R7、R9 子系列,也分别对应低端、中端和高端。AMD 的中央处理器是以较低的核心时脉频率产生相对较高的运算效率,其主频通常会比同效能的 Intel 的中央处理器低 1 GHz 左右。

【知识点 4】存储器

1. 金字塔层级

计算机存储器的类型较多,如中央处理器内部的寄存器、高速缓存、内部存储、外部存储等。越靠近中央处理器,存储器的存储容量越小,运行速度越快,类似金字塔结构,如图 1-20 所示。金字塔顶部是中央处理器内部寄存器,其存储容量最小、运行速度最快,离中央处理器最近;底层的存储器存储容量最大、但运行速度最慢,离中央处理器最远。

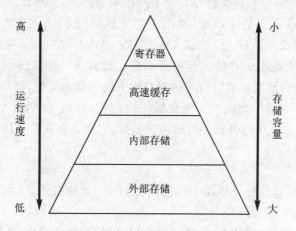

图 1-20 存储器的金字塔层级

存储器通常分为只读存储器(ROM)和随机存储器(RAM)两种。只读存储器会永久保存数据,一般只能读出,不能写入,除非采用特殊手段。计算机的基本输入/输出系统(BIOS)采用的就是只读存储器,用于存放计算机的基本程序和数据。随机存储器既可以读数据,也可以写数据,但机器关闭电源后,数据会丢失。

2. 内 存

内存可暂存程序或数据。如玩游戏时,游戏资源会从硬盘加载进内存,以提高游戏画面的流畅感,但游戏被关闭后,内存会释放空间给其他的应用软件。通常内存指计算机中的内存条,如图 1-21 所示,它是由若干随机存储器集成而成的一块电路板,插在计算机的内存插槽上。

图 1-21 内存条

随机存储器又可分为静态内存储器(SRAM)和动态内存储器(DRAM)。

SRAM 是在静态触发器的基础上附加门控管而构成的。因此,它是靠触发器的自保功能存储数据的。SRAM 存放的信息在不停电的情况下能长时间保留,状态稳定,不需外加刷新电路,从而简化了外部电路设计。但由于 SRAM 的基本存储电路中所含晶体管较多,故集成度较低,且功耗较大。SRAM 的特点是存取速度快,主要用于高速缓存。

DRAM 利用电容存储电荷的原理保存信息,电路简单,集成度高,主要用于大容量内存。由于任何电容都存在漏电现象,因此,当电容存储有电荷时,过一段时间由于电容放电会导致电荷流失,使保存的信息丢失。解决的办法是每隔一定时间须对 DRAM 进行读出和再写入,使原处于逻辑电平"1"的电容上所泄放的电荷又得到补充,原处于电平"0"的电容仍保持"0",这个过程叫 DRAM 的刷新。

内存经历了很多次技术改进,从最早的 DRAM 到 FPMDRAM、EDODRAM、SDRAM、DDR SDRAM、DDR2 SDRAM、DDR3 SDRAM、DDR4 SDRAM,再到现在最新的 DDR5 SDRAM,内存的运行速度一直在提高且存储容量也在不断增加。其中,同步动态随机存储器能够"同步"内存与中央处理器的频率,但只能在频率上升时传输数据,即在一个频率周期内只能传输一次数据;双倍速率同步动态随机存储器(简称 DDR)可以在一个时钟脉冲传输两次数据,它能分别在时钟脉冲的上升沿和下降沿各传输一次数据。

3. 硬　盘

硬盘有机械硬盘(Hard Disk Drive,简称 HDD)和固态硬盘(Solid State Disk,简称 SSD)之分,如图 1-22 所示。

机械硬盘是传统普通硬盘,主要由磁盘组件、磁头驱动机构、盘片组、控制电路和接口等部分组成。机械硬盘中所有的盘片都装在一个旋转轴上,盘片之间是平行的。在每个盘片的存储面上有一个磁头,磁头与盘片之间的距离比头发丝的直径还小,所有的磁头连在一个磁头控制器上,由磁头控制器负责各个磁头的运动。盘片的数量和每个盘片的存储容量确定了磁盘的总容量。

机械硬盘的主要性能指标包括存储容量、转速、存取时间、接口等。机械硬盘在使用时,需要格式化盘片为若干个磁道,每个磁道再划分为若干个扇区。机械硬盘存储容量的计算方法如下:

(a) 机械硬盘

(b) 固态硬盘

图1-22　机械硬盘和固态硬盘

存储容量＝磁头数×磁道数×扇区数×每扇区字节数(512 B)

常见机械硬盘的存储容量为 500 GB 或 1 TB，也有更大的。转速主要指主轴电机的转动速度，它基本决定了机械硬盘数据的传输速率，主要为 5 900 r/min 或 7 400 r/min。常见的机械硬盘接口有 IDE 接口、SATA 接口和 SCSI 接口，其中 SATA 接口最为常见。

固态硬盘不像传统的硬盘采用磁性材料存储数据，而是使用闪存存储信息。固态硬盘虽然没有内部机械部件，但这并不代表其生命周期无限。闪存是非易失性存储器，可以对存储器单元块进行擦写和再编程。任何闪存器件的写入操作只能在空的或已擦除的单元内进行，所以大多数情况下，在进行写入操作之前必须先执行擦除操作。因擦除次数有限，所以固态硬盘也是有生命周期的。

固态硬盘的读取速度普遍可以达到 400 MB/s，在开机和数据的载入中，速度得到了有效的提升，大幅度地提高了计算机的运行能力。固态硬盘写入速度也可以达到 130 MB/s 以上，在写入大数据时，更加高效的储存能力大大缩短了办公时间。其读写速度是普通机械硬盘的 3～5 倍。固态硬盘采用的是固态电子存储芯片阵列，焊接在电路板上，相比机械硬盘有更加轻薄的机身和更好的抗震耐受力。固态硬盘不需要电机来驱动，工作时的功耗和噪声都比机械硬盘小。

4. 光　盘

光盘是一张硬质盘片，以光信息为数据载体。光盘的读取速度快、可靠性高、价格低廉、存储容量大，可永久保存、携带方便，因此被广泛使用。光盘可分为 CD 光盘、多用途数字光盘(DVD)和蓝光光盘(BD)3 种。CD 光盘的存储容量约 700 MB，DVD 盘的存储容量约 4.7 GB。DVD 可提供多声轨、多文字支持及多角度观赏等功能，而 CD 光盘则不能。

光盘主要由光盘驱动器(简称光驱)驱动，如图 1-23 所示。光盘驱动器可读取光盘信息，有的也可以实现刻录功能，即往光盘中写入数据。刻录光盘主要利用激光技术在光盘表面形成很多"坑"，有"坑"和没"坑"的状态形成"0"和"1"的数据。

图 1-23 光盘驱动器

光盘驱动器的主要性能指标包括数据传输率、平均寻道时间、中央处理器占用时间和数据缓冲区。数据传输率,俗称倍速,32 倍速的光盘驱动器每秒可读取 4 800 KB 的数据。平均寻道时间是指激光头(光盘驱动器中用于读取数据的一个装置)从原来位置移到新位置并开始读取数据所花费的平均时间。平均寻道时间越短,光盘驱动器的性能就越好。中央处理器占用时间是指光盘驱动器在维持一定的转速和数据传输率时所占用中央处理器的时间,中央处理器占用时间越少,光盘驱动器的整体性能就越好。数据缓冲区是光盘驱动器内部的存储区,它能减少读盘次数,提高数据传输率。

【知识点 5】输入/输出设备

1. 显示设备

显示设备主要指显示器和显卡。显示器按输出色彩可分为单色显示器和彩色显示器;按显示器件可分为液晶显示器(LCD)和阴极射线管显示器(CRT),如图 1-24 所示;按显示屏幕的对角线尺寸可分为 35.56 cm(14 英寸)显示器、38.1 cm(15 英寸)显示器、43.18 cm(17 英寸)显示器等。目前,液晶显示器用得最多,阴极射线管显示器基本被淘汰。

(a) 液晶显示器　　　　　　　　(b) 阴极射线管显示器

图 1-24 液晶显示器和阴极射线管显示器

显卡又称显示适配器,是连接显示器和主机的重要元件。它位于主板上的扩展槽中,如图 1-25 所示。显卡主要负责把主机发出的显示信号转化为一般的电信号,在显示器上显示。显卡上也有存储器，即显存。显存的大小直接影响显示器的显示效果。

显卡接口的类型主要有 VGA、SVGA、AGP、PCI-E 等。VGA 显示图形分辨率为 640×480，支持 16 色；SVGA 分辨率提高到 800×600，1 024×768，可支持 1 670 万种颜色，称"真彩色"；AGP 在 SVGA 的基础上设计为 AGP 显示接口，速度更快。PCI-E 采用了目

图 1-25　显　卡

前业内流行的点对点串行连接，具备自己的专用连接，不需要向整个总线请求带宽，是目前最常用的显卡接口标准。

2. 键盘及鼠标

键盘是用户向计算机输入信息的必备工具，是计算机的主要输入设备。通过键盘，用户将命令、程序和数据等输入计算机，由计算机根据接收的信息做相应处理。键盘可分为机械式键盘、塑料薄膜式键盘、导电橡胶式键盘与电容式键盘。存在 83 键、101 键、102 键、104 键、106 键、108 键键盘等，其中 104 键键盘较为普遍。

一般的键盘可分为 4 个区域：功能键区、主键盘区、数字键区和编辑键区，如图 1-26 所示。功能键区有"F1"～"F12"共 12 个键，分布在键盘左侧最上一排。主键盘区又称英文主键盘区、字符键区，包括字母键、数字键、运算符号键、特殊符号键。数字键区又称副键盘区，在键盘右边，其中"Num Lock"为数字锁定键，用于切换方向键和数字键。编辑键区位于数字键区和主键盘区中间，有 13 个键。

鼠标也是计算机的主要输入设备，可在屏幕上精确定位，将移动位置的变化转换为信号传递给计算机，再由计算机转换并在显示器上显示出相应的变化，如图 1-27 所示。现在常用的鼠标有机械式鼠标和光电式鼠标两种。

图 1-26　键　盘

图 1-27　鼠　标

【知识点 6】主　板

如果把中央处理器看成是计算机的大脑，那么主板就是计算机的神经系统。主

板上布满各种电子元件、插槽和接口,如图1-28所示。它为中央处理器、内存和各

种外设功能卡提供安装的插座,为各种存储设备、输入/输出设备等提供接口。主板上的金属线就是总线。主板的核心任务是协调中央处理器与外部设备之间的工作。常用的主板有 AT、ATX 类型,其主流品牌有技嘉、华硕等。

主板上的主要部件有中央处理器及其插座、南桥和北桥芯片组、BIOS、内存及其插槽、硬件接

图1-28 主 板

口、扩展槽、高速缓存等。中央处理器被安置在主板上专门的插座上。由于集成化程度和制造工艺的不断提高,中央处理器集成的功能也越来越多,其引脚数也不断增加,因此插座也越来越大。

南桥和北桥芯片组可看作是主板的中央处理器,负责管理协调主板上元件的运行,是主板的控制中心。南桥芯片负责管理软盘、硬盘、键盘等;北桥芯片负责管理中央处理器、内存接口、PCI接口、AGP接口等,以及它们之间的数据传输和电源管理。

BIOS 是基本输入/输出系统,存储着一个启动程序。计算机开机自检就是由 BIOS 程序控制的,它首先检测硬件,启动中央处理器,读取主板上 CMOS 芯片中的配置内容,并根据内容将计算机的控制权交给操作系统。

内存插槽用于放置内存条。硬件接口是各种硬件与主板的连接通道,一般主板上有两个 IDE 接口、两个串行口、并行口、PS/2 接口、USB 接口等。扩展槽是主机通过输入/输出通道总线与外部输入/输出设备联系的通道,用于扩充系统功能的各种接口卡插在这些扩展槽中,如显卡、声卡等。

主板上的高速缓存有别于被封装在中央处理器内部的高度缓存,所以被称为外部高速缓存,其存取速度远远高于内存,可以减少中央处理器从内存存取数据的频率。高速缓存能够大幅度地提高计算机的整体性能。

任务四 展望前沿技术

【任务描述】

信息前沿技术是指高技术领域中具有前瞻性、先导性和探索性的重大技术,是未来高技术更新换代和新兴产业发展的重要基础。随着信息技术的不断发展和计算机

应用水平的不断提高,信息前沿技术的内涵也在不断发展和变化着。基于此,本任务试图"站"在"巨人"的肩膀上,遴选出最前沿的若干信息技术向读者进行介绍,其中主要包括人工智能、虚拟现实、云计算、大数据以及区块链技术。

【任务内容与目标】

内　容	1. 人工智能; 2. 虚拟现实; 3. 云计算; 4. 大数据; 5. 区块链
目　标	1. 了解人工智能技术; 2. 了解虚拟现实技术; 3. 了解云计算技术; 4. 了解大数据技术; 5. 了解区块链技术

【知识点 1】人工智能

　　人工智能(Artificial Intelligence,简称 AI),顾名思义,就是用人工的方法实现智能。"人工"是指人可以控制每一个步骤,并且能够达到预期结果的一个物理过程。绝大多数的人工智能研究都是在计算机上进行的,人工智能有时候也被称为机器智能,一般都指使计算机表现出智能或者具有智能行为。人工智能自 20 世纪 50 年代被明确提出以来,已经有了迅猛的发展,它是 21 世纪引领世界未来科技领域发展和生活方式转变的风向标。人们在日常生活的方方面面都用到了人工智能技术,比如网上购物的个人化推荐系统、人脸识别门禁、人工智能医疗影像、人工智能语音助手等。

1. 发展历程

(1) 人工智能的诞生(20 世纪 40—50 年代)

　　1950 年,著名的图灵测试诞生。按照"人工智能之父"艾伦·麦席森·图灵对它的定义,如果一台机器能够与人类展开对话(通过电传设备)而不能被辨别出其机器身份,那么称这台机器具有智能。同一年,图灵还预言了会创造出具有真正智能的机器的可能性。1954 年,美国人乔治·戴沃尔设计了世界上第一台可编程机器人。1956 年夏天,美国达特茅斯学院举行了历史上第一次人工智能研讨会,被认为是人工智能诞生的标志。参会的计算机科学家包括克劳德·艾尔伍德·香农、约翰·麦卡锡、马文·明斯基等,如图 1 - 29 所示,他们均是人工智能领域的先驱。会上,约翰·麦卡锡首次提出了"人工智能"这个概念,艾伦·纽厄尔和赫伯特·西蒙则展示了编写的逻辑理论机器。

图 1-29 达特茅斯会议"七侠"

(2) 人工智能的黄金时代(20 世纪 50—70 年代)

1966—1972 年,美国斯坦福研究所研制出机器人 Shakey,这是首台采用人工智能的移动机器人。1966 年,美国麻省理工学院(简称 MIT)的约瑟夫·魏泽鲍姆发布了世界上第一个聊天机器人 ELIZA。ELIZA 的智能之处在于它能通过脚本理解简单的自然语言,并能产生类似人类的互动。1968 年 12 月 9 日,美国斯坦福研究所的道格·恩格尔巴特发明计算机鼠标,构想出了超文本链接概念,它在几十年后成了现代互联网的根基。

(3) 人工智能的低谷(20 世纪 70—80 年代)

20 世纪 70 年代初,人工智能遭遇瓶颈。当时计算机的有限内存和处理速度不足以解决任何实际的人工智能问题。研究者们很快发现,要求程序对这个世界具有儿童水平的认识,这个要求太高了。在 1970 年,没人能够做出如此巨大的数据库,也没人知道一个程序怎样才能学到如此丰富的信息。由于缺乏进展,为人工智能提供资助的机构,如英国政府、美国国防部高级研究计划局(DARPA)和美国国家科学研究委员会(NRC),对无方向的人工智能研究逐渐停止了资助。美国国家科学研究委员会在拨款 2 000 万美元后停止资助。

(4) 人工智能的繁荣期(1980—1987 年)

1981 年,日本经济产业省拨款 8.5 亿美元用以研发第五代计算机项目,在当时被叫作人工智能计算机。随后,英国、美国纷纷响应,开始向信息技术领域的研究提供大量资金。1984 年,在美国人道格拉斯·莱纳特的带领下,大百科全书(Cyc)项目启动,其目标是使人工智能的应用能够以类似人类推理的方式工作。1986 年,美国发明家查尔斯·赫尔制造出人类历史上首个 3D 打印机。

（5）人工智能的冬天（1987—1993 年）

"AI（人工智能）之冬"一词由经历过 1974 年经费削减的研究者们创造出来。他们注意到了人们对专家系统的狂热追捧，预计不久后人们将转向失望。事实不幸被他们言中，因为专家系统的实用性仅仅局限于某些特定情景，20 世纪 80 年代晚期，美国国防部高级研究计划局的新任领导认为人工智能并非"下一个浪潮"，拨款将倾向于那些看起来更容易出成果的项目。

（6）人工智能真正的春天（1993 年至今）

1997 年 5 月 11 日，IBM 的计算机"深蓝"战胜国际象棋世界冠军加里·卡斯帕罗夫，成为首个在标准比赛时限内击败国际象棋世界冠军的计算机系统。2011 年，"沃森"（Watson）作为 IBM 开发的使用自然语言回答问题的人工智能程序参加美国智力问答节目，打败两位人类冠军。2012 年，加拿大神经学家团队创造了一个具备简单认知能力、有 250 万个模拟神经元的虚拟大脑，并将其命名为"Spaun"，随后它通过了最基本的智商测试。2013 年，脸书（Facebook）人工智能实验室成立，以探索深度学习领域，借此为 Facebook 用户提供更智能化的产品体验；谷歌（Google）收购了语音和图像识别公司 DNNResearch，以推广深度学习平台；百度创立了深度学习研究院等。2015 年是人工智能的突破之年，Google 开源了利用大量数据直接就能训练计算机来完成任务的第二代机器学习平台 Tensor Flow；剑桥大学建立人工智能研究所等。2016 年 3 月 15 日，Google 人工智能程序阿尔法围棋（AlphaGo）与围棋世界冠军李世石的人机大战的最后一场落下了帷幕；人机大战第五场经过长达 5 个小时的搏杀，最终李世石与 AlphaGo 总比分定格在 1∶4，以李世石认输结束。这一次的人机对弈让人工智能正式被世人所熟知，整个人工智能市场也像是被引燃了导火线，开始了新一轮爆发。

目前，人工智能具有 3 种形态：弱人工智能、强人工智能和超人工智能。弱人工智能是擅长于单个方面的人工智能，比如能战胜象棋世界冠军的人工智能，但是它只会下象棋。强人工智能是人类级别的人工智能，是指在各方面都能和人类比肩的人工智能，能完成人类能干的脑力活。但是强人工智能比弱人工智能难很多，目前尚不能实现。有人把智能定义为"一种宽泛的心理能力，能够进行思考、计划、解决问题、抽象思维、理解复杂理念、快速学习和从经验中学习等操作"。强人工智能在进行这些操作时应和人类一样得心应手。超人工智能是指在几乎所有领域（包括科学创新、通识和社交技能）都比最聪明的人类大脑聪明很多的人工智能。

现阶段，人工智能的技术分支包括模式识别、机器学习、数据挖掘和智能算法 4 个方面。模式识别是指对表征事物或者现象的各种形式的信息进行处理、分析，以对事物或现象进行描述、分析、分类和解释的过程，例如对汽车车牌号的辨识。机器学习研究计算机怎样模拟或实现人类的学习行为，以获取新的知识或技能，重新组织已有的知识结构使之不断完善自身的性能，或者达到操作者的特定要求。数据挖掘通过算法搜索，挖掘出有用的信息，被应用于市场分析、科学探索、疾病预测等方面。智能算法是指解决某类问题的一些特定模式算法,如最短路径问题、工程预算问题。

机器学习是人工智能技术中最重要的一个分支,并由此发展出深度学习、强化学习、迁移学习等人工智能技术。机器学习不仅在基于知识的系统中得到应用,而且在自然语言理解、非单调推理、机器视觉、模式识别等许多领域也得到了广泛应用。一个系统是否具有学习能力已成为其是否具有智能的一个标志。机器学习的研究方向主要分为两类:第一类是传统机器学习的研究,该类研究主要是研究学习机制,注重探索、模拟人的学习机制;第二类是大数据环境下机器学习的研究,该类研究主要是研究如何有效利用信息,注重从巨量数据中获取隐藏的、有效的、可理解的知识。传统机器学习的研究方向主要包括决策树、随机森林、人工神经网络、贝叶斯学习等方面的研究。大数据环境下的机器学习算法,依据一定的性能标准,对学习结果的重要程度可以予以忽视。

深度学习是学习样本数据的内在规律和表示层次,它的最终目标是让机器能够像人一样具有分析学习能力,能够识别文字、图像和声音等数据。深度学习就具体研究内容而言,主要涉及 3 类方法:基于卷积运算的神经网络系统,即卷积神经网络(CNN);基于多层神经元的自编码神经网络,包括自编码(Auto Encoder)和稀疏编码(Sparse Coding);以多层自编码神经网络的方式进行预训练,进而结合鉴别信息进一步优化神经网络权值的深度置信网络(DBN)。

强化学习强调如何基于环境而行动,以取得最大化的预期利益;其灵感来源于心理学中的行为主义理论,即有机体如何在环境给予的奖励或惩罚的刺激下,逐步形成对刺激的预期,产生能获得最大利益的习惯性行为。强化学习主要由智能体、环境、状态、动作、奖励、策略、目标组成。强化学习实际上是智能体在与环境进行交互的过程中,学会最佳决策序列。由于智能体与环境的交互方式和人类与环境的交互方式类似,强化学习可以被认为是一套通用的学习框架,可用它来解决通用人工智能的问题。因此,强化学习也被称为通用人工智能的机器学习方法。

迁移学习就是把已训练好的模型参数迁移到新的模型来帮助新模型训练。考虑到大部分数据或任务是存在相关性的,所以通过迁移学习可以将已经学到的模型参数(也可理解为模型学到的知识)通过某种方式分享给新模型,从而加快并优化模型的学习效率,不用像大多数网络那样从零学习。在迁移学习中,首先在基础数据集和任务上训练一个基础网络;然后将学习到的特征重新调整或者迁移到另一个目标网络上,用来训练目标任务的数据集。如果这些特征是容易泛化的,且同时适用于基本任务和目标任务,而不只是特定于基本任务,迁移学习就能有效进行。

机器学习、深度学习、强化学习、迁移学习各有不同的特点和应用范围。深度学习模型需要大量的训练数据才能展现出神奇的效果,但现实生活中往往会遇到小样本问题,此时深度学习方法无法入手,传统的机器学习方法却可以处理。深度学习的训练样本是有标签的;强化学习的训练没有标签,它是通过环境给出的奖惩来学习的。深度学习的学习过程是静态的,强化学习的学习过程是动态的。这里的静态与动态的区别在于是否会与环境进行交互：深度学习是给什么样本就学什么；而强化学习先要和环境进行交互，再通过环境给出的奖惩来学习。深度学习解决的更多是感知问题，强化学习解决的主要是决策问题；有监督学习更像"五官"，而强化学习更像"大脑"。采用迁移学习的方法可以解决机器学习、深度学习存在的一些局限性。

2. 应用领域

人工智能的应用领域主要包括机器人领域、智慧语音领域、图像识别领域和专家系统，如图 1-30 所示。

图 1-30　人工智能的应用领域

人工智能机器人（如 PET 聊天机器人），能理解人的语言，用人类语言进行对话，并能够用特定传感器采集分析出现的情况、调整自己的动作来达到特定的目的，如智能家居机器人及用于制造业、医疗领域、救灾抢险领域的机器人等。智慧语音领域与机器人领域有交叉，主要是将语言和声音转换成可处理的信息，如语音识别、语音输入、语音合成、语音控制等。图像识别领域利用计算机进行图像处理、分析和理解，以识别各种不同模式的目标和对象，如人脸识别、机器视觉应用、生物医学图像识别、军事侦察等。专家系统是指具有专门知识和经验的计算机智能程序系统，后台采用的数据库相当于人脑，具有丰富的知识储备，采用数据库中的知识数据和知识推理技术来模拟专家解决复杂问题，如预测预报、后勤管理、金融管理、疾病救治等。此外，专家系统在军事上也有所应用。美军的"沙漠风暴行动"就是一个成功典范，从最简单的货物空运，到复杂的行动协调，都由面向人工智能技术的专家系统完成。

此外，很多人工智能应用需要综合智慧语音、图像识别、数据挖掘等技术，典型的有无人驾驶汽车、无人机等领域。比较有代表性的应用案例是百度研发的无人驾驶车项目。该项目的技术核心是"百度汽车大脑"，包括高精度地图、定位、感知、智能决策与控制四大模块。其中，百度自主采集和制作的高精度地图记录完整的三维道路信息，能在厘米级精度实现车辆定位。同时，百度无人驾驶车依托交通场景物体识别技术和环境感知技术，实现高精度车辆探测识别、跟踪、距离和速度估计、路面分割、车道线检测，为自动驾驶的智能决策提供依据。

【知识点 2】虚拟现实

虚拟现实一词是从英文"Virtual Reality"翻译过来的,简称 VR。它是由美国 VPL Research 公司创始人杰伦·拉尼尔在 1989 年提出的。拉尼尔认为:虚拟现实指的是由计算机产生的三维交互环境,用户参与到这些环境中,获得角色,从而得到体验,如图 1-31 所示。

图 1-31 虚拟现实场景

目前,学术界普遍认为虚拟现实是指采用以计算机技术为核心的现代高新技术,生成逼真的视觉、听觉、触觉一体化的虚拟环境,具有沉浸感、交互性和构想性的特征。参与者可以借助必要的装备,以自然的方式与虚拟环境中的物体进行交互,并相互影响,从而获得等同真实环境的感受和体验。

由虚拟现实概念发展而来的,还有增强现实(Augmented Reality,简称 AR)和混合现实(Mixed Reality,简称 MR)。AR 可直接或间接地观察真实场景,但其内容通过计算机生成的组成部分被增强,计算机生成的组成部分包括图像、声音、视频或其他类型的信息。MR 可将真实场景和虚拟场景非常自然地融合在一起,它们之间可以发生具有真实感的实时交互,让人们难以区分哪部分是真实的、哪部分是虚拟的。

1. 发展历程

虚拟现实技术像大多数技术一样,不是突然出现的,它经过军事领域的应用、企业界积极参与及学术实验室长时间研制开发后才进入民用领域。虽然它在 20 世纪 80 年代后期被世人关注,但其实早在 20 世纪 50 年代中期就有人提出这一构想。

当计算机刚在美国、英国的一些大学出现且电子技术还处于以真空电子管为基础时,美国电影摄影师莫顿·海利希就成功地利用电影技术,通过"拱廊体验"让观众经历了一次沿着美国曼哈顿的想象之旅。但由于当时各方面的条件制约(如缺乏相应的技术支持、没有合适的传播载体、硬件处理设备缺乏等原因),虚拟现实技术没有得到很大的发展。20 世纪 80 年代末,随着计算机技术的高速发展及因特网(Internet)技术的普及,虚拟现实技术才得到广泛的应用。

虚拟现实技术的发展大致分为 3 个阶段:20 世纪 70 年代以前,是虚拟现实技术的探索阶段;20 世纪 80 年代初期至中期,是虚拟现实技术系统化、从实验室走向实用的阶段;20 世纪 80 年代末期至 21 世纪初,是虚拟现实技术高速发展的阶段。

(1) 虚拟现实技术的探索阶段

1929 年,在使用教练机训练器(机翼变短,不能产生离开地面所需的足够提升力)进行飞行训练许多年之后,艾德温·林克发明了简单的机械飞行模拟器。可以利用它在室内某一固定的地点训练飞行员,乘坐者的感觉和坐在真的飞机上一样,受训者可以通过模拟器学习如何进行飞行操作。

1956 年,在全息电影的启发下,Morton Heilig 研制出一套称为 Sensorama 的多通道体验的显示系统。这是一套只供一人观看、具有多种感官刺激的立体显示装置,是模拟电子技术在娱乐方面的具体应用。它模拟驾驶汽车沿曼哈顿街区行走,生成立体的图像、立体的声音效果,并产生不同的气味,座位也能根据场景的变化产生摇摆或振动,甚至还能感觉到有风在吹动。在当时,这套设备非常先进,但观众只能观看而不能改变所看到的和所感受到的世界,也就是说无交互操作功能。

1960 年,Morton Heilig 获得单人使用立体电视设备的美国专利,该专利蕴涵了虚拟现实技术的思想。1965 年,计算机图形学的奠基者——美国科学家伊凡·苏泽兰博士在国际信息处理联合会大会上发表了一篇名为《终极显示》的论文,文中提出了感觉真实、交互真实的人机协作新理论。这是一种全新的、富有挑战性的图形显示技术,即能否不是通过计算机屏幕这个窗口来观看计算机生成的虚拟世界,而是使观察者直接沉浸在计算机生成的虚拟世界之中,就像人们生活在客观世界中一样:随着观察者随意地转动头部与身体(即改变视点),他所看到的场景(即由计算机生成的虚拟世界)就会随之发生变化,同时,他还可以用手、脚等身体部位以自然的方式与虚拟世界进行交互,虚拟世界会产生相应的反应,从而使观察者有一种身临其境的感觉。这一理论后来被公认为是虚拟现实技术发展史上的里程碑,所以伊凡·苏泽兰既被称为"计算机图形学之父",也被称为"虚拟现实之父"。

1966 年,美国麻省理工学院林肯实验室在海军科研办公室的资助下,研制出了第一个头盔式显示器(HMD)。1967 年,美国北卡罗来纳大学开始了 Grup 计划,研究探讨力反馈(Force Feedback)装置。该装置可以将物理压力通过用户接口传给用户,使人感到一种计算机仿真力。

1968 年,伊凡·苏泽兰在哈佛大学的组织下开发了头盔式立体显示器(Helmet Mounted Display,简称 HMD)。他使用两个可以戴在眼睛上的阴极射线管(CRT)研制出了头盔式显示器,并发表了题为《A Head Mounted 3D Display》的论文。该论文对头盔式显示器装置的设计要求、构造原理进行了深入的分析,并描绘出了这个装置的设计原型,成为三维立体显示技术的奠基性成果。在头盔式立体显示器的样机完成后不久,研制者们经反复研究,又在此基础上把能够模拟力量和触觉的力反馈装置加入这个系统中,并于 1970 年研制出了一个功能较齐全的头盔式显示器系统。

1973 年,迈伦·克鲁格提出了"人工现实(Artificial Reality)"的概念,这是早期出现的虚拟现实词语。

(2) 虚拟现实技术系统化、从实验室走向实用的阶段

20 世纪 80 年代初期至中期,虚拟现实技术的基本概念开始形成。这一时期出现了两个比较典型的虚拟现实系统,即 VIDEO PLACE 与 VIEW 系统。

20 世纪 80 年代初,美国国防部高级研究计划局为坦克编队作战训练开发了一个实用的虚拟战场系统 SIMNET。其主要目的是减少训练费用,提高安全性,另外也可减轻对环境的影响(爆炸和坦克履带会严重破坏训练场地)。这项计划的结果是,产生了使在美国和德国的 200 多个坦克模拟器联成一体的 SIMNET 模拟网络,并在此网络中模拟作战。

进入 20 世纪 80 年代,美国国家航空航天局(NASA)及美国国防部组织了一系列有关虚拟现实技术的研究,并取得了令人瞩目的研究成果,从而引起了人们对虚拟现实技术的广泛关注。1984 年,NASA Ames 研究中心虚拟行星探测实验室的 M. Mc Greevy 和 J. Humphries 博士组织开发了用于火星探测的虚拟世界视觉显示器,将火星探测器发回的数据输入计算机,为地面研究人员构造了火星表面的三维虚拟世界。在随后的虚拟交互环境工作站(VIEW)项目中,他们又开发了通用多传感个人仿真器和遥控设备。

1985 年,WPAFB 和 Dean Kocian 共同开发了 VCASS 飞行系统仿真器。1986 年可谓硕果累累:Furness 提出了一个叫作"虚拟工作台"(Virtual Crew Station)的革命性概念;Robinett 与合作者 Fisher、Scott S、James Humphries、Michael McGreevy 发表了早期的虚拟现实系统方面的论文《The Virtual Environment Display System》;Jesse Eichenlaub 提出开发一个全新的三维可视系统,其目标是使观察者不使用那些立体眼镜、头跟踪系统、头盔等笨重的辅助设备也能看到同样效果的三维世界,这一愿望在 1996 年得以实现,因为 2D/3D 转换立体显示器被发明。

1987 年,James. D. Foley 教授在具有影响力的《科学的美国》上发表了题为《先进的计算机接口》(Interfaces for Advanced Computing)的文章。另外,还有一篇报道数据手套的文章,这篇文章及其后在各种报刊上发表的有关虚拟现实技术的文章引起了人们极大的兴趣。

1989 年,基于 20 世纪 60 年代以来所取得的一系列成就,美国 VPL Research 公司的创始人拉尼尔正式提出了"虚拟现实"一词。在当时研究此项技术的目的是提供一种比传统计算机仿真更好的方法。

(3) 虚拟现实技术的高速发展阶段

1992 年,美国 Sense8 公司开发了"WTK"开发包,为虚拟现实技术提供更高层次上的应用。1996 年 10 月 31 日,世界上第一场虚拟现实技术博览会在伦敦开幕。全世界的人们都可以坐在家中通过互联网参观这个没有场地、没有工作人员、没有真

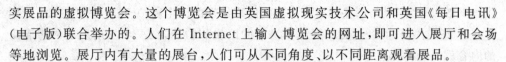

实展品的虚拟博览会。这个博览会是由英国虚拟现实技术公司和英国《每日电讯》（电子版）联合举办的。人们在 Internet 上输入博览会的网址，即可进入展厅和会场等地浏览。展厅内有大量的展台，人们可从不同角度、以不同距离观看展品。

1996 年 12 月，世界上第一个虚拟现实环球网在英国投入运行。这样，互联网用户便可以在一个由立体虚拟现实世界组成的网络中遨游，身临其境般地欣赏各地风光、参观博览会、到大学课堂听讲座。输入英国超景公司的网址之后，显示器上将出现"超级城市"的立体图像。用户可从"市中心"出发参观虚拟超级市场、游艺室、图书馆和大学等场所。

进入 20 世纪 90 年代后，迅速发展的计算机硬件技术与不断改进的计算机软件系统极大地推动了虚拟现实技术的发展，使得基于大型数据集合的声音和图像的实时动画制作成为可能。人机交互系统的设计不断创新，很多新颖、实用的输入/输出设备不断地出现在市场上，而这些都为虚拟现实系统的发展打下了良好的基础。

1993 年 11 月，宇航员利用虚拟现实系统的训练成功完成了从航天飞机的运输舱内取出新的望远镜面板的工作。波音公司在一个由数百台工作站组成的虚拟世界中，用虚拟现实技术设计出由 300 万个零件组成的波音 777 飞机。

英国超景公司总裁在新闻发布会上说："虚拟现实技术的问世，是 Internet 继纯文字信息时代之后的又一次飞跃，其应用前景不可估量。"随着互联网传输速度的提高，虚拟现实技术也趋于成熟。因此，虚拟现实全球网的问世已是大势所趋。这种网络将被广泛地应用于工程设计、教育、医学、军事、娱乐等领域，虚拟现实技术改变人们生活的日子即将来临。

2. 应用领域

虚拟现实技术的应用，为人类认识世界提供了全新的方法和手段。它可以使人类跨越时间与空间，去经历和体验世界上早已发生或尚未发生的事件；可以使人类突破生理上的限制，进入宏观或微观世界进行研究和探索；也可以模拟因条件限制等原因而难以实现的事情。

虚拟现实技术在医疗方面也发挥了巨大的作用。医疗培训，特别是手术方面的培训和教育，难度大、成本高，而医疗人员往往需要经过大量的练习才能够熟练掌握具体的医疗技巧。因为医生在手术中哪怕有一个微小的失误都有可能导致患者出现生命危险，所以医疗人员需要经年累月地培训。而培训，特别是外科医生的培训对设备的要求非常高。医院和医学院为此需要花费巨大的成本，毕竟很少有人愿意成为实习医生手术刀下的"小白鼠"。通常的手术培训都得依靠各种仿真器具来进行，而虚拟现实技术可以模拟出极其真实的临床场景，从而缩短医疗人才的培养周期。在虚拟现实中的医疗学习可以持续地保证高水平和低成本。

据相关报道，虚拟现实公司 Next Galaxy 和迈阿密儿童医院展开合作，通过虚拟现实开展心肺复苏技术的培训。培训的内容包括鼻导管插入技术、插管法、伤口处理、海姆立克急救法等。由于虚拟现实能够提供极富真实感的实践操作，最终证明此次培训效果非常理想:那些经过虚拟现实医疗培训的医生和护士,在一年之后还能记得起 80％的内容;而经过传统多媒体培训的医生和护士,在一个星期后能回想起来的内容就只有 20％了。

虚拟现实技术也被广泛应用于海陆空各种军事训练中。其中最早的应用当属飞行模拟器——一种专门针对刚入伍的飞行员的训练教具。现在的飞行模拟器都采用全新的电子仪器、高速率大数据运算的计算机、精确的追踪设备以及高品质的图形模拟器,为飞行经验较少的飞行新手提供身临其境的飞行教学与训练,以便于他们能够在受控的安全环境下提前掌握各种飞行技术,获得处理突发事件的能力。这些模拟训练可以有效提高飞行员的战斗技能,同时还能有效降低训练成本,并且训练效率也大大提升。因为训练完全在虚拟环境中进行,不会损耗任何军事资源,因此它还大大减轻了军队的后勤筹备工作。飞行模拟器诞生以后,坦克模拟器、潜艇模拟器、舰船模拟器和吉普越野车模拟器等一系列的军事模拟器也都陆续被研发出来,这些模拟器在军事领域为传统的军事训练提供了大量的支持和帮助。另外,虚拟现实技术还可以模拟各种实际的作战状况,让士兵在模拟战争中得到有效训练。通过虚拟现实技术制作的模拟战争的作战区域是一个为训练士兵与敌人作战而开发的特定理想区域,因为整个过程都在虚拟环境中进行,所以有效避免了实战过程中的士兵受伤或者死亡。

正是因为看到了虚拟现实技术应用于模拟训练的诸多好处,所以很多国家都不遗余力地将虚拟现实技术运用到士兵的军事训练中。例如,美国海军就有一个专门的混合现实作战空间开发实验室(海军 BEMR 实验室),这个实验室的主要工作方向是探索作战空间可视化服务的大众化技术的军事应用,通过研究和发展虚拟现实技术的军事应用来提升海军整体能力。随着虚拟现实技术在军事领域应用的加深,也许未来部队士兵的日常训练就是戴着虚拟现实设备玩各种军事游戏。

【知识点 3】云计算

不同于传统的计算机,云计算引入了一种全新的方便人们使用计算资源的模式,类似人们由使用洗衣机转变为去洗衣店洗衣服那样。云计算是一种全新的能让人们方便、快捷地自助使用远程计算资源的模式。

1. 发展历程

(1) 概念探索期(2006—2010 年)

云计算时代始于 2006 年,亚马逊推出 AWS(Amazon Web Services)云计算平台,提供在线存储服务 S3 和弹性计算云 EC2 等服务。它开创了"基础设施即服务(IaaS)"商业模式,使得计算资源可以像水电一样被方便地提供给公众使用。此后,各种云公共产品如雨后春笋般出现。

2007 年,IBM 首次发布云计算商业解决方案,推出"蓝云"计划。2008 年,Salesforce 推出 DevForce 平台。2009 年,VMware 推出业界首款云操作系统 VMware vSphere4,Google 宣布将推出 Chrome OS 操作系统。我国于 2009 年 10 月建成第一个自主产权的云计算平台,且投入使用。

(2) 技术落地期(2010—2015 年)

2011 年,美国国家标准与技术研究院(NIST)发布白皮书《NIST 对云计算的定义》。它将云计算定义为:云计算是一种按使用量付费的模式,该模式提供可随处获取的、便捷的、按需的网络访问,进入可配置的计算资源共享池(资源包括网络、服务器、存储、应用软件和服务等计算资源),资源能够被快速分配和释放,并且资源使用者只需投入很少的管理工作,或与服务供应商进行很少的交互。云计算的可视化模型如图 1-32 所示。这种云计算模型提升了资源可获取性,由 5 个基本特征、3 种服务模式和 4 种部署模型作为基本组成单元。

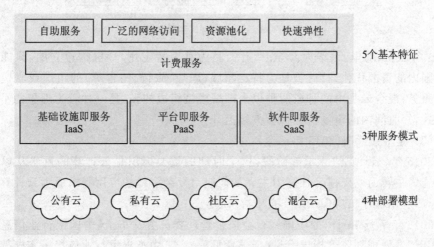

图 1-32 云计算的可视化模型

美国国家标准与技术研究院将云服务提供商出租计算资源分为 3 种模式,分别为基础设施即服务(IaaS)、平台即服务(PaaS)、软件即服务(SaaS),如图 1-33 所示;规定了云计算的 4 种部署模型:公有云、私有云、社区云和混合云。

基础设施即服务,即把 IT 系统的基础设施层作为服务出租,云服务提供商负责机房基础设施、计算机网络、磁盘柜和服务器/虚拟机的建设和管理,而云服务消费者自己完成操作系统、数据库、中间件 & 运行库和应用软件的安装和维护。平台即服务,即把 IT 系统的平台软件层作为服务出租,云服务提供商能够提供云平台和各种工具,帮助开发人员构建和部署云应用。软件即服务,即云服务提供商把 IT 系统的应用软件层作为服务出租,消费者可以使用任何云终端设备接入计算机网络,然后通过网页浏览器或者编程接口使用云端的软件。软件即服务模式用于处理邮件、Office365 在线办公等。

根据云计算服务的消费者,云计算有 4 种部署模型:公有云,即公有的云服务,表明该云服务主要为大众提供服务,而非私人拥有,如微软(Microsoft)Azure、亚马逊

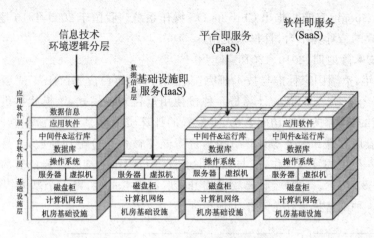

图 1 - 33　云计算的 3 种服务模式

AWS、谷歌云、阿里云、华为云等;私有云是为某个特定用户/机构建立的,只能实现小范围内的资源优化;社区云是为特定领域(医疗、旅行、销售等)的组织或联盟而建立的服务;混合云是由两种或两种以上部署模型组成的云,是一种较为理想的平滑过渡方式,短时间内的市场占比将会大幅上升。

(3) 应用繁荣期(2015 年至今)

2015 年,云计算进入成熟阶段,这个时期的重要标识是云计算的重心从以提供云设施为主转为以支撑云计算为主。如何应对复杂多样的应用需求成为云计算关注的焦点,应用程序接口(API)经济开始兴起。

2016 年 7 月 15 日,原中国银行业监督管理委员会发布了《中国银行业信息科技"十三五"发展规划监管指导意见(征求意见稿)》,其中指出银行业应稳步实施架构迁移,到"十三五"末期,面向互联网场景的重要信息系统全部迁移至云计算架构平台,其他系统迁移比例不低于 60%。2021 年 3 月,在国家"十四五"规划纲要中,云计算被列为数字经济重点产业之一。2021 年 11 月,中华人民共和国工业和信息化部印发《"十四五"软件和信息技术服务业发展规划》,云计算被列为"新兴平台软件锻长板"的重点领域之一。

可见,经过 10 多年的发展,云计算的产业地位日显重要。从一开始的"要不要用"到"什么时候用"再到"必须要用",云计算已逐步成为 IT 企业建设的标配,真正地拥抱云计算的时代已经到来。传统行业对于云计算的需求趋势不可阻挡,未来云计算将被广泛用于金融、教育、军工等各行业。

2. 应用领域

云计算的最终目标是云应用的落地实践,如果没有云应用,云计算的能力再大也没有任何意义。从功能角度划分——根据不同行业的具体场景对云应用进行划分,这些行业包括教育、医疗、交通等。

① 教育云是传统教育实现共享化、信息化、网络化的重要手段。教育云平台分

为三种：一是教育部建立的公共服务云，用于统一所有学校的数据资源，便于政务的统一发布与管理；二是各个学校内部自行搭建的私有教育云；三是第三方企业或组织向学习者提供的教育云服务，如新东方在线、网易云课堂等。在"2017 国际教育信息化大会及应用成果展览会"上，中国移动通信集团有限公司重磅发布"和教育"2.0 平台产品，提出要把通话手机、上网手机打造为"学习手机"，来支撑教育主战场。

② 医疗云是指在云计算、物联网、3G 通信及多媒体等新技术基础上结合医疗技术，以满足人民群众日益提升的健康需求为最终诉求的一项全新的医疗服务。其核心是以全民电子健康档案为基础，建立覆盖医疗卫生体系的信息共享平台，打破各个医疗机构信息孤岛现象，同时围绕对居民健康的关怀提供统一的健康业务部署，建立远程医疗系统，尤其是使得很多缺医少药的农村受惠。

③ 交通云将车辆信息、路况信息、驾驶员信息等错综复杂的信息，集合到云计算平台进行处理与分析，并将处理结果反馈回终端。交通云会为各道路、车辆、驾驶员建立详细的档案系统，从而形成一套完整的信息化、智能化、社会化交通信息服务体系——智慧交通。如滴滴出行打造的"智能红绿灯"。

【知识点 4】大数据

随着高速网的日益发展，移动互联、社交网络、电子商务的普及大大拓展了互联网的物理疆界和应用领域，人类正处在一个数据爆炸性增长的大数据时代。大数据对社会政治、经济、文化，以及日常生活的方方面面都产生了深远的影响，大数据时代对人类的数据驾驭能力也提出了新的要求。什么是大数据？按照维基百科的定义，大数据是指数量巨大、类型复杂的数据集合，现有的数据库管理工具或传统的数据处理应用软件难以对其进行处理，必须采用全新的理念和手段方可对其进行有效管理和充分利用。

大数据因何而大？抛开大数据的大，先来看看人们通常所说的数据都有哪些类型。从计算机处理信息的角度讲，一般而言，数据分为 3 类，分别是结构化数据、非结构化数据和半结构化数据。结构化数据，即固定格式和有限长度的数据。例如常见的表格数据"姓名：张三；民族：汉；性别：男；职务：软件架构师"，这些都是结构化数据。非结构化数据，即不定长无固定格式的数据，如网页、语音文件、视频文件、图片文件等。半结构化数据是一些 XML 或者 HTML 格式的数据。不是从事计算机行业的人员可能对此比较陌生，大家暂且只需要知道这部分数据是介于结构化数据和非结构化数据之间的数据即可，即部分数据为格式化、有限长度的数据，部分数据为非格式化、非固定长度的数据。

前面提到的 3 类数据为何突然就大了起来？其实这主要还是得益于计算机软硬件的飞速发展以及互联网的崛起。大家都知道，手机内存从原来的以"M"计算发展到现在的以"G"衡量。让人印象最深刻的就是各大手机厂商每次的新品发布会，几乎都会把内存大小作为一个噱头，因为内存的大小决定了其存储数据的多少。存储数据的介质的容量不断提升,同样传播数据的介质也迅速升级,互联网将全世界计算机的数据连接在一起,相当于构成了一个超级大的磁盘,存储着天量数据。到 2025 年全球每天可能将产生 400 EB 以上的数据量。

1. 发展历程

(1) 萌芽起步阶段(1980—2008 年)

1980 年,美国著名未来学家阿尔文·托夫勒在其所著的《第三次浪潮》中将大数据称为"第三次浪潮的华彩乐章";2002 年,在"9·11 事件"之后,美国政府为阻止恐怖主义便已经涉足大规模数据挖掘;2007—2008 年,随着社交媒体的激增,技术博客和专业人士为大数据概念注入新的生机;2008 年 9 月,《自然》杂志推出了名为"大数据"的封面专栏,至此大数据逐渐走入公众视野。

这一阶段是大数据概念的萌芽起步阶段,从概念的提出到专业人士和媒体的认同及传播,意味着大数据正式诞生。但它在长时间里并没有实质性的发展,整体发展速度缓慢。

(2) 广受关注阶段(2009—2011 年)

2009 年以来,大数据逐渐成为互联网行业的热门词汇。2009 年,印度建立了用于身份识别管理的生物识别数据库,美国政府通过启动政府数据网站的方式进一步开放了数据的大门;2010 年,肯尼斯·库克尔发表大数据专题报告《数据,无所不在的数据》;2011 年 5 月,麦肯锡全球研究院发布了关于大数据的报告,正式定义了大数据的概念,提出大数据时代到来,而后该报告逐渐受到各行各业关注;2011 年 11 月,在中华人民共和国工业和信息化部发布的《物联网"十二五"发展规划》上,信息处理技术作为 4 项关键技术创新工程之一被提出来,其中包括了海量数据存储、数据挖掘、图像视频智能分析,这些是大数据的重要组成部分。

这一阶段成为大数据发展的提速期,伴随着互联网的成熟,大数据技术逐渐被大众熟悉。各国政府开始意识到数据的价值,并尝试开发利用大数据。

(3) 快速发展阶段(2012—2016 年)

2012 年,随着《大数据时代:生活、工作与思维的大变革》一书的出版,大数据这一概念借助着互联网的浪潮在各行各业扮演了举足轻重的角色;2012 年 1 月,在瑞士达沃斯召开的世界经济论坛上,大数据就是主题之一,会上发布报告《大数据,大影响》;2012 年,美国颁布了《大数据的研究和发展计划》,此后其他国家也制定了相应的战略和规划;2012 年 7 月,联合国在纽约发布了一份关于大数据政务的白皮书《大数据促发展:挑战与机遇》;2014 年,大数据首次被写入我国《政府工作报告》;2015 年,中华人民共和国国务院正式印发《促进大数据发展行动纲要》,其明确指出要全力推动大数据的发展和应用;2015 年 5 月,首届"数博会"在贵阳召开,其旨在打造国际性的数据产业博览会;2016 年,《大数据产业"十三五"发展规划》征求了专家意见,并对其进行了集中讨论和修改;2016 年 2 月,中华人民共和国国家发展和改革委员会、中华人民共和国工业和信息化部、中共中央网络安全和信息化委员会办公室同意贵州省建设国家大数据(贵州)综合试验区,这也是首个国家级大数据综合试验区;2016年10月,在京津冀、珠江三角洲、上海市、重庆市、河南省、内蒙古自治区、沈阳市7个区域推进国家大数据综合试验区建设。

在这一个阶段,大数据终于迎来了第一次发展的小高潮,世界各国纷纷布局大数据战略规划,将大数据作为国家发展的重要资产之一,这同时意味着大数据时代正在悄然开启。

(4)爆发增长阶段(2017年至今)

从2017年开始,大数据已经渗透到人们生活的方方面面,在政策、法规、技术、应用等多重因素的推动下,大数据行业迎来了发展的爆发期。各地方政府相继出台了大数据研究与发展行动计划,整合数据资源,实现区域数据中心资源汇集与集中建设。全国至少已有13个省份成立了21家大数据管理机构,同时大数据也成为高校的热门专业,申报"数据科学与大数据技术"本科专业的学校达到293所。2017年2月8日,贵阳市向首批16个具有引领性和标志性的大数据产业集聚区和示范基地授牌;2017年4月8日,《大数据安全标准化白皮书》正式发布;2017年5月18日,《政府数据共享开放(贵阳)总体解决方案》通过评审;2017年5月27日,《2017中国地方政府数据开放平台报告》发布;2017年11月18日,《中国大数据人才培养体系标准》正式发布;2017年11月22日,《中共贵阳市委贵阳市人民政府关于加快建成"中国数谷"的实施意见》出台,按照规划,到2020年,贵阳要推出100个以上大数据应用领域(场景),形成1 000亿元以上主营业务收入,聚集10 000家以上大数据市场主体,使贵阳成为全国大数据创新策源地。与此同时,2018年达沃斯世界经济论坛等全球性重要会议都把大数据作为重要议题进行讨论和展望,大数据发展浪潮正在席卷全球。2017年全球的数据总量为21.6 ZB,当时全球数据的增长速度在每年40%左右,至2022年,全球大数据市场规模年均实现15.37%的增长。

2. 应用领域

简单来说,大数据应用是指通过对大数据进行分析得出有价值的结论,从而为用户提供辅助决策,发掘潜在价值的过程。大数据及其技术已经广泛应用于社会经济发展的各个领域,它有成本低、扩展性高、可靠性好等诸多优点。当前,大数据在金融、电力、物流以及交通等领域已发挥出巨大作用。

(1)金融领域

当前,金融业的非结构化数据正在迅速增长,金融业正在步入大数据时代的初级阶段,大数据将为金融业的市场格局、业务流程带来巨大改变。大数据将主要从金融交易形式和交易结构两方面改造金融业:一方面,大数据将促进交易形式的电子化和数字化,从而提升运营效率;另一方面,大数据将促进金融脱媒化,弱化中介功能,从而提升结构效率。

(2)电力领域

大数据将大力推动智能电网的建设。通过分析用户的用电行为和规律,智能电

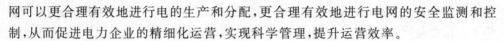

网可以更合理有效地进行电的生产和分配,更合理有效地进行电网的安全监测和控制,从而促进电力企业的精细化运营,实现科学管理,提升运营效率。

(3)物流领域

物流是整个社会经济发展的重要组成部分。当前,整个物流行业,尤其是电商物流行业已经呈现出爆发式增长态势,而信息化成为现代物流最核心的特征。应用大数据技术,将促进仓储空间的优化配置,物流路线将被更合理地规划,物流运输工具将被更有效地调度。

(4)交通领域

我国与交通相关的数据量已从 TB 级跃升到 PB 级,大数据技术将大力促进智能交通的建设和发展。运用大数据技术的海量存储和高效计算等特点,可以实现跨地区、跨部门交管系统的资源整合,为交通管理的规划、决策、运营、服务和改进提供有力支持。

【知识点 5】区块链

区块链的概念于 2008 年在比特币创始人中本聪的论文《比特币:一种点对点的电子现金系统(Bitcoin:A Peer-to-Peer Electronic Cash System)》中首次被提出。从狭义上来说,区块链是一种链式数据结构的分布式账本,它以时间为顺序将区块顺序相连,并以密码学方式保证数据不可篡改和不可伪造,比如比特币区块链。从广义上来说,区块链指利用块链式数据结构验证、存储数据,利用分布式节点生成、更新数据,利用密码学保证数据安全,利用智能合约编程、操作数据的全新分布式架构和计算范式。

区块链可以理解为一种公共记账的技术方案,其基本思想是:通过建立一个互联网上的公共账本,网络中所有参与的用户共同在账本上记账与核账,每个人(计算机)的账本都一样,所有数据都公开透明,并不需要一个中心服务器作为信任中介,在技术层面就能保证信息的真实性、不可篡改性,也就是可信性。也就是说,区块链本质上是一种解决信任问题、降低信任成本的信息技术方案。

然而,到目前为止,解决信任问题的最重要的机制,就是信任中介的机构和模式。陌生人间信任的第三者是信任中介,政府是信任中介,银行也是信任中介。到了如今的全球村时代、互联网时代,要把商品卖给甚至永远不会见面、千里之外的陌生人,没有信任中介的保证,交易更是不可能发生的。由于支付宝承担起信任中介作用,淘宝等电商才能在短短十几年间快速繁荣起来。信任中介在整个庞大的交易体系中,扮演着一种中心化的重要角色。这种中心化的机制或模式,已经存续了几千年,它帮助人与人之间降低信任成本,从而促进交易的发生、交易频率的增加、交易范围的扩大。然而,信任中介本身也是需要成本的,而且常常还很巨大。区块链技术的应用,可以取缔传统的信任中介,颠覆传统上存在了几千年的中心化旧模式,在不需要中心化信任中介的情况下,解决陌生人之间的信任问题,大幅降低信任成本。区块链技术是如何去中心化、去信任的？

区块链技术所改变的，不是去除信任，而是将传统交易中对中心化信任中介的信任，变成对区块链系统本身、对记录在区块链上的数据的信任。在基于区块链技术的交易模式中，不存在任何中心机构，不存在中心服务器。所有交易都发生在每个人的计算机或手机上安装的客户端应用程序中，其中数据的不可篡改性至关重要。因为系统会自动比较，会认为相同数据最多的账本是真实账本，少部分和别人数据不一样的账本是虚假账本。在这种情况下，任何人篡改自己的账本都没有意义，除非某个人能够篡改整个系统里面的大部分节点。对于一个由成千上万、分布在全球各个角落的客户端组成的区块链系统，除非某个人能控制世界上大多数的计算机，否则这样大型的区块链不太可能被篡改。在这种情况下，在区块链上记录的每一笔交易都保持真实可靠，同时公开透明，能够被其他人查看（但交易者个人或机构可以是匿名的）。所以，这就不需要对陌生交易对手有所了解或信任，只要看到区块链上交易对手的货币、资产等是可信的，就可以放心地交易。这里不需要任何信任中介，也就是所谓的去信任的真实含义。因为区块链具有可大规模扩展、数据公开透明，以及因为每个客户端数据一致，即使部分客户端被毁也不影响数据安全的可靠性等技术特点，特别是能有效解决陌生人间的信任问题，所以这个技术可推广到所有可以数字化的领域，比如数字货币、支付清算、数字票据、权益证明、征信、政务服务、医疗记录等。

1. 发展历程

（1）区块链的萌芽

1976 年，弗里德里希·冯·哈耶克出版《货币的非国家化》，提出非主权货币、竞争发行货币等理念，它是去中心化货币的精神指南。同年，两位密码学大师 Bailey W. Diffie 和 Martin E. Hellman 发表论文《密码学的新方向》，其内容覆盖了未来几十年密码学所有新的进展领域，包括非对称加密、椭圆曲线算法、哈希算法等手段，奠定了整个密码学的发展方向，也对区块链技术和比特币的诞生起到了决定性作用。

1982 年，莱斯利·兰伯特提出拜占庭将军问题，这标志着分布式计算的可靠性理论和实践进入实质性阶段。同年，大卫·乔姆提出密码学支付系统 ECash，它是密码学货币最早的先驱之一。

1998 年，戴伟和尼克·萨博同时提出密码学货币的概念。1999—2001 年，Napster、EDonkey 2000 和 BitTorrent 的先后出现，奠定了 P2P 网络计算的基础。2001年，美国国家安全局（NSA）发布了 SHA-2 系列算法，其中就包括目前应用最广的 SHA-256 算法，这也是比特币最终采用的哈希算法。

（2）区块链 1.0 时代

2008 年，中本聪首次提出区块链的概念，区块链 1.0 诞生。2009 年，中本聪用他的第一版软件挖掘出创始区块，开启比特币时代。之后几年，区块链成为电子货币比特币的核心组成部分，即所有交易的公共账本。区块链数据库可以利用点对点网络和分布式时间戳服务器进行自主管理。采用区块链技术的比特币也是首次解决重复消费问题的数字货币。

(3) 区块链 2.0 时代

2014 年,区块链 2.0 的概念被提出,即第二代可编程区块链,它可以允许用户写出更精密和智能的协议。区块链 2.0 技术跳过了交易与价值交换中担任金钱和信息仲裁的中介机构。它被用来使人们远离全球化经济,保护隐私,使人们将掌握的信息兑换成货币,并有能力保证知识产权的所有者得到收益。区块链 2.0 技术使存储个人的永久数字 ID 和形象成为可能,并对潜在的社会财富分配不平等提供解决方案。

2016 年 1 月,中国人民银行数字货币研讨会宣布对数字货币研究取得阶段性成果。会议肯定了数字货币在降低传统货币发行等方面的价值,并表示中国人民银行在探索发行数字货币。这次研讨会所传达的会议精神大大增强了数字货币行业的信心。这也是继 2013 年中国人民银行等五部委发布《关于防范比特币风险的通知》之后,中国人民银行对数字货币的第一次明确表态。

2016 年 12 月,数字货币联盟——中国 FinTech 数字货币联盟及 FinTech 研究院正式筹建。到目前为止,比特币仍是数字货币的绝对主流,数字货币呈现"百花齐放"状态,常见的有 bitcoin,litecoin,dogecoin,dashcoin。除了货币本身的应用之外,它还有各种衍生应用,如比特股、MaidSafe、Ripple 等。

2. 应用领域

(1) 金融领域

区块链最早被应用的领域是金融行业。它在金融行业里的应用又可以进一步细分为三个方面:一是清结算。2015—2016 年,第一批对区块链感兴趣的机构就是金融体系里的清结算机构,比如 DTCC、欧清所、中证登、中债登等。在区块链的世界里,支付即结算,比特币不需要任何第三方中介机构记账,支付后就可以直接在钱包里看到。现行的所有金融交易都包括交易环节和清结算环节。为了金融体系运转,清结算环节耗费了大量的经济资源。如果用区块链技术构建一个金融交易系统,则它会比传统的交易和清结算系统的效率更高、成本更低。很多机构都在这方面做尝试,例如澳大利亚证券交易所就正在着手构建基于区块链技术的交易系统;二是跨国支付。现在跨国间的支付效率不高,花费时间较长,而且成本相当高。这是跨国支付的痛点,用现有的技术手段、组织架构、思路无法解决,于是有人就想到用区块链技术的特点来解决这些痛点。第一个走入大家视野的就是 Facebook 的 Libra。Libra 白皮书提到要重新构造高效率跨国的金融基础设施;三是保险。最开始,保险不是现在的商业保险形式,而是互助保险,即有共同利益的群体在一起,相互提供支撑,这是互助保险的概念。互助保险能够使某个群体抗风险能力增强,但它也有一个致命弱点,那就是构筑互助保险的群体很难找到有共同需求的人。于是商业保险就出现了,商业保险虽然让生活得到了保障,但它需要支付很高的保费。因此,当区块链技术出现之后,很多人就开始研究区块链与保险结合的可能性。因为区块链的本质是可以在没有信任基础的主体之间构筑大规模协作,而保险的本质是互助,因此,区块链的技术手段和思维模式可以使保险回归互助本质。

（2）供应链领域

除了金融行业之外，区块链技术落地的另外一个领域是供应链领域。国内就有很多结合区块链技术做供应链管理的项目，涉及家电、汽车等行业。供应链涉及大规模协作，因此它很适合应用区块链技术。区块链的价值主要体现在以下四方面：第一，区块链的不可篡改性以及多方记账的特点，确保了平台上交易记录的真实性和系统运作规则的透明性，能够防止违规交易；第二，票据、合同实现电子化存储和流转，业务办理更高效、业务成本更低；第三，区块链的共识算法确保了记录的交易数据难以被篡改，链上记录可追踪、可溯源，在一定程度上解决了中小企业无法自证信用水平的问题；第四，非对称加密技术可以实现在交易及融资过程中针对性展示数据，保护商业机密。

（3）防伪溯源领域

防伪溯源利用的是区块链可追溯、不可篡改的特点，但并不是基于区块链技术就能彻底解决防伪溯源的所有问题。区块链技术能保证链上的记录是不可被篡改的，但是不能保证上链之前的数据一定是真实的，所以要彻底解决防伪溯源问题需要结合其他的技术。

（4）医疗领域

现在的医疗机构获得的医疗数据呈爆炸式增长，把这些数据存在哪里？数据被存在医院里、研究机构里、大型医疗设备商手上，很容易造成数据泄露，有可能导致致命的后果。基于区块链系统保存的数据，可以做到"谁的数据谁做主"。数据安全性得到保障后，会延伸出很多新的商业模式。每个人可以掌握自己的数据主权，有权决定把自己的数据用到哪里，同时如果对方要用自己的数据，需要支付一定的报酬。这就是一种新的分布式商业生态，每个人对等地合作，掌控该有的权利，贡献能贡献的、得到该得到的。

（5）身份验证领域

身份验证领域也能用到区块链技术。传统互联网缺乏一个身份层，每个人的身份是依托中心化机构认定的。中心化的认证机构会导致整个互联网的效率都很低，反复认证的成本也很高。区块链技术能为所有网络参与者构造出一个分布式的身份体系，这会极大地提高互联网的运行效率。有很多项目都在做身份验证，但还只是开始，需要找到一系列具体的方法来构建基于区块链的分布式身份认证体系。

（6）与其他技术融合的应用领域

其他可能会深度应用区块链的领域包括 5G、大数据、物联网、人工智能等。物联网出现很多年了，但到现在还没出现大规模的商用。一方面可能是因为硬件跟不上，缺乏高可用、高灵敏度的传感器；另一方面可能是底层技术的问题。物联网时代万物互联，人机之间、机机之间数据交互，不同的设备不需要人的指令，只需要获得其他设备数据就能有所动作，这是物联网未来所应该达到的目标。基于此，数据的安全性就变得至关重要,需要有一套机制或者一种技术让人相信这个数据,以及数据传输是万无一失的。如果这两者的安全性不达标,那么基于数据的这些领域的发展都是空谈。如果这些领域的数据是构筑在基于区块链的数据交互系统上,那么它上层的应用才可信。

思考练习

一、选择题

1. 信息量的度量标准是_____。

A. 信息所需存储空间大小
B. 信息的重要程度
C. 信息的不确定性
D. 信息的多少

2. 信息技术经历的 5 次革命不包括下面哪一项_____。

A. 语言的使用
B. 文字的使用
C. 电报、电话、电视的发明
D. 人工智能的应用

3. 下面对计算工具手动时代描述正确的一项是_____。

A. 祖先们只用手指作为计算工具
B. 算盘不需要配合口诀、算法使用
C. 算盘解决了双手计算的局限性
D. 手指的各种手势只能计算较小的数

4. 下面不属于机械时代的计算工具的是_____。

A. 帕斯卡算术机
B. 莱布尼茨步进计算器
C. 托马斯算术仪
D. 马克Ⅰ号

5. 下面不属于中央处理器主要性能指标的是_____。

A. 字长
B. 主频
C. 高速缓存
D. 寄存器数量

6. 下面关于存储器金字塔层级的说法正确的是_____。

A. 存储器的存储容量越大,运行速度越快
B. 中央处理器内部寄存器的运行速度比内存的运行速度低
C. 存储器的运行速度与存储容量成反比趋势
D. 外部存储器的速度最快

7. 要想让机器具有智能,必须让机器学会知识。在人工智能中有一个研究领域,主要研究计算机如何自动获取知识和技能,实现自我完善,这门研究分支学科叫_____。

A. 专家系统
B. 机器学习
C. 神经网络
D. 模式识别

8. 下面不属于虚拟现实特征的是_____。

A. 沉浸感
B. 交互性

C. 想象性　　　　　　　　　　　　D. 模拟性

9. 下面不属于云服务提供商出租计算资源的 3 种模式的是_____。

A. IaaS　　　　　　　　　　　　　B. QaaS

C. PaaS　　　　　　　　　　　　　D. SaaS

10. 大数据最显著的特征是_____。

A. 数据规模大　　　　　　　　　　B. 数据类型多样

C. 数据处理速度快　　　　　　　　D. 数据价值密度高

11. 区块链在数据共享方面的特点不包括_____。

A. 不可篡改　　　　　　　　　　　B. 去中心化

C. 透明　　　　　　　　　　　　　D. 访问控制权

二、填空题

1. 冯·诺依曼结构包括输入接口、_____、_____、_____和_____。

2. 十进制数 66 的二进制表示是_____,十六进制表示是_____。

3. 16 位有符号数 660 的补码是_____。

4. 人工智能的技术分支包括模式识别、_____、_____和_____ 4 个方面。

5. 根据应用对象的权限不同,区块链可分为_____、_____、_____ 3 个方面。

三、简答题

1. ENIAC 是不是第一台电子计算机?它与 ABC 计算机有何关系?

2. 查询 IBM 公司和 Intel 公司的发展史,说说你从中得到的启发。

3. 思考:有 8 个一模一样的瓶子,其中 7 个瓶子里是普通的水,一个瓶子里是毒药。任何喝下毒药的生物都会在一星期之后死亡。现在你只有 3 只小白鼠和一星期的时间,如何检验出哪个瓶子里有毒药?

4. 论述虚拟现实技术在军事训练中所发挥的主要作用。

(参考答案)

专题二　操作系统

　　计算机硬件是计算机系统的基础,但没有软件的计算机无法工作,只算得上是一台机器而已。计算机软件可分为系统软件和应用软件两大类。系统软件包括操作系统、语言处理系统、实用工具软件和系统性能检测软件等。其中最重要的是操作系统,它是管理、控制和监督计算机硬件、软件资源,协调程序运行的系统,是裸机之上最基本的系统软件。

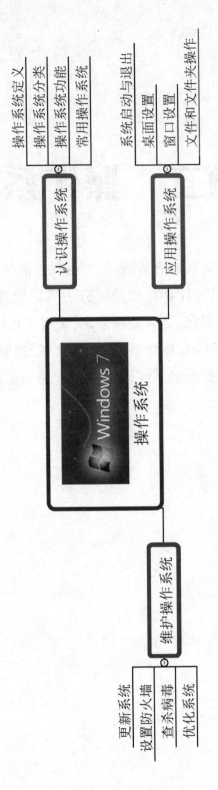

操作系统思维导图

认识操作系统
- 操作系统定义
- 操作系统分类
- 操作系统功能
- 常用操作系统

应用操作系统
- 系统启动与退出
- 桌面设置
- 窗口设置
- 文件和文件夹操作

Windows 7 操作系统

维护操作系统
- 更新系统
- 设置防火墙
- 查杀病毒
- 优化系统

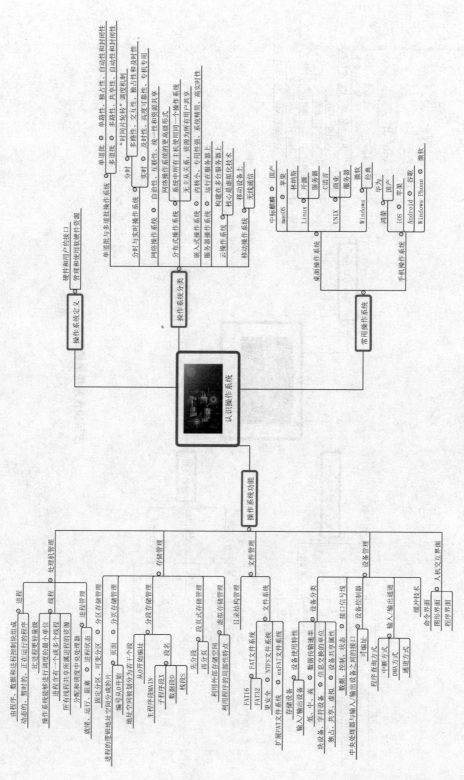

认识操作系统思维导图

认识操作系统

操作系统定义
- 硬件和用户的接口
- 管理和使用软硬件资源

操作系统分类
- 单道批与多道批操作系统
  - 单道批：单路性、独占性、自动性和封闭性
  - 多道批：多路性、共享性、自动性和封闭性；"时间片轮转"调度机制
- 分时与实时操作系统
  - 分时：多路性、交互性、及时性、独占性和资源共享；调度机制
  - 实时：及时性、统一性和更高级形式
- 网络操作系统
  - 自治性：互联性、统一性的更高级形式
  - 网络操作系统的更高级形式
- 分布式操作系统
  - 系统中所有主机使用同一个操作系统；共享
  - 无主从关系、资源为所有用户共享
- 嵌入式操作系统
  - 内核小、专用性强、系统精简、高实时性
- 服务器操作系统
  - 运行在多台服务器上
- 云操作系统
  - 核心是虚拟化技术
- 移动操作系统
  - 无线通信

常用操作系统
- 桌面操作系统
  - 中标麒麟（国产）
  - macOS（苹果）
  - Linux（林纳斯 / 开源）
  - UNIX（C语言 / 商业）
  - Windows（服务器 / 微软）
- 手机操作系统
  - 鸿蒙（华为 / 国产）
  - iOS（苹果）
  - Android（谷歌）
  - Windows Phone（微软）

操作系统功能
- 处理机管理
  - 进程：程序、数据和进程控制块组成；动态的、暂时的、正在运行的程序
  - 线程：比进程更轻量级；操作系统能够进行调度的最小单位；进程中可有一个或多个线程；所有线程共享所属进程的资源
  - 进程管理
    - 进程状态：就绪、运行、阻塞
- 存储管理
  - 分区存储管理
    - 固定分区
    - 可变分区
  - 分页存储管理
    - 页面
    - 进程的逻辑地址空间被划分为若干个页
    - 地址：编号从0开始
    - 页号
    - 从0开始编址MAIN
  - 分段存储管理
    - 段名
    - 主程序段MAIN
    - 子程序段X
    - 数据段D
    - 栈段S
  - 段页式存储管理
    - 先分段
    - 段内分页
    - 再分页
  - 虚拟存储管理
    - 利用外存储空间
    - 利用程序的局部性特点
- 文件管理
  - 目录结构管理
  - 文件系统
    - FAT16
    - FAT32
    - 更安全
    - FAT文件系统
    - NTFS文件系统
    - exFAT文件系统
    - 扩展FAT文件系统
- 设备管理
  - 设备分类
    - 存储设备
    - 输入/输出设备
    - 块设备、字符设备、商
    - 低、中、高
    - 独占、共享、虚拟
    - 设备使用特性
    - 数据传输速率
    - 数据交换的单位
    - 信息交换的单位
    - 设备共享属性
  - 接口信号线
    - 状态、控制、数据
    - 状态
    - 可编址
    - 输入/输出端口地址
    - 中央处理器与输入/输出设备之间的接口
  - 设备控制器
  - 输入/输出通道
    - 程序查询方式
    - 中断方式
    - DMA方式
    - 通道方式
- 人机交互界面
  - 命令界面
  - 图形界面
  - 程序界面
  - 缓冲技术

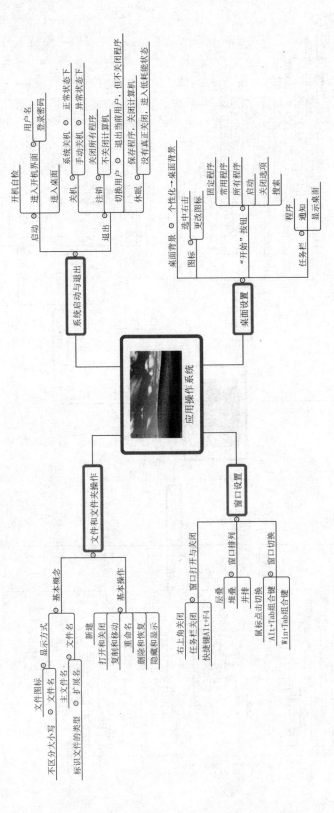

应用操作系统思维导图

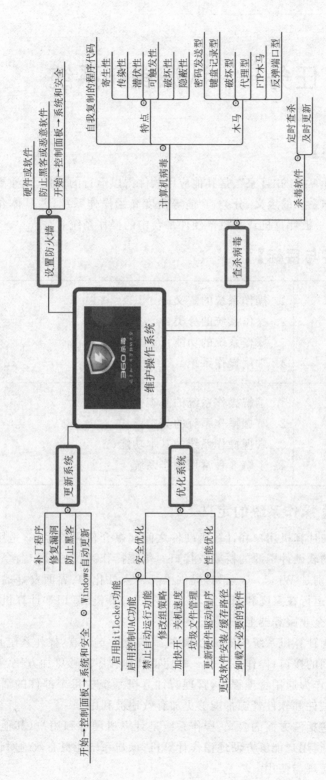

维护操作系统思维导图

维护操作系统
- 设置防火墙
  - 硬件或软件
  - 防止黑客或恶意软件
  - 开始→控制面板→系统和安全
- 查杀病毒
  - 计算机病毒
    - 自我复制的程序代码
    - 特点
      - 寄生性
      - 传染性
      - 潜伏性
      - 可触发性
      - 破坏性
      - 隐蔽性
    - 木马
      - 密码发送型
      - 键盘记录型
      - 破坏型
      - 代理型
      - FTP木马型
      - 反弹端口型
  - 杀毒软件
    - 定时查杀
    - 及时更新
- 更新系统
  - 补丁程序
  - 修复漏洞
  - 防止黑客
  - ◎ Windows自动更新
- 优化系统
  - 安全优化
    - 启用Bitlocker功能
    - 启用控制UAC功能
    - 禁止自动运行功能
    - 修改组策略
  - 性能优化
    - 加快开、关机速度
    - 垃圾文件管理
    - 更新硬件驱动程序
    - 更改软件安装/缓存路径
    - 卸载不必要的软件

开始→控制面板→系统和安全 ◎ Windows自动更新

任务一 认识操作系统

【任务描述】

操作系统是计算机的"管家",是其他应用软件得以运行的前提,其重要性可想而知。本任务从操作系统的定义、分类、功能等角度介绍操作系统,并具体介绍 8 种运行在台式计算机、平板计算机或手机等硬件平台中的操作系统。

【任务内容与目标】

内　容	1. 操作系统的定义; 2. 操作系统的分类; 3. 操作系统的功能; 4. 常用操作系统
目　标	1. 了解操作系统的基本概念; 2. 掌握操作系统的分类; 3. 掌握操作系统的基本功能; 4. 了解 8 种常用操作系统

【知识点 1】操作系统的定义

操作系统是在计算机用户和计算机硬件之间起媒介作用的程序,是用户方便有效地使用计算机的软硬件资源的桥梁或接口。传统操作系统的操作命令复杂难记,现代操作系统(特别是 Windows 系列)提供了一种人性化的、界面友好的、简单易用的操作环境,可以运行在家庭和商业环境下的台式计算机、笔记本计算机、平板计算机、多媒体中心和企业服务器上。

操作系统作为计算机系统中的核心软件,其典型的定义有:操作系统是介于计算机硬件和用户之间的接口;操作系统是一种使得其他程序能够更加方便、有效地运行的程序;操作系统作为通用管理程序,管理着计算机系统中每个部件的活动,并确保计算机系统中的硬件和软件资源都能够更加有效地被利用。

这些定义都包括两方面的含义:操作系统是计算机硬件和用户(其他软件和人)之间的接口,它使得用户能够方便地操作计算机;操作系统能更有效地对计算机软件和硬件资源进行管理与使用。

【知识点 2】操作系统的分类

1. 单道批处理操作系统与多道批处理操作系统

在单道批处理操作系统中,用户根据任务编写程序和准备数据,并编写控制任务运行的说明书,将它们交给操作员。操作员将一批任务信息存入辅助存储器中等待处理。单道批操作系统从辅助存储器中依次选择任务,按其说明书自动控制其运行,并将运行结果存入辅助存储器。操作员将本批次运行结果打印输出,并分发给用户。单道批处理操作系统具有单路性、独占性、自动性和封闭性等特点。

在单道批处理的基础上,引入多道程序设计技术,即为多道批处理操作系统,但其本质仍然为批处理。在多道批处理操作系统中有任务调度程序,它可从辅助存储器中选出若干合适的任务装入内存,从而使它们轮流占用中央处理器来执行,并允许同时使用各自所需的外部设备。若内存中有任务结束,则可从辅助存储器的后备任务中选择任务装入内存执行。操作员打印本批次运行结果,并分发给用户。多道批处理操作系统具有多路性、共享性、自动性和封闭性等特点。多道批处理操作系统也有缺点:没有交互能力,用户无法干预自己任务的运行,使用起来不方便;用户任务可能需要等待较长时间后才能被运行。

2. 分时操作系统与实时操作系统

结合多道程序设计技术和分时技术,即可得到分时操作系统。当一台计算机与多个终端设备连接,每个用户通过终端向系统发出请求,请求系统协助其完成某项工作时,系统根据用户的请求完成指定任务,并返回执行结果。分时操作系统采用"时间片轮转"调度机制,它将处理机的时间划分为一个个很短的时间片,轮流分配给提出请求的用户终端。计算机的处理速度很快,只要时间片间隔适当,用户就不会感觉到两个时间片之间的卡顿。分时操作系统具有多路性、交互性、独占性和及时性的特点。

随着计算机应用范围的日益扩大,很多领域(比如武器控制、票务订制等)都对计算机的实时性有了更多的需求。不同行业的系统一般是专用的,对系统的实时响应要求比较高,这便催生了实时操作系统。实时操作系统使计算机在规定时间内及时响应外部事件请求,同时完成对该事件的处理,并能控制所有实时设备和实时任务协调一致地工作。按应用方式可将其分为实时控制操作系统和实时信息处理操作系统两大类。在实时控制操作系统中,计算机通过特定的外围设备与被控制对象发生联系,计算机将输入信号处理后向控制对象发出控制信号。在实时信息处理操作系统中,用户通过终端设备向系统提出服务要求,系统完成要求后应答用户。实时操作系统具有及时性、高度可靠性、专机专用等特点。

与分时操作系统相比,实时操作系统通常属于专用系统,面向特定领域、特定任务;实时操作系统的交互性不如分时操作系统强,交互命令较简单;实时操作系统对时间要求更严格,一般有一个截止时间;实时操作系统对可靠性的要求也更高,所面向的对象往往是军事、经济、商业等必须保证可靠性的行业,因此,实时操作系统的硬件和软件都会存在一部分冗余。

3. 网络操作系统与分布式操作系统

分时操作系统提供的资源受限于计算机系统内部和同一地点,当计算机网络发展后,分时操作系统就不再适用。计算机网络是指把地理上分散的、具有独立功能的多个计算机和终端设备,通过通信线路加以连接,以达到数据通信和资源共享目的的计算机系统。网络操作系统基于计算机网络,在各种计算机操作系统上按网络体系结构协议标准设计开发,包括网络管理、通信、安全、资源共享和各种网络应用。网络操作系统可协调网络中各计算机上任务的运行,并向用户提供统一、有效、方便的网络接口程序集合。网络操作系统的特点是自治性、互联性、统一性和资源共享等。

分布式操作系统是为分布式计算机系统配置的操作系统,分布式计算机系统是由多台计算机组成的一种特殊计算机网络。分布式操作系统是网络操作系统的更高级形式,其特征是系统中所有主机使用同一个操作系统,可以实现资源的深度共享,系统透明、自治。分布式操作系统的各个计算机间相互通信,无主从关系,资源为所有用户所共享,若干个计算机相互协作共同完成一项任务,系统更加健壮。

4. 嵌入式操作系统

嵌入式操作系统是以应用为中心,以计算机技术为基础,软硬件可裁剪,对功能、可靠性、成本、体积、功耗等指标有严格要求的专用计算机系统。嵌入式操作系统多用于机电设备、仪器仪表等具有专用控制功能的设备上,多采用微内核结构,操作系统精简,只包含必要的功能,如处理及调度、基本存储管理、通信机制等。

嵌入式操作系统具有系统内核小、专用性强、系统精简、高实时性等特点。随着电子产业的发展,嵌入式技术正改变着传统的工业生产、社会生活和服务方式,是计算机技术进入微型计算机技术发展阶段的一种指示。

5. 服务器操作系统

服务器操作系统是运行在服务器上的操作系统。大型个人计算机和工作站都可以配置为服务器,通过网络同时为多个用户服务,并允许用户共享软硬件资源。服务器可提供的功能包括打印服务、文件服务、Web 服务等。典型的服务器操作系统包括 UNIX,Linux,Windows 2000 server 等。

6. 云操作系统

云操作系统又称云计算操作系统,是指构建在服务器、存储、网络等基础硬件资源和单机操作系统、中间件、数据库等基础软件之上,管理海量基础软硬件资源的云平台管理系统。它可以管理和驱动海量服务器、存储等硬件设备,将多种硬件资源逻辑上整合成一台服务器;也可为云应用软件提供统一标准的接口;还可以管理海量的计算任务以及资源调配和迁移。

如果把传统操作系统比喻为一个人,那么云操作系统就类似一个高效协作的团队。在团队中,管理员接收用户提出的任务,并将其拆分为多个小任务分派给不同成员,各成员处理任务后将结果反馈给管理员,管理员汇总结果后交付用户。传统操作系统构建在一台物理服务器上,而云操作系统构建在多台服务器上。云操作系统的核心是虚拟化技术,它将物理资源整合起来后在需要的时候进行动态分配,以提供对外服务。

7. 移动操作系统

移动操作系统是在移动设备上运行的操作系统,比在台式计算机上运行的操作系统简单,能提供无线通信的功能。在移动操作系统出现之前,移动设备一般采用嵌入式操作系统。20 世纪 90 年代 IBM 发布第一台智能手机后,Palm 公司和微软先后推出 PalmOS 和 Windows CE,标志着移动操作系统的诞生。主流的移动操作系统包括 Android(Google)、iOS(Apple 公司)、Windows Mobile(微软)、华为鸿蒙系统(华为技术有限公司)等。

【知识点 3】操作系统的功能

操作系统主要对计算机系统内的所有资源进行有效自动的管理,实现资源合理分配、高效使用。用户只需要通过操作系统提供的简单接口就可以使用计算机中的资源。为了实现这样的目标,操作系统需要具备处理机管理、存储管理、文件管理和设备管理功能。除此而外,操作系统还需要为用户提供人机交互的界面。

1. 处理机管理

(1) 进　程

在多道程序系统中,可能同时有多个运行的程序,它们共享资源,相互之间制约和依赖,轮流使用中央处理器,表现出复杂的行为特性。进程是为了描述并发程序的执行过程而引入的概念,本质上是指正在执行的一个程序。地址空间和资源集与进程密切相关。其中地址空间中存放有可执行程序、程序数据以及程序的堆栈;资源集包括寄存器(程序计数器和堆栈指针)、打开文件的清单、有关进程清单,以及运行该程序所需要的所有其他信息。

进程和程序是有区别的。假设你的母亲正在厨房里制作一道美食,她有这道美食的食谱,厨房里有制作这道美食所需要的各种原料。这里的食谱就是程序(用适当形式描述的算法),母亲就是中央处理器,各种原料就是输入数据。进程就是母亲阅读食谱、取来各种原料以及制作美食等一系列动作的总和。假如这时你正在上网课,网络因欠费而断网了,需要交费才能上网。于是母亲就记录下当前照着食谱做到哪一步(保存进程的当前状态),然后拿出手机,按照提示交费。这里中央处理器从一个进程(制作美食)切换到另一个更高优先级的进程(缴纳上网费用),每个进程拥有自己的程序(食谱和缴费流程)。交完费用后,母亲回来继续制作美食,从她离开时的那一步继续做下去。从这个例子可以看出:进程是动态的,程序是静态的;进程是暂时的,程序是永久的;进程由程序、数据和进程控制块组成,其中进程控制块是进程的身

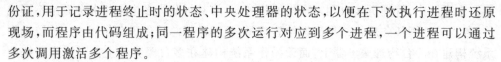

份证,用于记录进程终止时的状态、中央处理器的状态,以便在下次执行进程时还原现场,而程序由代码组成;同一程序的多次运行对应到多个进程,一个进程可以通过多次调用激活多个程序。

（2）线　程

在许多应用中会同时发生多种动作。比如在某网页上看视频,会有一个下载动作,将视频数据从服务器上下载下来;还有一个读取动作,将数据读取出来;再有一个渲染动作,将数据渲染成图像播放出来;下载、读取和渲染可以并行进行。这些动作其实是线程。通过将这些应用程序分解成可以准并行运行的多个顺序线程,程序设计模型会变得更简单。此外,线程比进程更轻量级,创建起来更快,也更容易撤销。

线程是操作系统能够进行调度的最小单位,包含在进程中。换句话说,进程含有一个或多个线程。每个进程内部的所有线程都可以并发,所属不同进程的线程之间也可以并发。进程是分配资源的基本单位,线程中只含有必要的资源,所有线程共享所属进程的资源,因此进程之间的切换所需的代价比线程之间的切换代价大。

当一个进程包含一个线程时,即为单线程。在单线程下,该线程就是主线程,代码在主线程中顺序执行,无法并发执行,也容易造成代码阻塞。当一个进程包含多个线程时,即为多线程。在多线程下,有一个主线程和多个子线程,两者都是独立的单元,执行时互不影响,可以并发执行;每个线程拥有进程的所有共享资源,在任何时候都可以被挂起,便于其他线程运行;线程之间可以共享内存,能避免代码阻塞,并且提高程序的运行性能。需要注意的是,在多线程方法中,需要添加自动释放池。

（3）进程管理

进程管理就是对进程的运行过程进行管理,也就是对中央处理器的管理,其功能是跟踪和控制所有进程的活动,分配和调度中央处理器,协调进程的运行步调,最大限度地发挥中央处理器的处理能力,提高进程的运行效率。在任何多道程序系统中,中央处理器由一个进程快速切换至另一个进程,使每个进程各运行几十或几百毫秒。实际上,在某个瞬间,中央处理器只能运行一个进程,但在人类能感知的 1 s 内,它可能运行了多个进程,这样就产生了并行的错觉。这种并行,与多处理器系统的硬件并行有所区别,它不是真正的并行,也称为伪并行。为了描述这种伪并行,设计者们提出了顺序进程的进程模型。在进程模型中,计算机上所有可运行的软件(包括操作系统),都被组织成若干顺序进程。一个进程就是一个正在执行程序的实例,每个进程拥有自己的虚拟中央处理器,实际上,真正的中央处理器在各个进程间切换。

单个处理器可以被若干进程共享,并使用某种调度算法决定何时停止一个进程的工作,转而为另一个进程提供服务。操作系统通常在以下情况下创建进程:系统初始化、执行了正在运行的进程所调用的进程创建系统调用、用户请求创建一个新进程、一个批处理作业的初始化。启动操作系统时,通常会创建若干个进程。其中有些是前台进程,同用户交互并替其完成工作;其他的是后台进程,与特定的用户没有关系,但具有某些专门功能。停留在后台处理的进程称为守护进程。除了在启动阶段创建进程之外,新进程也可以之后创建。

进程被创建后,它运行并完成其工作。它有终止的时候,通常由以下条件引起:正常退出、出错退出、严重错误和被其他进程杀死。前两种条件下的终止是进程自愿的,后两种条件下的终止是进程非自愿的。多数进程都是由于完成了工作而终止。有些进程在发现了严重错误的情况下,会弹出一个对话框,要求用户再试一次。有些进程出错是由进程本身引起的,或者说是由程序中的错误引起的,如执行了一条非法指令、应用了不存在的内容等。某个进程也有可能执行一个系统调用通知操作系统杀死其他进程。

每个进程都是一个独立的实体,有其自己的程序计数器和内部状态,但进程之间也经常需要相互作用,一个进程的输出结果可能作为另一个进程的输入。每个进程也都有 3 种状态:运行态、就绪态和阻塞态。运行态时,进程实际占用中央处理器;就绪态下,进程可运行,但因为其他进程正在运行而暂停;阻塞态下,除非某种外部事件发生,否则进程不能运行。3 种状态之间的转换关系如图 2-1 所示。

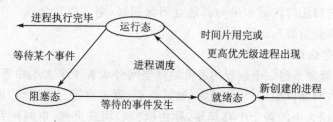

图 2-1 进程状态转换

当进程刚被创建时,首先进入就绪态,当调度程序调度该进程时,进程进入运行态。进程运行完成,即分配给该进程的时间片用完,或者有更高优先级的进程出现时,进程回到就绪态。进程运行过程中,如果需要等待某个事件发生(比如等待输入),进程进入阻塞态。进程在该事件发生后进入就绪态,重新参与调度,直到进程再次被调度回到运行态并运行完毕。

2. 存储管理

在计算机系统启动过程中,操作系统内核程序被装入内存的固定区域,这些供内核使用的存储单元统称为系统区,其余存储单元称为用户区。系统区已经被分配给操作系统使用,所以操作系统只需对其进行保护,禁止用户程序直接访问即可。因此,存储管理主要是对用户区存储单元进行管理。存储管理的目的是提高主存储器的利用率,方便用户使用主存储空间。存储管理的主要功能包括存储空间的分配和回收、重定位、存储空间的共享与保护、虚拟存储等。基本的存储管理方法有分区存储管理、分页存储管理、分段存储管理、段页式存储管理以及虚拟存储管理。

(1)分区存储管理

分区存储管理有两种不同的方式:固定分区、可变分区。固定分区存储管理是预先把可分配的主存储器空间分割成若干个连续区域,每个区域的大小可以相同,也可以不同。为了说明各分区的分配和使用情况,存储管理须设置一张主存分配表。主存分配表指出各分区的起始地址和长度,表中的占用标志位用来指示该分区是否被占用了,当占用的标志位为"0"时,表示该分区尚未被占用。进行主存分配时总是选择那些标志为"0"的分区,当某一分区被分配给一个作业后,则在占用标志栏填上占用该分区的作业名。采用固定分区存储管理,主存空间的利用率不高。可变分区存储管理是按作业的大小来划分分区。当要装入一个作业时,根据作业需要的主存量查看主存中是否有足够的空间。若有,则按需要量分割一个分区分配给该作业;若无,则令该作业等待主存空间。由于分区的大小是按作业的实际需要量来定的,且分区的个数也是随机的,所以它可以克服固定分区存储管理中的主存空间的浪费。随着作业的装入、撤离,主存空间被分成许多个分区,有的分区被作业占用,而有的分区是空闲的。当一个新的作业要求被装入时,必须找一个足够大的空闲区,把作业装入该区。如果找到的空闲区大于作业需要量,则作业被装入后又把原来的空闲区分成两部分:一部分被作业占用了;另一部分又被分成为一个较小的空闲区。当某个作业结束撤离时,它归还的区域如果与其他空闲区相邻,则可将其合成一个较大的空闲区,以利于大作业的装入。

(2)分页存储管理

分页存储管理是将一个进程的逻辑地址空间分成若干个大小相等的片,称为页面或页,并为各页加以编号,从0开始,如第0页、第1页等。相应地,也把内存空间分成与页面相同大小的若干个存储块,称为(物理)块或页框,也同样为它们加以编号,如0#块、1#块等。在为进程分配内存时,以块为单位将进程中的若干个页分别装入多个可以不相邻接的物理块中。由于进程的最后一页经常装不满一块而形成了不可利用的碎片,称之为页内碎片。

(3)分段存储管理

在分段存储管理中,作业的地址空间被划分为若干个段,每个段定义了一组逻辑信息。例如,有主程序段 MAIN、子程序段 X、数据段 D 及栈段 S 等。每个段都有自己的名字。为了简单起见,通常可用一个段号来代替段名,每个段都从0开始编址,并采用一段连续的地址空间。段的长度由相应的逻辑信息组的长度决定,因而各段长度不等。由于整个作业的地址空间是被分成多个段的,因而是二维的,其逻辑地址由段号(段名)和段内地址所组成。

(4)段页式存储管理

段页式存储管理的基本原理,是分段存储管理和分页存储管理原理的结合,即先将用户程序分成若干个段,再把每个段分成若干个页,并为每一个段赋予一个段名。

(5)虚拟存储管理

当程序的存储空间要求大于实际的内存空间时,就使得程序难以运行了。虚拟存储技术就是利用实际内存空间和相对大得多的外部储存器存储空间相结合构成一个远远大于实际内存空间的虚拟存储空间,程序就运行在这个虚拟存储空间中。虚拟存储能够实现的依据是程序的局部性原理,即程序在运行过程中经常体现出运行在某个局部范围之内的特点。在时间上,经常运行相同的指令段和数据(称为时间局部性);在空间上,经常运行某一局部存储空间的指令和数据(称为空间局部性)。有些程序段不能同时运行或根本得不到运行。虚拟存储是把一个程序所需要的存储空间分成若干页或段,程序运行时用到页和段时就将其放在内存里,暂时不用就将其放在外存中。当用到外存中的页和段时,就把它们调到内存中,反之就把它们送到外存中。装入内存中的页或段可以分散存放。

3. 文件管理

计算机系统中的软件资源包括各种系统程序、各种应用程序、各种用户程序,也包括大量的文档材料、库函数等。每一种软件资源都是具有一定逻辑意义的相关信息的集合,在操作系统中它们以文件形式存储。操作系统对这部分软件资源的管理是以文件方式进行的,承担这部分功能的模块就是文件管理模块,也叫文件管理系统,简称文件系统。

文件系统是操作系统中有效管理和控制文件的模块,通过引入文件的概念,提供文件的按名存取功能。用户只需给出文件名和相关的操作,无须关心文件内容在存储介质上的存储形式,以及文件内容的存取细节。这使得用户可以摆脱对底层软件处理和复杂硬件特性的依赖,实现对数据的存储、检索和保护。文件系统的主要功能包括文件内容的组织、文件和目录管理、文件存储空间管理、文件系统的接口管理、文件的共享与安全性管理。文件系统的类型包括 FAT 文件系统、NTFS 文件系统、exFAT 文件系统等。

(1) FAT 文件系统

FAT 文件系统的核心是文件分配表(FAT),它是一个驻留在卷最"顶部"的表。FAT 文件系统又分为 FAT16 文件系统和 FAT32 文件系统。计算机将信息保存在硬盘上称为簇的区域内,使用的簇越小,保存信息的效率就越高。FAT16 文件系统在 Windows 2000 下支持的最大分区为 4 GB。分区越大,簇就越大,存储效率就越低,这势必造成存储空间的浪费。FAT32 文件系统是随着计算机硬件和应用的不断提高而推出的,它在 Windows 2000 下可以支持的磁盘分区大小达到 32 GB,但是不能支持小于 512 MB 的分区。由于采用了更小的簇,FAT32 文件系统可以更有效率地保存信息。假如两个分区的大小都为 2 GB,一个分区采用了 FAT16 文件系统,另一个分区采用了 FAT32 文件系统,则采用 FAT16 文件系统的分区的簇的大小为 32 KB,而采用 FAT32 文件系统的分区的簇的大小只有 4 KB。但当分区大小在 8～16 GB 时,簇的大小为 8 KB;当分区大小在 16～32 GB 时,簇的大小则达到了 16 KB。

（2）NTFS 文件系统

相对于 FAT32 文件系统，NTFS 文件系统能够更加有效地管理磁盘空间。NT-FS 文件系统是一个基于安全性的文件系统，是 Windows NT 所采用的独特的文件系统结构。它是一种建立在保护文件和目录数据基础上，兼顾节省存储资源、减少磁盘占用量的先进的文件系统。NTFS 文件系统采用了更小的簇。对于 Windows 2000 下的 NTFS 文件系统，当分区的大小在 2 GB 以下时，簇的大小都比相应的 FAT32 文件系统的簇小；当分区的大小在 2 GB 以上（2 GB～2 TB）时，簇的大小都为 4 KB。NTFS 文件系统具备错误预警功能、磁盘自我修复功能和日志功能。错误预警功能是指在 NTFS 分区中，如果 MFT 所在的磁盘扇区恰好出现损坏，NTFS 文件系统会比较智能地将 MFT 换到硬盘的其他扇区，保证了文件系统的正常使用，也就是保证了系统的正常运行。而 FAT16 文件系统和 FAT32 文件系统的 FAT 则只能固定在分区引导扇区的后面，一旦遇到扇区损坏，整个文件系统就会瘫痪。磁盘自我修复功能是指 NTFS 文件系统可以对硬盘上的逻辑错误和物理错误进行自动侦测和修复。在每次读写时，它都会检查扇区正确与否。当读取发现错误时，NTFS 文件系统会报告这个错误；当向磁盘写文件发现错误时，NTFS 文件系统会换一个完好位置存储数据。日志功能是指在 NTFS 文件系统中的任何操作都可以被看成是一个事件。事件日志一直监督着整个操作，当它在目标地发现了完整文件，就会标记"已完成"。假如复制中途断电，事件日志中就不会记录"已完成"，NTFS 文件系统可以在通电后重新完成刚才未完成的事件。

（3）exFAT 文件系统

exFAT 文件系统是扩展 FAT 文件系统，是为了满足个人移动存储设备在不同操作系统上日益增长的需求而设计的新文件系统，可解决 FAT32 文件系统不支持 4 G 及更大文件的问题，多用于存储媒体文件，允许无缝连接台式计算机和便携式媒体设备。exFAT 文件系统的簇的大小可高达 32 MB，单文件大小理论上最大可达 16 EB（16×1 024×1 024 GB，1 TB＝1 024 GB），同一目录下最大文件数可达 65 536 个。

4. 设备管理

在计算机硬件系统中，不同的设备在工作方式、物理特性等方面差异很大。为了实现设备与主计算机系统之间的连接和数据传输，设备厂家应按照一系列国际标准设计和制作硬件，软件开发也遵循这些标准编写程序，从而在设备与主计算机系统进行连接时，可以减少特性差异。这也需要操作系统提供设备管理功能。操作系统设备管理的主要功能包括设备的数据传输控制、快速设备和慢速设备之间的缓冲管理等。

（1）设备分类

设备管理主要针对输入/输出设备。从设备使用特性、数据传输速率、信息交换的单位、设备共享属性等角度出发，可将输入/输出设备进行不同的分类。按设备使用特性可分为存储设备和输入/输出设备；按数据传输速率可分为低速设备、中速设

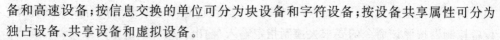

备和高速设备;按信息交换的单位可分为块设备和字符设备;按设备共享属性可分为独占设备、共享设备和虚拟设备。

(2) 接口信号线

通常,设备并不是直接与中央处理器进行通信,而是与设备控制器进行通信。因此,在输入/输出设备中应该含有与设备控制器间的接口,在该接口中有 3 种类型的信号,各对应一条信号线。数据信号线用于在设备和设备控制器之间传送数据信号。对输入设备而言,由外界输入的信号经转换器转换后所形成的数据,通常先被送入缓冲器中,当数量达到一定的比特(字符)数后,再通过一组信号线将其从缓冲器传送到设备控制器。对输出设备而言,则先将经过数据信号线从设备控制器传送来的一批数据暂存于缓冲器中,经转换器做适当转换后,再逐个字符输出。作为由设备控制器向输入/输出设备发送控制信号时的通路,控制信号线规定了设备将要执行的操作,如读操作(指由设备向设备控制器传送数据)或写操作(由设备控制器接收数据),或执行磁头移动等操作。状态信号线用于传送设备当前状态的信号,设备的当前状态有正在读(或写)和设备已读(写)完成,并准备好新的传送数据。

(3) 设备控制器

设备控制器是计算机中的一个实体,其主要职责是控制一个或多个输入/输出设备,以实现输入/输出设备和计算机之间的数据交换。它是中央处理器与输入/输出设备之间的接口,接收从中央处理器发来的命令,并控制输入/输出设备工作,以使中央处理器从繁杂的设备控制事务中解脱出来。设备控制器是一个可编址的设备,当它仅控制一个设备时,它只有一个唯一的设备地址;若设备控制器可连接多个设备时,则它应该含有多个设备地址,并使每个设备地址对应一个设备。

(4) 输入/输出通道

虽然在中央处理器与输入/输出设备之间增加设备控制器后,可以大大减少中央处理器对输入/输出的干预,但是当主机所配置的外围设备很多时,中央处理器的负担仍然很重,因此,在中央处理器和设备控制器之间又增设了输入/输出通道。输入/输出通道的控制方式有 4 种:程序查询方式、中断方式、直接存储器访问(DMA)方式和通道方式。

在早期的计算机系统中,由于无中断机构,处理机对输入/输出设备的控制采取程序查询方式,或称为忙-等待方式。在处理机向设备控制器发出一条输入/输出指令启动输入设备输入数据时,要同时把状态寄存器中的忙/闲标志 busy 设置为 1;然后便不断地循环测试 busy,只有当其为 0 时,表示输入数据已经被送入设备控制器的数据寄存器中;于是处理机将数据寄存器中的数据取出,送入内存指定单元中,这样便完成了一个字(符)的输入/输出。在程序查询方式中,由于中央处理器的高速性和输入/输出设备的低速性,致使中央处理器的绝大部分时间都处于等待输入/输出设备完成数据输入/输出的循环测试中,造成对中央处理器的极大浪费。

在中断方式下,当某进程要启动某个输入/输出设备工作时,便由中央处理器向相应的设备控制器发出一条输入/输出命令,然后它立即返回继续执行原来的任务。设备控制器按照该命令的要求去控制指定输入/输出设备,此时,中央处理器与输入/输出设备并行操作。一旦数据进入数据寄存器,设备控制器便通过控制线向中央处理器发送一个中断信号,由中央处理器检查输入过程是否出错。若无错,便向设备控制器发送取走数据的信号,再通过设备控制器及数据线将数据写入内存指定单元中。在输入/输出设备输入每个数据的过程中,无须中央处理器干预,因而可使中央处理器与输入/输出设备并行工作,仅当完成一个数据输入时,才需中央处理器花费极短的时间去做一些中断处理。

虽然中断方式比程序查询方式更有效,但是它仍是以字(节)为单位进行输入/输出的。每当完成一个字(节)的输入/输出时,设备控制器便要向中央处理器请求一次中断。换言之,采用中断方式时的中央处理器是以字(节)为单位进行干预的,将这种方式用于块设备的输入/输出是非常低效的。例如,为了从磁盘读取 1 KB 的数据块,需要中断中央处理器 1 000 次。为了进一步减少中央处理器对输入/输出的干预而引入了直接存储器访问方式。在这种方式下,数据传输的基本单位是数据块,即在中央处理器与输入/输出设备之间,每次传送至少一个数据块。所传送的数据是从设备直接被送入内存的,或者相反。仅在传送一个或多个数据块的开始和结束时,需要中央处理器干预,整块数据的传送是在设备控制器的控制下完成的。

虽然直接存储器访问方式比起中断方式已经显著地减少了中央处理器的干预,即已由以字(节)为单位的干预减少到以数据块为单位的干预。但中央处理器每发出一条输入/输出指令,也只能去读(或写)一个连续的数据块,而当需要一次去读多个数据块且将它们分别传送到不同的内存区域(或者相反)时,则须由中央处理器分别发出多条输入/输出指令及进行多次中断才能完成。通道方式是直接存储器访问方式的发展,它可以进一步减少中央处理器的干预,即把对一个数据块的读(或写)为单位的干预减少为对一组数据块的读(或写)及有关的控制和管理为单位的干预。同时,它可以实现中央处理器、输入/输出通道、输入/输出设备的并行操作,提高资源利用率。

(5)缓冲技术

在输入/输出设备与处理机交换数据时都用到了缓冲区。其主要作用是缓和中央处理器和输入/输出设备间速度不匹配的矛盾,减少对中央处理器的中断频率,放宽对中央处理器中断响应时间的限制,提高中央处理器和输入/输出设备之间的并行性。缓冲技术包括单缓冲、双缓冲、循环缓冲和缓冲池。

在单缓冲下,每当用户进程发出一个输入/输出请求时,操作系统便在主存中为之分配一个缓冲区。假定从磁盘把一块数据输入缓冲区的时间为 t_1,操作系统将该缓冲区中的数据传送到用户区的时间为 t_2,而中央处理器对这一块数据的处理(计算)时间为 t_3。由于把数据块从磁盘输入缓冲区和中央处理器对数据块的处理是可以并行的,故当 $t_1 > t_3$ 时,系统对每一块数据的处理时间为 $t_2 + t_1$;反之,则为 $t_2 +$

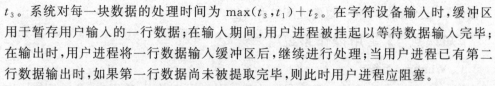

t_3。系统对每一块数据的处理时间为 $\max(t_3,t_1)+t_2$。在字符设备输入时,缓冲区用于暂存用户输入的一行数据;在输入期间,用户进程被挂起以等待数据输入完毕;在输出时,用户进程将一行数据输入缓冲区后,继续进行处理;当用户进程已有第二行数据输出时,如果第一行数据尚未被提取完毕,则此时用户进程应阻塞。

为了加快输入和输出的速度,提高设备利用率,人们又引入了双缓冲区机制,也称为缓冲对换。在设备输入时,先将数据送入第一缓冲区,将其装满后便转向第二缓冲区。此时操作系统可以从第一缓冲区中移出数据,并送入用户进程,接着由中央处理器对数据进行计算。在双缓冲时,系统处理一块数据的时间可以被粗略地认为是 $\max(t_3,t_1)$。如果 $t_3<t_1$,则块设备可连续输入;如果 $t_3>t_1$,则中央处理器可不必等待设备输入。对于字符设备,若采用行输入方式,则采用双缓冲通常能消除用户的等待时间,即用户在输入完第一行后,在中央处理器执行第一行中的命令时,用户可继续向第二缓冲区输入下一行数据。

当输入与输出的速度基本相匹配时,采用双缓冲能获得较好的效果,可使输入和输出基本上能并行操作。但若两者速度相差甚远,双缓冲的效果则不够理想。因此,又引入了多缓冲机制,可将多个缓冲组织成循环缓冲形式。对于用作输入的循环缓冲,通常是提供给输入进程或计算进程使用,输入进程不断向空缓冲区输入数据,而计算进程则从中提取数据进行计算。

上述的缓冲区仅适用于某特定的输入/输出进程和计算进程,因而它们属于专用缓冲。当系统较大时,将会有许多这样的循环缓冲,这样会消耗大量的内存空间,而且其利用率不高。为了提高缓冲区的利用率,引入缓冲池,在池中设置了多个可供若干个进程共享的缓冲区。

对于既可以用于输入又可以用于输出的共用缓冲池,其中至少应包含以下 3 种类型的缓冲区:空(闲)缓冲区、装满输入数据的缓冲区、装满输出数据的缓冲区。为了方便管理,将相同类型的缓冲区连成一个队列,形成了空缓冲队列、输入队列、输出队列。此外,还应设置 4 种工作缓冲区:用于收容输入数据的工作缓冲区、用于提取输入数据的工作缓冲区、用于收容输出数据的工作缓冲区、用于提取输出数据的工作缓冲区。缓冲区可以工作在收容输入、提取输入、收容输出、提取输出 4 种工作方式下。

5. 人机交互界面

操作系统可提供的人机交互界面包括命令界面、图形界面和程序界面。在命令界面下,用户需要根据操作系统提供的一套命令在提示符后从键盘输入命令,系统的命令解释程序对其进行分析后,调用操作系统中相应模块完成所需求功能,并输出执行结果给用户。在图形界面下,用户操作起来比较方便。图形界面是现代大部分操作系统所采用的交互方式,它将命令形式改为图形提示和鼠标点击。用户可利用鼠标、窗口、菜单、图标等直观有效地使用操作系统提供的各种服务。程序界面主要指系统调用界面,是面向编程用户的交互界面。用户可将操作系统提供的系统调用命令按需写入自己的程序中,以完成所需求功能。

【知识点 4】常用操作系统

1. Windows 系统

Windows 操作系统是由微软开发的基于图形用户界面、单用户、多任务的操作系统,又称为视窗操作系统。随着计算机硬件和软件的不断升级,Windows 操作系统也在不断升级,从架构的 16 位、32 位再到 64 位,系统版本从最初的 Windows 1.0 到大家熟知的 Windows 95,Windows 98,Windows 2000,Windows XP,Windows Vista,Windows 7,Windows 8,Windows 8.1,Windows 10,Windows 11 和 Windows Server 服务器企业级操作系统。

微软从 1983 年开始研发 Windows 操作系统,最初的研发目标是在 MS-DOS 的基础上提供一个多任务的图形用户界面。第一个版本 Windows 1.0 于 1985 年问世,它是一个具有图形用户界面的系统软件。1987 年,微软推出了 Windows 2.0,其最明显的变化是采用了相互叠盖的多窗口界面形式。1990 年,微软推出的 Windows 3.0 成为一个重要的里程碑,它确定了 Windows 操作系统在个人计算机领域的垄断地位,Windows 操作系统窗口界面的基本形式也是从 Windows 3.0 开始被基本确定的。之后微软不断更新升级 Windows 操作系统,其中 Windows XP 是个人计算机的一个重要里程碑,它集成了数码媒体、远程网络等最新的技术规范,还具有很强的兼容性,外观清新美观,能够带给用户良好的视觉享受。Windows XP 的功能几乎包含了计算机领域的所有需求。2015 年,微软正式发布计算机和平板计算机操作系统 Windows 10,它恢复了原来的开始菜单,并可在设置中选择开始菜单全屏,大大满足了不同用户的喜好。2021 年 10 月,微软推出 Windows 11 正式版操作系统,它提供了许多创新功能,旨在支持当前的混合工作环境,侧重于在灵活多变的全新体验中提高最终用户的工作效率。

Windows 系列网络操作系统也先后推出多个版本。1993 年,微软推出的 32 位网络操作系统 Windows Server NT,是面向分布式图形应用程序的完整的交叉平台系统。2003 年,微软推出的 Windows Server 2003 是 Windows Server NT4.0 的后续版本,它增加了许多新的功能,在实用性、可靠性、安全性和网络功能等方面都得到了加强,适应了信息技术发展和应用的需要。2012 年,微软推出的 Windows Server 2012 是 Windows 8 的服务器版本,可向企业和服务提供商提供可伸缩、动态、支持多租户以及通过云计算得到优化的基础结构,包括虚拟化技术、Hyper-V、云计算、构建私有云等新特性。2021 年 11 月,微软发布了 Windows Server 2022。对于 Windows Server 社区和更广泛的生态系统来说,它是一个重要的里程碑,在 Windows Server 容器平台、应用程序兼容性和容器化工具方面带来了诸多创新和功能改进。

当计算机的体积不断变小,发展成掌上计算机的形态时,Windows 操作系统自然也延伸到这类便携式产品的领域。然而,掌上计算机在续航能力、显示屏幕、输入

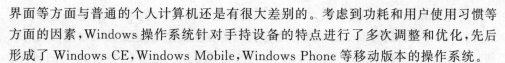

界面等方面与普通的个人计算机还是有很大差别的。考虑到功耗和用户使用习惯等方面的因素，Windows 操作系统针对手持设备的特点进行了多次调整和优化，先后形成了 Windows CE，Windows Mobile，Windows Phone 等移动版本的操作系统。

2. UNIX 系统

UNIX 系统是使用最早、影响也比较大的一种操作系统，一般用于较大规模的计算机。UNIX 系统在计算机操作系统的发展史上占有重要地位，它对已有技术做了精细、谨慎而有选择的继承和改造，并且在操作系统的总体设计构想等方面有所发展。UNIX 系统是一个多任务、多用户的分时系统。其主要特点有：提供可编程的命令语言；具有输入/输出缓冲技术，主存和磁盘的分配与释放可以高效、自动地进行；提供了许多程序包，如文本编辑程序、SHELL 语言解释程序、用户通信程序等；网络通信功能强。

在 1970 年以前，只有面向批处理作业的操作系统，这样的系统对于需要立即得到响应的用户来说太慢了。肯·汤普森在对当时现有技术进行精选提炼和改进的过程中，于 1969 年在小型计算机上开发 UNIX。1972 年，丹尼斯·里奇开发出 C 语言，它被用来改写原来用汇编语言编写的 UNIX，由此产生了 UNIX Version Ⅴ。1974 年，肯·汤普森和丹尼斯·里奇正式向外界披露 UNIX 系统。当时，PDP - 11 系列小型计算机在世界各地已经得到广泛应用，UNIX 系统一经开发便被广泛配备于美国各大学的 PDP-11 系列小型计算机上，由此为 UNIX 的广泛应用创造了物质条件。1978 年，UNIX Version Ⅵ被发布，随后又于 1979 年被用于 VAX-11 超级小型计算机。之后，UNIX 不断出现各种新的版本。美国电话电报公司分别于 1981 年和 1983 年发布 AT&T UNIX System Ⅱ和 UNIX SystemV。美国加州大学伯克莱分校也先后发布了 UNIX 的版本 BSD4.1、BSD4.2 和 BSD4.3。UNIX 的用户日益增多，应用范围也日益扩大。无论是在各种类型的微型计算机、小型计算机，还是在中、大型计算机，以及在计算机工作站甚至个人计算机上，UNIX 都被广泛应用。

3. Linux 系统

Linux 是一种可以运行在个人计算机上的开源操作系统，它由赫尔辛基大学的学生林纳斯·本纳第克特·托瓦兹在 1991 年开发。Linux 源代码在网络上公开后，世界各地的编程爱好者自发组织起在网络环境下对其开发完善，因此它有与生俱来的强大的网络功能。现在 Linux 主要流行的版本有 Red Hat Linux，Turbo Linux，我国自己开发的版本有红旗 Linux、蓝点 Linux 等。

Linux 的设计与 UNIX 类似，经过不断变革，它已可以在各种硬件（从手机到超级计算机）上运行。每个基于 Linux 的操作系统都包含 Linux 内核（管理着硬件资源）和一组软件包（构成了操作系统的其余部分）。操作系统中包含一些常见的核心组件，这些组件允许用户管理内核提供的资源、安装其他软件、配置性能和安全设置等。所有这些组件捆绑在一起，就构成了一个功能正常的操作系统。由于 Linux 是一个开源操作系统，因此不同 Linux 发行版之间的软件组合可能会有所不同。

对比 Linux 和 UNIX 可以发现：首先，两者之间的授权方式不同。UNIX 对源代码实行知识产权保护，而 Linux 是开发源代码的自由软件，这也是两者之间最大的区别。其次，UNIX 和 Linux 不存在技术上的传承关系，更多的是理念上的传承。Linux 在理念上继承了 UNIX 的许多优良传统，例如强大的网络功能、完善的命令以及良好的健壮性与稳定性。Linux 并没有使用 UNIX 的一行代码，是完全从头构建的操作系统。因此，Linux 不是 UNIX 的衍生版，它是一个全新的操作系统。

4. macOS

macOS 是 Apple 公司为其 Macintosh 计算机设计的操作系统，是最早的图形用户界面操作系统，具有很强的图形处理能力。macOS 被公认为是微型计算机或图形工作站等机器上较好的操作系统之一。它的用户界面设计打破了菜单与层级，用平铺式的多屏设计将每一个应用平铺在用户面前，使用户能以最快速度找到自己喜欢的应用。但是 macOS 是一个封闭的系统，只有 Apple 公司自己的产品能用，这也是其最大的缺点。

5. 中标麒麟系统

中标麒麟操作系统来源于中标软件有限公司的操作系统"中标 Linux"和国防科技大学研制的操作系统"银河麒麟"，是两大开发方于 2010 年战略合作的产物。它主要采用强化的 Linux 内核，分成桌面版、通用版、高级版和安全版等。中标麒麟桌面操作系统是一款面向桌面应用的图形化桌面操作系统，针对 X86 及龙芯、申威、众志、飞腾等国产中央处理器平台进行自主开发，可实现对 X86 及国产中央处理器平台的支持。通过进一步对硬件外围设备的适配支持、对桌面应用的移植优化和对应用场景解决方案的构建，它可满足项目支撑、应用开发和系统定制的需求。中标麒麟通用服务器操作系统用于部署和管理中小型企业级和部门级应用服务，为用户提供高性能处理能力和高可靠性。中标麒麟高级服务器操作系统是依照 CMMi5 标准研发、发行的国产 Linux 操作系统，是针对关键业务及数据负载而构建的高可靠、易管理、一站式 Linux 服务器操作系统。中标麒麟安全操作系统可防止关键数据被篡改、被窃取，系统免受攻击，保障关键应用安全、可控和稳定地对外提供服务。

6. iOS 系统

iOS 系统是由 Apple 公司开发的移动操作系统。Apple 公司最早在 2007 年 1 月的 Macworld 大会上发布这个系统。它最初是 Apple 公司为 Apple 手机（iPhone）设计的，后来被陆续用于 Apple 多媒介体播放设备（iPod touch）、Apple 平板计算机（iPad）上。iOS 的系统架构和 macOS 的基础架构相似。站在高级层次来看，iOS 扮演底层硬件和应用程序的中介，创建的应用程序不能直接访问硬件，而需要和系统接口进行交互，系统接口再去和适当的驱动打交道。这种方式可以防止应用程序改变底层硬件。iOS 与 Apple 公司的 macOS 一样，属于封闭系统，只有 Apple 公司自己的产品能用。

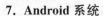

7. Android 系统

Android 一词的本义指"机器人",同时也是 Google 于 2007 年宣布的基于 Linux 平台的开源手机操作系统的名称。该平台由操作系统、中间件、用户界面和应用软件组成,主要应用于移动设备(如智能手机和平板计算机),是一个开放的操作系统。Android 的系统架构简洁、用户界面设计友好,其核心开发者 Google,之前并非手机制造商,这使得 Android 系统兼容性更好。

Android 的系统架构和其他操作系统一样,采用了分层的架构。从架构图看,Android 分为 4 个层,从高层到低层分别是应用程序层、应用程序框架层、系统运行库层和 Linux 内核层。Android 通常与一系列核心应用程序包一起被发布,该应用程序包有客户端、SMS 短消息程序、日历、地图、浏览器、联系人管理程序等。Android 包含一些 C/C++库,这些库可被 Android 系统中不同的组件调用,通过 Android 应用程序框架为开发者提供服务。

8. 华为鸿蒙系统

华为鸿蒙系统(HarmonyOS)是华为技术有限公司在 2019 年 8 月正式发布的操作系统,是一款全新的面向全场景的分布式操作系统。基于该系统可创造一个超级虚拟终端互联的世界,将人、设备、场景有机地联系在一起,将用户在全场景生活中接触的多种智能终端实现极速发现、极速连接、硬件互助、资源共享,用合适的设备提供场景体验。

华为鸿蒙系统具备分布式软总线、分布式数据管理和分布式安全三大核心能力。分布式软总线让多设备融合为一个设备,带来设备内和设备间高吞吐、低时延、高可靠的流畅连接体验。分布式数据管理让跨设备数据访问如同访问本地,大大提升跨设备数据远程读写和检索性能等。分布式安全确保正确的人用正确的设备正确使用数据。当用户进行解锁、付款、登录等行为时,系统会主动提出认证请求,并通过分布式技术可信互联能力,协同身份认证确保正确的人;华为鸿蒙系统能够把手机的内核级安全能力扩展到其他终端,进而提升全场景设备的安全性,通过设备能力互助,共同抵御攻击,保障智能家居网络安全;华为鸿蒙系统通过定义数据和设备的安全级别,对数据和设备都进行分类分级保护,确保数据流通安全可信。

任务二 应用操作系统

【任务描述】

Windows 7 是一款集娱乐、办公、管理和安全于一体的操作系统。本任务主要介绍 Windows 7 的一些基本操作,如系统启动与退出、桌面和窗口设置、文件和文件夹操作等。

【任务内容与目标】

内　容	1. 系统启动与退出； 2. 桌面设置； 3. 窗口设置； 4. 文件和文件夹操作
目　标	1. 了解 Windows 7 的启动、退出方法； 2. 了解 Windows 7 的桌面与窗口设置； 3. 掌握 Windows 7 的文件和文件夹操作

【知识点 1】系统启动与退出

在计算机中安装好 Windows 7 后，启动计算机的同时就会随之进入操作系统。首先按下计算机显示器的电源按钮，然后按下计算机主机的电源按钮，计算机会自动地启动并首先进行开机自检，如图 2-2 所示。自检界面中将显示计算机主板、内存、显卡显存等信息。

图 2-2　启动 Windows 7

系统成功自检后会进入开机界面，如图 2-3 所示，显示计算机的用户名和登录密码。单击需要登录的用户名，在该用户名下方的文本框中输入登录密码，然后按 Enter 键。如果密码正确，经过几秒钟后，系统会成功进入 Windows 7 桌面。

计算机系统的退出和家用电器的关闭不同，为了延长计算机的寿命，用户要学会正确退出系统的方法。常见的关机方法有两种，使用系统关机和手动关机。

使用系统关机：单击"开始"按钮，在弹出的"开始"菜单中单击"关机"按钮，如图 2-4 所示。

手动关机：用户在使用计算机的过程中，可能会出现非正常情况（包括蓝屏、花屏和死机等现象）。这时用户不能通过"开始"菜单退出系统，需要按下主机的电源按钮几秒钟，这样主机就会关闭，然后关闭显示器的电源按钮即可完成手动关机操作。

图 2 - 3 进入 Windows 7 开机界面

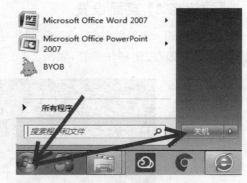

图 2 - 4 Windows 7 关机操作

除此之外,退出系统还可以通过注销、切换用户、休眠和睡眠等操作来完成。其他退出系统选项如图 2 - 5 所示。

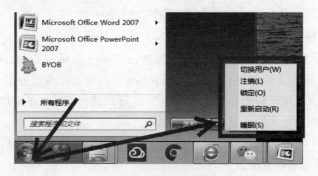

图 2 - 5 其他退出系统选项

所谓注销计算机,是将当前使用的所有程序关闭,但不会关闭计算机,因为 Windows 7 支持多用户共同使用一台计算机上的操作系统。当用户需要退出操作系统时,可以通过"注销"菜单命令,快速切换到用户登录界面。在进行该操作时,用户需要关闭当前运行的程序,保存打开的文件,否则会导致数据丢失。

通过切换用户功能,用户可以退出当前用户,并不关闭当前运行的程序,然后返回到用户登录界面。

休眠是退出 Windows 7 的另外一种方法,选择休眠会保存会话并关闭计算机,此时计算机没有真正关闭,而是进入了一种低耗能的状态。计算机进入休眠状态后,会将正在使用的内容保存在硬盘上,并将计算机上的所有部件断电,所以休眠状态更省电。

睡眠能够以最小的能耗保证计算机处于锁定状态,与休眠状态极为相似。而最大的不同在于,在睡眠状态下不需要按主机的电源按钮,计算机即可恢复到原始状态。

【知识点 2】桌面设置

进入 Windows 7 后,用户首先看到的是桌面。桌面的组成元素主要包括桌面背景、图标、"开始"按钮和任务栏,如图 2-6 所示。

图 2-6　Windows 7 桌面

1. 桌面背景

桌面背景可以是个人收集的数字图片、Windows 7 提供的图片、纯色或带有颜色框架的图片,也可以显示幻灯片图片。Windows 7 自带了很多漂亮的背景图片,用户可以从中选择自己喜欢的图片作为桌面背景。除此之外,用户还可以把自己收藏的精美图片设置为桌面背景。设置步骤如下:

在 Windows 7 桌面上单击鼠标右键,在弹出的快捷菜单中选择"个性化→桌面背景"选项,如图 2-7 所示。

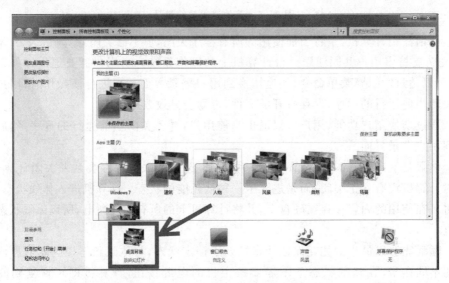

图 2-7　选择"个性化→桌面背景"选项

从已有图库中选择一张自己喜欢的图片充当桌面背景,或者单击"浏览"按钮,从文件夹中选择图片,最后单击"保存修改"按钮即可,如图2-8所示。

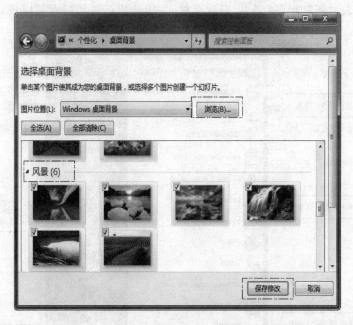

图2-8 设置桌面背景

2. 图 标

在Windows 7中,所有的文件、文件夹和应用程序等都由相应的图标表示。桌面图标一般是由文字和图片组成的,文字说明图标的名称或功能,图片是它的标识符。桌面图标包括系统图标、文件夹图标和应用程序图标,如图2-9所示。

图2-9 Windows 7桌面图标

此外,文件、文件夹和应用程序可以创建快捷方式,并产生相应的快捷方式图标。快捷方式图标的样式可以更改,选中图标后,右击选择"属性→更改图标"按钮即可更改。

3."开始"按钮

单击桌面左下角的"开始"按钮,即可弹出"开始"菜单。它主要由固定程序列表、常用程序列表、"所有程序"列表、启动菜单、关闭选项按钮和搜索框组成,如图 2 – 10 所示。

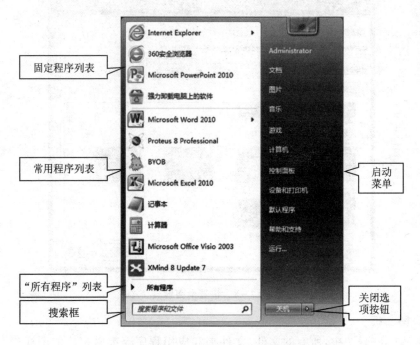

图 2 – 10　Windows 7"开始"按钮

4.任务栏

任务栏是位于桌面最底部的长条。它主要由程序区域、通知区域和"显示桌面"按钮组成。

在 Windows 7 中取消了快速启动工具栏。若想快速打开程序,可将程序锁定到任务栏。如果程序已经打开,可在任务栏上选中程序并单击鼠标右键,从弹出的快捷菜单中选择"将此程序锁定到任务栏"菜单命令,如图 2 – 11 所示。

图 2 – 11　选择"将此程序锁定到任务栏"菜单命令

任务栏上将会一直存在所添加的应用程序,直到用户选择"将此程序从任务栏解锁"菜单命令为止。

【知识点 3】窗口设置

在 Windows 7 中,显示屏幕被划分成许多框,即为窗口。窗口是用户界面中最重要的组成部分,每个窗口负责显示和处理某一类信息。用户可随意在任意窗口上工作,并在各窗口间交换信息。操作系统中有专门的窗口管理软件来管理窗口操作。窗口是屏幕上与一个应用程序相对应的矩形区域,是用户与产生该窗口的应用程序之间的可视界面。

1. 窗口打开与关闭

每当用户开始运行一个应用程序时,应用程序就创建并显示一个窗口;当用户操作窗口中的对象时,程序会做出相应反应。用户通过关闭一个窗口来终止一个程序的运行,通过选择相应的应用程序窗口来选择相应的应用程序。

打开窗口的常见方法有两种,分别是利用"开始"菜单和桌面快捷图标。使用完窗口后,用户可以将其关闭。常见的关闭窗口的方法有:

① 单击窗口右上角的"关闭"按钮。

② 右击任务栏,选择"关闭窗口"菜单命令。

③ 快捷键 Alt+F4。

2. 窗口排列

默认情况下,在 Windows 7 中,窗口是有一定透明度的,如果打开多个窗口,会出现多个窗口重叠的现象。对此,用户可以通过鼠标拖曳的方式将窗口移动到合适的位置。

如果桌面上的窗口很多,运用拖曳方法来移动很麻烦,此时用户可以通过设置窗口的显示形式对窗口进行排列。在任务栏的空白处单击鼠标右键,在弹出的快捷菜单中有 3 种窗口的排列形式供选择,分别为"层叠窗口""堆叠显示窗口"和"并排显示窗口",如图 2-12 所示。用户可以根据需要选择一种排列方式。

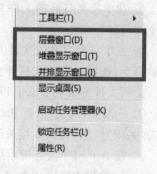

图 2-12　窗口排列形式

3. 窗口切换

切换窗口指的是把活动窗口切换到打开窗口的最前面,Windows 7 用户可以有多种切换窗口的方式:

① 用鼠标单击桌面下方的任务栏缩略图。

② 利用 Alt+Tab 组合键可以在不同的窗口之间进行切换操作。

③ 利用 Win+Tab 组合键可打开 3D 效果的切换。

其中后两种方式可以通过重复按下 Tab 键或滚动鼠标滚轮,循环切换窗口。

【知识点 4】文件和文件夹操作

文件是指有单个名称并以计算机硬盘为载体存储在计算机上的信息集合,在Windows 7 中一般以文件图标与文件名的方式显示。文件图标比较直观地显示出文件类型,同一类型的文件显示为相同的图标。文件名为文件的身份标识,包括主文件名和扩展名,两者以"."分隔。主文件名是文件的名称;扩展名一般由 3 个英文字母组成,指示文件类型。Windows 7 中常见的扩展名有文本文档(.txt)、位图文件(.bmp)、媒体文件(.avi)、可执行文件(.exe)、声音文件(.wav)等。

Windows 7 的文件夹也以文件图标与文件名的方式显示,命名方式与文件大致相同,但没有扩展名。同一个文件夹中不能有相同名字的文件或子文件夹。英文字母的大小写不能区分文件名。文件夹不仅可以存放文件,也可以存放其他文件夹,即子文件夹。

用户要想管理计算机中的数据,首先要熟练掌握文件的基本操作。文件的基本操作包括新建文件、打开和关闭文件、复制和移动文件、重命名文件、删除和恢复文件、隐藏和显示文件等。文件夹的操作与文件的操作类似。

1. 新建文件或文件夹

用户在编辑新的资料时,需要新建文件或文件夹。在 Windows 7 中常见的新建文件或文件夹的方式有 2 种:

① 通过"文件→新建"菜单项新建文件或文件夹。

② 通过右键快捷菜单新建文件或文件夹。

2. 打开和关闭文件或文件夹

打开文件的常见方法有以下 3 种:

① 选中需要打开的文件,双击即可将其打开。

② 选中需要打开的文件并单击鼠标右键,在弹出的快捷菜单中选择"打开"菜单命令即可打开文件。

③ 选中需要打开的文件并单击鼠标右键,在弹出的快捷菜单中选择"打开方式"菜单命令,选择一种方式打开文件。

关闭文件的常见方法有以下 2 种:

① 一般文件的打开都和相应的软件有关,在软件的右上角都有一个关闭按钮,单击"关闭"按钮,可以直接关闭文件。

② 按 Alt+F4 功能键,可以快速地关闭当前被打开的文件。

打开、关闭文件夹的方法与打开、关闭文件的方法类似。

3. 复制和移动文件或文件夹

"复制"命令可以对文件进行备份,也就是创建文件的副本。"移动"命令可以改变文件的存储位置。

复制文件的常见方法有以下 3 种:

① 右键单击要复制的文件,在弹出的快捷菜单中选择"复制"菜单命令(或按 Ctrl+C 组合键);在目标文件夹中单击鼠标右键,从弹出的快捷菜单中选择"粘贴"菜单命令(或按 Ctrl+V 组合键)。

② 选中要复制的文件,按住 Ctrl 键拖曳鼠标到目标位置。

③ 选中要复制的文件并单击鼠标右键,拖曳鼠标到目标位置,在弹出的快捷菜单中选择"复制到当前位置"菜单命令。

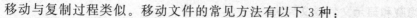

移动与复制过程类似。移动文件的常见方法有以下 3 种：

① 右键单击要移动的文件，在弹出的快捷菜单中选择"剪切"菜单命令（或按 Ctrl＋X 组合键）；在目标文件夹中单击鼠标右键，从弹出的快捷菜单中选择"粘贴"菜单命令（或按 Ctrl＋V 组合键）。

② 选中要移动的文件，按住 Shift 键拖曳鼠标到目标位置。

③ 选中要移动的文件并单击鼠标右键，拖曳鼠标到目标位置，在弹出的快捷菜单中选择"移动到当前位置"菜单命令。

复制和移动文件夹的方法与复制和移动文件的方法类似。

4. 重命名文件或文件夹

新建文件都是以一个默认的名称作为文件名。用户可以在"计算机""资源管理器"或任意一个文件夹窗口中，给新建的或已有的文件重新命名。更改文件名称的常见方法有以下 3 种：

① 选中需要更改名称的文件并右击，在弹出的快捷菜单中选择"重命名"菜单命令，输入新名称，然后按 Enter 键即可确认。

② 选中需要更改名称的文件，按 F2 功能键可以快速地更改文件的名称。

③ 选中需要更改名称的文件，用鼠标分两次单击（不是双击）它，此时文件名称显示为可写状态，在其中输入新名称，按 Enter 键即可完成文件的重命名。

重命名文件夹的方法与重命名文件的方法类似。另外，需要注意的是，在重命名文件时，不能改变已有文件的扩展名，否则当要打开该文件时，系统不能确定要使用哪种程序来打开该文件。

5. 删除和恢复文件或文件夹

删除不需要的文件可以释放磁盘空间。删除文件的方法有多种：

① 选中要删除的文件，按 Delete 键。

② 选中要删除的文件，选择"文件→删除"菜单项。

③ 选中要删除的文件并单击鼠标右键，在弹出的快捷菜单中选择"删除"菜单命令。

④ 选中要删除的文件，直接将其拖动到"回收站"中。

⑤ 选中要删除的文件，使用工具栏中的"删除"命令删除文件。

使用以上方法并未永久删除文件，只是将其暂时移动到回收站中。如果用户想彻底删除文件，可以在运用上述方法的同时按住 Shift 键，系统会弹出"是否永久删除文件"的提示框，单击"是"按钮则可永久删除文件。

如果用户在操作过程中不小心误删除文件，但又不是将其永久删除，只是将文件放在回收站中，则用户可从回收站中找到误删除的文件，选中并右键单击它，在弹出的快捷菜单中选择"还原"菜单命令即可恢复文件。

删除、恢复文件夹的方法与删除、恢复文件的方法类似。

6. 隐藏和显示文件或文件夹

隐藏文件时可以将文件的属性设置为隐藏,并设置不显示隐藏的文件和文件夹即可。

将文件属性设置为隐藏的方法是:在文件图标上右击并选择"属性",打开"属性"对话框,如图 2-13 所示;在"常规"选项卡下"属性"组中选中"隐藏"前的复选框,单击"确定"按钮,即可将文件属性设置为隐藏。文件的颜色变淡。

隐藏文件夹的方法与隐藏文件的方法类似。

隐藏后的文件或文件夹可通过设置进行显示或隐藏:打开一个文件夹,选择"组织→文件夹和搜索选项"菜单项,打开"文件夹选项"对话框,如图 2-14 所示。单击"查看"选项卡,在"高级设置"中选中"不显示隐藏的文件、文件夹或驱动器"或"显示隐藏的文件、文件夹或驱动器"单选项,单击"确定"按钮即可。

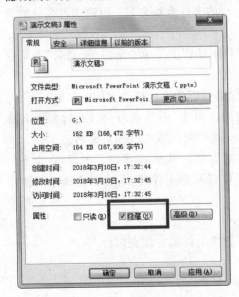

图 2-13　文件"属性"对话框

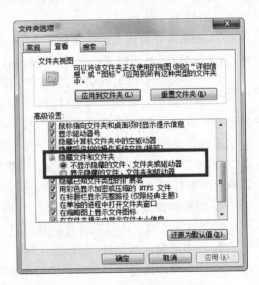

图 2-14　"文件夹选项"对话框

任务三　维护操作系统

【任务描述】

随着网络的普及,病毒和木马愈加泛滥。它们对计算机有着强大的控制和破坏能力,能够盗取目标主机的登录帐户和密码、删除目标主机的重要文件、重新启动目标主机、使目标主机系统瘫痪等。因此,本任务主要介绍维护 Windows 7 的方法,以防止系统受到病毒或木马的攻击。

【任务内容与目标】

内　容	1. 更新系统； 2. 设置防火墙； 3. 查杀病毒； 4. 优化系统
目　标	1. 了解病毒和木马的概念与危害； 2. 熟悉杀毒软件的安装步骤； 3. 掌握防火墙的设置方法； 4. 掌握系统优化的方法

【知识点 1】更新系统

系统被发布后,经常会出现有些程序的漏洞被黑客利用而攻击用户的情况,发布方针对这种情况会采取应对措施,用一些应用程序(即补丁程序)修复漏洞。但是黑客无孔不入,常常从其他位置攻击系统,因此补丁程序也会不断被发布。

Windows 7 的安全更新可以帮助用户保护隐私,使计算机免受新的威胁攻击。用户可以通过启动 Windows 自动更新,自动为计算机安装这些安全更新。单击"开始"按钮,如图 2－15 所示,选择"控制面板→系统和安全→Windows Update"选项,会弹出相应窗口。

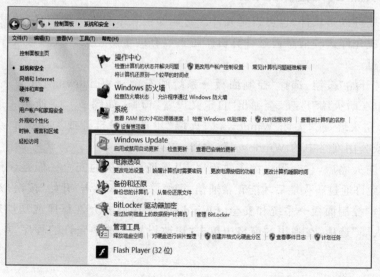

图 2－15　选择"控制面板→系统和安全→Windows Update"选项

在"Windows Upadte"窗口中单击"更改设置"打开"更改设置"窗口,如图 2-16所示,在"重要更新"下拉列表中选择"自动安装更新"选项,同时可以设置计划更新时间。在"推荐更新"下选中"以接收重要更新的相同方式为我提供推荐的更新"前的复选框,然后单击"确定"按钮。通过选中"允许所有用户在此计算机上安装更新"前的复选框,还可以选择是否允许任何人安装更新。

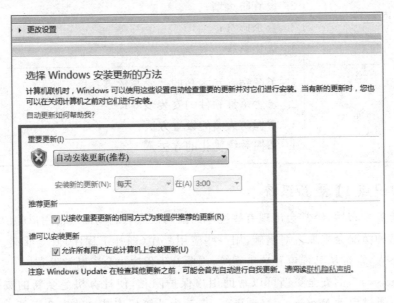

图 2-16 "更改设置"窗口

【知识点 2】设置防火墙

防火墙可以是软件,也可以是硬件。它能够检查来自网络的信息,并根据防火墙设置阻止或允许这些信息通过计算机。防火墙有助于防止黑客或恶意软件通过网络访问计算机。

单击"开始"按钮,选择"控制面板→系统和安全→Windows 防火墙→打开或关闭 Windows 防火墙"选项,会弹出"自定义设置"窗口,如图 2-17 所示。选中"启动 Windows 防火墙"或"关闭 Windows 防火墙"单选项以打开或关闭家庭或工作(专用)网络或公用网络中的 Windows 防火墙。

打开防火墙后,它会阻止大多数程序,以保证计算机的安全。但是,有些程序可能需要被允许通过防火墙后才能正常通信,即解除阻止。单击"开始"按钮,如图 2-18所示,选择"控制面板→系统和安全→Windows 防火墙→允许程序或功能通过 Windows 防火墙"选项,在弹出的窗口中单击"更改设置",选中允许的程序,单击"确定"按钮即可。

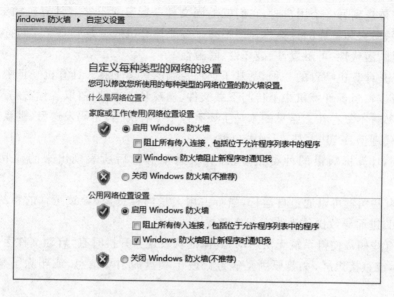

图 2 - 17　"自定义设置"窗口

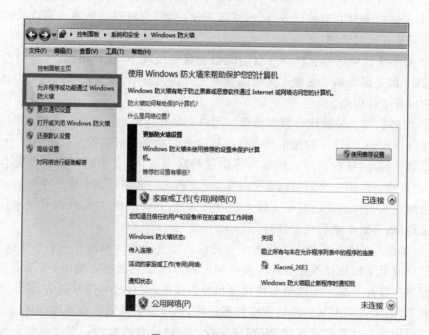

图 2 - 18　解除阻止设置

【知识点 3】查杀病毒

　　计算机病毒是指编制或在计算机程序中插入的可以破坏计算机功能、毁坏数据、影响计算机使用并能自我复制的一组计算机指令或程序代码。计算机病毒可以快速蔓延，又常常难以根除。它们能把自身附着在各种类型的文件上，当文件被复制或从一个用户传送到另一个用户时,它们就随同文件一起蔓延开来。计算机病毒虽是一个小程序,但它和普通的计算机程序不同。一般计算机病毒具有 6 个共同特点:寄生性、传染性、潜伏性、可触发性、破坏性、隐蔽性。

木马是计算机病毒的一种,是基于远程控制的黑客工具。计算机一旦中了木马,对方就可以在目标计算机中上传与下载文件、偷窥私人文件、盗取各种密码及口令信息等,隐私将不复存在。常见的木马主要有以下 6 种类型:密码发送型、键盘记录型、破坏型、代理型、FTP 木马、反弹端口型。

目前,计算机病毒的种类很多,计算机感染病毒后所表现出来的症状也各不相同:

① 有些病毒可以通过自运行,强行占用大量内存资源,导致正常的系统程序无资源可用,进而导致操作系统运行速度减慢或死机。

② 有些病毒使得系统无法启动,具体症状表现为开机时有"启动文件丢失"错误信息提示或直接黑屏,主要原因是病毒修改了硬盘的引导信息,或删除了某些启动文件。

③ 有些病毒可以直接感染文件、修改文件格式或文件链接位置,让文件无法正常使用。风靡一时的"熊猫烧香"病毒就属于这一类,它可以让所有的程序文件图标变成一只烧香的熊猫图标。

④ 有些病毒使得计算机在硬盘空间很充足的情况下,还弹出提示"硬盘空间不足"。这一般是因为病毒复制了大量的病毒文件在磁盘中,而且很多病毒可以将这些复制的病毒文件隐藏。

⑤ 有些病毒会导致用户数据丢失。用户有时在查看自己刚保存的文件时,突然发现文件找不到了,这一般是由病毒强行删除或隐藏文件造成的。这类病毒中,最近几年最常见的是"U 盘文件夹病毒",感染这种病毒后,U 盘中的所有文件夹会被隐藏,并会自动创建出一个新的同名文件夹,新文件夹的名字后面会多一个".exe"的后缀。当用户双击新出现的病毒文件夹时,用户的数据会被删除掉,所以在没有还原用户的文件前,不要单击病毒文件夹。

⑥ 有些病毒使得系统不能正常识别硬盘。每个硬盘内部都有一个系统保留区,里面被分成若干模块并保存有许多参数和程序。硬盘在通电自检时,要调用其中大部分程序和参数。如果能读出那些程序和参数模块,而且校验正常的话,硬盘就进入准备状态;如果读不出某些模块或校验不正常,则该硬盘就无法进入准备状态。此类病毒一般表现为计算机系统的 BIOS 无法检测到该硬盘或检测到该硬盘却无法对它进行读写操作。这时如果系统保留区的参数和程序遭到病毒的破坏,则会表现为系统不识别硬盘,或直接损坏硬盘引导扇区。

针对病毒、木马等一切已知的对计算机有危害的程序代码,可以使用杀毒软件进行清除。杀毒软件,也称反病毒软件或防毒软件,通常集成监控识别、病毒扫描和清除、自动升级、主动防御等功能,有的杀毒软件还带有数据恢复、防范黑客入侵、网络流量控制等功能,是计算机防御系统(包含杀毒软件、防火墙、特洛伊木马和恶意软件的查杀程序、入侵预防系统等)的重要组成部分。杀毒软件的任务是实时监控和扫描磁盘。有的杀毒软件是通过在系统中添加驱动程序的方式进驻系统,并且随操作系统启动。大部分的杀毒软件具有防火墙功能。杀毒软件的实时监控方式因软件而异,有的是通过在内存里划分一部分空间,将计算机里流过内存的数据与杀毒软件自身所带的病毒库(包含病毒定义)的特征码相比较,以判断其是否为病毒;另一些则是在所划分到的内存空间里面,虚拟执行系统或用户提交的程序,根据其行为或结果做出判断。

目前流行的杀毒软件很多,如360杀毒、瑞星、金山、卡巴斯基、诺顿等,其中360杀毒软件应用广泛。360杀毒软件采用的是双引擎机制,病毒防护体系比较完善。它不但查杀能力强,对于新产生的病毒、木马能够在第一时间进行防御,且永久免费,无须激活码。此外,360杀毒软件不但可以对系统进行全面的病毒查杀,还可以对指定的文件进行病毒查杀。360杀毒软件安装过程如下:

① 双击360杀毒软件安装程序,在打开的安装窗口中选择安装目录,选中"我已阅读并同意许可协议",并单击立即安装。

② 进入安装过程,并等待安装程序的执行。在安装过程中,如果检测到计算机中已经安装有其他杀毒软件,会提示有可能发生冲突。因此,在同一台计算机中只安装一种杀毒软件即可。

③ 安装完毕,可对计算机进行病毒查杀,可选择"全盘扫描""快速扫描"或"自定义扫描"方式,如图2-19所示。全盘扫描就是对计算机中所有磁盘文件进行病毒扫描,并实时显示扫描的风险文件、病毒文件。如果计算机中的文件较多,则会消耗较

图 2-19 360 杀毒软件安装完成

长的时间。快速扫描主要是对系统设置、常用软件、内存活跃程序、开机项目、系统关键位置进行扫描。自定义扫描可以设置扫描的位置。

扫描结束后将存在风险的文件及病毒显示在列表中，如果发现其是正常的应用程序则可以选择信任，否则可以对其进行删除或隔离处理。为了方便使用，用户可以对杀毒软件进行个性化设置。单击"设置"进入"360 杀毒-设置"窗口，可进行常规设置、升级设置、实时保护设置等。

【知识点 4】优化系统

Windows 7 安装完成后，首先需要进行系统安全优化，以保证系统的安全；如果在使用过程中遇到各种问题（如系统卡顿、死机、蓝屏等），需要对系统进行性能优化。

1. 安全优化

系统安全优化可从以下 4 个方面进行：

（1）启用 BitLocker 功能，保护磁盘隐私信息

Windows 7 新增加了保护移动设备安全的全盘加密功能，该功能其实就是 BitLocker 功能。在 Windows 7 中配置启用 BitLocker 功能时，可以先打开该系统的"开始"菜单，如图 2-20 所示，选择"控制面板→系统和安全→Bitlocker 驱动器加密"选项，进入磁盘驱动器列表界面。

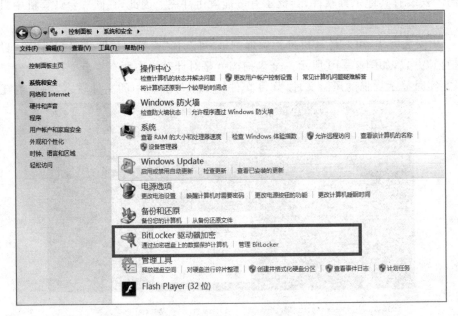

图 2-20　选择"控制面板→系统和安全→Bitlocker 驱动器加密"选项

然后选中需要进行隐私保护的目标磁盘分区，并单击对应分区右侧的"启用 Bitlocker"链接，打开如图 2-21 所示的"Bitlocker 驱动器加密"界面，选中"使用密码解锁驱动器"选项，输入合适的解锁密码。

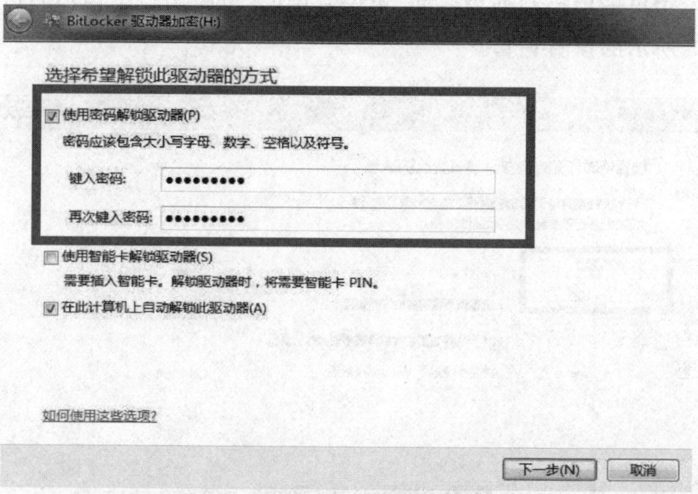

图 2-21　"Bitlocker 驱动器加密"界面

　　单击"下一步"按钮,当向导询问用户如何存储恢复密钥时,可以根据需要将它保存成文本文件或直接打印出来。最后单击"启动加密"按钮,目标磁盘分区加密成功,之后必须凭借合法密钥才能访问其中的数据内容。

　　(2) 启用用户帐户控制(UAC)功能,提升安全防范级别

　　为了让 Windows 7 尽可能稳定地运行,应该尝试将用户帐户控制安全级别调整为"始终通知"。在调整用户帐户控制安全级别时,可以单击 Windows 7 桌面上的"开始"按钮,选择"控制面板→用户帐户和家庭安全→用户帐户"选项,如图 2-22所示。

图 2-22　选择"控制面板→用户帐户和家庭安全→用户帐户"选项

信息技术与应用

之后进入用户帐户控制列表界面,单击其中的"更改用户帐户控制设置"按钮,打开如图 2 - 23 所示的设置窗口。

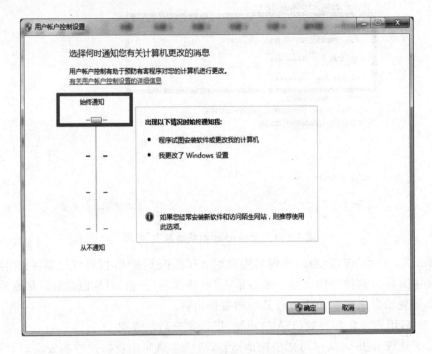

图 2 - 23　"用户帐户控制设置"窗口

检查用户帐户控制功能的控制按钮是否位于"始终通知"位置。当不在该位置时,移动按钮到该位置处,再单击"确定"按钮保存好上述设置操作。设置完成后,Windows 7 的安全防范级别会得到明显提升,系统受到的安全威胁也就会大大下降。

（3）禁用自动播放和自动运行功能,防止病毒传播

闪存和移动硬盘等移动存储设备也是恶意程序传播病毒的重要途径。当系统开启了自动播放或自动运行功能时,移动存储设备中的恶意程序可以在用户没有察觉的情况下感染系统。所以,为了计算机更加安全,建议禁用自动播放和自动运行功能,有效掐断病毒的传播路径。

关闭自动播放功能的方法:在"运行"对话框中输入"gpedit. msc"打开"本地组策略编辑器"窗口,如图 2 - 24 所示,然后依次展开"计算机配置→管理模板→Windows组件→自动播放策略",在"设置"列表下双击"关闭自动播放"选项,在弹出的窗口中选中"已启用"选项,再选择选项中的"所有驱动器"选项,最后单击"确定"按钮,就可以关闭自动播放功能了。

关闭自动运行功能的方法:如图 2 - 24 所示,在"设置"列表下双击"自动运行的默认行为"选项,在弹出的窗口中选中"已启用"选项,在选项中选择"不执行任何自动运行命令"选项,然后单击"确定"按钮,自动运行功能就被关闭了。

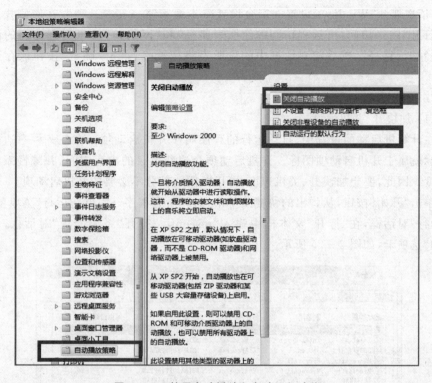

图 2-24 禁用自动播放和自动运行功能

（4）修改组策略，防止其被远程利用

在"运行"对话框中输入"gpedit.msc"打开"本地组策略编辑器"窗口，如图 2-25

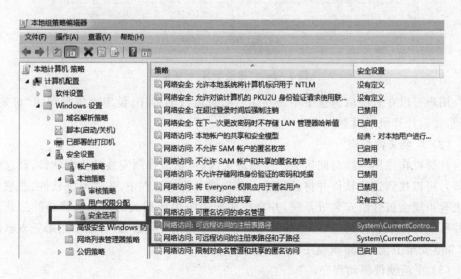

图 2-25 修改组策略

所示,依次展开"Windows 设置→安全设置→本地策略→安全选项",在右侧找到并双击打开"网络访问:可远程访问的注册表路径"和"网络访问:可远程访问的注册表路径和子路径",然后将对话框中的注册表路径删除,单击"确定"按钮保存退出即可。

2. 性能优化

(1) 加快开、关机速度

在计算机启动的过程中,自动运行的程序叫作开机启动项。在任务栏右边的程序图标就属于开机启动项图标。开机启动项会浪费大量的内存空间,并减慢系统启动速度。因此,要想加快开、关机速度,可以关闭一部分不必要的开机启动项。

单击"开始"按钮,从弹出的快捷菜单中选择"所有程序→附件→运行"菜单项,打开"运行"对话框,在"打开"文本框中输入"msconfig"打开"系统配置"对话框,选择"启动"选项卡,如图 2-26 所示。

图 2-26 "系统配置"对话框

用户可以在其中取消选中不需要在启动时运行的程序,设定完成后单击"确定"按钮,重启计算机后设置生效。

(2) 垃圾文件管理

计算机在使用一段时间后会产生垃圾文件(包括被强制安装的流氓软件、恶意软件等),可以找到这些软件并将其删除。在软件安装的过程中,一些流氓软件、恶意软件也有可能会被强制安装进系统,并会在注册表中添加相关的信息。普通的卸载方法并不能将流氓软件彻底删除,如果想将软件的所有信息删除,可以使用第三方软件(如 360 安全卫士)来卸载程序。

(3) 更新硬件驱动程序

用户在正常使用操作系统的情况下,往往会忽略更新硬件驱动程序。驱动程序版本落后会导致系统无法完全发挥硬件的性能,或者导致系统升级后与硬件有冲突。用户可以下载"驱动精灵"等软件,定时更新硬件驱动程序。

（4）更改软件安装/缓存路径

大部分软件的安装路径都是 C 盘,C 盘是系统盘,软件在 C 盘上运行会更快。但在 C 盘上安装太多软件,会占用大量的系统资源,降低系统流畅度。因此,可将软件的安装目录和数据存放目录更改为其他盘符。

（5）卸载不必要的软件

有些流氓软件捆绑安装,有些软件在安装后使用频率很低,有些软件没必要安装（如视频类软件,用浏览器在线观看视频即可）。对在以上情况下安装的软件要定期进行清理,可在"控制面板"中找到"卸载程序"选项,选择要卸载的程序,将其彻底清理。

思考练习

一、选择题

1. 下面关于进程、程序和线程的描述不正确的一项是_____。

A. 进程是暂时的,程序是永久的

B. 线程是操作系统能够进行调度的最小单位,包含在进程中

C. 同一程序的多次运行对应到多个进程,一个进程可以通过多次调用激活多个程序

D. 进程是静态的,程序是动态的

2. 下面不属于操作系统功能的是_____。

A. 进程管理　　　　　　　　　B. 外围设备管理

C. 存储管理　　　　　　　　　D. 文件管理

3. 下面关于操作系统的描述不正确的是_____。

A. 操作系统是用户方便有效地使用计算机的软硬件资源的桥梁或接口

B. 操作系统使得其他程序能够更加方便、有效地使用计算机的程序

C. 多批道处理系统具有单路性、独占性、自动性和封闭性等特点

D. 实时操作系统具有及时性、高度可靠性、专机专用等特点

4. 下面不属于输入/输出通道控制方式的是_____。

A. 程序查询方式　　　　　　　B. 中断方式

C. DM 方式存储管理方法　　　D. 通道方式

5. 下面不属于存储管理方法的是_____。

A. 段页式管理　　　　　　　　B. 虚拟存储管理

C. 分盘管理　　　　　　　　　D. 分段管理

二、简答题

1. 查询微软的发展史,说说你从中得到的启发。

2. 查询操作系统的发展史,说说你从中得到的启发。

3. 简要描述进程和线程之间的区别与联系。

三、操作题

根据本专题任务三,请你对自己的计算机做一个全面的维护。

(参考答案)

专题三　网络技术

　　计算机网络的应用改变了人们的工作方式和生活方式,引起了世界范围内产业结构的变化,促进了全球信息产业的发展。它在各国的经济、文化、科学研究、军事、政治、教育和社会生活等各个领域发挥着越来越重要的作用。因此,计算机网络技术也引起人们的高度重视。

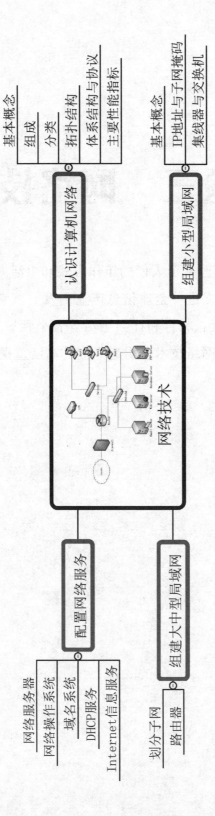

网络技术思维导图

基本概念
　组成
　分类
　拓扑结构
　体系结构与协议
　主要性能指标

认识计算机网络

基本概念
　IP地址与子网掩码
　集线器与交换机

组建小型局域网

网络技术

配置网络服务
　网络服务器
　网络操作系统
　域名系统
　DHCP服务
　Internet信息服务

组建大中型局域网
　划分子网
　路由器

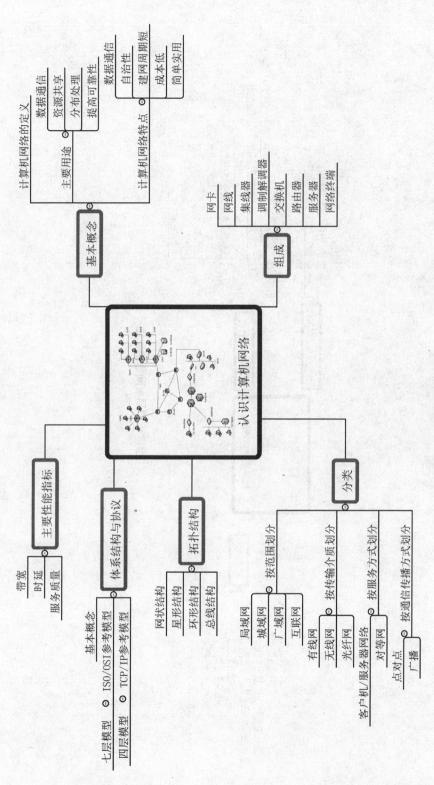

认识计算机网络思维导图

认识计算机网络

基本概念
- 计算机网络的定义
- 主要用途
  - 数据通信
  - 资源共享
  - 分布处理
  - 提高可靠性
- 计算机网络特点
  - 数据通信
  - 自治性
  - 建网周期短
  - 成本低
  - 简单实用

组成
- 网卡
- 网线
- 集线器
- 调制解调器
- 交换机
- 路由器
- 服务器
- 网络终端

主要性能指标
- 带宽
- 时延
- 服务质量

体系结构与协议
- 基本概念
- ISO/OSI参考模型
  - 七层模型
- TCP/IP参考模型
  - 四层模型

拓扑结构
- 网状结构
- 星形结构
- 环形结构
- 总线结构

分类
- 按范围划分
  - 局域网
  - 城域网
  - 广域网
  - 互联网
- 按传输介质质划分
  - 有线网
  - 无线网
  - 光纤网
- 按服务方式划分
  - 客户机/服务器网络
  - 对等网
- 按通信传播方式划分
  - 点对点
  - 广播

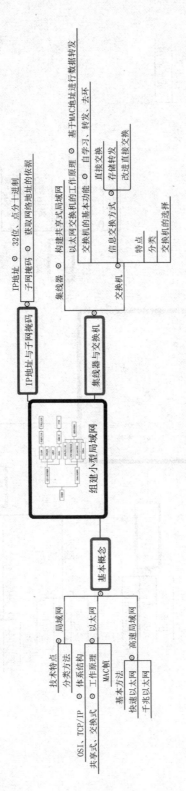

组建小型局域网思维导图

- 组建小型局域网
  - **IP地址与子网掩码**
    - IP地址 ◎ 32位、点分十进制
    - 子网掩码 ◎ 获取网络地址的依据
  - **集线器与交换机**
    - 集线器 ◎ 构建共享式局域网
    - 交换机
      - 以太网交换机的工作原理
      - 交换机的基本功能 ◎ 自学习、转发、去环 ◎ 基于MAC地址进行数据转发
      - 信息交换方式 ◎ 直接转发 ◎ 存储转发 ◎ 改进直接交换
      - 特点
      - 分类
      - 交换机的选择
  - **基本概念**
    - 局域网 ◎ 技术特点 ◎ 分类方法 ◎ 体系结构
      - OSI、TCP/IP
      - 共享式、交换式
    - 以太网 ◎ 工作原理 ◎ MAC帧
      - 交换式
    - 高速局域网 ◎ 基本方法
      - 快速以太网
      - 千兆以太网

组建大中型局域网思维导图

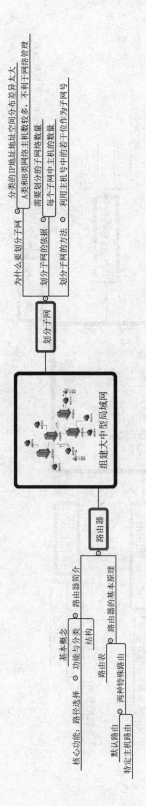

组建大中型局域网

划分子网
- 为什么要划分子网
  - 分类的IP地址地址空间分布差异太大
  - A类和B类网络主机数数量较多，不利于子网络管理
- 划分子网的依据
  - 需要划分的子网络数量
  - 每个子网中主机的数量
- 划分子网的方法
  - 利用主机号中的若干位作为子网号

路由器
- 路由器简介
  - 基本概念
  - 功能与分类
  - 结构
  - 路由表
- 路由器的基本原理
  - 核心功能：路径选择
  - 默认路由
  - 特定主机路由
  - 两种特殊路由

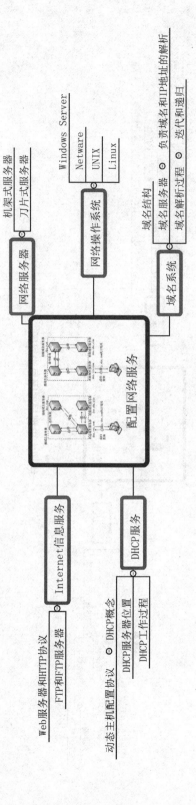

配置网络服务思维导图

网络服务器 —— 机架式服务器
            刀片式服务器

网络操作系统 —— Windows Server
              Netware
              UNIX
              Linux

域名系统 —— 域名结构
          域名服务器 ⊙ 负责域名和IP地址的解析
          域名解析过程 ⊙ 迭代和递归

配置网络服务

Internet信息服务 —— Web服务器和HTTP协议
                  FTP和HTTP服务器

DHCP服务 —— 动态主机配置协议 ⊙ DHCP概念
          DHCP服务器位置
          DHCP工作过程

任务一 认识计算机网络

【任务描述】

掌握计算机网络的定义、软硬件组成、拓扑结构和网络体系结构等,为后续进一步学习搭建计算机网络奠定基础。

【任务内容与目标】

内　容	1. 计算机网络的基本概念; 2. 计算机网络的组成; 3. 计算机网络的分类; 4. 计算机网络的拓扑结构; 5. 网络体系结构与协议; 6. 计算机网络的主要性能指标
目　标	1. 理解计算机网络的内涵; 2. 掌握计算机网络的组成; 3. 掌握计算机网络的分类; 4. 掌握常用的计算机网络拓扑结构; 5. 了解计算机网络体系结构与网络协议; 6. 了解计算机网络的主要性能指标

【知识点 1】计算机网络的基本概念

1. 计算机网络的定义

在计算机网络发展的不同阶段,人们对计算机网络提出了不同的定义。不同的定义反映着当时网络技术的发展水平,以及人们对网络的认识程度。网络的分类方法很多,从不同角度观察网络系统、划分网络,有利于全面地了解网络系统的特性。

计算机网络就是用通信线路和通信设备将分布在不同地点的计算机相互连接起来,在网络软件的支持下实现彼此之间的数据通信和资源共享的系统。

这一定义有两层含义:一是独立自主的计算机是组成计算机网络的基本要素;二是计算机间利用通信手段能进行数据交换,实现资源共享。

强调计算机的独立自主性的目的是希望排除计算机间的控制关系(即一台计算

机可以启动、停止其他计算机的运作),要求作为网络要素的计算机既完全具备能独立完成各自的数据或信息处理的能力,又能够与其他计算机进行数据交换,或提供各自的服务或接受服务。显然,传统的起、停式字符终端(又称"笨终端"——Dumb Terminal)尽管也具有一定的数据或信息处理能力,但由于它受控于另一台计算机或终端集中器而不能算作独立自主的计算机。因而由一台计算机与多台"笨终端"组成的传统计算中心模式的系统不能被看作是计算机网络。同样,由一台计算机做主控制机(Master)去控制多台从控制机(Slaves)的系统也不被看作是计算机网络;一台计算机带多台远程终端与打印机的系统也不是计算机网络。强调对等互联表明计算机间的通信与数据交换关系是对等的,相互使用对等的通信协议,接受或拒绝通信或服务请求由各计算机自主决定。

2. 计算机网络的主要用途

计算机网络有很多用处,其中最重要的 4 个功能是数据通信、资源共享、分布处理和提高计算机的可靠性。

(1) 数据通信

数据通信是计算机网络最基本的功能。它用来快速传送计算机与终端、计算机与计算机之间的各种信息,包括文字信件、新闻消息、咨询信息、图片资料、报纸版面等。利用这一功能,可实现将分散在各个地区的单位或部门用计算机网络联系起来,进行统一的调配、控制和管理。

(2) 资源共享

资源指的是网络中所有的软件、硬件和数据资源。共享指的是网络中的用户都能够部分或全部地享受这些资源。例如,某些地区或单位的数据库(如飞机机票、酒店客房等)可供全网用户使用;某些单位设计的软件可供需要的用户有偿调用或办理一定手续后调用;一些外部设备(如打印机)可面向用户,使不具有这些设备的用户也能使用这些硬件设备。如果不能实现资源共享,则各地区都需要有一套完整的软硬件及数据资源,这将大大增加全系统的投资费用。

(3) 分布处理

当某台计算机负担过重或该计算机正在处理某项工作时,网络可将新任务转交给空闲的计算机来完成,这样处理能均衡各计算机的负载,提高问题处理的实时性;对于大型综合性问题,网络可将问题各部分交给不同的计算机分头处理,充分利用网络资源,扩大计算机的处理能力,即增强实用性。对解决复杂问题来讲,联合使用多台计算机并构成高性能的计算机体系这种协同工作、并行处理的方式,要比单独购置高性能的大型计算机便宜得多。

(4) 提高计算机的可靠性

这是计算机网络的另一个十分重要的功能。在对等网络中,每台计算机都可以通过网络相互成为后备机。一旦某台计算机出现故障,它的任务就可以由其他计算机代为完成。这样可避免在单机情况下,一台计算机出现故障而引起整个系统瘫痪的现象,从而提高了系统的可靠性。在客户机/服务器模式网络中,服务器之间、客户机之间通过网络也相互成为后备机,服务器处于网络核心地位。目前,网络病毒日益泛滥,网络安全凸现重要,通过网络建立备用服务器以保障网络安全运行尤为重要。

3. 计算机网络的特点

虽然各种计算机网络的具体用途、系统连接结构、数据传送方式各不相同,但它们具有一些共同的特点:

① 数据通信。在计算机网络中相连的各台计算机能够相互传送数据,使相距很远的人们之间能够直接交换信息。

② 自治性。计算机网络中各相连的计算机是相对独立的,它们既相互联系又相互独立。

③ 建网周期短。连接一个计算机网络只需要把各个计算机与通信介质连接好,安装、调试好相应的网络软硬件即可。

④ 成本低。计算机网络使只具有微型计算机的用户也能享受到大型计算机的好处和丰富的资源。

⑤ 简单实用。比起掌握大型计算机技术来说,掌握网络技术相对比较简单且实用。

【知识点 2】计算机网络的组成

与任何计算机系统是由软件和硬件组成的一样,完整的计算机网络是由网络硬件系统和网络软件系统组成的。如定义所说,网络硬件系统由计算机、通信设备和线路系统组成,网络软件系统则主要由网络操作系统以及包含在网络软件中的网络协议等部分组成。不同技术、不同覆盖范围的计算机网络所用的软硬件配置都有所不同。

现在人们用的计算机网络都是以太网(Ethernet),其他类型的网络都逐渐被市场淘汰。

1. 网　卡

网卡又名网络适配器(Network Interface Card,简称 NIC)(见图 3-1)。它是计算机和网络线缆之间的物理接口,是一个独立的附加接口电路。任何计算机要想连入网络都必须确保在主板上接入网卡。因此,网卡是计算机网络中最常见的、也是最重要的物理设备之一。网卡的作用是将计算机要发送的数据整理分解为数据包,并转换成串行的光信号或电信号送至网线上传输;同样,也把网线上传过来的信号整理转换成并行的数字信号,提供给计算机。因此,网卡的功能可概括为:并行数据和串行信号之间的转换、数据包的装配与拆解、网络访问控制和数据缓冲等。现在流行的无线上网,则需要用无线网卡。

2. 网 线

在计算机网络中,计算机之间的线路系统由网线组成。网线有很多种类,通常使用的网线有同轴电缆、双绞线(见图 3-2)和光纤(见图 3-3)3 种。其中,双绞线一般用于局域网或计算机间小于 100 m 的连接,光纤一般用于传输速率快、传输信息量大的计算机网络(如城

图 3-1 网 卡

域网、广域网等)。光纤的传输质量好、速度快,但造价和维护费用昂贵;而双绞线简单易用,造价低廉,但只适合近距离通信。计算机的网卡上有专门的接口供网线接入。

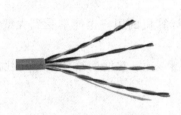

图 3-2 双绞线

图 3-3 光 纤

3. 集线器

集线器(Hub)(见图 3-4)的主要功能是对接收到的信号进行再生放大,以扩大网络的传输距离,同时把所有结点集中在以它为中心的结点上。集线器工作在网络最底层,不具备任何智能,它只是简单地把信号放大,然后转发给所有接口。集线器一般只用于局域网,需要加电,它可以把若干台计算机用双绞线连接起来组成一个简单的网络。

4. 调制解调器

调制解调器(Modem)是计算机与电话线之间进行信号转换的装置,它可以完成计算机的数字信号与电话线的模拟信号之间的相互转换。使用调制解调器可以让计算机接入电话线,并利用电话线接入 Internet。由于电话的使用远远早于 Internet,因此电话线路系统早已渗入千家万户,并且非常完善和成熟。如果利用现有的电话线上网,可以省去搭建 Internet 线路系统的费用,这样可节省大量的资源。因此早期大多数人在家都利用调制解调器接入电话线上网,比如非对称数字用户线(ADSL)接入技术等。调制解调器(见图 3-5)简单易用,有内置和外置两种。

图 3-4 集线器

图 3-5 调制解调器

5. 交换机

交换机(Switch)又称网桥(见图 3-6),它在外形上和集线器很相似,且它们都应用于局域网,但交换机是一个拥有智能和学习能力的设备。交换机接入网络后可以在短时间内学习、掌握此网络的结构以及与它连接的计算机的信息,可以对接收到的数据进行过滤,而后将数据包送至与主机相连的接口。因此,交换机比集线器传输速度更快,内部结构也更加复杂。人们一般可用交换机组建局域网或者用它把两个网络连接起来。市场上最简单的交换机造价在 100 元左右,而用于一个机构的局域网的交换机则需要上千元甚至上万元。

6. 路由器

路由器(Router)(见图 3-7)是一种连接多个网络或网段的网络设备,它能对不同网络或网段之间的数据信息进行"翻译",以使它们能够相互"读"懂对方的数据,从而构成一个更大的网络。因此,路由器多用于互联局域网与广域网。路由器比交换机的结构更加复杂、功能更加强大,它可以提供分组过滤、分组转发、优先级、复用、加密、压缩和防火墙功能,并且可以进行性能管理、容错管理和流量控制。路由器的造价远远高于交换机,一般用它来把社区网、企业网、校园网或者城域网接入 Internet。市场上也有造价几百元的路由器,不过那只是功能不完全的简单路由器,只可用于把几台计算机连入网络。

图 3-6 交换机

图 3-7 路由器

7. 服务器

通常在计算机网络中都有部分用于或专门用于服务其他主机的计算机,这些计算机叫作服务器。其实,并不能说服务器是一台计算机,准确地说,它是一个计算机中用于服务的进程。因为一台计算机可以同时运行多个服务进程和客户端进程,它在服务别的主机的同时也可以接受服务,所以在很多时候对服务器是很难界定的。当然,大多数时候人们一定会在计算机网络中选择几台硬件性能不错的计算机专门用于网络服务,这就是人们通常意义上所说的服务器。但不管怎样,服务器是计算机网络中的一个重要成员。比如,上网浏览的网页就来源于万维网(WWW)服务器。除此之外,还有动态分址的动态主机配置协议(DHCP)服务器、共享文件资源的文件传送协议(FTP)服务器以及提供发送邮件服务的电子邮件(E-mail)服务器等。

8. 计算机网络终端

按照定义,计算机网络终端一定是一台独立的计算机。其实,随着硬件技术的飞速发展,除了哑终端外,很多终端虽然不是计算机,但却有了智能。比如手机不仅可以用来听音乐、发短信,而且拥有自己的操作系统,可以用来阅读文档、拍照、录像、上网,以及大容量存储,甚至可以用来视频对话、观看电影、输入语音。因此,在未来,终端和独立的计算机可能会逐渐失去严格的界限,许多智能设备很可能会出现在未来的计算机网络中。

以上介绍的8个部分组成了计算机网络,如图3-8所示。

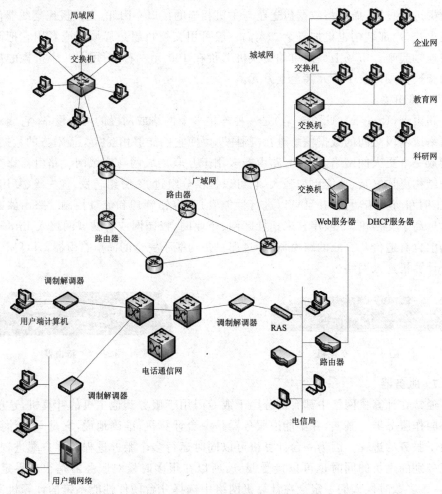

图3-8 计算机网络

【知识点 3】计算机网络的分类

计算机网络的种类很多,很难用单一标准将它们统一分类。可以从不同的侧面对计算机网络进行分类,这也有助于加深对计算机网络的理解。

1. 按范围划分

按网络范围和计算机之间互联的距离将计算机网络分为局域网(Local Area Network,简称 LAN)、城域网(Metropolitan Area Network,简称 MAN)、广域网(Wide Area Network,简称 WAN)、互联网,如表 3-1 所列。

表 3-1　计算机网络的分类

分布距离	覆盖范围	网络种类
10 m	房间	局域网
100 m	建筑物	局域网
1 km	校园	局域网
10 km	城市	城域网
100 km	国家	广域网
1 000 km	洲或洲际	互联网

(1)局域网

局域网又称局部网,地理范围在几米~10 km 内,它位于一个建筑物或一个单位内。例如常见的校园网就是一个比较典型的局域网,在校园中一个楼内组建的网络也是一个局域网。在一个家庭中也能组建一个局域网,社会上流行的网吧内的网络也是局域网。这种网络组网便利,传输效率高。正是这两点才使局域网迅速进入社会各个领域。

(2)城域网

城域网以城市为对象,范围通常在数 10 km 内。它是介于局域网与广域网之间的一种网络,采用的技术既可能有局域网技术也可能有广域网技术。随着信息高速公路建设高潮的到来,以城市为中心的地区信息高速公路(又称信息港),即高速城域网,必须为地区性多媒体信息传输提供高速本地信息传输与交换平台,总网吞吐率可高达数 10 Tbit/s。城域网既是城市的本地网络平台,又是城市对外的信息高速出入口。从这种意义上讲,它是国家信息基础设施(NII)在城市的网络结点。

(3)广域网

广域网也称为远程网,地理范围为几百千米~几千千米,传统上以电信远程通信技术为基础。过去广域网的单线速率较低,数 Mbit/s 已算高速,现代网络应用需求已经对远程通信提出更高的要求,相应的通信技术也已经达到单线 Gbit/s 的传输速率。广域网涉及的区域(如城市、国家、省)之间的网络都是广域网。广域网一般由多个部门或多个国家联合组建,能实现大范围内的资源共享。如邮电部的中国公用计算机互联网(CHINANET)、公用分组交换数据网(CHINAPAC)和公用数字数据网(CHINADDN)。

（4）互联网

互联网是指通过路由器将不同的物理网络按某种协议统一起来，如 Internet。

2. 按传输介质划分

网络传输介质就是通信线路。目前常用同轴电缆、双绞线、光纤、卫星、微波等有线或无线传输介质，相应的网络可划分为有线网、光纤网和无线网等。

（1）有线网

有线网是指采用同轴电缆或双绞线来连接的计算机网络。

同轴电缆网是常见的一种联网方式。同轴电缆的价格比较便宜，安装较为便利，传输率和抗干扰能力一般，传输距离较短。双绞线网是目前最常见的联网方式。双绞线价格便宜，安装方便，但易受干扰，传输率较低，传输距离比同轴电缆要短。

（2）光纤网

光纤网也是有线网的一种，但由于其特殊性而单独列出，光纤网采用光纤作为传输介质。光纤传输距离长，传输率高，可达数 KMbit/s，抗干扰性强，其传输的信号不会被电子监听设备监测到，是高安全性网络的理想选择。不过因为光纤价格较高，且需要高水平的安装技术，所以现在光纤网尚未普及。

（3）无线网

无线网是用电磁波作为载体来传输数据。目前，无线网联网费用较高，还不太普及。但由于联网方式灵活方便，因此，它是一种很有前途的联网方式。

3. 按服务方式划分

（1）客户机/服务器网络

服务器是指专门提供服务的高性能计算机或专用设备，客户机是用户计算机。客户机/服务器网络是客户机向服务器发出请求并获得服务的一种网络形式，多台客户机可以共享服务器提供的各种资源。这是一种最常用、最重要的网络类型，不仅适合于同类计算机联网，也适合于不同类型的计算机联网（如个人计算机、Macintosh的混合联网）。这种网络的安全性容易得到保证，计算机的权限、优先级易于控制，监控容易实现，网络管理能够规范化。网络性能在很大程度上取决于服务器的性能和客户机的数量。目前针对这类网络有很多性能优化的服务器称为专用服务器。银行、证券公司都采用这种类型的网络。

（2）对等网

对等网可以不要求具备文件服务器，每台客户机都可以与其他客户机对话，共享彼此的信息资源和硬件资源，组网的计算机一般类型相同。这种网络方式灵活方便，但是较难实现集中管理与监控，安全性也低，较适合于部门内部协同工作的小型网络。

4. 按通信传播方式划分

（1）点对点传输网络

点对点传输网络是数据以点到点的方式在计算机或通信设备中传输。星形网、环形网采用这种传输方式。

（2）广播式传输网络

广播式传输网络是数据在共用介质中传输。无线网和总线网络属于这种类型。

【知识点 4】计算机网络的拓扑结构

拓扑是图论（几何学的一个分支）中的定义。那么，什么是网络拓扑？简单地说，网络拓扑就是指网络结点通过通信线路连接所形成的几何构形，或者说，这个网络从几何图形的角度看是什么样子的。两台或更多的设备连接到一条链路，两条或更多的链路组成拓扑结构。计算机网络拓扑主要是指通信子网的拓扑构形。

常见的计算机网络的拓扑结构有网状拓扑、星形拓扑、环形拓扑和总线拓扑，如图 3-9 所示。

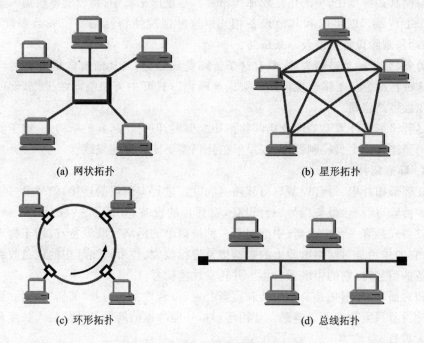

(a) 网状拓扑   (b) 星形拓扑

(c) 环形拓扑   (d) 总线拓扑

图 3-9　计算机网络的拓扑结构

1. 网状拓扑

在网状拓扑中，各台设备之间都有一条专用的点到点的链路，如图 3-9(a)所示。"专用的"这个词意味着每条链路只负责它所连接的两台设备间的通信量。

网状拓扑具有诸多优点：一是专用链路的使用保证了每台设备都能传输自己的数据，因此消除了当链路被多台设备共享时可能发生的通信量问题；二是网状拓扑是健壮的,即使一条链路不可用,也不会影响整个系统;三是它的安全性问题,每一个报文都经过专用的链路传输,只有特定的接收方才能看得见它,同时,物理边界阻止了其他用户对报文的访问权。

网状拓扑的缺点是每台计算机的缆线太多,安装和连接十分困难。如果网络中有 n 台设备,采用网状拓扑组建一个全连接的网络需要 $n(n-1)/2$ 条物理通道。要想提供这么多数量的链路,网络中的每台设备必须有 $n-1$ 个 I/O 端口。因此,组网造价比较高。

2. 星形拓扑

在星形拓扑中,设备不是直接相互连接的,每台设备拥有一条与中央控制器连接的点到点的链路,如图 3-9(b)所示。中央控制器通常称为集线器。

与网状拓扑不同,星形拓扑不允许设备之间有直接的通信。在这里,中央控制器扮演了交换机的角色:如果一台设备想发送数据到另一台设备,它需要将数据发送到中央控制器,然后由中央控制器将数据转给所连接的另一台设备。

与网状拓扑相比,星形拓扑没那样昂贵。在星形拓扑中,每台设备仅需一条链路和一个 I/O 端口就可以和其他设备相连。这种情况使得网络易于安装和配置,增加、移动和删除设备只涉及一条链路。

另外,如果一条链路失败,只有这条链路受到影响,其他所有的链路仍然可以工作。这种情况也易于错误地识别和错误地隔离。只要中央控制器在工作,就可以用它来监控链路错误。

尽管星形拓扑需要的缆线比网状拓扑少得多,但是比起其他结构来,由于其每条链路仍须连接到中央控制器,所以星形拓扑仍需要比较多的缆线。

3. 环形拓扑

在环形拓扑中,每台设备只与其两侧的设备进行点到点的连接,信号沿一个方向在环中传输,从一台设备到另一台设备,直到目的设备,如图 3-9(c)所示。环中的每台设备安装有一台中继器(中继器是一种最简单的网络互联设备,应用于物理层的连接,它的作用是对网络电缆上的数据信号进行放大、整形),当环中的设备收到另一台设备的信号时,它的中继器会再生并转发这些信号。

相对而言,环形拓扑易于安装和重新配置,每台设备只与其"邻居"连接。要增加或删除设备只需改变两条链路。使用环形拓扑需考虑的问题是环的最大长度和设备的最大数目。

对环形拓扑而言,它的健壮性是一个问题。在简单的环中,环中任何一个设备的故障都可导致网络瘫痪。这个缺陷可以通过引入双环或使用旁路开关得到弥补。

4. 总线拓扑

总线拓扑是一种基于多点连接的拓扑结构,它以一条较长的线缆作为主干来连接网络上的所有设备,如图 3-9(d)所示。

总线拓扑的优点是节省缆线、安装简易。比如在同一个房间内组建局域网,如果有 4 台设备,采用星形拓扑需要 4 条缆线和集线器相连;而如果采用总线拓扑,则只需将一条主干电缆铺设在房间之中,每台设备跟主干线上最近的结点相连即可。因此,总线拓扑使用的缆线要少于网状拓扑或星形拓扑,安装比较简易。

总线拓扑的缺点是不易重新连接和错误检测。总线拓扑通常在设计安装时达到最优,因此增加新设备是比较困难的。另外,总线电缆上的错误或中断会导致所有的传输中止。

【知识点 5】网络体系结构与协议

在计算机网络中,为了保证通信双方能正确、自动地进行数据通信,针对通信过程的各种情况,制定了一整套约定,这就是网络系统的通信协议。

1. 网络体系结构及协议的基本概念

通信协议是一套语义和语法规则,用来规定有关功能部件在通信过程中的操作。

(1) 协议的定义与组成

协议是互联网和通信技术中正式规定的技术规范,它定义了数据发送和接收工作中必经的过程。协议规定了网络中数据传输的使用的格式、定时方式、顺序和检错。

两个通信对象在进行通信时,须遵从相互接受的一组约定和规则,这些约定和规则使它们在通信内容、怎样通信以及何时通信等方面相互配合。这些约定和规则的集合称为协议。简单地说,协议是指通信双方必须遵循的控制信息交换规则的集合。

一般来说,一个网络协议主要由语法、语义和时序 3 个要素组成。

语法是指数据与控制信息的结构或格式,确定通信时采用的数据格式、编码及信号电平等。

语义由通信过程的说明构成,规定了需要发出何种控制信息完成何种动作以及做出何种应答,对发布请求、执行动作以及返回应答予以解释,并确定用于协调和差错处理的控制信息。

时序是指对事件实现顺序的详细说明,指出事件的顺序以及速度匹配。

由此可见,网络协议是计算机网络不可缺少的组成部分。

(2) 协议的特点

网络系统的体系结构是有层次的,通信协议也被分为多个层次,在每个层次内又可分成若干子层次,协议各层次有高低之分。

现代计算机网络采用高度结构化的设计和实现技术,是用分层或协议分层来组织的。每一层和相邻层有接口,较低层通过接口向它的上一层提供服务,但这一服务的实现细节对上层是屏蔽的。较高层又是在较低层提供的低级服务的基础上实现更高级的服务。

只有当通信协议有效时,才能实现系统内各种资源共享。如果通信协议不可靠就会造成通信混乱和中断。

在设计和选择协议时，不仅要考虑网络系统的拓扑结构、信息的传输量、所采用的传输技术、数据存取方式，还要考虑到其效率、价格和适应性等问题。

（3）网络体系结构的基本概念

网络协议对计算机网络来说是不可缺少的，一个功能完备的计算机网络需要制定一套复杂的协议集。对于复杂的计算机网络协议，最好的组织方式是层次结构模型。人们将计算机网络层次结构模型和各层协议的集合定义为计算机网络体系结构（Network Architecture）。网络体系结构是对计算机网络应完成的功能的精确定义，而这些功能是用什么样的硬件和软件实现的，则是具体的实现（implementation）问题。体系结构是抽象的，而实现是具体的，是能够运行的一些硬件和软件。

计算机网络采用层次结构，可以有以下好处：

① 各层之间相互独立。高层并不需要知道低层是如何实现的，仅需要知道该层通过层间的接口所提供的服务。

② 灵活性好。当任何一层发生变化时，只要接口保持不变，则在这层以上或以下的各层均不受影响。另外，当某层提供的服务不再需要时，甚至可将这层取消。

③ 各层都可以采用最合适的技术来实现，各层实现技术的改变不影响其他层。

④ 易于实现和维护。因为整个系统已被分解为若干个易于处理的部分，这种结构使得一个庞大而又复杂的系统的实现和维护变得容易控制。

⑤ 有利于促进标准化。这主要是因为每一层的功能和所提供的服务都已有了精确的说明。

世界上第一个网络体系结构是 IBM 于 1974 年提出的，命名为"系统网络体系结构"（SNA）。在此之后，许多公司纷纷提出了各自的网络体系结构。这些网络体系结构的共同之处在于它们都采用了分层技术，但层次的划分、功能的分配与采用的技术术语均不相同。随着信息技术的发展，各种计算机系统联网和各种计算机网络的互联成为人们迫切需要解决的课题。OSI 参考模型就是在这样一个背景下被提出和研究的。

2. OSI 参考模型

ISO 于 1978 年提出了 OSI 参考模型，该模型是设计和描述网络通信的基本框架，多应用于描述网络环境。生产厂商根据 OSI 参考模型的标准设计自己的产品。OSI 参考模型描述了网络硬件和软件如何以层的方式协同工作进行网络通信。

（1）OSI 参考模型的结构

提供各种网络服务功能的计算机网络是非常复杂的。根据分而治之的原则，ISO 将整个通信功能划分为 7 个层次，划分层次的原则是：

① 网络中各结点都有相同的层次。

② 不同结点的同等层具有相同的功能。

③ 同一结点内相邻层之间通过接口通信。

④ 每一层使用下层提供的服务,并向其上层提供服务。

⑤ 不同结点的同等层按照协议实现对等层之间的通信。

ISO 根据以上原则制定的 OSI 参考模型的结构如图 3-10 所示。

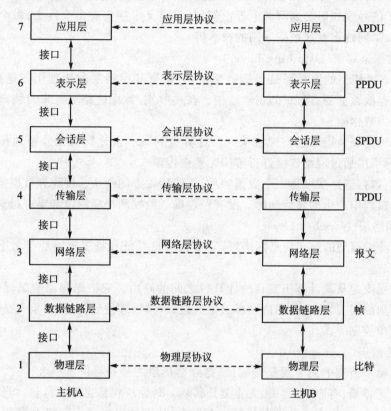

图 3-10 OSI 参考模型的结构

OSI 参考模型的系统结构是层次式结构,由 7 层组成,每层包含了不同的网络活动。它从高层到低层依次是应用层、表示层、会话层、传输层、网络层、数据链路层和物理层,它们之间存在着一定的关系。

OSI 参考模型定义了不同计算机互联标准的框架结构,得到了国际上的承认,被认为是新一代网络的结构。它通过分层把复杂的通信过程分成了多个独立的、比较容易解决的子问题。在 OSI 参考模型中,下一层为上一层提供服务,而各层内部的工作与相邻层是无关的。

（2）OSI 参考模型各层的主要功能

1）物理层（Physical Layer）

OSI 参考模型的最底层是物理层,也是 OSI 参考模型分层结构体系中最重要的、最基础的一层。它是建立在通信介质基础上的,实现设备之间的物理接口。它通过通信介质实现二进制比特流的传输,负责从一台计算机向另一台计算机传输比特流(0 和 1),在本层比特流没有明确的意义。

物理层定义了数据编码和比特流同步,确保发送方与接收方之间的正确传输;定义了比特流的持续时间以及比特流是如何转换为可在通信介质上传输的电或光信号的;定义了信号线如何接到网卡上等。例如,它定义了接头有多少针头、每个管脚的功能,定义了网线上发送数据采用的技术等。

2)数据链路层(Data Link Layer)

OSI 参考模型的第 2 层是数据链路层,它负责从网络层向物理层发送数据帧。数据帧是存放数据的有组织的逻辑结构。在接收端,数据链路层将来自物理层的比特流打包为数据帧。

数据链路层负责通过物理层从一台计算机到另一台计算机无差错地传输数据帧,允许网络层通过网络连接进行虚拟无差错传输。

通常,数据链路层发送一个数据帧后,等待接收方的确认。接收方数据链路层检测帧传输过程中产生的任何问题。没有经过确认的帧和损坏的帧都要进行重传。

3)网络层(Network Layer)

OSI 参考模型的第 3 层是网络层,它负责信息寻址和将逻辑地址与名字转换为物理地址。

网络层决定从源计算机到目的计算机之间的路由。它根据物理情况、服务的优先级和其他因素等,确定数据应该经过的通道;管理物理通信问题,如报文交换、路由和数据竞争控制等。

4)传输层(Transport Layer)

OSI 参考模型的第 4 层是传输层,是除会话层之外又提供了一级连接。传输层确保报文无差错、有序、不丢失、无重复地传输。传输层将信息重新打包,将长的信息分成几个报文,并把小的信息合并成一个报文,从而使得报文在网络上有效地传输。在接收端,传输层将信息解包,重新组装信息,通常还要发送、接收、确认信息。

传输层提供数据流控制和错误处理,以及与报文传输和接收有关的故障处理。

5)会话层(Session Layer)

OSI 参考模型的第 5 层是会话层,它允许不同计算机上的两个应用程序间建立、使用和结束会话连接。会话层也执行名字识别以及安全性等功能,允许两个应用程序跨网络通信。

会话层通过在数据流上放置检测点来保护用户任务之间的同步。这样,如果网络出现故障,只有最近检测点之后的数据才需要重传。会话层管理通信进程之间的会话,协调数据发送方、发送时间和数据包的大小等。

6)表示层(Presentation Layer)

OSI 参考模型的第 6 层是表示层,用来确定计算机之间交换数据的格式,可称其为网络转换器。在发送计算机方,表示层将应用层发送下来的数据转换成可辨认的中间格式;在接收计算机方,表示层将数据的中间格式转换成应用层可以理解的格式。表示层负责转换协议、翻译数据、加密数据、改变或转换字符集以及扩展图形命令;负责数据压缩以便减少网上数据的传输量。

在表示层上还可运行重定向器,它的作用是将网络资源的输入/输出操作重定向到服务器上。

7) 应用层(Application Layer)

OSI 参考模型的第 7 层是应用层,即最高层,它是应用程序访问网络服务的窗口。本层服务直接支持用户的应用程序,如文件传输、数据库访问和电子邮件等。应用层处理一般的网络访问、流量控制和错误恢复等。

在 OSI 参考模型的 7 个层次中,应用层是最复杂的,所包含的应用层协议也最多。目前还有许多新的应用正在不断研究和开发之中。

3. TCP/IP 参考模型

在讨论了 OSI 参考模型的基本内容后,我们不能不回到现实网络技术的发展状况中来。研究 OSI 参考模型的初衷是希望为网络体系结构与协议的发展提供一种国际标准。但是,我们不能不看到 Internet 在全世界的飞速发展与 TCP/IP 协议的广泛应用对网络技术发展的影响。

(1) TCP/IP 参考模型与协议的发展过程

阿帕网(ARPANET)是最早出现的计算机网络之一,现代计算机网络的很多概念与方法都是在 ARPANET 基础上发展出来的。从 ARPANET 发展起来的 Internet 最终连接数百所大学的校园网、政府部门与企业的局域网。原美国国防部高级研究计划署(ARPA)当初提出 ARPANET 研究计划的要求,是希望它的很多宝贵的主机、通信控制处理机和通信线路,在战争中如部分遭到攻击而损坏时,其他部分还能正常工作,同时希望适应从文件传送到实时数据传输的各种应用需求。因此,它要求的是一种灵活的网络体系结构,实现异型网的互联(interconnection)与互通(inter-communication)。最初 ARPANET 使用的是租用线路,当卫星通信系统与通信网发展起来之后,ARPANET 最初开发的网络协议在使用通信可靠性较差的通信子网中出现了不少问题,这就导致了新的网络协议——TCP/IP 协议的出现。虽然 TCP/IP 协议不是 OSI(开放系统互连)标准,但它是目前最流行的商业化的协议,并被公认为是当前的工业标准或“事实上的标准”。在 TCP/IP 协议出现之后,出现了 TCP/IP 参考模型(TCP/IP Reference Model)。TCP/IP 参考模型最早是由 Kahn 在 1974 年定义的,1985 年 Leiner 等人对它开展了进一步研究,1988 年 Clark 在参考模型出现之后对其设计思想进行了讨论。

Internet 上的 TCP/IP 协议之所以能迅速发展,不仅仅是因为它是美国军方指定使用的协议,更重要的是它恰恰适应了世界范围内数据通信的需要。TCP/IP 协议具有以下 4 个特点:

① 开放的协议标准,可以免费使用,并且独立于特定的计算机硬件与操作系统。

② 独立于特定的网络硬件,可以运行在局域网、广域网,更适用于互联网。

③ 统一的网络地址分配方案,使得整个 TCP/IP 设备在网络中都具有唯一的地址。

④ 标准化的高层协议,可以提供多种可靠的用户服务。

（2）TCP/IP 参考模型的层次

协议分层模型包括两方面的内容:一是层次结构;二是各层功能的描述。在如何用分层模型来描述 TCP/IP 的问题上争论很多,但共同的观点是 TCP/IP 参考模型的层次数比 OSI 参考模型的 7 层要少。TCP/IP 参考模型与 OSI 参考模型的层次对应关系如图 3 - 11 所示。

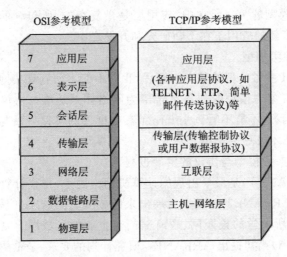

图 3 - 11 TCP/IP 参考模型与 OSI 参考模型的层次对应关系

TCP/IP 参考模型可以分为 4 个层次:应用层、传输层、互联层与主机-网络层。

其中,从协议所覆盖的功能上看,TCP/IP 参考模型的应用层（Application Layer）与 OSI 参考模型的应用层、表示层和会话层相对应,传输层（Transport Layer）与 OSI 参考模型的传输层相对应,互连层（Internet Layer）与 OSI 参考模型的网络层相对应,主机-网络层（Host-to-Network layer）与 OSI 参考模型的数据链路层、物理层相对应。

1）应用层

在 TCP/IP 参考模型中,传输层之上是应用层,它包括了所有的高层协议,并且不断有新的协议加入。应用层协议主要有:

① 网络终端协议（TELNET）,用于实现互联网中远程登录功能。

② FTP,用于实现互联网中交互式文件传输功能。

③ 简单邮件传送协议（SMTP）,用于实现互联网中电子邮件传送功能。

④ 域名服务（DNS）,用于实现网络设备名字到 IP 地址映射的网络服务。

⑤ 路由信息协议（RIP）,用于网络设备之间交换路由信息。

⑥ 网络文件系统(NFS),用于网络中不同主机间的文件共享。

⑦ 超文本传送协议(HTTP),用于万维网服务。

2) 传输层

传输层的主要功能是负责应用进程之间的端-端通信。在 TCP/IP 参考模型中设计传输层的主要目的是在互联网中源主机与目的主机的对等实体之间建立用于会话的端-端连接。从这一点上讲,TCP/IP 参考模型的传输层与 OSI 参考模型的传输层的功能是相似的。TCP/IP 参考模型的传输层定义了两种协议,即传输控制协议(Transport Control Protocol,简称 TCP)与用户数据报协议(User Datagram Protocol,简称 UDP)。

TCP 协议是一种可靠的面向连接的协议,它允许将一台主机的字节流(Byte Stream)无差错地传送到目的主机。TCP 协议将应用层的字节流分成多个字节段(Byte Segment),然后将一个一个的字节段传送到互连层,发送到目的主机。当互连层将接收到的字节段传送给传输层时,传输层再将多个字节段还原成字节流传送到应用层。TCP 协议同时要完成流量控制功能,协调收发双方的发送与接收速度,达到正确传输的目的。

UDP 协议是一种不可靠的无连接协议,它主要用于不要求按分组顺序到达的传输中,分组传输顺序检查与排序由应用层完成。

3) 互联层

互联层的主要功能是负责将源主机的报文分组发送到目的主机。源主机与目的主机可以在一个网络上,也可以在不同的网络上。它的功能主要体现在以下 3 个方面:

① 处理来自传输层的分组发送请求。

在收到分组发送请求之后,将分组装入 IP 数据报,填充报头,选择发送路径,然后将数据报发送到相应的网络输出线。

② 处理接收的数据报。

在接收到其他主机发送的数据报之后,检查目的地址,如需要转发,则选择发送路径转发出去;如目的地址为本结点 IP 地址,则除去报头,将分组交送传输层处理。

③ 处理互联的路径、流控与拥塞问题。

TCP/IP 参考模型的互联层相当于 OSI 参考模型网络层的无连接网络服务。

4) 主机-网络层

应用层协议可以分为三类:一类依赖于面向连接的 TCP 协议;一类依赖于无连接的 UDP 协议;而另一类则既可依赖 TCP 协议,也可依赖 UDP 协议。

依赖 TCP 协议的主要有 FTP、SMTP 以及 HTTP 等。

依赖 UDP 协议的主要有简单网络管理协议(SNMP)、简易文件传送协议(TFTP)。

既可以使用 TCP 协议,又可以使用 UDP 协议的是 DNS 等。

在 TCP/IP 参考模型中,互联层之下是主机-网络层,也是参考模型的最底层,负责通过网络发送和接收 IP 数据报。TCP/IP 参考模型允许主机连入网络时使用多种现成的和流行的协议,如局域网协议或其他协议。从一个网络到另一个网络,这一层协议可以是不相同的。

按照层次结构思想,TCP/IP 协议分布于不同的层次,组成了一组从上到下单向依赖的协议栈(Protocol Stack)或协议簇。

TCP/IP 参考模型的主机-网络层包括各种物理层协议,如局域网的以太网、令牌环(Token Ring),分组交换网的 X.25 等。这种物理网一旦被用作传送 IP 数据包的通道,就可以认为是这一层的内容。这正体现出 TCP/IP 协议的兼容性与适应性,它也为 TCP/IP 的成功奠定了基础。

地址解析协议/反向地址解析协议(ARP/RARP)并不属于单独的一层,它介于物理地址与 IP 地址间,起着屏蔽物理地址细节的作用。IP 可以建立在 ARP/RARP 上,也可以直接建立在网络硬件接口协议上。IP 协议横跨整个层次,TCP、UDP 协议都要通过 IP 协议来发送、接收数据。TCP 协议提供可靠的面向连接服务,而 UDP 协议则提供简单的无连接服务。

4. OSI 参考模型与 TCP/IP 参考模型的比较

OSI 参考模型与 TCP/IP 参考模型的共同之处是它们都采用了层次结构的概念,在传输层中二者定义了相似的功能。但是二者在层次划分、使用的协议上是有很大区别的。

无论是 OSI 参考模型与协议,还是 TCP/IP 参考模型与协议都不是完美的,对二者的评论与批评都很多。在 20 世纪 80 年代几乎所有专家都认为 OSI 参考模型与协议将风靡世界,但事实却与人们预想的相反。

造成 OSI 参考模型与协议不能流行的原因之一是模型与协议自身的缺陷。大多数人都认为 OSI 参考模型的层次数量与内容可能是最佳的选择,但其实并不是这样的。会话层在大多数应用中很少用到,表示层几乎是空的。在数据链路层与网络层之间有很多的子层插入,每个子层都有不同的功能。OSI 参考模型将服务与协议的定义结合起来,使得参考模型变得格外复杂,将它实现起来是困难的。同时,寻址、流控与差错控制在每一层里都重复出现,必然要降低系统效率。虚拟终端协议最初安排在表示层,现在安排在应用层。关于数据安全性、加密与网络管理等方面的问题也在参考模型的设计初期被忽略了。有人批评参考模型的设计更多是被通信思想所支配,很多选择不适合计算机与软件的工作方式。许多"原语"在软件的很多高级语言中实现起来是容易的,但严格按照层次模型编程的软件效率却很低。尽管 OSI 参考模型与协议存在着一些问题,但至今仍然有不少组织对它感兴趣,尤其是欧洲的通信管理部门。

TCP/IP 参考模型与协议也有它自身的缺陷:第一,它在服务、接口与协议的区别上不清楚。一个好的软件工程应该将功能与实现方法区分开来,TCP/IP 恰恰没有很好地做到这点，这就使得 TCP/IP 参考模型对于使用新技术的指导意义不够。TCP/IP 参考模型不适合于其他非 TCP/IP 协议族。第二，TCP/IP 的主机-网络层本身并不是实际的一层，它定义了网络层与数据链路层的接口。物理层与数据链路层的划分是必要和合理的，一个好的参考模型应该将它们区分开来，而 TCP/IP 参考模型却没有做到这点。

但是，TCP/IP 协议自 20 世纪 70 年代诞生以来，已经历了 40 多年的实践检验，其成功已经赢得了大量的用户和投资。TCP/IP 协议的成功促进了 Internet 的发展，Internet 的发展又进一步扩大了 TCP/IP 协议的影响。TCP/IP 首先在学术界争取了一大批用户，同时也越来越受到计算机产业界的青睐。IBM、美国数字设备公司(DEC)等大公司纷纷宣布支持 TCP/IP 协议，局域网操作系统 NetWare，LAN Manage 也争相将 TCP/IP 纳入自己的体系结构，数据库 Oracle 支持 TCP/IP 协议，UNIX，POSIX 操作系统也一如既往地支持 TCP/IP 协议。相比之下，OSI 参考模型与协议显得有些势单力薄。人们普遍希望网络标准化，但开放系统互连迟迟没有成熟的产品推出，妨碍了第三方厂家开发相应的硬件和软件，从而影响了开放系统互连产品的市场占有率与今后的发展。

无论是 OSI 参考模型与协议还是 TCP/IP 参考模型与协议，都有成功的一面也有不足的一面。国际标准化组织本来计划通过推动 OSI 参考模型与协议的研究来促进网络标准化，但事实上这个目标没有达到。TCP/IP 利用正确的策略，抓住了有利的时机，伴随着 Internet 的发展而成为目前公认的工业标准。在网络标准化的进程中，人们面对着的就是这样一个事实。由于要照顾各方面的因素，OSI 参考模型变得大而全，且效率很低。尽管这样，它的很多研究结果、方法，以及提出的概念对今后网络发展还是有很高的指导意义的，但是它没有流行起来。TCP/IP 协议应用广泛，但它的参考模型的研究却很薄弱。

【知识点 6】计算机网络的主要性能指标

计算机网络的主要性能指标就是带宽(Bandwidth)、时延(Delay 或 Latency)和服务质量(Quality of Service，简称 QoS)。下面分别介绍这 3 个指标的含义。

1. 带　宽

带宽的本意是指某个信号具有的频带宽度。在各类电子设备和元器件中都可以接触到带宽的概念，例如，显示器的带宽、内存的带宽、总线的带宽和网络的带宽等。对这些设备而言，带宽是一个非常重要的指标。不过有些带宽的单位是 Hz、kHz、MHz，相当于频率的概念；而有些带宽的单位则是 bit/s，相当于数据传输率的概念。如果从电子电路角度出发，带宽是指电子电路中存在一个固有通频带，是电路可以保持稳定工作的频率范围。

在通信和网络领域，带宽的含义又与电子电路中的定义存在差异，它是指网络信号可使用的最高频率与最低频率之差，或者说是频带的宽度，也就是所谓的信道带宽。因此,对于数字信道,带宽是指在一个信道上能够传送的数字信号的速率,即数据率或比特率,有时也叫吞吐量。比特是计算机中数据的最小单元,是信息量的量度单位,表示二进制数字 1 和 0 在线路上传输的速度,所用带宽的单位是比特每秒(bit/s)。常见带宽的单位有千比特每秒(kbit/s)、兆比特每秒(Mbit/s)、吉比特每秒(Gbit/s)、太比特每秒(Tbit/s)。

在以太网的铜介质布线系统中,双绞线的信道带宽通常以 MHz 为单位,它指的是在信噪比恒定的情况下允许的信道频率范围。不过,网络的信道带宽与它的数据传输能力(单位为 B/s)存在一个稳定的基本关系。用高速公路来做比喻:在高速公路上,它所能承受的最大交通流量就相当于网络的数据传输能力,而这条高速公路允许形成的宽度就相当于网络的带宽。显然,带宽越高,数据传输可利用的资源就越多,因而能达到的速度越高。除此之外,还可以通过改善信号质量和消除瓶颈效应实现更高的传输速度。

网络带宽与数据传输能力的正比关系最早是由贝尔实验室的工程师克劳德·艾尔伍德·香农发现的,因此这一规律也被称为香农定律。通常将网络的数据传输能力与网络带宽完全等同起来。

2. 时　延

时延是指一个报文或分组从网络的一端传送到另一端所需要的时间。它由以下 3 部分组成,是这 3 部分的总和。

① 传播时延:电磁波在信道中传播所需要的时间。一般电磁波在电缆中的传播速度约为 2.3×10^5 km/s,在光纤中的传播速度约为 2.0×10^5 km/s。

② 发送时延:发送数据所需要的时间。它和数据块的长度和信道带宽有关。

③ 排队时延:数据在交换结点等候发送时,在缓冲队列中排队所经历的时延。它主要取决于网络当时的通信量。当网络的通信量很大时,可能会发生对列溢出,丢失数据,使排队时延变为无穷大。

由此可见,网络中总的时延和这 3 种时延都有关系,哪种时延在网络中占主导地位,要根据网络的具体情况而定。只有减少占主导地位的时延,才能使总的时延减少。

3. 服务质量

服务质量是网络的一种安全机制,是用来解决网络延迟和阻塞等问题的一种技术。

在正常情况下,如果网络只用于特定的无时间限制的应用系统,并不需要服务质量,比如浏览网页或发送电子邮件等。但是对关键应用和多媒体应用就十分必要。当网络过载或拥塞时,服务质量能确保重要业务量不受延迟或丢弃,同时保证网络的高效运行。

服务质量具有如下功能:

（1）分　类

分类是指具有服务质量的网络能够识别哪种应用产生哪种数据包。通过分类，网络能确定对特殊数据包要进行的处理。所有应用都会在数据包上留下可以用来识别源应用的标识。分类就是检查这些标识，识别数据包是由哪个应用产生的。下面是 4 种常见的分类方法：

1）协　议

根据协议对数据包进行识别和优先级处理可以降低延迟。应用可以通过它们的以太网类型进行识别。根据协议进行优先级处理是控制或阻止少数设备的某些协议的一种强有力的方法。

2）TCP 和 UDP 端口号

许多应用都采用 TCP 或 UDP 端口进行通信，通过检查 IP 数据包的端口号，可以确定数据包是由哪类应用产生的。

3）源 IP 地址

许多应用都是通过其源 IP 地址进行识别的。由于服务器有时是专门针对单一应用而配置的（如电子邮件服务器），因此分析数据包的源 IP 地址可以识别该数据包是由什么应用产生的。当识别交换机与应用服务器不直接相连，而且许多不同服务器的数据流都到达该交换机时，这种方法就非常有用。

4）物理端口号

物理端口号可以指示哪个服务器正在发送数据。这种方法取决于交换机物理端口和应用服务器的映射关系。虽然这是最简单的分类形式，但是它依赖于直接与该交换机连接的服务器。

（2）标　注

在识别数据包之后，要对它进行标注，这样其他网络设备才能方便地识别这种数据。由于分类可能非常复杂，因此最好只进行一次。识别应用之后就必须对其数据包进行标记处理，以便确保网络上的交换机或路由器可以对该应用进行优先级处理。通过采纳标注数据的标准，来确保多厂商网络设备能够对该业务进行优先级处理。

（3）优先级设置

为了确保准确地优先级处理，所有业务量都必须在网络骨干内进行识别。在工作站终端进行的数据优先级处理可能会因人为的差错或恶意的破坏而出现问题。在局域网交换机中，多种业务队列允许数据包优先级存在。较高优先级的业务可以在不受较低优先级业务的影响下通过交换机，减少诸如语音或视频等对时间敏感业务的延迟。

为了提供优先级，交换机的每个端口有多个队列。当每个数据包到达交换机时，都要根据优先级别将其分配到适当的队列，然后该交换机再从每个队列转发数据包。该交换机通过其排队机制确定下一步要服务的队列。

任务二　组建小型局域网

【任务描述】

能够掌握局域网相关知识,并使用集线器和交换机组建小型局域网。

【任务内容与目标】

内　容	1. 基本概念; 2. IP 地址与子网掩码; 3. 集线器与交换机
目　标	1. 理解局域网的基本概念; 2. 了解以太网的体系结构、工作原理等; 3. 了解高速局域网的基本研究方法及分类; 4. 掌握 IP 地址的基础知识; 5. 掌握用集线器组建小型局域网的方法; 6. 掌握用交换机组建小型局域网的方法

【知识点 1】基本概念

1. 局域网

局域网技术是当前计算机网络研究与应用的一个热点问题,局域网也是目前技术发展最快的领域之一。随着局域网体系结构、协议标准研究的进展,网络操作系统的发展,光纤技术的引入以及高速局域网技术的发展,局域网技术特征与性能发生了很大的变化,早期对局域网的定义与分类方法也已经发生了很大的变化。

(1) 局域网的主要技术特点

早期,人们将局域网的主要特点归纳为以下 3 点:

① 局域网是一种数据通信网络。

② 连入局域网的数据通信设备是广义的,包括计算机、终端与各种外部设备。

③ 局域网覆盖一个较小的地理范围,从一个办公室、一幢大楼到几平方千米的区域。

目前,在传输速率为 10 Mbit/s 的以太网广泛应用的基础上,传输速率为

100 Mbit/s 与 1 Gbit/s 的高速以太网已进入使用阶段,而传输速率为 10 Gbit/s 的以太网使用的是光纤通道的技术。从局域网应用的角度看,局域网的技术特点主要表现在以下 5 个方面:

① 局域网覆盖有限的地理范围,它适用于公司、机关、校园、工厂等有限范围内的计算机、终端与各类信息处理设备联网的需求。

② 局域网提供高数据传输速率(10~1 000 Mbit/s)、低误码率的高质量数据传输环境。

③ 局域网一般属于一个单位所有,易于建立、维护与扩展。

④ 决定局域网特性的主要技术要素为网络拓扑、传输介质与介质访问控制方法。

⑤ 从介质访问控制方法的角度,局域网可分为共享介质局域网(Shared LAN)与交换式局域网(Switched LAN)两类。

(2) 局域网的分类方法

从采用的介质访问控制方法角度来看,局域网可以分为共享介质局域网与交换式局域网两种。

共享介质局域网可以分为以太网、令牌总线、令牌环与光纤分布式数据接口(FDDI),以及在此基础上发展起来的快速以太网、千兆以太网、FDDI Ⅱ、FFOL 等。交换式局域网可以分为交换式以太网、ATM 局域网仿真、ATM 上的 ID 协议(IP over ATM)与 MPOA,以及在此基础上发展起来的虚拟局域网。局域网分类关系如图 3-12 所示。

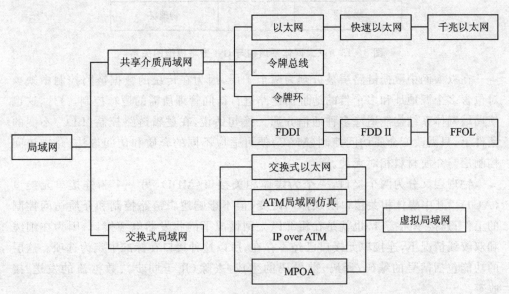

图 3-12　局域网分类关系

2. 以太网

电气电子工程师学会(IEEE)将 802.3 标准提交国际标准化组织第一联合技术委员会(JTC1),经过再次修订变成了国际标准 ISO 802.3。以太网是在 20 世纪 70 年代开发的局域网组网规范,20 世纪 80 年代初首次公布初版,1982 年又对其进行了修改。此后不久又公布了与 IEEE 802.3 一致的以太网规范。以太网和 IEEE 802.3 的规定虽然有很多不同,但在术语上通常认为以太网与 IEEE 802.3 是兼容的。

(1) 以太网体系结构

以太网体系结构与 OSI 参考模型的关系如图 3 - 13 所示。

OSI参考模型

应用层
表示层
会话层
运输层

以太网体系结构

网络层	网际层
数据链路层	逻辑链路控制层
	介质访问控制层
物理层	物理层

图 3 - 13　以太网体系结构与 OSI 参考模型的关系

在以太网中数据链路层被分割为两个子层,因为在传统的数据链路控制中缺少对包含多个源地址和多个目的地址的链路进行访问管理所需的逻辑控制,另外,这也使局域网体系结构能适应多种通信介质。换句话说,在逻辑链路控制(LLC)不变的条件下,只需改变介质访问控制(MAC)便可适应不同的介质和访问方法,介质访问控制层与介质材料相对无关。

物理层又分为两个接口:一个为媒体相关接口(MDI),另一个为连接单元接口(AUI)。其中媒体相关接口随媒体而改变,但不影响逻辑链路控制和介质访问控制的工作;连接单元接口,也就是在粗缆以太网情况下的收发器电缆接口,因为在细缆和双绞线情况下,连接单元接口已经不存在,所以这种接口在标准中定为选项。这层的功能包括信号的编码/译码、前导码的生成/去除(用于同步)、数据流的发送/接收等。

(2) 以太网工作原理

以太网采用带冲突检测的载波监听多路访问(carrier sense multiple access with

collision detection,简称 CSMA/CD)方法。该方法用来解决多结点如何共享公用总线的问题。在以太网中,任何结点都没有可预约的发送时间,它们的发送都是随机的,并且网络中不存在集中控制的结点,网络中结点都必须平等地争用发送时间,这种介质访问控制属于随机争用型方法。

最早采用随机争用技术的是美国夏威夷大学校园网,即地面无线分组广播网(Aloha)。在研究局域网介质访问控制方法时,人们吸收了 Aloha 方法的基本思想,增加了载波侦听功能,首先设计出数据传输速率为 10 Mbit/s 的以太网实验系统。在此基础上,施乐(Xerox)、DEC 与 Intel 三家公司合作,在 1980 年 9 月第一次公布了以太网的物理层、数据链路层规范;1981 年 11 月公布了以太网 V2.0 规范。IEEE 802.3 标准是在以太网 V2.0 规范的基础上制定的,它的制定推动了以太网技术的发展与广泛应用。20 世纪 90 年代,IEEE 802.3 标准中的物理层标准 10BASE-T 的推出,使得以太网性价比大大提高,并在各种局域网产品的竞争中占有明显的优势。快速以太网标准 100BASE-T 的推出,更进一步增强了以太网的竞争优势。目前,有的国家正在研究传输速率可达 1 Gbit/s 的以太网。

在以太网中,如果一个结点要发送数据,就以"广播"方式把数据通过作为公共传输介质的总线发送出去,连在总线上的所有结点都能"收听"到这个数据信号。由于网络中所有结点都可以利用总线发送数据,并且网络中没有控制中心,因此冲突的发生将是不可避免的。为了有效地实现分布式多结点访问公共传输介质的控制策略,CSMA/CD 的发送流程可以简单地概括为四点:先听后发,边听边发,冲突停止,随机延迟后重发。在采用 CSMA/CD 方法的局域网中,每个结点在利用总线发送数据时,首先要侦听总线的忙闲状态。如果总线上已经有数据信号传输,则为总线忙;如果总线上没有数据信号传输,则为总线空闲。如果一个结点准备好需要发送的数据帧,并且此时总线处于空闲状态,那么它就可以开始发送。但是,还存在着一种可能性,那就是在几乎相同的时刻,有两个或两个以上的结点发送了数据,那么就会产生冲突。因此,结点在发送数据时应该进行冲突检测。采用 CSMA/CD 方法的以太网的工作过程如图 3-14 所示。

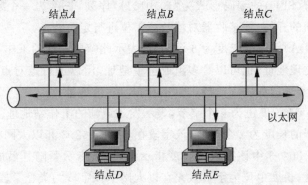

图 3-14 采用 CSMA/CD 方法的以太网的工作过程

所谓冲突检测,就是发送结点在发送数据的同时,将它发送的信号波形与从总线上接收到的信号波形进行比较。如果总线上同时出现两个或两个以上的发送信号,那么它们叠加后的信号波形将不等于任何结点发送的信号波形。当发送结点发现自己发送的信号波形与从总线上接收到的信号波形不一致时,表示总线上有多个结点在同时发送数据,冲突已经产生。如果在发送数据过程中没有检测出冲突,结点将在发送结束后进入正常结束状态;如果在发送数据过程中检测出冲突,为了解决信道争用冲突,结点将停止发送数据,并在随机延迟后重发。

CSMA/CD 访问方法的规则如下:

① 如果媒体信道空闲,则可进行发送,否则转到第②步。

② 如果媒体信道忙(有载波),则继续对信道进行监听。一旦发现其空闲,就进行发送。

③ 如果在发送过程中检测到碰撞,则停止正常发送,转而发送一个短的干扰(jam)信号,使网络上所有站都知道出现了碰撞。

④ 发送了干扰信号后,退避一段随机时间,重新尝试发送,转到第①步。

（3）介质访问控制帧

1）帧的格式

以太网发送的数据是按一定格式进行的。以太网的帧由 8 个字段组成,每一段符合这种格式的数据段称为帧,这些段的定义如图 3-15 所示。

前导码	帧首定界符	目的地址	源地址	长度指示器	逻辑链路控制数据	填充	帧检验序列
7字节	1字节	6字节	6字节	2字节	0~1 500字节	0~64字节	4字节

图 3-15　以太网帧的格式

前导码是处于介质访问控制帧开始处的字段,它由 7 个字节组成,用来使接收器建立位同步。其编码形式为多个"1"或"0"交替构成的二进制序列,最后一位为"0"。在这种编码形式下,数据经过编码后为一周期性方波。

帧首定界符(SFD)的编码形式为"10101011"序列,长度为一个字节。该字段的功能是指示一帧的开始,使接收器对帧的第 1 位进行定位。

目的地址(DA)字段的长度为 6 个字节,表示此帧要发往的工作站地址。它可以是一个唯一的物理地址,也可以是多组或全组地址,用以进行点对点通信、组广播或全局广播,并由实现过程决定选择 16 bit 或 48 bit 的地址。

源地址(SA)的长度也为 6 个字节,表示发送该帧的工作站地址。

长度指示器的长度为 2 个字节,该字段在 IEEE 802.3 和以太网帧中的定义是不同的。在 IEEE 802.3 中该字段是长度指示符,用来指示紧随其后的逻辑链路控制数据字节的长度,长度单位为字节数。在以太网中该字段为类型字段,规定了在以太网处理完成后,接收数据的高层协议,如表 3-2 所列。

表 3－2 以太网类型

以太网类型(十六进制)	协 议
0600H	XNS IDP
0800H	DOD IP
0805H	X. 25 PLP
0806H	ARP
8035H	RARP
0200H	Xerox PUP
0201H	PUP 地址翻译

逻辑链路控制数据字段指明帧要携带的用户数据,该数据由逻辑链路控制层提供或接收。

填充(PAD)字段用来对逻辑链路控制数据进行填加,以保证帧有足够长度,每帧最小为 64 字节,这样可以适应碰撞检测的需要。

帧检验序列(FCS)是长度为 4 个字节的循环冗余检验码,用于检验帧在传输过程中有无差错,检测范围包括目的地址、源地址、长度指示器、逻辑链路控制数据和填充字段。

2) 地址字段

地址字段包括目的地址和源地址两部分。在 IEEE 802.3 标准中规定,源地址字段中第 1 位恒为"0"。目的地址字段有较多的规定,原因是一个帧有可能发送给某一工作站,也可能发送给一组工作站,还有可能发送给所有工作站,后两种情况分别称为组广播和全局广播。目的地址字段的格式如图 3－16 所示。当该字段第 1 位为"0"时,表示帧要发送给某一工作站,即单站地址(也称单目的地址)。当该字段第 1 位为"1"时,表示帧要发送给一组工作站,即组地址(也称多目的地址)。全为"1"的组地址表示全局广播地址。

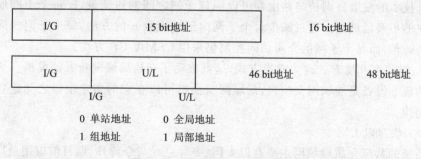

图 3－16 目的地址字段的格式

3. 高速局域网

推动局域网发展的直接因素是个人计算机的广泛应用。在过去的 20 年中,计算

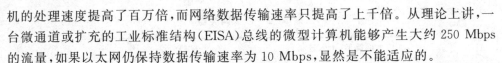

机的处理速度提高了百万倍,而网络数据传输速率只提高了上千倍。从理论上讲,一台微通道或扩充的工业标准结构(EISA)总线的微型计算机能够产生大约 250 Mbps 的流量,如果以太网仍保持数据传输速率为 10 Mbps,显然是不能适应的。

个人计算机的处理速度迅速提升,而价格却飞快下降,这进一步促进了个人计算机的广泛应用。大量用于办公自动化与信息处理的计算机必然要联网,这就使局域网的规模不断增大,网络通信量进一步增加。同时,个人计算机也已从初期简单的文字处理、信息管理等应用发展到分布式计算、多媒体应用,用户对局域网的带宽与性能提出了更高的要求。同时,新的基于的 Internet/内联网(Intranet)应用也要求更高的通信带宽。

以上这些因素促使人们研究高速局域网技术,希望通过提高局域网的带宽、改善局域网的性能来适应新的应用环境的要求。

(1) 高速局域网的基本研究方法

传统的局域网技术是建立在共享介质的基础上,网络中所有结点共享一条公共通信传输介质,需要使用介质访问控制方法来控制结点传输数据。在网络技术中,人们经常将数据传输速率简称为带宽。例如,如果以太网的数据传输速率为 10 Mbps,那么它的带宽是 10 Mbps。如果局域网中有 n 个结点,那么每个结点平均能分配到的带宽为 $10/n$ Mbps。显然,随着局域网规模不断扩大,结点数不断增加,每个结点平均能分配到的带宽将越来越少。因此,当网络结点数增大,网络通信负荷加重时,冲突和重发现象将大量发生,网络效率与网络服务质量将会急剧下降。

为了克服网络规模与网络性能之间的矛盾,人们提出了以下 3 种解决方案:

① 提高以太网的数据传输速率,使其从 10 Mbps 提高到 100 Mbps,甚至 1 Gbps,10 Gbps,这就推动了高速局域网的研究与产品的开发。在这个方案中,无论局域网的数据传输速率提高到 100 Mbps 还是 1 Gbps,10 Gbps,它的介质访问控制仍采用 CSMA/CD 方法。

② 将一个大型局域网划分成多个用网桥或路由器互联的子网,这就推动了局域网互联技术的发展。网桥与路由器可以隔离子网之间的通信量,使每个子网成为一个独立的小型局域网。通过减少每个子网内部结点数 n 的方法,每个子网的网络性能得到改善,而每个子网的介质访问控制仍采用 CSMA/CD 方法。

③ 将共享介质方式改为交换方式,这就推动了交换局域网技术的发展。交换局域网的核心设备是局域网交换机,局域网交换机可以在它的多个端口之间建立多个并发连接。

(2) 快速以太网

传统的共享介质局域网主要有以太网、令牌总线与令牌环,而目前应用最广泛的是以太网。人们认为,20 世纪 90 年代局域网技术的一大突破是使用非屏蔽双绞线的 10BASE-T 标准的出现。10BASE-T 标准的广泛应用推动了结构化布线技术的出现,使得使用非屏蔽双绞线、速率为 10 Mbps 的以太网遍布世界各地。

1) 快速以太网的发展

随着局域网应用的深入,用户对局域网带宽提出了更高的要求。人们只有两条路可以选择:要么重新设计一种新的局域网体系结构与介质访问控制方法,去取代传统的局域网技术;要么保持传统的局域网体系结构与介质控制方法不变,设法提高局域网的传输速率。对目前已大量存在的以太网来说,要保护用户已有的投资,同时又要增加网络的带宽,快速以太网(Fast Ethernet)是符合后一种要求的新一代高速局域网。

快速以太网的传输速率比普通以太网快 10 倍,数据传输速率达到了 100 Mbps。快速以太网保留着传统以太网的所有特征(包括相同的数据帧格式、介质访问控制方法与组网方法),只是将每个比特的发送时间由 100 ns 降低到了 10 ns。1995 年 9 月,局域网/城域网标准委员会(IEEE 802)正式批准了快速以太网标准(IEEE 802.3 u)。

2) 快速以太网的协议结构

IEEE 802.3u 标准在逻辑链路控制层使用 IEEE 802.2 标准,在介质访问控制层使用 CSMA/CD 方法,只是在物理层做了一些必要的调整,定义了新的物理层标准(100BASE-T)。100BASE-T 标准定义了介质专用接口(media independent interface,简称 MII),它将介质访问控制层与物理层分隔开来。这样,物理层在实现100 Mbps 的传输速率时所使用的传输介质和信号编码方式的变化不会影响介质访问控制层。快速以太网的协议结构如图 3 - 17 所示。

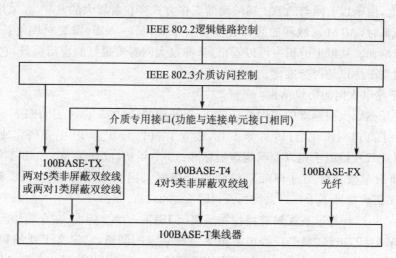

图 3 - 17　快速以太网的协议结构

100BASE-T 标准可以支持多种传输介质。目前,100BASE-T 有以下 3 种有关传输介质的标准:

① 100BASE-TX 支持 2 对 5 类非屏蔽双绞线(UTP)或 2 对 1 类屏蔽双绞线(STP)。1 对 5 类非屏蔽双绞线或 1 对 1 类屏蔽双绞线用于发送,而另 1 对双绞线用

于接收。因此,100BASE-TX 是一个全双工系统,每个结点可以同时以 100 Mbps 的速率发送与接收数据。

② 100BASE-T4 支持 4 对 3 类非屏蔽双绞线,其中 3 对用于数据传输,1 对用于冲突检测。

③ 100BASE-FX 支持 2 芯的多模或单模光纤。100BASE-FX 主要用作高速主干网,从结点到集线器的距离可以达到 2 km,它是一种全双工系统。

（3）千兆以太网

1）千兆以太网的发展

尽管快速以太网具有高可靠性、易扩展性、成本低等优点,并且成为高速局域网方案中的首选,但在数据仓库、桌面电视会议、三维图形与高清晰度图像这类应用中,人们不得不寻求拥有更高带宽的局域网。千兆以太网(Gigabit Ethernet)就是在这种背景下产生的。

人们设想一种用以太网组建企业网的全面解决方案:桌面系统采用传输速率为 10 Mbps 的以太网,部门级系统采用传输速率为 100 Mbps 的快速以太网,企业级系统采用传输速率为 1 000 Mbps 的千兆以太网。由于普通以太网、快速以太网与千兆以太网有很多相似之处,并且很多企业已大量使用了以太网,因此,局域网系统升级到快速以太网或千兆以太网时,不需要对网络技术人员重新进行培训。

相比之下,如果将现有的以太网互联到作为主干网的 622 Mbps 的 ATM 局域网上,一方面,由于以太网与 ATM 局域网的工作方式存在着较大的差异,在采用 ATM 局域网仿真时,ATM 局域网的总体性能将会下降;另一方面,需要对网络技术人员重新进行培训。从以上分析中可以看出,千兆以太网有着很好的应用前景,它能否应用的关键在于协议是否标准化。

2）千兆以太网的协议结构

制定千兆以太网标准的工作是从 1995 年开始的。1995 年 11 月,IEEE 802.3 工作组成立了高速网研究组;1996 年 8 月,成立了 802.3z 工作组,主要研究使用多模光纤与屏蔽双绞线的千兆以太网物理层标准;1997 年初,成立了 802.3ab 工作组,主要研究使用单模光纤与非屏蔽双绞线的千兆以太网物理层标准。1998 年 2 月,IEEE 802 正式批准了千兆以太网标准(IEEE 802.3z)。

IEEE 802.3z 标准在逻辑链路控制层使用 IEEE 802.2 标准,在介质访问控制层使用 CSMA/CD 方法,只是在物理层做了一些必要的调整,它定义了新的物理层标准(1 000BASE-T)。1000BASE-T 标准定义了千兆介质专用接口(Gigabit Media Independent Interface,简称 GMII),它将介质访问控制层与物理层分隔开来。这样,物理层在实现 1 000 Mbps 速率时所使用的传输介质和信号编码方式的变化不会影响介质访问控制层。千兆以太网的协议结构如图 3-18 所示。

1 000BASE-T 标准可以支持多种传输介质。目前,1 000BASE-T 有以下 4 种有关传输介质的标准:

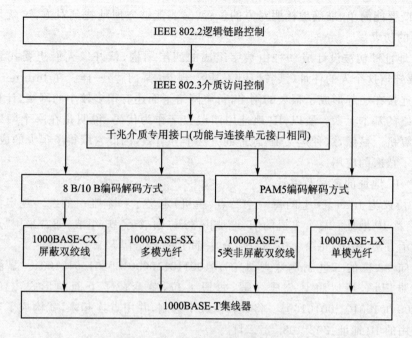

图3-18　千兆以太网的协议结构

① 1000BASE-T 使用的是 5 类非屏蔽双绞线,双绞线长度可以达到 100 m。

② 1000BASE-CX 使用的是屏蔽双绞线,双绞线长度可以达到 25 m。

③ 1000BASE-LX 使用的是波长为 1 300 nm 的单模光纤,光纤长度可以达到 3 000 m。

④ 1000BASE-SX 使用的是波长为 850 nm 的多模光纤,光纤长度可以达到 300~550 m。

【知识点 2】IP 地址与子网掩码

1. IP 地址

为了准确传输数据,除了需要有一套对传输过程的控制机制以外,还需要在数据包中加入双方的地址,就像在信封上写上收信人和发信人的地址一样。现在的问题是,进行数据通信的双方应该用一种什么样的方式来表示地址?

也许有人会问,不是每个网卡都有一个不同的介质访问控制地址吗?用这个地址不行吗?介质访问控制地址确实是可以用在数据传输过程中的,但它只能用在底层通信过程中,即只能用在数据链路层上通信时使用的数据帧中,而网络层中使用的 IP 地址和数据链路层中的介质访问控制地址要由 ARP 或 RARP 进行转换。介质访问控制地址是一个用 12 位的十六进制数表示的地址,用户很难直接使用它,在 Internet 中,也很难把这样一个数值与某台处于不明位置上的特定计算机联系起来。显然介质访问控制地址存在不便使用和难以查找的缺点,因此需要另一种地址。这个地址既要能简单、准确地标明对方的位置,又要能够方便地找到对方,这就是设计 IP 协议的初衷。

IP 地址最初被设计成一种由数字组成的四层结构,就好像人们想要找到一个人,需要知道这个人的住址(某省、某市、某区、某街、某门牌)一样。在 Internet 中,很多网络连接在一起形成了很大的网络,每个网络下面还有很多较小的网络,计算机是组成网络的基本元素。所以,IP 地址用四层数字作为代码,说明是在哪个网络中的哪台计算机。显然,这种定义 IP 地址的方法十分有效,因此它取得了很大的成功,并且得到了普遍的应用。

(1) IP 地址的定义及表示

IP 协议为 Internet 上的每一个结点(主机)定义了一个唯一的统一规定格式的地址,简称 IP 地址。每个主机的 IP 地址由 32 位(4 个字节)组成,通常采用"点分十进制表示方法"表示,每个字节为一部分,中间用点号分隔开来。

例如,32 位的二进制地址为:11001010011011000010010100101001。显然这个地址很难记忆,所以将其分成 4 段,每段 8 位,就变成了下面的形式:11001010 01101100 00100101 00101001。将其转换成十进制,并用点连起来,就构成了通常人们所使用的 IP 地址:202.108.37.41。

注意:每一段的 8 位二进制数,最小是 00000000,换算成十进制数是 0;最大是 11111111,换算成十进制数是 255。也就是说,这 4 段数字换算成十进制数,每段都在 0~255 变化。

每一个 IP 地址又可分为网络号(Network ID)和主机号(Host ID)两部分:网络号表示网络规模的大小,用于区分不同的网络;主机号表示网络中主机的地址编号,用于区分同一网络中的不同主机。按照网络规模的大小,IP 地址可以分为 A、B、C、D、E 五类,其中常用的是 A、B、C 三类地址,D 类为组播地址,E 类为扩展备用地址,其格式如图 3-19 所示。

根据上述划分规则,通过 IP 地址的第一个十进制数可以区分 A,B,C 类地址。

① A 类地址首字节的取值范围为 0~127,对应二进制范围 00000000~01111111。根据上面的规则,实际上 A 类地址首字节的取值范围应该从 1 开始,因为网络号全为 0 的地址保留,又因为 127 开头的 IP 地址保留给回环地址,因此 A 类地址网络号的可用范围为 1~126,所以共有 126 个 A 类网络可提供给用户使用。

② B 类地址首字节的取值范围为 128~191,对应二进制范围 10000000~10111111,共有 64 个 B 类网络可提供给用户使用。

③ C 类地址首字节的取值范围为 192~223,对应二进制范围 11000000~11011111,共有 32 个 C 类网络可提供给用户使用。

A,B,C 三类 IP 地址的有效范围和保留的 IP 地址如表 3-3 所列。

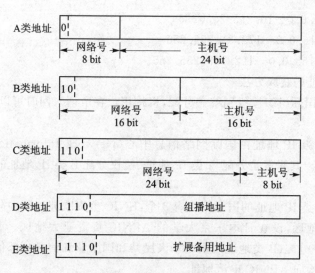

图 3－19　IP 地址格式

表 3－3　三类 IP 地址的有效范围和保留的 IP 地址

类　别	网络号	主机号	备　注
A	1～126	0～255　0～255 1～254	适用于大型网络,10 这个网络号留作局域网使用
B	128～191　0～255	0～255　1～254	适用于中型网络,172.16.0.0～172.31.0.0 这 16 个网络号留作局域网使用
C	192～223　0～255 0～255	1～254	适用于小型网络,192.168.0.0～192.168.255.0 这 256 个网络号留作局域网使用

（2）IP 地址中的 6 种特殊地址

① 网络地址:主机地址全为 0,用于区分不同的网络。

② 广播地址:主机地址全为 1,用于向本网络上的所有主机发送报文。有时不知道本网的网络号,TCP/IP 协议规定 32 位全为 1 的 IP 地址用于本网广播。

③ "0"地址:TCP/IP 协议规定,32 位全为 0 的 IP 地址被解释成本网络。若有一台主机想在本网内通信,但又不知道本网的网络号,就可以用"0"地址。

④ 回环地址:127.×.×.×,用于网络软件测试和本机进程间的通信。如果安装了 TCP/IP 协议,而未设置 IP 地址,可用 127.0.0.1 进行测试。

⑤ 组播地址:指定一个逻辑组,参与该组的机器可能遍布整个 Internet,主要应用于电视会议等。

⑥ 私有地址(Private Address):属于非注册地址,专门为组织机构内部使用。例如,学校的机房里,企业内部网络等。这些地址不能存在于互联网上,但可以被各地组织机构在内部通信中重复使用,这样可以有效地节约公网地址。私有地址包括:

A 类：10.0.0.0～10.255.255.255。

B 类：172.16.0.0～172.31.255.255。

C 类：192.168.0.0～192.168.255.255。

（3）IP 地址的获取方法

IP 地址由国际组织按级别统一分配，机构用户在申请入网时可以获取相应的 IP 地址。

① 最高一级 IP 地址由国际网络信息中心（Network Information Center，简称 NIC）负责分配。其职责是分配 A 类 IP 地址、授权分配 B 类 IP 地址的组织并有权刷新 IP 地址。

② 分配 B 类 IP 地址的国际组织有 3 个：ENIC 负责欧洲地区的分配工作，Inter-NIC 负责北美地区，设在日本东京大学的 APNIC 负责亚太地区。我国的 Internet 地址由 APNIC 分配（B 类地址），由中华人民共和国工业和信息化部信息通信管理局或相应网管机构向 APNIC 申请地址。

③ C 类地址，由地区网络中心向国家级网管中心（如 CHINANET 的 NIC）申请分配。

2. 子网掩码

仅用 IP 地址中的第一个数来区分一个 IP 地址是哪类地址，对于人们来说也是较困难的，而且，这个工作最终还是要通过计算机去执行的。如何让计算机也可以很容易地区分网络号和主机号？解决的办法就是使用子网掩码（Subnet Mask）。

子网掩码是一个 32 位的位模式。位模式中为 1 的位用来定位网络号、为 0 的位用来定位主机号。其主要作用是让计算机很容易地区分网络号和主机号以及划分子网。A、B、C 三类网络默认的子网掩码如表 3－4 所列。

表 3－4　三类网络默认的子网掩码

类　别	子网掩码位模式	子网掩码
A	11111111 00000000 00000000 00000000	255.0.0.0
B	11111111 11111111 00000000 00000000	255.255.0.0
C	11111111 11111111 11111111 00000000	255.255.255.0

用子网掩码区分 IP 地址中的网络号和主机号的方法如下：

① 将 IP 地址与子网掩码进行逻辑与（AND）运算，结果即为网络号。

② 将子网掩码取反与 IP 地址进行逻辑与（AND）运算，结果即为主机号。

例 3－1　已知一台主机的 IP 地址为 192.9.200.13，子网掩码为 255.255.255.0。求该主机 IP 地址的网络号和主机号。

先将 IP 地址和子网掩码转换为二进制数：

192.9.200.13→11000000 00001001 11001000 00001101

255.255.255.0→11111111 11111111 11111111 00000000

按方法①进行逻辑与运算,结果为 11000000 00001001 11001000 00000000,即得网络号为 192.9.200.0。

按方法②,子网掩码取反为 00000000 00000000 00000000 11111111,再与 IP 地址进行逻辑与运算,结果为 00000000 00000000.00000000 00001101,即得主机号为 0.0.0.13。

【知识点 3】集线器与交换机

1. 集线器

集线器是一种安装在以太网接入层的网络设备。它具有多个端口,用于将主机连接到网络。集线器是一种简单的设备,不具备解码网络主机之间所发送信息的电子元器件,它无法确定哪台主机应获取特定的信息。集线器只是简单地从其中一个端口接收电子信号,然后将同一信息向其他所有端口发出,如图 3－20 所示。

注意:主机上的网卡只接收发送到正确介质访问控制地址的信息。主机将忽略不是以它们为发送目的地址的信息。只有与目的地址相符的主机才会处理该信息并响应发送方。

以太网集线器的所有端口都连接到同一通道上发送和接收信息。由于所有主机都必须共享该通道可用的带宽,因此集线器被称为带宽共享设备。

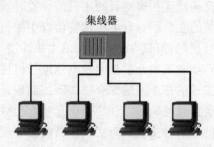

图 3－20　集线器组建小型网络

连接到一个集线器的两台或更多台主机可能会同时发送信息,但一次只能通过以太网集线器发送一条信息,此时,信息会在集线器中相互冲突。

冲突会导致信息损坏,无法为主机所理解。集线器不会对信息进行解码,因此无法检测到信息是否已损坏,于是它在所有端口重复该信息并发出。可以接收因冲突而损坏的信息的网络区域称为冲突域。

在冲突域内部,当主机接收到损坏的信息时,就会检测到发生了冲突。每台发送主机都会等待较短时间,然后再次尝试发送或重新传输该信息。当连接到集线器的主机数量增加时,冲突的概率也会增大。冲突越多,重新传输的次数也越多。过多的重新传输会阻塞网络,降低网络通信速度,因此,必须限制冲突域的大小。传统的以太网在负载超过 40％时,效率将明显降低。由于在当今网络中已很少使用集线器,故这里只对其做简单的介绍。

2. 交换机

（1）以太网交换机的工作原理

以太网交换机是一种用于接入层的设备。像集线器一样,交换机也可将多台主机连接到网络。但与集线器不同的是,交换机可以转发信息到特定的主机。当一台主机发送信息到交换机上的另一台主机时,交换机将接收并解码帧,以读取信息的物理(介质访问控制)地址部分。

交换机上含有一个介质访问控制地址表,其中列出了包含所有活动端口以及与交换机相连主机的介质访问控制地址。当信息在主机之间发送时,交换机将检查该表中是否存在目的介质访问控制地址。如果存在,交换机就会在源端口与目的端口之间创建一个临时连接,称为电路。这一新电路为两台主机的通信提供一个专用通道。连接到该交换机的其他主机不会共享此通道的带宽,也不会接收那些并非发送给它们的信息。主机之间的每一次通信都会创建一条新的电路。这些独立的电路使多个通信可以同时进行,而且不会发生冲突。

如果交换机收到的帧是发送到尚未列入介质访问控制地址表的新主机的,结果会如何?如果目的介质访问控制地址不在表中,交换机就没有创建电路所需的信息。当交换机无法确定目的主机的位置时,就会采用"泛洪"处理方式将信息转发到所有连接的主机。每台主机都将信息中的目的介质访问控制地址与其介质访问控制地址进行比较,但只有地址匹配的主机才会处理该信息并响应发送方。

新主机的介质访问控制地址如何进入介质访问控制地址表?交换机检查主机之间发送的每个帧的源介质访问控制地址,然后创建介质访问控制地址表。当新主机发送信息或响应"泛洪"式信息时,交换机就会立即获取其介质访问控制地址及其连接的端口。交换机每次读取新的源介质访问控制地址时,地址表都会自动更新。通过这种方式,交换机可以迅速获取所有与其相连的主机的介质访问控制地址。

(2)交换机的基本功能

① 地址学习功能:交换机是一种基于介质访问控制地址识别,能完成封装转发数据包功能的网络设备。交换机将目的地址不在交换机介质访问控制地址对照表的数据包广播发送到所有端口,并将找到的这个目的介质访问控制地址重新加入自己的介质访问控制地址列表。这样下次再发送数据包到这个介质访问控制地址结点时就直接转发。交换机的这种功能就称为介质访问控制地址学习功能。

② 转发或过滤选择:交换机根据目的介质访问控制地址,通过查看介质访问控制地址表,决定转发还是过滤帧。如果目标介质访问控制地址和源介质访问控制地址在交换机的同一物理端口上,则过滤该帧。

③ 防止交换机形成环路:物理冗余链路有助于提高局域网的可用性,当一条链路发生故障时,另一条链路可继续使用,从而不会使数据通信中止。但是如果因冗余链路而让交换机构成环路,则数据会在交换机中无休止地循环,形成广播风暴。多帧的重复复制导致介质访问控制地址表不稳定,解决这一问题的方法就是使用生成树协议(STP)。

(3)以太网交换机的信息交换方式

以太网交换机的数据帧的转发方式可以分为以下3类:

① 直接交换方式:接收帧后立即转发。其缺点是错误帧也转发。

② 存储转发交换方式:存储接收的帧并检查帧的错误,若无错误再从相应的端口转发出去。其缺点是数据检错增加了延时。

③ 改进直接交换方式:接收帧的前 64 个字节后,判断以太网帧的帧头字段是否正确,若正确则转发。对长的以太网帧,交换延迟时间减少。过滤碎片(少于 64 个字节)帧。

(4) 以太网交换机的特点

① 在 OSI 中的工作层次不同。

② 数据传简方式不同。

③ 独享端口带宽:每一个端口都是独享交换机总带宽的一部分,在传输速率上有了根本的保障,在同一时刻可进行多个端口之间的数据传输,每一个端口都是一个独立的冲突域。

④ 地址学习功能:自动识别介质访问控制地址(自学),并完成封装转发数据包的操作。

⑤ 网络分段:即划分虚拟局域网(VLAN)。此内容将在任务三中做详细介绍。

(5) 以太网交换机的分类

① 根据交换机的应用领域分为广域网交换机和局域网交换机。

广域网交换机主要应用于电信领域,提供通信基础平台;局域网交换机则用于本地网络,连接个人计算机和网络打印机等终端设备。

② 根据交换机的结构分为固定端口交换机和模块化交换机。

固定端口交换机有 4、8、12、16、24 和 48 端口等多种规格,根据安装方式又分为机架式交换机和桌面式交换机。机架式交换机用于较大规模网络的接入层和汇聚层,端口数一般大于 16,它的尺寸符合国际标准,宽 48.26 cm(19 英寸),高 4.4 cm(1 U),一般安装于标准的机柜中;桌面式交换机不是标准规格,不能安装在机柜内,通常用于小型网络。模块化交换机具有更大的灵活性和可扩展性,用户根据实际情况可选择不同数量、不同速率和不同接口类型的模块,它具有很强的容错能力和可热插拔的双电源,支持交换模块的冗余备份等,一般应用于本地网络的核心层和汇聚层。

③ 根据交换机是否具有支持网管功能分为网管型交换机和非网管型交换机。

网络管理人员不能对非网管型交换机进行控制和管理,而可以对网管型交换机进行本地或远程控制和管理,使网络运行正常。

④ 根据交换机的传输介质和传输速度可分为以太网交换机、快速以太网交换机、千兆以太网交换机等。

⑤ 根据交换机的规模应用又可分为企业级交换机、部门级交换机和工作组交换机等。

企业级交换机位于企业网络的核心层,属于高端交换机,具有高带宽、高传输率、高背板容量、硬件冗余和软件可伸缩等特点,一般采用模块化结构,具有多个吉比特光纤接口甚至 10 Gbit/s 光纤接口,具有融合和安全的不间断服务等功能,例如 Cisco Catalyst 6500 系列交换机;部门级交换机处于网络的中间层,往上连至企业骨干层,往下连至网络的接入层,可以是固定结构也可以采用模块化结构,具有多个百兆比特、吉比特光纤接口,支持基于端口的虚拟局域网、流量控制、网络管理等,例如 Cisco Catalyst 4948 系列交换机;工作组交换机一般直接连接到桌面,通常为固定端口结构,主要是 10/100 Mbit/s 以太网端口,根据实际可选择百兆比特或吉比特光纤接口,可选择网管型或非网管型交换机。

⑥ 根据交换机工作的协议层分为第 2 层交换机、第 3 层交换机和第 4 层交换机。

第 2 层交换机用介质访问控制地址完成不同端口数据的交换,这是最基本也是应用最多的交换技术,主要用于网络接入层;第 3 层交换机具有路由功能,可实现不同子网之间的数据包交换,主要用于大中型网络的汇聚层和骨干层的连接,通常采用模块化结构,以适应用户的不同需求;第 4 层交换机可对传输层中包含在每一个 IP 包头的服务进程/协议(例如 HTTP、FTP、TELNET、SSL 等)进行处理,实现带宽分配、故障诊断和对 TCP/IP 应用程序数据流进行访问控制等功能。

(6) 交换机的选择

用户在选择交换机时应注意以下 9 个方面:

① 转发方式。

② 合适的尺寸。

③ 交换的速度要快。

④ 端口数要够将来升级用。

⑤ 根据使用要求选择合适的品牌。

⑥ 管理控制功能要强大。

⑦ 介质访问控制地址数:不同的交换机其端口可记忆的介质访问控制地址数不同,一般能够记忆 1024 个介质访问控制地址就可以了。

⑧ STP:为了增强局域网的健壮性,局域网内可能有多条冗余线路,这样局域网内交换机的连接容易形成物理环路,容易使数据帧在物理环路内循环传输,使网络性能大大下降。为了防止此种现象的发生,必须启用 STP。STP 可以使物理环路变成逻辑树形结构,但当局域网内某条线路不通时,STP 可以很快使物理网络形成另一逻辑树形结构,这样既保证了数据帧不会循环传输,又保证了局域网的连通性。

⑨ 背板带宽:由于交换机所有端口间的通信都要通过背板来完成,所以背板的带宽越大,数据交换的速度就越快。

任务三　组建大中型局域网

【任务描述】

能够利用划分子网的方法组建大中型局域网。

【任务内容与目标】

内　容	1. 划分子网； 2. 路由器
目　标	1. 掌握子网的划分方法； 2. 掌握路由器的工作原理及配置方法

【知识点1】划分子网

　　一个网络上的所有主机都必须有相同的网络号,这是识别主机属于哪个网络的根本方法。对于一个拥有C类网络的单位,出于部门业务的划分和网络安全的考虑,希望能够建立多个子网,但向网络信息中心申请几个C类网络IP段,既不经济,又浪费了大量的IP地址。还有一种情况是,一个单位最初有200台计算机联网,拥有一个C类网络号,但后来发展到有2 000台计算机需要联网,若申请一个B类地址,则地址浪费严重,且代价太高;若再申请7个C类地址(8×256＝2 048台),就相当于要创建8个网络,每个网络之间联网要用路由器和各自的C类网络号,这给单位增加了建网成本,用户使用起来也不方便。造成这种局面的原因是IP地址分级过于死板,将网络规模强制在A,B,C类3个级别上。

　　在实际应用中,公司或者机构的网络规模往往是灵活多变的,解决这些问题的办法是使用子网掩码将规模较大的网络内部划分成多个子网,也可以将多个网络合并成一个大的网络。

　　1. 划分子网的方法

　　例3-2　将一个C类网络分成4个子网,若网络号为192.9.200.0,求出子网掩码和4个子网的IP地址范围。

　　第一步:定义子网掩码。

　　定义子网掩码的步骤为:

　　① 将要划分的子网数目转换为2的m次方,如划分8个子网:8＝23。

② 取 2^m 的幂,如 2^3,$m=3$。

③ 按高序占用主机地址 m 位后将其转换为十进制数。

如 $m=3$,11100000→224,可以最终确定子网掩码。

若是 C 类网络,子网掩码为 255.255.255.224。

若是 B 类网络,子网掩码为 255.255.224.0。

若是 A 类网络,子网掩码为 255.224.0.0。

注意:等式 $2^m=n$,n 表示划分的子网个数,m 表示占用主机地址的位数。

本例中根据 $2^2=4$,即 $m=2$,则占用 2 位主机地址:11000000→192,C 类网络的子网掩码为 255.255.255.192。

第二步:确定子网号和子网的 IP 地址范围。

根据按高序借用 2 位主机地址的实际组合情况可以得到子网号。4 个子网的子网号如下:

$$00 (00000000) \rightarrow 0 \rightarrow 192.9.200.0$$
$$01 (01000000) \rightarrow 64 \rightarrow 192.9.200.64$$
$$10 (10000000) \rightarrow 128 \rightarrow 192.9.200.128$$
$$11 (11000000) \rightarrow 192 \rightarrow 192.9.200.192$$

根据子网号可以确定子网的 IP 地址范围。4 个子网的 IP 地址范围如下:

二进制:11000000 00001001 11001000 00000001…00111110

十进制: 192. 9. 200. 1 192.9.200.62

二进制:11000000 00001001 11001000 01000001…01111110

十进制: 192. 9. 200. 65 192.9.200.126

二进制:11000000 00001001 11001000 10000001…10111110

十进制: 192. 9. 200. 129 192.9.200.190

二进制:11000000 00001001 11001000 11000001…11111110

十进制: 192. 9. 200. 193 192.9.200.254

技巧:确定子网号及子网的 IP 地址范围的方法是,根据按高序借用 m 位主机地址的实际组合情况可以得到子网号;根据子网号可以确定子网的 IP 地址范围(网络地址是子网 IP 地址的开始,广播地址是其结束,可使用的主机地址在这个范围内)。

例 3-3 若 InterNIC 分配的 B 类网络号为 129.20.0.0,在使用默认的子网掩码 255.255.0.0 的情况下,只有一个网络号和 65 536−2 台主机(129.20.0.1~129.20.255.254)。将其划分为 8 个子网。

第一步:将要划分的子网数目转换为 2 的 m 次方,如划分 8 个子网:$8=2^3$。

第二步:取 2^m 的幂,如 2^3,则 $m=3$。

第三步:确定子网掩码。

默认的子网掩码为:255.255.0.0。

按高序向主机地址借用 3 位后的子网掩码为:255.255.224.0(借用的 3 位全为

1,11100000→224)。

第四步:确定可用的子网号。

列出按高序借用3位主机地址的所有二进制数组合情况,按实际组合情况得到的子网号如下:

$$000(00000000)→0→129.20.0.0.$$
$$001(00100000)→32→129.20.32.0$$
$$010(01000000→)64→129.20.64.0$$
$$011(01100000)→96→129.20.96.0$$
$$100(10000000)→128→129.20.128.0$$
$$101(10100000)→160→129.20.160.0$$
$$110(11000000)→192→129.20.192.0$$
$$111(11100000)→224→129.20.224.0$$

第五步:确定子网的IP地址范围。

子网号	子网开始的IP地址	子网最后的IP地址
129.20.0.0	129.20.0.1	129.20.31.254
129.20.32.0	129.20.32.1	129.20.63.254
129.20.64.0	129.20.64.1	129.20.95.254
129.20.96.0	129.20.96.1	129.20.127.254
129.20.128.0	129.20.128.1	129.20.159.254.
129.20.160.0	129.20.160.1	129.20.191.254
129.20.192.0	129.20.192.1	129.20.223.254
129.20.224.0	129.20.224.1	129.20.255.254

例3-4　一个网络内有75台计算机,把它划分成两个子网,子网1为50台计算机,子网2为25台计算机,确定两个子网的网络号和IP地址范围,原有的网络号为211.83.140.0/24。

例3-2和例3-3是知道子网数,利用子网数计算子网掩码;而本例只知道主机数,所以应利用主机数来计算。

将需要容纳客户机数量最多的子网作为划分的标准,计算子网掩码的公式为:

$$2^n - 2 \geqslant m$$

式中,m表示客户机数量,n表示子网掩码中0的个数。

第一步:$2^n - 2 \geqslant 50$,则$2^n \geqslant 50$;$2^n = 64$,$n = 6$(取满足条件的最接近的值)。

第二步:确定子网掩码。最后一段为11000000→192,子网掩码为:255.255.255.192。

第三步:确定子网号。

$$00(00000000) \rightarrow 0 \rightarrow 211.83.140.0$$
$$01(01000000) \rightarrow 64 \rightarrow 211.83.140.64$$
$$10(10000000) \rightarrow 128 \rightarrow 211.83.140.128$$
$$11(11000000) \rightarrow 192 \rightarrow 211.83.140.192$$

第四步:确定子网的 IP 地址范围。

子网号	子网开始的 IP 地址	子网最后的 IP 地址
211.83.140.0	211.83.140.1	211.83.140.62
211.83.140.64	211.83.140.65	211.83.140.126
211.83.140.128	211.83.140.129	211.83.140.190
211.83.140.192	211.83.140.193	211.83.140.254

第五步:在子网 1~4 中任选两个。

提醒:子网主机数＋1＋1＝IP 地址数,若考虑网关地址还需加 1。

2. 利用 IP 地址和子网掩码计算

通过 IP 地址和子网掩码可以计算出网络地址、广播地址、地址范围、本网络有几台主机和主机号。

例 3-5 一台主机的 IP 地址是 202.112.14.137,子网掩码是 255.255.255.224,要求计算这台主机所在网络的网络地址和广播地址。

① 常规方法是把这台主机的 IP 地址和子网掩码都换算成二进制数,两者进行逻辑与运算后即可得到网络地址。

由于是 C 类地址,故只需关注第 4 段。

$$137 \rightarrow 10001001$$
$$224 \rightarrow 11100000$$

经逻辑与运算后为 $10000000 \rightarrow 2^7 \rightarrow 128$。所以,网络地址为 202.112.14.128;广播地址为 202.112.14.159。

② 另一种方法是根据掩码所容纳的 IP 地址的个数来计算。

255.255.255.224 的掩码所容纳的 IP 地址有 $256-224=32$ 个(包括网络地址和广播地址),那么具有这种掩码的网络地址一定是 32 的倍数(0,32,64,96,128,160,192,224)。因为略小于 137 而又是 32 的倍数的数是 128,所以得出网络地址是 202.112.14.128。广播地址就是下一个网络的网络地址减 1,而下一个 32 的倍数是 160,因此可以得到广播地址为 202.112.14.159。

例 3-6 已知某计算机所使用的 IP 地址是 195.169.20.25,子网掩码是 255.255.255.240,计算出该机器的网络号(子网号)、主机号,确定该机所在的网络有几台主机,并确定其地址范围。

由于是 C 类地址,故只需关注第 4 段。

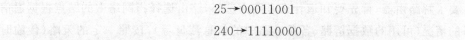

$$25 \rightarrow 00011001$$
$$240 \rightarrow 11110000$$

经逻辑与运算后为 00010000→16。所以网络号为 195.169.20.16；主机号为 9。该机所在的网络有 $2^{二进制主机位数} - 2 = 2^4 - 2 = 14$ 台主机；地址范围为 195.169.20.17～195.169.20.30。

【知识点 2】路由器

1. 路由器简介

（1）路由器的基本概念

由于当前社会信息化的不断推进，人们对数据通信的需求日益增加。TCP/IP 体系结构自 20 世纪 70 年代中期推出以来，现已发展成为网络层通信协议的事实标准，基于 TCP/IP 的互联网络也成了最大、最重要的网络。路由器作为 TCP/IP 网络的核心设备已经得到空前广泛的应用，其技术已成为当前信息产业的关键技术，其设备本身在数据通信中起到越来越重要的作用。路由器在网络中的位置如图 3-21 所示。同时，由于路由器设备功能强大，且技术复杂，各厂家对路由器的实现有很多选择性。

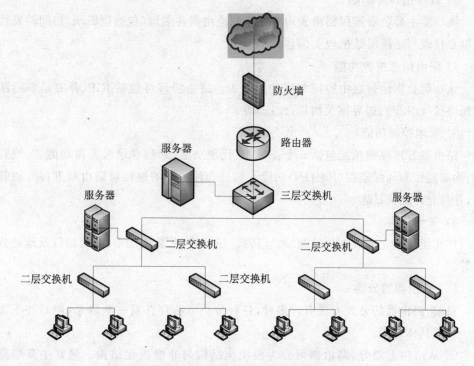

图 3-21　路由器在网络中的位置

要了解路由器,首先要知道什么是路由选择,路由选择指网络中的结点根据通信网络的情况(可用的数据链路、各条链路中的信息流量等),按照一定的策略(传输时间、传输路径最短),选择一条可用的传输路径,把信息发往目的地。路由器就是具有路由选择功能的设备。它工作于网络层,负责不同网络之间的数据包的存储和分组转发,是用于连接多个逻辑上分开的网络(所谓逻辑网络是代表一个单独的网络或者一个子网)的网络设备。

(2)路由器的功能

路由器作为互联网上的重要设备,有着许多功能,主要包括以下6个方面:

1)接口功能

路由器接口功能是可以将路由器连接到网络,分为局域网接口及广域网接口两种。局域网接口主要包括以太网接口、FDDI 等网络接口;广域网接口主要包括 El/Tl、E3/T3、DS3、通用串行口等网络接口。

2)通信协议功能

该功能负责处理通信协议,可以包括 TCP/IP 协议、点到点协议(PPP)、X. 25、帧中继等协议。

3)数据包转发功能

该功能主要负责按照路由表内容在不同路由器各端口(包括逻辑端口)间转发数据包并且改写链路层数据包头信息。

4)路由信息维护功能

该功能负责运行路由协议并维护路由表。路由协议可包括 RIP、开放最短通路优先协议(OSPF)、边界网关协议(BGP)等。

5)管理控制功能

路由器管理控制功能包括 5 个:SNMP 代理功能、远程登录服务器功能、本地管理、远端监控和远程监视(RMON)功能。通过 5 种不同的途径对路由器进行控制管理,并且允许纪录日志。

6)安全功能

该功能用于完成数据包过滤、地址转换、访问控制、数据加密、防火墙以及地址分配等。

(3)路由器的分类

目前,路由器的分类方法有许多种,各种分类方法存在着一些联系,但是并不完全一致。具体来说:

① 从结构上划分,路由器可分为模块化结构与非模块化结构。通常中高端路由器为模块化结构,可以根据需要添加各种功能模块;低端路由器为非模块化结构。

② 从网络位置划分,路由器可分为核心路由器与接入路由器。核心路由器位于网络中心,通常使用高端路由器,要求具有快速的包交换能力与高速的网络接口,通常是模块化结构;接入路由器位于网络边缘,通常使用中低端路由器,要求具有相对低速的端口以及较强的接入控制能力,通常是非模块化结构。

③ 从功能上划分,路由器可分为骨干级路由器、企业级路由器和接入级路由器。骨干级路由器是实现企业级网络互联的关键设备,它的数据吞吐量较大,非常重要。企业级路由器连接许多终端系统,连接对象较多,但系统相对简单,且数据流量较小,对这类路由器的要求是以尽量便宜的方法实现尽可能多的端点互联,同时还要求能够支持不同的服务质量。接入级路由器主要用于连接家庭或 Internet 服务提供方(ISP)内的小型企业客户群体。

(4) 路由器的结构

目前市场上路由器的种类很多。尽管不同类型的路由器在处理能力和所支持的接口数上有所不同,但它们核心的部件却是一样的。例如,都有中央处理器、只读存储器、随机存储器、输入/输出设备等硬件,只是在类型、大小以及 I/O 端口的数目上根据产品的不同各有相应的变化。其硬件和计算机类似,它实际上就是一种特殊用途的计算机。接口除了提供固定的以太网接口和广域网接口以外,还有配置口、备份口及其他接口。

路由器的软件是系统平台,华为技术有限公司的软件系统是通用路由平台(Versatile Routing Platform,简称 VRP),其体系结构实现了数据链路层、网络层和应用层多种协议,由实时操作系统内核、IP 引擎、路由处理和配置功能模块等基本组件构成。

思科(Cisco)公司的软件系统是思科互联网络操作系统(IOS),被用来传送网络服务,并启用网络应用程序。

2. 路由器的基本原理

在现实生活中,人们都寄过信。邮政局负责接收本地所有信件,然后根据它们的目的地址将它们送往不同的目的城市,再通过目的城市的邮政局将它们送到收信人的信箱。信件的传递过程如图 3 - 22 所示。

而在互联网络中,路由器的功能就类似于邮政局。它负责接收本地网络的所有 IP 数据包,然后再根据它们的目的 IP 地址,将它们转发到目的网络。当到达目的网络后,再由目的网络传输给目的主机。路由器分布示意如图 3 - 23 所示。

(1) 路由表

路由器利用路由选择进行 IP 数据包转发时,一般采用表驱动的路由选择算法。交换机是根据地址映射表来决定将帧转发到哪个端口的,与交换机类似,路由器当中也有一张非常重要的表——路由表,如表 3 - 5 所列。

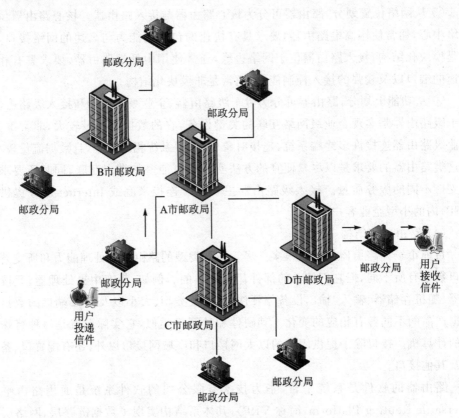

图 3 - 22　信件传递过程

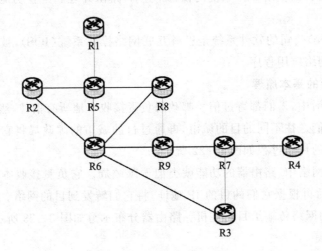

图 3 - 23　路由器分布示意

表 3-5　路由表

目标地址	子网掩码	下一个路由器的 IP 地址（NextHop）	接口名称	路由类型（Route Type）	路由模式（Route Origin）
0.0.0.0	0.0.0.0	24.24.24.24	ppp-0	间接路由（Indirect）	动态路由（Dynamic）
24.24.24.24	255.255.255.255	222.51.99.187	ppp-0	直接路由（Direct）	动态路由（Dynamic）
127.0.0.0	255.0.0.0	127.0.0.1	lo-0	直接路由（Direct）	动态路由（Dynamic）
192.168.1.0	255.255.255.0	192.168.1.1	eth-0	直接路由（Direct）	动态路由（Dynamic）
192.168.1.1	255.255.255.255	127.0.0.1	lo-0	直接路由（Direct）	动态路由（Dynamic）
192.168.1.2	255.255.255.255	127.0.0.1	lo-0	直接路由（Direct）	动态路由（Dynamic）
222.51.99.187	255.255.255.255	127.0.0.1	lo-0	直接路由（Direct）	动态路由（Dynamic）

　　路由表用来存放目的地址以及如何到达目的地址的信息。这里要特别注意一个问题，互联网包含成千上万台计算机，如果每张路由表都存放到达所有目的主机的信息，不但需要巨大的内存资源，而且查询路由表需要很长时间，这显然是不可能的。所以路由表中存放的不是目的主机的 IP 地址，而是目的网络的网络地址。当 IP 数据包到达目的网络后，再由目的网络传输给目的主机。

　　一个通用的 IP 路由表通常包含许多（M，N，R）三元组，M 表示子网掩码，N 表示目的网络地址（注意是网络地址，不是网络上普通主机的 IP 地址），R 表示到网络 N 路径上的下一个路由器的 IP 地址。

　　图 3-24 为用 3 台路由器互联 4 个子网的简单实例，表 3-6 为其中一个路由器 R2 的路由表，表 3-7 为其中一个路由器 R3 的路由表。

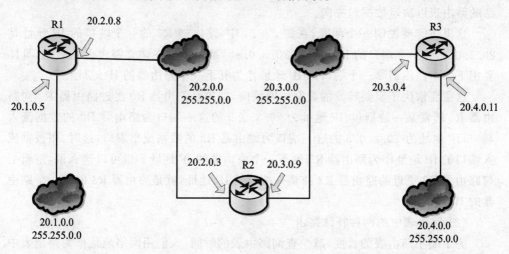

图 3-24　3 个路由器互联 4 个子网

表 3 - 6　路由器 R2 的路由表

子网掩码(M)	目的网络地址(N)	下一个路由器的 IP 地址(R)
255.255.0.0	20.2.0.0	直接投递
255.255.0.0	20.3.0.0	直接投递
255.255.0.0	20.1.0.0	20.2.0.8
255.255.0.0	20.4.0.0	20.3.0.4

表 3 - 7　路由器 R3 的路由表

子网掩码(M)	目的网络地址(N)	下一个路由器的 IP 地址(R)
255.255.0.0	20.3.0.0	直接投递
255.255.0.0	20.4.0.0	直接投递
255.255.0.0	20.2.0.0	20.3.0.9
255.255.0.0	20.1.0.0	20.3.0.9

在表 3 - 6 中,如果路由器 R2 收到一个目的地址为 20.1.0.28 的 IP 数据包,它在进行路由选择时,首先将 IP 地址与自己的路由表的第 1 行表项的子网掩码进行"与"操作,由于得到的结果 20.1.0.0 与本行表项的目的网络地址 20.2.0.0 不同,说明路由选择不成功,需要与下一行表项再进行运算操作,直到进行到第 3 行表项,得到相同的目的网络地址 20.1.0.0,说明路由选择成功。于是,R2 将 IP 数据包转发给指定的下一个路由器 20.2.0.8。

如果路由器 R3 收到某一数据包,其转发原理与路由器 R2 类似,也需要查看自己的路由表以决定数据包去向。

这里还需要说明一个问题,在图 3 - 24 中,路由器 R2 的一个端口的 IP 地址是 20.2.0.3,另一个端口的 IP 地址是 20.3.0.9。某路由器在建立路由表的时候,具体要用下一个路由器哪一个端口的 IP 地址作为其下一个路由器的 IP 地址?

这主要取决于需要转发的数据包的流向,如果是路由器 R3 经过路由器 R2 向路由器 R1 转发某一数据包,IP 地址为 20.3.0.9 的这一端口为路由器 R2 的数据流入端口,IP 地址为 20.2.0.3 的这一端口为路由器 R2 的数据流出端口,这时,用数据流入端口的 IP 地址作为路由器 R3 的下一个路由器的 IP 地址。也可以这么说,逻辑上与路由器 R3 更近的路由器 R2 的某一端口的 IP 地址,就是路由器 R3 的下一个路由器的 IP 地址。

(2) 路由表中的两种特殊路由

为了缩小路由表的长度,减少查询路由表的时间,人们用网络地址作为路由表中下一个路由器的 IP 地址,但也有两种特殊情况。

1) 默认路由

默认路由指在路由选择中,在没明确指出某一数据包的转发路径时,为进行数据转发的路由设备设置一个默认路径。也就是说,如果有数据包需要其转发,则将其直接转发到默认路径的下一跳地址。这样做的好处是可以更好地隐藏互联网细节,进一步缩小路由表的长度。在路由选择算法中,默认路由的子网掩码是 0.0.0.0,目的网络地址是 0.0.0.0,下一个路由器的 IP 地址就是要进行数据转发的第 1 个路由器的 IP 地址,默认路由如图 3-25 所示。

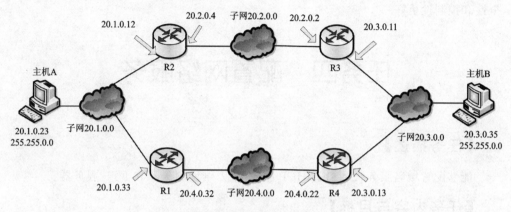

图 3-25　默认路由

对于图 3-25,给定主机 A 和主机 B 的路由表,如表 3-8 和表 3-9 所列。如果主机 A 想要发送数据包到主机 B,它有两条路径可以选择,通过路由器 R1、R4 的路径转发或者通过路由器 R2、R3 的路径转发,具体从哪条路径转发数据? 这就需要看一看主机 A 的路由表了(这里需要补充一点,在网络中,任何设备如果需要进行路由选择,它就需要拥有一张存储在自己内存中的路由表)。主机 A 的路由表有两个表项,如果数据要发送到本子网的其他主机中,则遵循第 1 行的表项,直接投递到本子网某一主机。如果主机 A 想要发送数据到主机 B,从主机 A 的路由表的第 2 行表项来看,主机 A 的默认路由是路由器 R2,所以数据就会通过路由器 R2 转发给主机 B,而不会通过路由器 R1 转发。这就是默认路由的用处。同理,主机 B 向主机 A 发送数据,会通过路由器 R4 转发。

表 3-8　主机 A 的路由表

子网掩码	目的网络地址	下一个路由器的 IP 地址
255.255.0.0	20.1.0.0	直接投递
0.0.0.0	0.0.0.0	20.1.0.12

表 3-9　主机 B 的路由表

子网掩码	目的网络地址	下一个路由器的 IP 地址
255.255.0.0	20.3.0.0	直接投递
0.0.0.0	0.0.0.0	20.3.0.13

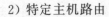
2) 特定主机路由

特定主机路由在路由表中为某一个主机建立一个单独的路由表项,目的地址不是网络地址,而是那个特定主机实际的 IP 地址,子网掩码是特定的 255.255.255.255,下一个路由器的 IP 地址和普通路由表项相同。互联网上的某一些主机比较特殊,比如说服务器,通过设立特定主机路由表项,可以更加方便管理员对它的管理,安全性和控制性更好。

任务四　配置网络服务

【任务描述】

能够配置域名服务(DNS)、DHCP 服务器、万维网服务器和 FTP 服务器。

【任务内容与目标】

内　容	1. 网络服务器; 2. 网络操作系统; 3. 域名系统; 4. DHCP 服务; 5. Internet 信息服务
目　标	1. 了解网络服务器的概念; 2. 了解网络操作系统的特点; 3. 了解域名系统的工作原理; 4. 了解 DHCP 服务的特点及原理; 5. 了解 Internet 信息服务器的工作原理

【知识点 1】网络服务器

服务器(Server)是专指某些高性能计算机,其安装不同的服务软件,能够通过网络对外提供服务,如文件服务器、数据库服务器和应用程序服务器。相对于普通个人计算机来说,服务器在稳定性、安全性、性能等方面都要高,因此,它的中央处理器、芯片组、内存、磁盘系统、网卡等硬件和普通个人计算机有所不同。

现在常见的服务器,从外观类型上可以分成 3 种,分别是塔式服务器、机架式服务器和刀片式服务器。由于企业机房空间有限等因素,机架式服务器和刀片式服务器越来越受用户的欢迎,那么它们到底有什么特点？机架式服务器和刀片式服务器到底哪个更好？

1. 机架式服务器及其特点

机架式服务器是指可以直接安装到 48.26 cm(19 英寸)标准机柜当中的服务器。通常这样的服务器从大小来看类似交换机,因此机架式服务器实际上是工业标准化下的产品,其外观按照统一标准来设计,配合机柜统一使用,以满足企业的服务器密集部署需求。机架式服务器的主要特点是节省空间,由于能够将多台服务器装到一个机柜上,不仅可以占用更小的空间,而且也便于统一管理。一个普通机柜的高度是 184.8 cm(42 U)(1 U＝1.75 英寸或 4.4 cm),机架式服务器的宽度为 48.26 cm(19 英寸),而大多数机架式服务器的高度是 4.4～184.8 cm(1～4 U)。

虽然机架式服务器的优点是占用空间小,便于统一管理,但由于内部空间的限制,其扩充性受限。例如高度过 4.4 cm(1 U)的服务器一般只有 1～2 个 PCI 扩充槽;散热性能也是一个需要注意的问题;另外,还需要有机柜等设备。因此,机架式服务器多用于服务器数量较多的大型企业。也有不少企业采用这种类型的服务器,但将服务器交付给专门的服务器托管机构来托管,尤其是目前很多网站的服务器都采用这种方式。

2. 刀片式服务器及其特点

刀片式服务器是一种高可用高密度的低成本服务器平台,是专门为特殊应用行业和高密度计算机环境设计的。其主要结构为一大型主体机箱,内部可插上许多刀片,其中每一块刀片实际上就是一块系统主板,类似于一个个独立的服务器,它们可以通过本地硬盘启动自己的操作系统。每一块刀片可以运行自己的系统,服务于指定的不同用户群,相互之间没有关联。而且,也可以用系统软件将这些主板集合成一个服务器集群。在集群模式下,所有的刀片可以连接起来提供高速的网络环境、资源共享,为相同的用户群服务。在集群中插入新的刀片就可以提高整体性能。而由于每块刀片都是热插拔的,所以,系统可以轻松地进行替换,并且将维护时间减少到最小。

根据所需要承担的服务器功能,刀片式服务器被分成服务器刀片、网络刀片、存储刀片、管理刀片、光纤通道 SAN 刀片、扩展输入/输出刀片等不同功能的刀片式服务器。刀片式服务器公认的特点有两个:一是克服了芯片服务器集群的缺点,被称为集群的终结者;二是实现了机柜优化。

【知识点 2】网络操作系统

网络操作系统(Network Operation System,简称 NOS)是指能使网络上多台计算机方便而有效地共享网络资源,为用户提供所需的各种服务的操作系统软件。网络操作系统是网络的心脏和灵魂,是向网络计算机提供网络通信和网络资源共享功能的操作系统。它是负责管理整个网络资源和方便网络用户的软件的集合。由于网络操作系统是运行在服务器之上的，所以有时也把它称为服务器操作系统。与桌面操作系统相比，在一个具体的网络中，服务器操作系统要承担额外的管理、配置、稳定、安全等功能。目前，服务器操作系统主要分为四大流派：Windows Server，Netware，UNIX，Linux。

Windows Server 的重要版本有 Windows NT Server 4.0，Windows 2000 Server，Windows Server 2003，Windows Server 2003 R2，Windows Server 2008，Windows Server 2008 R2，Windows Server 2012。Windows 服务器操作系统，结合.NET 开发环境，为微软企业用户提供了良好的应用框架。本任务讲述 Windows Server 2003 操作系统下的应用服务器配置。Windows Server 2003 是一个多任务操作系统，它能够按照客户的需要，以集中或分布的方式处理各种服务器角色，如文件和打印服务器、Web 服务器和 Web 应用程序服务器、电子邮件服务器、目录服务器、域名服务器、DHCP 服务器等。

【知识点 3】域名系统

在网络发展初期，IP 地址是网络中主机、路由器等网络设备的唯一标识。用户若想访问某网络设备，必须知道该网络设备的 IP 地址。用户一般很难记住用数字标识的 IP 地址，引入域名系统的目的就是方便用户记忆。

域(Domain)指由地理位置或业务类型联系在一起的一组计算机集合，域的划分是一种管理上的划分。域的命名遵循的是组织界限，而不是物理网络。可见，域名就是一种 Internet 地址，用于定位网络上的一台或一组计算机。由于网络和软件使用的是 IP 地址，因此，需要将容易记忆的符号域名转换成相应的数字 IP 地址。域名系统(Domain Name System，简称 DNS)就是提供域名与 IP 地址之间的解析服务的。

域名系统是为了适应互联网的迅猛发展而诞生的，并且从早期的主机名一直发展到目前每个用户都能轻松记忆的域名，以至于".com"风靡一时。

1. Internet 的域名结构

早期的 Internet 使用了非等级的名字空间，其优点是名字简短。但当 Internet 上的用户数急剧增加时，用非等级的名字空间来管理一个很大的而且是经常变化的名字集合是非常困难的。因此，Internet 后来就采用了层次树状结构的命名方法，就像全球邮政系统和电话系统那样。采用这种命名方法，任何一个连接在 Internet 上的主机或路由器，都有一个唯一的层次结构的名字，即域名(Domain Name)。在这里，域是名字空间中一个可被管理的划分。域还可以划分为子域，而子域还可继续划分为子域的子域，这样就形成了顶级域、二级域、三级域等。

从语法上讲，每一个域名都是由标号(label)序列组成的，而各标号之间用点隔开。例如域名 mail.tsinghua.edu.cn，就是清华大学用于收发电子邮件的计算机(即电子邮件服务器)的域名。它由 4 个标号组成，其中标号 cn 是顶级域名，标号 edu 是二级域名，标号 tsinghua 是三级域名，标号 mail 是四级域名。

域名系统(DNS)规定,域名中的标号都由英文字母和数字组成,每一个标号不超过 63 个字符(但为了记忆方便,最好不要超过 12 个字符),也不区分大小写字母(例如,TSINGHUA 或 tsinghua 在域名中是等效的)。标号中除连接符"-"外不能使用其他的标点符号。级别最低的域名写在最左边,而级别最高的顶级域名则写在最右边。由多个标号组成的完整域名总共不超过 255 个字符。

需要注意的是,域名只是个逻辑概念,并不代表计算机所在的物理地点。变长的域名和使用有助记忆的字符串,是为了便于人们使用。而 IP 地址是定长的 32 位二进制数字则非常便于机器进行处理。这里需要注意,域名中的"点"和点分十进制 IP 地址中的"点"并无一一对应的关系。点分十进制 IP 地址中一定是包含 3 个"点",但每个域名中"点"的数目则不一定正好是 3 个。

域名结构的最上层为顶级域。早期定义的顶级域名包含组织域、国家域(或称地理域)、新顶级域三大类,如表 3-10 所列。

表 3-10　早期定义的顶级域名

组织域	含　义	国家域	含　义	新顶级域	含　义
com	用于商业组织	ad	安道尔	firm	公司企业
edu	美国专用的教育机构	ae	阿联酋	shop	销售公司和企业
gov	美国政府部门	jp	日本	web	突出的万维网活动组织
net	网络服务站点	cn	中国	arts	突出的文化、娱乐活动组织
int	国际组织	uk	英国	rec	突出的消遣、娱乐活动组织
org	非营利性的组织机构	us	美国	info	提供信息服务的组织
mil	美国军事站点	zw	津巴布韦	nom	个人

组织域有 7 个,用 3 个字符表示,如 com。由于域名体系源于美国,因此,组织域的 gov 和 mil 仅能在美国使用。世界上每个国家有一个国家域,共 243 个国家和地区的代码,它用两个字符表示,如以 cn 结尾的域名都属于中国国家域。所谓新顶级域是在 2001 年增加的,有 7 个。2009 年,中文域名". 中国"也开始成为全球顶级域名,开放申请。

在国家顶级域名下注册的二级域名均由该国家自行确定。我国把二级域名划分为类别域名和行政区域名两大类。类别域名共 7 个,分别为:ac(科研机构);mil(中国的国防机构);com(工、商、金融等企业);edu(中国的教育机构);gov(中国的政府机构);net(提供互联网络服务的机构);org(非营利性的组织)。行政区域名共 34 个,适用于我国的各省、自治区、直辖市,例如 bj(北京市)、js(江苏省)等。

值得注意的是,我国修订的域名体系允许直接在 cn 的顶级域名下注册二级域名。这显然给我国的 Internet 用户提供了很大的方便。例如,某公司 abc 以前要注册为 abc.com.cn,是个三级域名,但现在可以注册为 abc.cn,变成了二级域名。

域名管理机构是互联网名称与数字地址分配机构(ICANN),它负责顶级域名的管理以及授权其他区域的机构来管理域名。因此,当用户通过互联网的服务提供商注册域名时,服务提供商只是授权机构,其最终还是由 ICANN 来管理。我国的互联网络发展现状以及各种规定(如申请域名的手续),均可在中国互联网络信息中心(CNNIC)的网站上找到。

　　用域名树来表示 Internet 的域名系统是最清楚的。图 3 - 26 为 Internet 的域名体系结构,它实际上是一棵倒过来的树,在最上面的是根,但没有对应的名字,根下面一级的结点就是最高一级的顶级域名(由于根没有名字,所以在根下面一级的域名就叫作顶级域名)。顶级域名可往下划分子域,即二级域名。再往下划分就是三级域名、四级域名等。图 3 - 26 中列举了一些域名作为例子。凡是在顶级域名 com 下注册的单位都获得了一个二级域名,图 3 - 26 中给出的例子有中央电视台(cctv),以及搜狐(sohu)、惠普(HP)等公司。在顶级域名 cn(中国)下面列出了几个二级域名,如bj,edu 以及 com。在某个二级域名下注册的单位就可以获得一个三级域名,图 3 - 26中给出的在 edu 下面的三级域名有 tsinghua(清华大学)和 pku(北京大学)。一旦某个单位拥有了一个域名,它就可以自己决定是否要进一步划分其下属的子域,并且不必由其上级机构批准。图 3 - 27 中的 cctv(中央电视台)和 tsinghua(清华大学)都分别划分了自己的下一级域名 mail 和 www(分别是三级域名和四级域名)。域名树的树叶就是单台计算机的名字,它不能再继续往下划分子域。

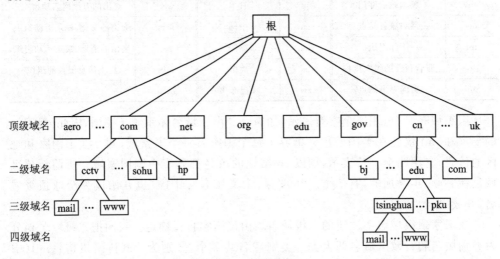

图 3 - 26　域名体系结构

　　应当注意,虽然中央电视台和清华大学都各有一台计算机取名为 mail,但它们的域名并不一样,因为前者是 mail. cctv. com,而后者是 mail. tsinghua. edu. cn。因此,即使在世界上还有很多单位的计算机取名为 mail,但是它们在 Internet 中的域名却都必须是唯一的。

　　这里还要强调指出,Internet 的名字空间是按照机构的组织来划分的,与物理网

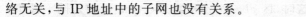

络无关,与 IP 地址中的子网也没有关系。

2. 域名服务器

早期网络设备的字符串名字(相当于域名)和 IP 地址的映射关系保存在一个单独的文件(HOSTS. TXT)里,存放在一台主机中。用户在访问某网络设备之前,先通过 FTP 访问 HOSTS. TXT 文件,获取该网络设备的 IP 地址。随着互联网的发展,HOSTS. TXT 文件的内容日益增加,访问、维护日益困难。于是,引入域名系统,使 IP 地址与网络设备名的映射工作由一个专用的分布式数据库系统来承担。用户在访问某网络设备之前只需要访问这个分布式网络系统的某个成员即可,而整个过程由域名服务协议去完成。

域名系统的提出是为了解决域名与 IP 地址的映射问题,因此,需要一个专门的服务器(即域名服务器)来维护域名体系结构及其相应的资源记录。从理论上讲,可以让每一级的域名都有一个相对应的域名服务器,使所有的域名服务器构成和图 3 - 26 相对应的"域名服务器树"的结构。但这样做会导致域名服务器的数量太多,域名系统的运行效率降低。因此,域名系统就采用划分区的办法来解决这个问题。

一个服务器所负责管辖的(或有权限的)范围叫作区(zone)。各单位根据具体情况来划分自己管辖的范围。但在一个区中的所有结点必须是能够连通的。每一个区设置相应的权限域名服务器(Authoritative Name Server),用来保存该区中的所有主机的域名到 IP 地址的映射。总之,域名服务器的管辖范围不是以域为单位的,而是以区为单位的。区是域名服务器实际管辖的范围。区可能等于或小于域,但一定不可能大于域。

图 3 - 27 域名为区的不同划分方法举例。假定 abc 公司有下属部门 x 和 y,部门 x 下面又分 3 个分部门 u,v 和 w,而部门 y 下面还有其下属部门 t。图 3 - 27(a)所示为

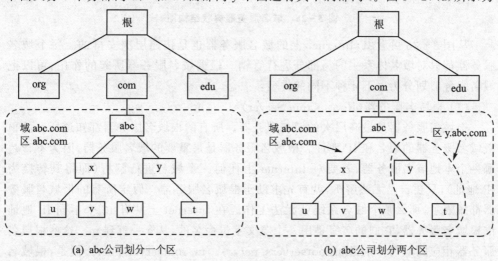

(a) abc公司划分一个区　　　　　　(b) abc公司划分两个区

图 3 - 27　区的不同划分方法举例

abc 公司只设一个区 abc. com。这时,区 abc. com 和域 abc. com 指的是同一件事。但图 3－27(b)所示为 abc 公司划分了两个区(大的公司可能要划分多个区):abc. com 和 y. abc. com。这两个区都隶属于域 abc. com,都各设置了相应的权限域名服务器。不难看出,区是域的子集。

图 3－28 以图 3－27(b)中 abc 公司划分的两个区为例,给出域名服务器树状结构图。这种域名服务器树状结构图可以更准确地反映出域名系统的分布式结构。图 3－28 中的每一个域名服务器都能够进行部分域名到 IP 地址的解析。当某个域名服务器不能进行域名到 IP 地址的转换时,它就设法找 Internet 上别的域名服务器进行解析。

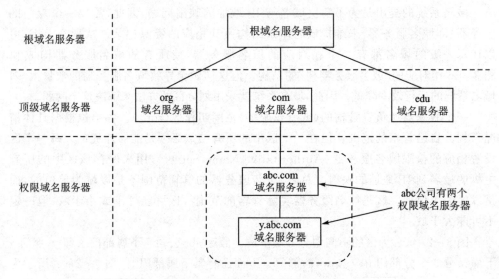

图 3－28　域名服务器树状结构图

从图 3－28 可看出,Internet 上的域名服务器也是按照层次安排的。每个域名服务器都只对域名体系中的一部分进行管辖。根据域名服务器所起的作用,可以把域名服务器划分为以下 4 种不同的类型:

(1) 根域名服务器(Root Name Server)

根域名服务器是最高层次的域名服务器。所有的根域名服务器都知道所有的顶级域名服务器的域名和 IP 地址。根域名服务器是最重要的域名服务器,因为不管是哪一个本地域名服务器,若要对 Internet 上任何一个域名进行解析(即将其转换为 IP 地址),只要自己无法解析,就首先求助于根域名服务器。假定所有的根域名服务器都瘫痪了,那么整个域名系统就无法工作。在 Internet 上共有 13 个不同 IP 地址的根域名服务器,它们的名字是用一个英文字母命名的,从 a 一直到 m。这些根域名服务器相应的域名分别是 a. rootservers. net,…,m. rootservers. net。但是,根域名服务器的数目并不是 13 个机器,而是 13 套装置。实际上,截至 2014 年 1 月 25 日,全世界已经安装了 386 台根域名服务器机器,分布在世界各地。这样做的目的是方便用户,使世界上大部分域名服务器都能就近找到一个根域名服务器。

需要注意的是,在许多情况下,根域名服务器并不直接把待查询的域名转换成 IP 地址(根域名服务器也没有存放这种信息),而是告诉本地域名服务器下一步应当找哪个顶级域名服务器进行查询。

(2) 顶级域名服务器

这些域名服务器负责管理在该顶级域名服务器注册的所有二级域名。当收到域名服务查询请求时,它就给出相应的回答(可能是最后的结果,也可能是下一步应当找的域名服务器的 IP 地址)。

(3) 权限域名服务器

权限域名服务器是负责一个区的域名服务器。当一个权限域名服务器还不能给出最后的查询结果时,它就会告诉发出查询请求的域名服务客户端,下一步应当找哪一个权限域名服务器。例如在图 3 - 27(b)中,区 abc.com 和区 y.abc.com 各设有一个权限域名服务器。

(4) 本地域名服务器

本地域名服务器并不属于图 3 - 28 所示的域名服务器层次结构,但它对域名系统非常重要。当一个主机发出域名服务查询请求时,这个查询请求报文就被发送给本地域名服务器。每个 Internet 服务提供者,或一个大学,甚至一个大学里的系,都可以拥有一个本地域名服务器,这种域名服务器有时也被称为默认域名服务器。图 3 - 29 所示的“Internet 协议版本 4(TCP/IPv4)属性”对话框中关于“DNS 服务器”的设置选项,所设置的就是本地域名服务器。本地域名服务器离用户较近,一般不超过

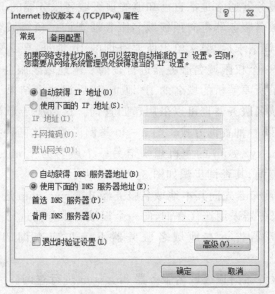

图 3 - 29　“Internet 协议版本 4(TCP/IPv4)属性”对话框

几个路由器的距离。

为了提高可靠性,域名服务器都把数据复制到几个域名服务器来保存,其中的一个是主域名服务器,其他的是辅助域名服务器。当主域名服务器出现故障时,辅助域名服务器可以保证域名服务(DNS)的查询工作不会中断。主域名服务器定期把数据复制到辅助域名服务器中,而更改数据只能在主域名服务器中进行。这样就保证了数据的一致性。

3. 域名解析过程

根据域名获取其 IP 地址的过程称为域名解析。域名解析使用域名服务(DNS)协议,由域名服务器完成域名解析工作。域名服务(DNS)协议规范了域名解析请求数据报文和响应数据报文的格式,而服务器则负责保存域名映射表,为用户提供域名解析服务,把解析得到的 IP 地址告知用户。

主机向本地域名服务器的查询一般都采用递归查询。所谓递归查询就是:如果主机所询问的本地域名服务器不知道被查询域名的 IP 地址,那么本地域名服务器就以域名服务(DNS)客户端的身份,向其他根域名服务器继续发出查询请求报文(即替该主机继续查询),而不是让该主机自己进行下一步的查询。因此,递归查询返回的查询结果或者是所要查询的 IP 地址,或者是报错(表示无法查询到所需的 IP 地址)。

本地域名服务器向根域名服务器的查询通常是采用迭代查询。迭代查询的特点是:当根域名服务器收到本地域名服务器发出的迭代查询请求报文时,要么给出所要查询的 IP 地址,要么告诉本地域名服务器"你下一步应当向哪一个域名服务器进行查询",然后让本地域名服务器进行后续的查询(而不是替本地域名服务器进行后续的查询)。根域名服务器通常是把自己知道的顶级域名服务器的 IP 地址告诉本地域名服务器,让本地域名服务器再向顶级域名服务器查询。顶级域名服务器在收到本地域名服务器的查询请求后,要么给出所要查询的 IP 地址,要么告诉本地域名服务器下一步应当向哪一个权限域名服务器进行查询。本地域名服务器就这样进行迭代查询。最后,知道了所要解析的域名的 IP 地址,然后把这个结果返回给发起查询的主机。当然,本地域名服务器也可以采用递归查询。这取决于最初的查询请求报文的设置是要求使用哪一种查询方式。图 3-30 举例说明了这两种查询的区别。

假定域名为 m. xyz. com 的主机想知道另一个域名为 y. abc. com 的主机的 IP 地址,若采用迭代查询,其查询步骤如图 3-30(a)所示:

① 主机 m. xyz. com 先向其本地域名服务器 dns. xyz. com 进行递归查询。

② 本地域名服务器采用迭代查询,向一个根域名服务器进行查询。

③ 根域名服务器告诉本地域名服务器下一步应查询的顶级域名服务器 dns. com 的 IP 地址。

④ 本地域名服务器向顶级域名服务器 dns. com 进行查询。

⑤ 顶级域名服务器 dns. com 告诉本地域名服务器下一步应查询的权限域名服务器 dns. abc. com 的 IP 地址。

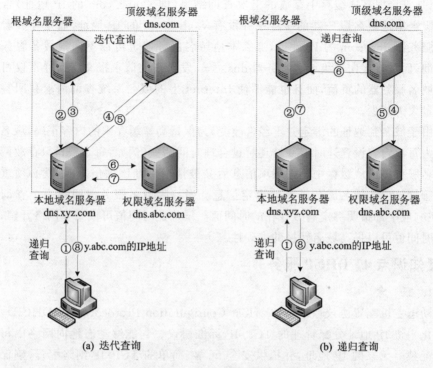

图 3-30　两种 DNS 查询区别

⑥ 本地域名服务器向权限域名服务器 dns.abc.com 进行查询。

⑦ 权限域名服务器 dns.abc.com 告诉本地域名服务器所查询的主机的 IP 地址。

⑧ 本地域名服务器把查询结果告诉主机 m.xyz.com。

在上述查询过程中,本地域名服务器经过 3 次迭代查询后,从权限域名服务器 dns.abc.com 得到了主机 y.abc.com 的 IP 地址,最后把结果返回给发起查询的主机 m.xyz.com。

图 3-30(b)是本地域名服务器采用递归查询的情况。在这种情况下,本地域名服务器只需向根域名服务器查询一次,后面的几次查询都是在其他几个域名服务器之间进行的,只是在步骤⑦,本地域名服务器从根域名服务器得到所需的 IP 地址。整个查询过程也是经过了 8 个步骤。

为了提高域名系统(DNS)查询效率,并减轻根域名服务器的负荷和减少 Internet 上的域名系统(DNS)查询报文数量,在域名服务器中广泛使用了高速缓存(有时也称为高速缓存域名服务器)。高速缓存用来存放最近查询过的域名以及从何处获得域名映射信息的记录。

例如,在图 3-30(a)的查询过程中,如果在不久前已经有用户查询过域名为 y.abc.com 的主机的 IP 地址,那么本地域名服务器就不必向根域名服务器重新查询,而是直接把高速缓存中存放的上次查询结果(即 y. abc. com 的 IP 地址)告诉用户。假定本地域名服务器的缓存中并没有 y. abc. com 的 IP 地址,而是存放着顶级域名服务器 dns. com 的 IP 地址,那么本地域名服务器也可以不向根域名服务器进行查询,而是直接向顶级域名服务器 dns. com 发送查询请求报文。这样不仅可以减轻根域名服务器的负荷,而且也能够使 Internet 上的域名系统查询请求和回答报文的数量大为减少。

由于域名到地址的绑定并不经常改变,为保持高速缓存中的内容正确,域名服务器应为每项内容设置计时器并处理超过合理时间的项(例如,每个项目只存放两天)。当域名服务器已从缓存中删去某项信息后又被请求查询该项信息时,就必须重新到授权管理该项的域名服务器获取绑定信息。当权限域名服务器回答一个查询请求时,在响应中都指明绑定有效存在的时间值。增加此时间值可以减少网络开销,而减少此时间值可以提高域名转换的准确性。

【知识点 4】DHCP 服务

1. 概　念

动态主机配置协议(Dynamic Host Configuration Protocol,简称 DHCP),是一个简化主机 IP 地址分配管理的 TCP/IP 标准协议。它能够动态地向网络中每台设备分配独一无二的 IP 地址,并提供安全、可靠、简单的 TCP/IP 网络配置,确保不发生地址冲突,帮助维护 IP 地址的使用。

要使用 DHCP 方式分配 IP 地址,整个网络必须至少有一台安装了 DHCP 服务的服务器。其他使用 DHCP 功能的客户端也必须支持自动向 DHCP 服务器索取 IP 地址的功能。DHCP 支持 3 种 IP 地址分配方法:一是自动分配,DHCP 给用户分配一个永久的 IP 地址;二是动态分配,用户可以取得一个 IP 地址,但是有时间限制;三是手工分配,用户的 IP 地址是由管理员手工指定的,这种情况下,DHCP 服务器只需要将这个指定的 IP 地址传送给用户即可。手工指定对于管理不希望使用动态 IP 地址的用户十分方便,不会因为手工指定而与 DHCP 冲突或和别的已经分配的地址冲突。

动态分配 IP 地址是唯一一种允许自动重用地址的机制,它的一个好处就是可以解决 IP 地址不够用的问题。因为 IP 地址是动态分配的,而不是固定给某个客户机使用的,所以,只要有空闲的 IP 地址可用,DHCP 客户机就可以从 DHCP 服务器取得 IP 地址。当客户机不需要使用此地址时,就由 DHCP 服务器收回,并提供给其他的 DHCP 客户机使用。

动态分配 IP 地址的另一个好处是用户不必自己设置 IP 地址、域名服务器地址、网关地址等网络属性,甚至绑定 IP 地址与介质访问控制地址,不存在盗用 IP 地址的问题。因此,可以减少管理员的维护工作量,用户也不必关心网络地址的概念和配置。

DHCP 中的常见术语及其描述如表 3-11 所列。

表 3-11 DHCP 中的常见术语及其描述

术 语	描 述
作用域	作用域是网络上可能的 IP 地址的完整连续范围,通常定义为接受 DHCP 服务的网络上的单个物理子网。作用域还为网络上的客户端提供服务器对 IP 地址及任何相关配置参数的分发和指派进行管理的主要方法
超级作用域	超级作用域是作用域的管理组合,它可用于支持同一物理子网上的多个逻辑 IP 子网,超级作用域仅包含可同时激活的成员作用域和子作用域列表
排除范围	排除范围是作用域内从 DHCP 服务中排除的有限 IP 地址序列。排除范围确保服务器不会将这些范围中的任何地址提供给网络上的 DHCP 客户端
地址池	在定义了 DHCP 作用域并应用排除范围之后,剩余的地址在作用域内形成可用的地址池。服务器可将池内地址动态地指派给网络上的 DHCP 客户端
租 约	租约是由 DHCP 服务器指定的一段时间,在此时间内客户端计算机可以使用指派的 IP 地址
保 留	可以使用保留创建 DHCP 服务器指派的永久地址租约。保留可确保子网上指定的硬件设备始终可以使用相同的 IP 地址
选项类型	选项类型是 DHCP 服务器在向 DHCP 客户端提供租约时可指派的其他客户端配置参数。例如,一些常用选项包含用于默认网关(路由器)、WINS 服务器和域名服务器的 IP 地址
选项类别	选项类别是一种可供服务器进一步管理提供给客户端的选项类型的方式。当选项类别添加到服务器时,可为该类的客户端提供用于其配置的类别特定选项类型。选项类别分为供应商类别和用户类别

2. DHCP 服务器位置

充当 DHCP 服务器的有个人计算机服务器、集成路由器和专用路由器。在多数大中型网络中,DHCP 服务器通常是基于个人计算机的本地专用服务器;单台家庭个人计算机的 DHCP 服务器通常位于 ISP 处,直接从 ISP 那里获得 IP 地址。家庭网络和小型企业网络使用集成路由器连接到 ISP 的调制解调器,在这种情况下,集成路由器既是 DHCP 客户端又是 DHCP 服务器。集成路由器作为 DHCP 客户端从 ISP 那里获得 IP 地址,在本地网络中充当内部主机的 DHCP 服务器。

3. DHCP 的工作过程

DHCP 工作在客户端/服务器模式下,客户端发送请求报文,服务器回送相应报文。由于 DHCP 工作在无 IP 地址的状态之下,客户端对网络参数一无所知,因此,通常使用广播方式发送报文。DHCP 的工作过程如下:

① 发送 DHCP 请求。当 DHCP 客户端第 1 次登录网络时,发现本机没有任何 IP 地址设定,它就会向网络广播一个"DHCP_discover"报文。"DHCP_discovver"报文的等待时间默认为 1 s,在 1 s 之内没有得到响应的话,就会进行第 2 次"DHCP_discover"报文的广播。客户端共有 4 次"DHCP_discover"广播,等待时间分别是 1 s,9 s,13 s,16 s。如果都没有得到 DHCP 服务器的响应,客户端则会显示错误信息,宣告"DHCP_discover"的失败。

② 服务端响应请求。当 DHCP 服务器监听到客户端发出的"DHCP_discover"广播后,它会从那些还没有租出的地址范围内,选择最前面的空置 IP 地址,连同其他网络参数,回送给客户端一个"DHCP_offer"报文。由于客户端在开始的时候还没有 IP 地址,所以在其"DHCP_discover"报文内会带有其介质访问控制地址信息,并且有一个事务 ID 来标识该报文。DHCP 服务器相应的"DHCP_offer"报文会根据这些信息把报文传递给客户端。根据服务器端的设定,"DHCP_offer"报文可能会包含一个租期信息。

③ 客户端接收返回的 IP 地址。如果客户端收到网络上多台 DHCP 服务器的响应,只会挑选其中一个"DHCP_offer"(通常是最先抵达的那个),并且会向网络发送一个"DHCP_request"广播报文,告诉所有 DHCP 服务器它将接收哪一台服务器提供的 IP 地址。同时,客户端还会向网络发送一个 ARP 报文,查询网络上有没有其他计算机使用该 IP 地址。如果发现该 IP 地址已经被占用,客户端会送出一个"DHCP_decline"报文给 DHCP 服务器,拒绝接收其分配的 IP 地址,并重新发送"DHCP_discover"广播。

④ 服务器确认租约。当 DHCP 服务器接收到客户端的"DHCP_request"之后,会向客户端发出一个"DHCP_ACK"响应,以确认 IP 租约正式生效,DHCP 过程至此结束。

【知识点 5】Internet 信息服务

在组建局域网时,可以利用 Internet 信息服务器(Internet Information Server,简称 IIS)来构建万维网服务器、FTP 服务器和 SMTP 服务器等。IIS 服务将 HTTP 协议、FTP 与 Windows Server 出色的管理功能和安全特性结合起来,提供了一个功能全面的软件包,面向不同的应用领域给出了 Internet/Intranet 服务器解决方案。在 Windows Server 2003 中集成了 IIS 6.0 提供的更为方便的安装/管理功能和增强的应用环境、基于标准的分布协议、改进的性能表现和扩展性,以及更好的稳定性和易用性。

1. Web 服务器和 HTTP 协议

万维网以客户机/服务器方式工作。浏览器就是在用户主机上的万维网客户程序。万维网文档所驻留的主机则运行服务器程序,因此这个主机也称为万维网服务器(或 Web 服务器)。客户程序向服务器程序发出请求,服务器程序向客户程序送回

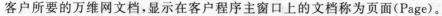

客户所要的万维网文档,显示在客户程序主窗口上的文档称为页面(Page)。

从以上所述可以看出,万维网必须解决以下 3 个问题:

① 用什么样的协议来实现万维网上各种链接?

万维网客户程序与服务器程序之间的交互遵守的协议是 HTTP。HTTP 是一个应用层协议,它使用 TCP 连接进行可靠的传送。HTTP 协议定义了浏览器怎样向万维网服务器请求万维网文档,以及服务器怎样把文档传送给浏览器,它是万维网上能够可靠地交换文件(包括文本、声音、图像等各种多媒体文件)的重要基础。

② 怎样标识分布在整个 Internet 上的万维网文档?

万维网使用统一资源定位符(Uniform Resource Locator,简称 URL)来标识万维网上的各种文档,并使每一个文档在整个 Internet 的范围内具有唯一的标识符。

URL 相当于一个文件名在网络范围的扩展。因此,URL 是与 Internet 相连的机器上的任何可访问对象的一个指针。由于访问不同对象所使用的协议不同,所以 URL 还指出读取某个对象时所使用的协议。URL 的一般形式由以下 4 个部分组成:

<协议>://<主机>:<端口>/<路径>

URL 的第一部分是最左边的<协议>,指出使用什么协议来获取该万维网文档。现在最常用的协议就是 http(超文本传送协议 HTTP),其次是 ftp(文件传送协议 FTP)。在<协议>后面是规定格式“://”,不能省略。它的右边是第二部分<主机>,指出存放这个万维网文档的主机在 Internet 中的域名或 IP 地址。再后面是第三部分<端口>和第四部分<路径>,有时可省略。

对于万维网的网点的访问要使用 HTTP 协议。HTTP 的 URL 的一般形式是:

http://<主机>:<端口>/<路径>

HTTP 的默认端口号是 80,通常可省略。若再省略文件的<路径>项,则 URL 就指到 Internet 上的某个主页(Home Page)。主页可以是一个万维网服务器的最高级别的页面,或是某一个单位的一个定制的页面或目录,从这个页面可链接到 Internet 上的与单位有关的其他站点。

例如,要查有关清华大学的信息,就可先进入到清华大学的主页,其 URL 为:

http://www.tsinghua.edu.cn

更复杂一些的路径是指向层次结构的从属页面。例如:

http://www.tsinghua.edu.cn/chn/yxsz/index.htm

是清华大学的“院系设置”页面的 URL。

注意:上面的 URL 使用了指向文件的路径,而文件名就是最后的 index.htm。

③ 怎样使不同作者创作的不同风格的万维网文档都能在 Internet 上的各种主机上显示出来,同时使用户清楚地知道在什么地方存在着链接?

万维网使用超文本标记语言(HyperText Markup Language,简称 HTML),使得万维网页面的设计者可以很方便地用链接从本页面的某处链接到 Internet 上的任

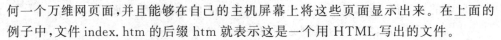

何一个万维网页面,并且能够在自己的主机屏幕上将这些页面显示出来。在上面的例子中,文件 index. htm 的后缀 htm 就表示这是一个用 HTML 写出的文件。

2. FTP 和 FTP 服务器

FTP 可以在网络中传输文档、图像、音频、视频以及应用程序等多种类型的文件。如果用户需要将文件从自己的计算机发送到另一台计算机,可以使用 FTP 进行上传操作,而在更多的情况下,则是用户使用 FTP 从服务器上下载文件。

(1) FTP 连接类型

使用 FTP 传输文件需要建立两种类型的连接:一种为控制文件传输的命令,称为控制连接;另一种连接实现真正的文件传输,称为数据连接。

① 控制连接:当客户端希望与 FTP 服务器建立上传、下载的数据传输时,它首先向服务器的端口 21 发起一个建立连接的请求,FTP 服务器接收来自客户端的请求,完成连接的建立,这样的连接就称为控制连接。

② 数据连接:控制连接建立之后,即可开始传输文件,传输文件的连接称为数据连接。数据连接就是 FTP 传输数据的过程。

(2) FTP 传输数据的原理

用户在使用 FTP 传输数据时,整个 FTP 建立连接的过程如下:

① FTP 服务器会自动对默认端口 21 进行监听,当某个客户端向这个端口请求建立连接时,便激活了 FTP 服务器上的控制进程。通过这个控制进程,FTP 服务器对连接用户名、密码以及连接权限进行身份验证。

② 当 FTP 服务器完成身份验证以后,FTP 服务器和客户端之间还会建立一条传输数据的专有连接。

③ FTP 服务器在传输数据的过程中,控制进程将一直工作,并不断发出指令控制整个 FTP 传输数据,数据传输完毕后,控制进程给客户端发送结束指令。

以上就是 FTP 建立连接的整个过程,在建立数据传输的连接时一般有两种方法,即主动模式和被动模式。

主动模式的数据传输专有连接是在建立控制连接(完成用户身份验证)后,首先由 FTP 服务器使用端口 20 主动向客户端进行连接,建立专用于传输数据的连接,这种方式在网络管理上比较好控制。FTP 服务器上的端口 21 用于用户验证,端口 20 用于数据传输,只要将这两个端口开放就可以使用 FTP 功能了,此时客户端只是处于接收状态。

被动模式与主动模式不同,数据传输专有连接是在建立控制连接(完成用户身份验证)后由客户端向 FTP 服务器发起连接的。客户端使用哪个端口、连接到 FTP 服务器的哪个端口都是随机产生的。服务器并不参与数据的主动传输,只是被动接受。

思考练习

一、填空题

1. 有线网络是大家常见的网络,其传输介质主要包括 _____ 、_____ 、_____ 、_____ 。

2. 拓扑结构指计算机网络中传输介质与结点的几何排列布局,在 _____ 拓扑中每台设备通过中央控制器相连。

3. 协议是互联网和通信技术中正式规定的技术规范,主要由 _____ 、_____ 、_____ 组成。

4. 按服务方式,局域网可以划分为 _____ 、_____ 。

5. 网络寻址时用来真正标识发出数据的计算机和接收数据的主机的地址是依靠 _____ 。

6. 在 TCP/IP 协议中使用的网络地址是 _____ ,它由 _____ 二进制数组成。

7. IP 地址由网络号和 _____ 组成,其中网络号需要与 _____ 配合使用才能被标识出来。

8. 在局域网中为了更好地管理 IP 地址,一般采用动态分配 IP 地址,这时候需要在局域网内的某台服务器上安装 _____ 服务。

9. 在网络中常见的文件访问方式主要有 Web 及 FTP,其中 Web 采用 _____ 协议,在 Windows 下默认运行在 _____ 端口。

10. 在 TCP/IP 协议下计算机间的通信是通过 IP 地址实现的,为了更友好地访问计算机,一般这时候需要 _____ 服务把 IP 地址映射到域名。

11. 发送或接收电子邮件的首要条件是应该有一个电子邮件,它的正确形式是 _____ 。

12. 网络上专门用于传输文件的协议是 _____ 。

13. 在无中继条件下,双绞线的最大传输距离为 _____ 米。

14. 用来检测网络连通情况和分析网络速度的网络命令是 _____ 。

15. 查看 TCP/IP 连接使用 _____ 命令,如要查看网卡物理地址的话,要配合参数 _____ 使用。

16. 若计算机使用 DHCP 服务获取 IP 地址时,我们要释放旧 IP 地址,申请新 IP 地址,一般使用 ipconfig 命令配合参数 _____ 和 _____ 使用。

17. 标准的 C 类 IP 地址使用 _____ 位二进制数表示主机号。

18. 连接不同子网常用的网络连接设备是 _____ 。

19. 某网络地址为 192.168.2.128,子网掩码为 255.255.255.224,该网络可用的 IP 地址数为 _____ 个。其中 _____ 表示广播地址,不能分配给任何主机。

二、简答题

1. TCP/IP 参考模型分为哪几个层次？各层对应的主要协议和网络互联设备是什么？

2. 交换机和路由器是组网常用设备，请说明其应用场合和功能差异。

3. 运行 ping 命令、ipconfig 命令的作用是什么？

（参考答案）

专题四　多媒体技术

　　多媒体技术是计算机技术和社会需求的综合产物。在计算机发展的早期阶段,人们利用计算机从事军事和工业生产,所解决的全部是数值计算问题。随着计算机技术的发展,尤其是硬件设备的发展,人们开始用计算机处理和表现图像、图形,使计算机更形象逼真地反映自然事物和运算结果。

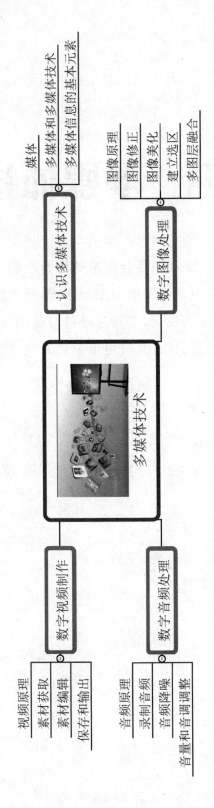

多媒体技术思维导图

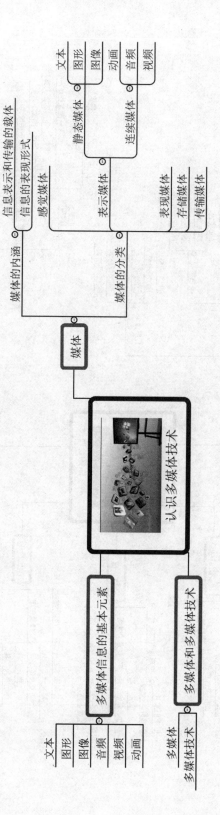

认识多媒体技术思维导图

媒体

媒体的内涵
　信息表示和传输的载体
　信息的表现形式

媒体的分类
　感觉媒体
　表示媒体
　　静态媒体
　　　文本
　　　图形
　　　图像
　连续媒体
　　动画
　　音频
　　视频
　表现媒体
　存储媒体
　传输媒体

认识多媒体技术

多媒体信息的基本元素
　文本
　图形
　图像
　音频
　视频
　动画

多媒体和多媒体技术
　多媒体
　多媒体技术

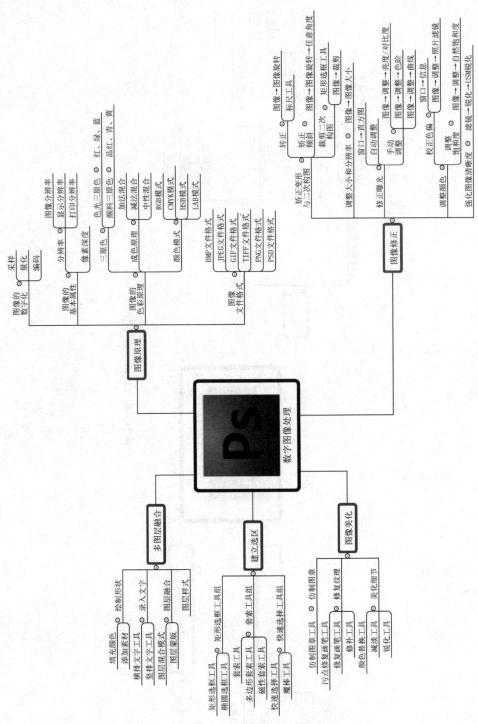

数字图像处理思维导图

数字图像处理 (Ps)

图像原理
- 图像的数字化
  - 采样
  - 量化
  - 编码
- 图像的基本属性
  - 分辨率
    - 图像分辨率
    - 显示分辨率
    - 打印分辨率
  - 像素深度
- 图像的色彩原理
  - 三原色
    - 色光三原色 —— 红、绿、蓝
    - 颜料三原色 —— 品红、青、黄
  - 成色原理
    - 加法混合
    - 减法混合
    - RGB模式
    - 中性混合
    - CMYK模式
  - 颜色模式
    - HSB模式
    - LAB模式
- 图像的文件格式
  - BMP文件格式
  - JPEG文件格式
  - GIF文件格式
  - TIFF文件格式
  - PNG文件格式
  - PSD文件格式

图像修正
- 矫正变形与二次构图
  - 转正
    - 图像→图像旋转
    - 标尺工具
  - 矫正倾斜 —— 图像→图像旋转→任意角度
  - 裁剪二次构图
    - 矩形选框工具→裁剪
    - 图像→图像大小
- 调整大小和分辨率
- 修正曝光
  - 自动调整 —— 窗口→直方图
  - 手动调整
    - 图像→调整→亮度/对比度
    - 图像→调整→色阶
    - 图像→调整→曲线
- 调整颜色
  - 校正色偏 —— 窗口→信息
    - 图像→调整→照片滤镜
  - 调整饱和度 —— 图像→调整→自然饱和度
- 强化图像清晰度 —— 滤镜→锐化→USM锐化

多图层融合
- 绘制形状 —— 填充颜色
- 添加素材
- 录入文字
  - 横排文字工具
  - 竖排文字工具
- 图层融合 —— 图层混合模式
- 图层样式 —— 图层蒙版

建立选区
- 矩形选框工具组
  - 矩形选框工具
  - 椭圆选框工具
- 套索工具组
  - 套索工具
  - 多边形套索工具
  - 磁性套索工具
- 快速选择工具组
  - 快速选择工具
  - 魔棒工具

图像美化
- 仿制图章
  - 仿制图章工具
- 修复纹理
  - 污点修复画笔工具
  - 修复画笔工具
  - 修补工具
- 美化细节
  - 颜色替换工具
  - 减淡工具
  - 锐化工具

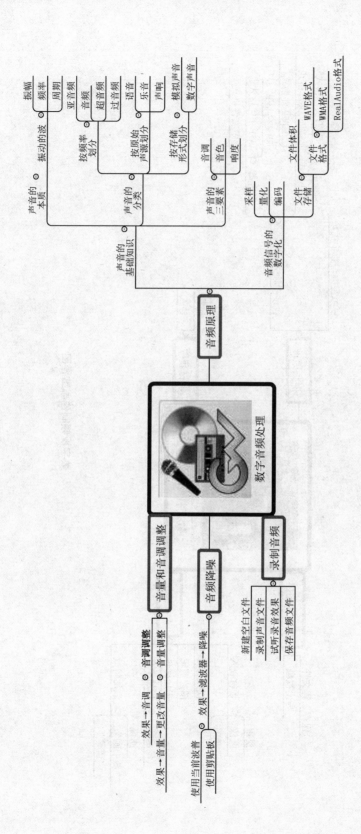

数字音频处理思维导图

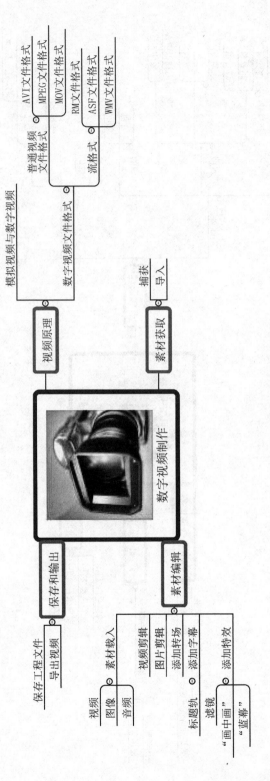

数字视频制作思维导图

数字视频制作

- **视频原理**
  - 模拟视频与数字视频
  - 数字视频文件格式
    - 普通视频文件格式
      - AVI文件格式
      - MPEG文件格式
      - MOV文件格式
    - 流格式
      - RM文件格式
      - ASF文件格式
      - WMV文件格式

- **素材获取**
  - 捕获
  - 导入

- **保存和输出**
  - 保存工程文件
  - 导出视频

- **素材编辑**
  - 素材载入
    - 视频
    - 图像
    - 音频
  - 视频剪辑
  - 图片剪辑
  - 添加转场
  - 添加字幕
    - 标题轨
    - 滤镜
  - 添加特效
    - "画中画"
    - "蓝幕"

任务一　认识多媒体技术

【任务描述】

理解多媒体技术的内涵,对多媒体信息基本元素的内容、特点进行总结。

【任务内容与目标】

内　容	1. 媒体; 2. 多媒体和多媒体技术; 3. 多媒体信息的基本元素
目　标	1. 了解媒体的分类; 2. 理解多媒体和多媒体技术的内涵; 3. 掌握多媒体信息的基本元素

【知识点 1】媒　体

1. 媒体的内涵

按照传统说法,媒体指的是信息表示和传输的载体,是人与人之间沟通及交流观念、思想或意见的中介物,如日常生活中的报纸、广播、电视、杂志等。在计算机科学中,媒体具有两种含义:一是承载信息的物理实体,如磁盘、光盘、半导体存储器、录像带、书刊等;二是表示信息的逻辑载体,即信息的表现形式,如数字、文字、声音、图形、图像、视频与动画等。多媒体技术中的媒体一般指后者。

2. 媒体的分类

现代科技的发展为媒体赋予了许多新的内涵。根据国际电信联盟电信标准局ITU-T(原国际电话电报咨询委员会 CCITT)建议的定义,媒体可分为以下类型:

① 感觉媒体(Perception Medium):能直接作用于人的听觉、视觉、触觉等感官,使人直接产生感觉的一类媒体,如语言、音乐、声音、图形、图像。

② 表示媒体(Representation Medium):传输感觉媒体的中介媒体,为加工、处理和传输感觉媒体而人为研究、构造出来的一种媒体,即用于数据交换的编码,是感觉媒体数字化后的表示形式,如语音和图像编码等。构造表示媒体的目的是更有效地将感觉媒体从一方向另外一方传送,便于加工和处理。表示媒体有各种编码方式。比如,文本可用 ASCII 码编制,音频可用脉冲编码调制(PCM)的方法来编码,静态图

像可用 JPEG 标准编码,运动图像可用 MPEG 标准编码,视频图像可用不同的电视制式如 PAL 制、NTSC 制、SECAM 制进行编码。

③ 表现媒体(Presentation Medium):也叫显示媒体,指将感觉媒体输入计算机中或通过计算机展示感觉媒体的物理设备,即获取和还原感觉媒体的计算机输入/输出设备,如键盘、摄像机、显示器、喇叭等。

④ 存储媒体(Storage Medium):存储表示媒体信息的物理设备,即存放感觉媒体数字化后的代码的媒体称为存储媒体,如软硬盘、只读存储光盘(CD-ROM)、磁带、唱片、光盘、纸张等。

⑤ 传输媒体(Transmission Medium):传输表示媒体的物理介质。传输信号的物理载体称为传输媒体,例如同轴电缆、光纤、双绞线、电磁波等。

在上述各种媒体中,表示媒体是核心,计算机信息处理过程就是处理表示媒体的过程。

从表示媒体与时间的关系来分,不同形式的表示媒体可以被划分为静态媒体和连续媒体两大类。静态媒体是信息的再现,与时间无关,如文本、图形、图像等;连续媒体具有隐含的时间关系,其播放速度将影响所含信息的再现,如声音、动画、视频等。

此外,从人机交互的角度,可把媒体分为视觉类媒体、听觉类媒体和触觉类媒体等几大类。在人类的感知系统中,视觉获取的信息占 60% 以上,听觉获取的信息占 20% 左右;另外,还有触觉、嗅觉、味觉等负责获取其余信息。

【知识点 2】多媒体和多媒体技术

1. 多媒体

多媒体(Multimedia)是由两种以上单一媒体融合而成的信息表现形式,是多种媒体综合处理和应用的结果。概括来说,就是多种媒体表现、多种感官作用、多种设备支持、多学科交叉、多领域应用。

多媒体的实质是将各种不同表现形式的媒体信息数字化,然后利用计算机对数字化媒体信息进行加工或处理,通过逻辑链接形成有机整体;同时实现交互控制,以一种友好的方式供用户使用。

多媒体与传统传媒有以下 3 点不同:多媒体信息都是数字化的信息,而传统传媒信息基本都是模拟信号;传统传媒只能让人们被动地接收信息,而多媒体可以让人们主动与信息媒体交互;传统传媒一般是单一形式,而多媒体是两种以上不同媒体信息的有机集成。

2. 多媒体技术

通常,人们所说的多媒体技术都是和计算机联系在一起的,是以计算机技术为主体,结合通信、微电子、激光、广播电视等多种技术而形成的用来综合处理多种媒体信息的交互性信息处理技术。具体来说,多媒体技术以计算机(或微处理芯片)为中心,

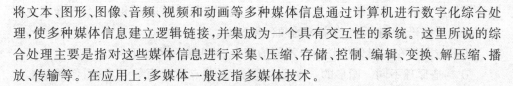

将文本、图形、图像、音频、视频和动画等多种媒体信息通过计算机进行数字化综合处理,使多种媒体信息建立逻辑链接,并集成为一个具有交互性的系统。这里所说的综合处理主要是指对这些媒体信息进行采集、压缩、存储、控制、编辑、变换、解压缩、播放、传输等。在应用上,多媒体一般泛指多媒体技术。

【知识点 3】多媒体信息的基本元素

目前,多媒体信息在计算机中的基本形式可划分为文本、图形、图像、音频、视频和动画等几类,这些基本信息形式也称为多媒体信息的基本元素。

1. 文　本

文本(Text)是以文字、数字和各种符号表达的信息形式,是现实生活中使用最多的信息媒体,主要用于对知识的描述。

文本有两种主要形式:非格式化文本(纯文本)和格式化文本。在文本文件中,如果只有文本信息,而没有其他任何有关格式的信息,则称其为非格式化文本文件或纯文本文件;而带有各种文本排版信息等格式信息的文本文件,则称为格式化文本文件。文本内容的组织方式都是按线性方式顺序组织的。文本信息的处理是最基本的信息处理。文本可以在文本编辑软件里制作,如在 Word 等编辑工具中所编辑的文本文件大都可以输入多媒体应用设计之中;也可以直接在制作图形的软件或多媒体编辑软件中一起制作。

2. 图　形

图形(Graphic)是指用计算机绘图软件绘制的从点、线、面到三维空间的各种有规则的图形,如直线、矩形、圆、多边形以及其他可用角度、坐标和距离来表示的几何图形。

图形文件中只记录生成图的算法和图上的某些特征点,因此也称之为矢量图。通过读取这些指令并将其转换为屏幕上所显示的形状和颜色而生成图形的软件通常称为绘图程序。在计算机还原输出时,相邻的特征点之间用特定的多段小直线连接就会形成曲线;若曲线是封闭的,也可靠着色算法来填充颜色。图形的最大优点在于可以分别控制、处理图中的各个部分,如在屏幕上移动、旋转、放大、缩小、扭曲而不失真。不同的物体还可以在屏幕上相互重叠并保持各自的特性,必要时也可分开。因此,图形主要用于表示线框型的图画、工程制图、美术字等。绝大多数计算机辅助设计(CAD)和 3D 造型软件都使用矢量图形来作为基本图形存储格式。

常用的矢量图形格式有 3DS(用于 3D 造型)、DXF(用于 CAD)、WMF(用于桌面出版)等。图形技术的关键是图形的制作和再现。图形只保存算法和特征点,所以相对于图像的大数据量来说,它占用的存储空间较小。但是,每次在屏幕中显示时,它都需要经过重新计算。另外,在打印输出和放大时,图形的质量较高。

3. 图　像

这里的图像指的是静止图像。图像(Image)可以从现实世界中捕获,也可以利

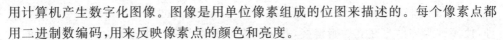

用计算机产生数字化图像。图像是用单位像素组成的位图来描述的。每个像素点都用二进制数编码,用来反映像素点的颜色和亮度。

图形与图像在多媒体中是两个不同的概念,其主要区别如下:

① 构造原理不同。图形的基本元素是图元,如点、线、面等元素;图像的基本元素是像素,一幅位图图像可理解为由一个个像素点组成的矩阵。

② 数据记录方式不同。图形存储的是画图的函数,图像存储的则是像素的位置信息、颜色信息以及灰度信息。

③ 处理操作不同。图形通常用 Draw 程序编辑,最终产生矢量图形。可对矢量图形及图元独立进行移动、缩放、旋转和扭曲等变换。图形的主要参数包括描述图元的位置、维数和形状的指令和参数。图像一般用图像处理软件(Paint,Brush,Photoshop 等)进行编辑处理,主要是对位图文件及相应的调色板文件进行常规性的加工和编辑,不能对图像中的某一部分进行控制变换。由于位图所占存储空间较大,一般要对其进行数据压缩。图形在进行放缩时不会失真,可以适应不同的分辨率;而图像在放缩时则会失真,可以看到整个图像是由很多像素组合而成的。

④ 处理显示速度不同。图形的显示过程是根据图元顺序进行的,它使用专门的软件将描述图形的指令转换成屏幕上的形状和颜色,其产生过程需要一定的时间。图像是将对象以一定的分辨率分辨以后将每个点的信息以数字化方式呈现出来,可直接、快速地在屏幕上进行显示。

⑤ 表现力不同。图形用来描述轮廓不太复杂、色彩不是很丰富的对象,如几何图形、工程图纸、CAD、3D 造型等。图像能表现含有大量细节(如明暗变化、复杂的场景、色彩丰富的轮廓)的对象,如照片、绘图等。通过图像软件可进行复杂图像的处理,以得到更清晰的图像或产生特殊效果。

4. 音 频

音频(Audio)是指频率在 20 Hz～20 kHz 的连续变化的声波信号。声音具有音调、响度、音色 3 个要素。音调与频率有关,响度与幅度有关,音色由混入基音的泛音决定。从用途上可将声音分为语音、音乐和合成音效 3 种形式。从处理的角度可将音频分为波形音频和 MIDI 音频等。

① 波形音频:以数字方式来表示声波,即利用声卡等专用设备对语音、音乐、效果声等声波进行采样、量化和编码,使之转化成数字形式,并进行压缩存储,使用时再将其解码还原成原始的声波波形。

② MIDI 音频:MIDI 即乐器数字接口。MIDI 技术最初应用在电子乐器上,用来记录乐手的弹奏效果,以便以后重播,在引入支持 MIDI 合成的声卡之后才正式地成为一种计算机的数字音频格式。MIDI 是一种记录乐谱和音符演奏方式的数字指令序列音频格式,数据量极小。

MIDI 音频与波形音频不同,它不对声波进行采样、量化和编码,而是将电子乐器键盘的演奏信息(包括键名、力度和时间长短等)记录下来。这些信息被称为 MI-

DI 消息,是乐谱的一种数字式描述。对应于一段音乐的 MIDI 文件不记录任何声音信息,而只是包含了一系列产生音乐的 MIDI 消息。播放时只需读出 MIDI 消息,便可生成所需的乐器声音波形,经放大处理后即可输出。

将音频信号集成到多媒体中,可得到其他任何媒体都无法实现的效果,不仅可以烘托气氛,而且还能增加活力。音频信息增强了对其他类型媒体所表达的信息的理解。

5. 视　频

视频(Video)是指从摄像机、录像机、影碟机以及电视接收机等影像输出设备得到的连续活动图像信号,即若干有联系的图像数据连续播放便形成了视频。这些视频图像使多媒体应用系统功能更强、效果更精彩。但由于上述视频信号的输出大多是标准的彩色全电视信号,要将其输入计算机中,不仅要有视频信号的捕捉,实现其由模拟信号向数字信号的转换,还要有压缩和快速解压缩,以及播放的相应软硬件处理设备的配合。同时,在处理过程中免不了会受到电视技术的各种影响。

电视主要有 NTSC 制(525/60)、PAL 制(625/50)、SECAM 制(625/50)3 种,相应的数字为电视显示的线行数和频率。当计算机对信号进行数字化时,必须在规定时间内(如 1/30 s 内)完成量化、压缩和存储等多项工作。视频文件的存储格式有音频视频交错格式(AVI)、MPEG 文件格式、MOV 文件格式等。

对于动态视频的操作和处理,除了播放过程中的动作与动画相同外,还可以增加特技效果,如硬切、淡入、淡出、复制、镜像、马赛克、万花筒等,用来增强表现力。这在媒体中属于媒体表现属性的内容。

6. 动　画

动画(Animation)是采用计算机动画设计软件创作而成的、由若干幅图像进行连续播放产生的具有运动感觉的连续画面。动画的连续播放既指时间上的连续,也指图像内容上的连续,即播放的相邻两幅图像之间内容相差不大。动画压缩和快速播放也是动画技术要解决的重要问题,其处理方法有很多种。计算机设计动画方法有两种:一种是造型动画,一种是帧动画。前者是对每一个运动的物体分别进行设计,赋予每个对象一些特征,如大小、形状、颜色等,然后用这些对象构成完整的帧画面。造型动画中每帧都由图形、声音、文字、调色板等造型元素组成,控制动画中每一帧的图元表现和行为的是由制作表组成的脚本。帧动画是由一幅幅位图组成的连续的画面。就像电影胶片或视频画面一样,要分别设计每个屏幕显示的画面。

计算机在制作动画时,只要做好主动作画面即可,其余的中间画面都可以由计算机内插来完成。不运动的部分直接复制过去,与主动作画面保持一致。当这些画面仅呈现二维的透视效果时,就是二维动画;如果通过 CAD 形式创造出空间形象的画面,就是三维动画;如果使其具有真实的光照效果和质感,就成为三维真实感动画。存储动画的文件格式有 FLC、SWF 等。

视频和动画的共同特点是每幅图像都是前后关联的。通常来讲,后幅图像是前

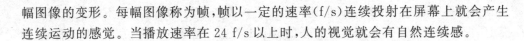

幅图像的变形。每幅图像称为帧,帧以一定的速率(f/s)连续投射在屏幕上就会产生连续运动的感觉。当播放速率在 24 f/s 以上时,人的视觉就会有自然连续感。

任务二　数字图像处理

【任务描述】

对给出的示例图片进行修正、美化等处理,并能够选取图像中的特定内容,根据需要制作图像作品。

【任务内容与目标】

内　容	1. 图像原理; 2. 图像修正; 3. 图像美化; 4. 建立选区; 5. 多图层融合
目　标	1. 了解数字图像的基础知识; 2. 掌握图像修正和美化的一般方法,能够根据图像质量选择恰当的方法对图像进行修正和美化; 3. 掌握建立选区的基本方法,能够利用建立选区工具进行抠图; 4. 掌握多图层融合的关键技术,能够设计和制作图像作品

【知识点 1】图像原理

在现实世界中,照片、画报、图纸等图像信号在空间、灰度或颜色上都是连续的函数。要在计算机中处理图像,必须先将其进行数字化转换,然后再用计算机进行分析处理。

1. 图像的数字化

图像的数字化过程分为采样、量化与编码 3 个步骤。

(1) 采　样

图像在二维空间上的离散化称为采样。图像经过采样后的离散点称为样点(像素)。采样的实质就是用若干点来描述一幅图像。简单来讲,就是将空间上连续的图

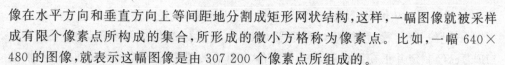

像在水平方向和垂直方向上等间距地分割成矩形网状结构,这样,一幅图像就被采样成有限个像素点所构成的集合,所形成的微小方格称为像素点。比如,一幅 640×480 的图像,就表示这幅图像是由 307 200 个像素点所组成的。

在采样时,采样点间隔大小的选取很重要,它决定了采样后的图像是否能真实地反映原图像。采样的密度决定了图像的分辨率。一般来说,原图像中的画面越复杂、色彩越丰富,采样间隔就应该越小,采样的点数就越多,图像质量就越好。

（2）量　化

把图像采样后所得到的各像素的灰度或色彩值离散化,称为图像的量化。通常用 L 位二进制数描述灰度或色彩值,量化级数为 2^L。一般可采用 8 bit、16 bit 或 24 bit 量化位数,较高的量化位数意味着像素具有较多的可用颜色和较精确的颜色表示,越能真实地反映原有图像的颜色,但得到的数字图像的容量也越大。

例如,有一幅灰度照片,它在水平与垂直方向上都是连续的。通过沿水平和垂直方向的等间隔采样可得到一个 $M \times N$ 的离散样本。每个样本点的取值代表该像素的灰度（亮度）。对灰度进行量化,使其取值变为有限个可能值。经过这样的采样和量化得到的图像称为数字图像。只要水平与垂直方向的采样点数足够多、量化位数足够大,那么数字图像的质量与原始图像相比就毫不逊色。

采样数量和量化位数两者的基本问题都是图像视觉效果与存储空间的取舍问题。

数字化后的位图可用如下信息矩阵来描述,其元素为像素的灰度或颜色。

$$\begin{bmatrix} f(0,0) & f(0,1) & f(0,2) & \cdots & f(0,n-1) \\ f(1,0) & f(1,1) & f(1,2) & \cdots & f(1,n-1) \\ f(2,0) & f(2,1) & f(2,2) & \cdots & f(2,n-1) \\ \vdots & \vdots & \vdots & & \vdots \\ f(m-1,0) & f(m-1,1) & f(m-1,2) & \cdots & f(m-1,n-1) \end{bmatrix}$$

（3）编　码

编码的作用有两个:一是采用一定的格式来记录数字图像数据;二是由于数字化后得到的图像数据量巨大,必须采用一定的编码技术来压缩数据,以减少存储空间,提高图像传输效率。

数字图像的压缩基于两点:其一,图像数据中存在着数据冗余。比如,图像相邻各采样点的色彩往往存在着空间连贯性,基于离散像素采样来表示像素颜色的方式通常没有利用这种空间连贯性,从而产生了空间冗余。其二,人的视觉不敏感。如人眼存在"视觉掩盖效应",即人对亮度比较敏感,而对边缘的急剧变化不敏感,并且对彩色细节的分辨能力远比亮度细节的分辨能力低。在记录原始的图像数据时,通常假定视觉系统是线性的和均匀的,对视觉敏感和不敏感的部分同等对待,从而产生比理想编码（即把视觉敏感和不敏感的部分区分开来编码）更多的数据。

目前,已有许多成熟的编码算法应用于图像压缩。常见的图像编码有行程编码、霍夫曼编码、LZW 编码、预测编码、变换编码、小波编码、人工神经网络等。

20 世纪 90 年代后,国际电信联盟(ITU)、国际标准化组织和国际电工委员会(IEC)已经制定并正在继续制定一系列静止和活动图像编码的国际标准,现已批准的标准主要有 JPEG 标准、MPEG 标准、H. 261 等。这些标准和建议是在相应领域工作的各国专家合作研究的成果和经验的总结。这些国际标准的出现使得图像编码,尤其是视频图像编码压缩技术得到了飞速发展。目前,按照这些标准研发的硬件、软件产品和专用集成电路已经在市场上大量涌现(如图像扫描仪、数字照相机、数字摄像机等),这对现代图像通信的迅速发展以及图像编码新应用领域的开拓发挥了重要作用。

2. 图像的基本属性

位图是由像素构成的,像素的密度和像素的颜色信息直接影响图像的质量。描述一幅图像需要使用图像的属性。图像的属性包括分辨率、像素深度、真/伪彩色、图像的大小及种类等。这里只介绍分辨率和像素深度两个属性。

(1) 分辨率

常见的分辨率主要有图像分辨率、显示分辨率和打印分辨率。

1) 图像分辨率

数字图像是由一定数量的像素构成的。图像分辨率是指组成一幅图像的像素密度,即每英寸上的像素数,用 ppi(pixie per inch)表示。对于同样大小的一幅图,数字化图像时图像的分辨率越高,组成该图像的像素数目越多,图像细节越清晰。相反,则图像显得越粗糙。图像分辨率对视觉效果的影响如图 4-1 所示。

256×256

64×64

16×16

图 4-1 图像分辨率对视觉效果的影响

2) 显示分辨率

显示分辨率是指显示屏上能够显示的像素数目。例如,显示分辨率为 1 024×768 表示显示屏分成 768 行(垂直分辨率),每行显示 1 024 个像素(水平分辨率),整个显示屏就含有 78 643 个显像点。

屏幕能够显示的像素越多,说明显示设备的分辨率越高,显示的图像质量也就越高。在同样尺寸的显示屏上,显示分辨率越高,显示图像越精细,但画面会越小。

3) 打印分辨率

打印分辨率是指每英寸打印纸上可以打印出的墨点数量,用 dpi(dot per inch)表示。打印设备的分辨率在 360～2 400 dpi 之间。打印分辨率越大,表明图像输出的墨点越小(墨点的大小只同打印机的硬件工艺有关,与要输出图像的分辨率无关),输出的图像效果就越精细。

（2）像素深度

像素深度也称颜色深度,是指存储每个像素的色彩(或灰度)所用的二进制位数。像素深度决定彩色图像可以使用的最多颜色数目,或者确定灰度图像的灰度级数。较大的像素深度意味着数字图像具有较多的可用颜色和较精确的颜色表示。例如,一幅 RGB 模式的彩色图像,每个 R、G、B 分量用 8 bit,也就是说像素深度为 24,每个像素可以是 $2^{24}=16\ 777\ 216$ 种颜色中的一种。量化级数对图像视觉效果的影响如图 4-2 所示。

256级灰度

16级灰度

4级灰度

图 4-2　量化级数对图像视觉效果的影响

3. 图像的色彩原理

色彩的感觉是一般美感中最大众化的形式。人的视觉对色彩有着特殊的敏感性,图像离不开色彩,色彩是图像的重要组成部分。

（1）三原色

色彩中不能再分解的基本色称为原色,原色可以合成其他的颜色,而其他颜色却不能还原出原色。将红、绿、蓝按一定比例混合可得出各种其他颜色,而三者中任意一色都不能由另外两种色混合产生,色彩学上将这 3 个独立的色称为三原色,如图 4-3 所示。

电视显像管、LED 显示屏等显示的图像的色彩都是由红、绿、蓝三色光组成的，它们又被称为色光三原色或彩电三原色。

在美术实践中，品红加少量黄可调出大红，而大红却无法调出品红；青加少量品红可以得到蓝，而蓝加白得到的却是不鲜艳的青。因此，彩色印刷的油墨调配、彩色照片的原理及生产、彩色打印机设计以及实际应用，都以品红、青、黄为三原色，常称它们为颜料三原色或印刷三原色，如图 4-4 所示。

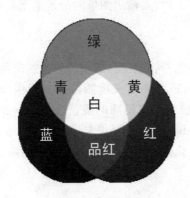

图 4-3　色光三原色

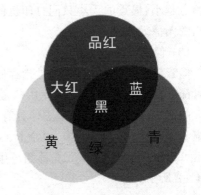

图 4-4　颜料三原色

（2）成色原理

根据三原色原理，任何一色（三原色除外）都可通过三原色按照不同的比例混合出来。色彩的混合分为加法混合和减法混合；色彩还可以在进入视觉之后才发生混合，称为中性混合。

1）加法混合

加法混合是指色光的混合，混色关系如图 4-3 所示。两种以上的色光混合在一起，光亮度会提高，混合色光的总亮度等于相混各色光亮度之和。如果只通过两种色光混合就能产生白光，那么这两种色光就是互为补色光，例如，红＋青＝白，则红和青互为补色。

2）减法混合

减法混合主要是指色料的混合，混色关系如图 4-4 所示。减法混合利用了滤光特性，即在白光中减去不需要的彩色，留下所需要的颜色。如果两种色混合能产生灰或黑，那么这两种色就是互补色，例如，红＋青＝黑，则红和青就是互补色。颜料三原色按一定的比例相混，所得的色可以是黑或黑灰。在减法混合中，混合的色越多，明度越低，纯度也会有所下降。

3）中性混合

中性混合是基于人的视觉生理特征所产生的视觉色彩混合，并不改变色光或发光材料本身，混色效果的亮度既不增加也不降低。常见方式有色盘旋转混合与空间视觉混合。

（3）颜色模式

颜色模式是将某种颜色表现为数字形式的模型,或者说是一种记录图像颜色的方式。常见的颜色模式有 RGB 模式、CMYK 模式、HSB 模式、LAB 模式、灰度模式、位图模式等。

1）RGB 模式

RGB 模式对应于计算机显示器、电视屏幕等显示设备,因此也称为色光模式。当 R、G、B 都为 0,即 3 种色光都同时不发光时就成了黑色;当 R、G、B 都为 255,即 3 种色光都同时发光到最亮就成了白色。光线越强,颜色越亮,所以 RGB 模式也称为加色法。

2）CMYK 模式

CMYK 模式也称作印刷色彩模式,是打印的标准颜色模式,主要应用于打印机、印刷机。其中 4 个字母分别指青(Cyan)、品红(Magenta)、黄(Yellow)、黑(Black,用最后一个字母 k 表示),在印刷中代表 4 种颜色的油墨。CMYK 模式在本质上与 RGB 模式没有什么区别,只是产生色彩的原理不同。在 RGB 模式中,光源发出的色光混合生成颜色;而在 CMYK 模式中,光线照到有不同比例青、品红、黄、黑色油墨的纸上,部分光谱被吸收后,反射到人眼的光产生颜色。由于青、品红、黄、黑色油墨在混合成色时,随着这 4 种成分的增多,反射到人眼的光会越来越少,光线的亮度会越来越低,所以 CMYK 模式产生颜色的方法又被称为色光减色法。

3）HSB 模式

HSB 模式是基于人体视觉系统(色)的色彩模式。也就是说,HSB 模式是根据人眼的视觉特性建立起来的颜色模式,比 RGB 模式更符合人眼观察颜色的规律。观察一个颜色(比如陆军常服衬衣的颜色),人们不会去说它的 RGB 值是多少,而是会说它是绿的,然后再说它是浅绿的。HSB 模式正是根据人眼的这个视觉特性,把颜色分成色相、饱和度和明度 3 个因素。

H(Hue)为色相(度),就是指颜色的相貌,说明是什么颜色,表示物体将什么颜色的光反射进了人们的眼睛。它由光的波长决定,在模型中用于调整颜色,取值为 $0°\sim360°$。

S(Saturation)为饱和度(%),也叫纯度,指颜色的深度或鲜艳程度。纯谱色(也就是彩虹的颜色)是全饱和的,其他颜色(比如粉红、浅绿)可以看作是在纯谱色光里掺入了白光。纯谱色光所占的比例就是其饱和度,其取值为 0(灰色)~100%(纯色)。

B(Brightness)为明度(%),也叫亮度,指色彩明暗程度,表示人们看到的光线的强度,取值为 0(黑)~100%(白)。

4）LAB 模式

LAB 模式是由国际照明委员会(CIE)于 1976 年公布的,在理论上包括了人眼可见的所有颜色的色彩模式。LAB 颜色是由 RGB 三基色转换而来的,它是由 RGB 模式转换为 HSB 模式和 CMYK 模式的桥梁。LAB 模式不依赖于光线,也不依赖于颜料,弥补了 RGB 与 CMYK 两种色彩模式的不足,是 Photoshop 在不同颜色模式之间转换时使用的内部颜色模式。用户可以在图像编辑中使用 LAB 模式,而且 LAB 模式在转换为 CMYK 模式时不会像 RGB 模式转换为 CMYK 模式那样丢失色彩。因此,避免色彩丢失的最佳方法是用 LAB 模式编辑图像,再转换成 CMYK 模式打印输出。但有些 Photoshop 滤镜对 LAB 模式的图像不起作用,所以如果要处理彩色图像,建议在 RGB 模式与 LAB 模式两者中任选一种,打印输出前再转换成 CMYK 模式。用 LAB 模式转换图像不用校色。

5)灰度模式

如果选择了灰度模式,则图像中没有颜色信息,色彩饱和度为 0。图像有 256 个灰度级别,亮度为 0(黑)～255(白)。如果要编辑处理黑白图像,或将彩色图像转换为黑白图像,可以制定图像的模式为灰度。由于灰度图像的色彩信息都从文件中去掉了,所以灰度图像相对彩色图像来讲,文件大小要小得多。

6)位图模式

位图模式使用黑白两种颜色来表示图像中的像素。因为图像中只有黑、白两种颜色,所以位图模式的图像也称为黑白图像。除非特殊用途,一般不选这种模式。当需要将彩色模式转换为位图模式时,必须先将其转换为灰度模式,由灰度模式才能转换为位图模式。

7)索引模式

索引模式使用 256 种颜色来表示图像。当一幅 RGB 模式或 CMYK 模式的图像转化为索引模式时,将建立一个 256 色的色表来存储此图像所用到的颜色。因此,索引模式的图像所占存储空间较小,但是图像质量不高,该模式适用于多媒体动画和网页图像制作。

4. 图像文件格式

图像文件格式是计算机存储这幅图的格式与对数据压缩编码方法的体现,不同的文件格式通过不同的文件扩展名来区分。图像处理软件一般可以识别和使用这些图像文件,并可以实现文件格式之间的相互转换。目前常见的图像文件格式有很多种,如 BMP 文件格式、JPEG 文件格式、GIF 文件格式、TIFF 文件格式、PNG 文件格式、PSD 文件格式等。Photoshop 默认的图像文件格式为 PSD 文件格式。由于大多数的图像文件格式都不支持 Photoshop 的图层、通道、矢量元素等特性,因此,如果希望能够用 Photoshop 继续对图像进行编辑,则应将图像以 PSD 文件格式保存。

(1)BMP 文件格式

BMP(Bitmap)文件格式是微软公司为 Windows 自行开发的一种位图文件格式,与硬件设备无关,使用广泛。它采用位映射存储格式,除了图像深度可选以外,几乎不进行压缩,因此,BMP 文件所占用的空间很大。BMP 文件的图像深度可选 1 bit、4 bit、8 bit 及 24 bit。BMP 文件存储数据时,图像的扫描方式是按从左到右、从下到上的顺序。

（2）JPEG 文件格式

JPEG 文件格式（Joint Photographic Experts Group）是 JPEG 标准的产物，该标准由 ISO 制定，是面向连续色调静止图像的一种有损压缩格式，文件后缀名为".jpg"或".jpeg"。

JPEG 文件格式能够将图像压缩在很小的储存空间内，图像中重复或不重要的资料会丢失，因此容易造成图像数据的损失。如果使用过高的压缩比例，将使最终解压缩后恢复的图像质量明显降低，因此要追求高品质图像，不宜采用过高压缩比例。但是 JPEG 压缩技术十分先进，它用有损压缩方式去除冗余的图像数据，在获得极高的压缩率的同时能展现十分生动的图像，换句话说，就是可以用最小的磁盘空间得到较好的图像品质。而且 JPEG 文件格式是一种很灵活的格式，具有调节图像质量的功能，允许用不同的压缩比例对文件进行压缩，支持多种压缩级别，压缩比率通常为10∶1～40∶1。压缩比越大，品质就越低；相反地，压缩比越小，品质就越高。JPEG文件格式压缩的主要是高频信息，对色彩的信息保留较好，适合应用于互联网，可减少图像的传输时间；它还可以支持 24 bit 真彩色，也普遍应用于需要连续色调的图像。因此，它是目前网络上最流行的图像文件格式。

（3）GIF 文件格式

GIF 文件格式（Graphics Interchange Format），又称图像交互格式，是 CompuServe 公司在 1987 年开发的图像文件格式。GIF 文件的数据是一种基于 LZW 算法的连续色调的无损压缩格式，其压缩率一般在 50％左右；它不属于任何应用程序，目前几乎所有相关软件都支持它，公共领域有大量的软件在使用 GIF 图像文件。

（4）TIFF 文件格式

TIFF 文件格式（Tag Image File Format），又称标记图像文件格式，是由 Aldus和微软公司为桌面出版系统研制开发的一种较为通用的图像文件格式。TIFF 文件格式灵活易变，它又定义了 4 类不同的格式：TIFF-B 适用于二值图像；TIFF-G 适用于黑白灰度图像；TIFF-P 适用于带调色板的彩色图像；TIFF-R 适用于 RGB 真彩图像。

（5）PNG 文件格式

PNG 文件格式（Portable Network Graphics）是网络上常用的最新图像文件格式。PNG 文件格式能够提供长度比 GIF 文件格式小 30％的无损压缩图像文件。它同时提供 24 bit 和 48 bit 真彩色图像支持以及其他诸多技术性支持。PNG 图像支持将图像存储为背景透明形式。由于 PNG 文件格式比较新型，所以目前并不是所有的程序都可以用它来存储图像文件；但 Photoshop 可以处理 PNG 图像文件，也可以用 PNG 文件格式存储图像。

（6）PSD 文件格式

PSD 文件格式（Photoshop Document）是 Photoshop 图像处理软件的专用文件格式，文件扩展名是".psd"，它可以支持图层、通道、蒙板和不同色彩模式的各种图像特征，是一种非压缩的原始文件保存格式。扫描仪不能直接生成这种格式的文件。

PSD 文件有时容量会很大,但由于可以保留所有原始信息,因此在图像处理中对于尚未制作完成的图像,选用 PSD 文件格式保存是最佳的选择。

【知识点 2】图像修正

虽然手机、数字照相机等数字图像采集设备的功能越来越强大,但由于环境的影响、设备本身的缺陷、不良构图等诸多因素,均有可能导致照片的质量不甚理想。不过,这些照片不一定要被舍弃,通过 Photoshop 的恰当修正,也许能够还它一个清新的面貌。

数码照片的修正,一般需从 5 个方面进行分析处理:矫正变形与二次构图、调整大小和分辨率、修正曝光、调整颜色、强化图像清晰度。

需要明确的是,每张照片的问题不会完全一样,有的只需调整曝光,而颜色没有问题;有的可能同时有歪斜、过暗、色偏的情形。在编修照片时,我们要从上述 5 个方面逐一检查,对需要调整的内容进行调整,而不是对所有照片都进行上述调整。

1. 矫正变形与二次构图

在编修照片时,我们首先要检查图像内容是否变形或有其他构图上的缺失(例如水平线歪斜、建筑物明显变形、边界出现被截成一半的物品等),并加以修正。其目的是确定照片的内容,这样后面在调整图像的亮度、对比度或颜色时,才能根据正确的文件做出适当地修正。

(1) 转正直幅或歪斜的照片

1) 转正照片

对于需要转正的照片,如图 4-5 所示,需要对其逆时针旋转 90°来使其转正。具体操作方法:选择"图像→图像旋转→90 度(逆时针)"菜单项,如图 4-6 所示,完成图像的转正操作。

图 4-5　直幅照片

图 4-6　转正操作

2）矫正倾斜

对于水平面或地平线倾斜的照片，如图4-7所示，需要首先确定其倾斜的角度，然后再进行旋转。具体操作步骤如下：

① 在"工具箱"中找到"吸管工具"，长按"吸管工具"按钮，可打开工具组列表，在其中选择"标尺工具"，如图4-8所示。在画面上沿水平面或地平线拖动，绘制本应水平的线，如图4-9所示。

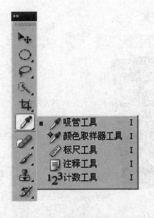

图4-7 倾斜的照片　　　图4-8 选择"标尺工具"　　　图4-9 用标尺绘制水平线

② 选择"图像→图像旋转→任意角度"菜单项，如图4-10所示。弹出的对话框中的默认值是计算机通过标尺绘制的直线计算出来的，如图4-11所示，不要更改，直接单击"确定"按钮即可；旋转后的照片如图4-12所示。

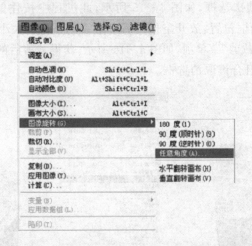

图4-10 选择"图像→图像旋转→任意角度"菜单项

3）裁剪二次构图

进行图像旋转后，所得照片的边缘出现倾斜，需要对其进行裁剪，制作出矩形的照片。操作步骤如下：

① 在"工具箱"中选择"矩形选框"工具，如图 4-13 所示，在"矩形选框"工具属性栏中设置样式为固定比例，宽高比为 3：2，如图 4-14 所示。

图 4-11 旋转角度设置

图 4-12 旋转后的照片

图 4-13 选择"矩形
选框"工具

图 4-14 "矩形选框"工具属性栏

② 在图像上拖拽出选框，如图 4-15 所示，此过程中按住鼠标左键不放同时按住空格键可以调整选框位置，放开空格键后可继续调整选框大小。

③ 选择"图像→裁剪"菜单项，如图 4-16 所示，获得裁剪后的照片，如图 4-17 所示，最后按 Ctrl＋D 组合键取消选框。

图 4-15 绘制矩形选框

图 4-16 选择"图像→
裁剪"菜单项

图 4-17 裁剪后的照片

（2）修正变形

对于由于拍摄仰角过大等原因形成的镜头畸变照片，如图 4 - 18 所示，需要首先校正镜头畸变，然后再裁剪。具体操作步骤如下：

① 选择"滤镜→扭曲→镜头校正"菜单项，如图 4 - 19 所示。

图 4 - 18　镜头畸变照片

图 4 - 19　选择"滤镜→扭曲→镜头校正"菜单项

② 在弹出的窗口中，按照图 4 - 20 所示调整参数：垂直透视调整为 -28，水平透视调整为 10。

③将照片裁剪为矩形，裁剪方法见知识点 2 中"裁剪二次构图"小节。

图 4-20 镜头校正参数设置

小贴士

① 在"镜头校正"窗口中,图片上的灰色网格线是基准线,其功能是辅助我们将图片调正。

② "变换"选项组说明:

➤ 调整垂直透视,设置为负值则下方会收缩变形,设置为正值则上方会收缩变形。

➤ 调整水平透视,设置为负值则右侧会收缩变形,设置为正值则左侧会收缩变形。

➤ 调整图像角度,图像以中心为圆心旋转。

➤ 设置扭曲后填补边缘多余空间的方式:

边缘延伸:重复图像边缘像素;

透明度:透明背景;

背景色:填入背景色。

2. 调整大小和分辨率

随着数字照相机功能的增强,拍摄的照片一般都是百万甚至千万像素的,这样的照片虽然非常清晰,但是占用的存储空间过大,而且一般情况下人们也不需要如此大的照片。因此,在完成照片拍摄后,我们一般需要根据照片的用途,对照片的大小和分辨率进行调整。调整方法如下:

① 选择"图像→图像大小"菜单项,如图 4-21 所示。

② 在打开的对话框中,设置图像大小和分辨率参数,如图 4-22(a)所示。调整

图 4-21　选择"图像→图像大小"菜单项

参数如图 4-22(b)所示,单击"确定"按钮即可完成调整。

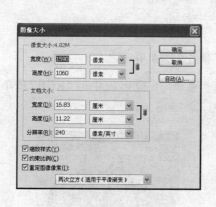

(a) 参数调整前

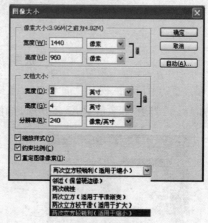

(b) 参数调整后

图 4-22　"图像大小"对话框

小贴士

① 像素大小、文档大小和分辨率满足如下关系:

$$像素大小＝文档大小×分辨率$$

② 调整时选中"约束比例"前的复选框,调整宽度或高度参数时,调整其中的一个,另一个会自动变化。这样能够保证图像的长宽比不会发生变化,进而保证图像不变形。

③ "重定图像像素"用来决定是否改变图像的像素数,选中它前面的复选框则根据文档大小和分辨率改变像素数。

④ 对话框最下方的下拉列表用来选择图像像素的调整方法,根据括号里的说明选择即可。

3. 修正曝光

图像的曝光度体现在图像的明暗上，曝光过强会导致图像整体太亮，画面偏白；曝光过弱会导致图像整体比较暗，画面偏黑。判断一幅图像是否存在曝光度问题，一般需要观察图像的直方图。

（1）查看直方图

① 选择"窗口→直方图"菜单项，可打开"直方图"面板。

② 单击"直方图"面板右上角的按钮，在打开的级联菜单中选择"扩展视图"菜单项，如图 4-23 所示。

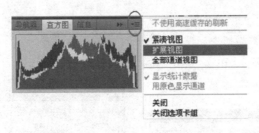

图 4-23　选择"扩展视图"菜单项

③ 在"直方图扩展视图"面板中，选择"通道"下拉列表中的"RGB"选项，如图 4-24 所示；打开图像的亮度直方图，如图 4-25 所示。

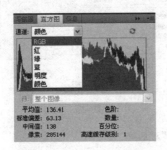

图 4-24　选择"RGB"选项

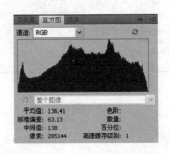

图 4-25　亮度直方图

（2）自动调整

选择"图像→自动色调"或"自动对比度"或"自动颜色"菜单项可以实现对图像的自动调整。

自动调整可以快速地实现调整，但是不提供任何调整参数的设置，调整结果难以预料，所以一般不建议使用。

（3）手动调整

Photoshop 提供了 3 个手动调整图像曝光度的工具，其调整的范围各不相同。

1）全局调整

选择"图像→调整→亮度/对比度"菜单项，打开如图 4-26 所示的对话框。通过调整对话框中各滑块的位置,实现对整幅图像的调整。调整亮度可以使图像变亮或者变暗,调整对比度可以增减对比度的强弱。用此方法进行全局处理,弹性较为不足。

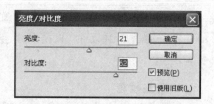

图 4 - 26 "亮度/对比度"对话框

2)分部调整

选择"图像→调整→色阶"菜单项,打开如图 4 - 27 所示的对话框。该功能将图像色阶分成亮部、中间调、阴影 3 部分,每个部分都可单独调整而不影响其他部分。

3)逐色调整

选择"图像→调整→曲线"菜单项,打开如图 4 - 28 所示的对话框。在对话框中,直接拖动输入/输出曲线,即可调整输入色阶与输出色阶之间的对应关系,进而达到调整图像明暗的目的。该功能可针对 256 个色阶分别进行调整,灵活性最大。图 4 - 28 中圆圈标记的是图像调整工具,它能够直接在图像上调整曲线;单击该按钮后,将鼠标放到需要调整的地方,向上拖拽可提高该色阶的亮度,向下拖拽即可降低该色阶的亮度。

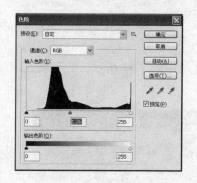

图 4 - 27 "色阶"对话框

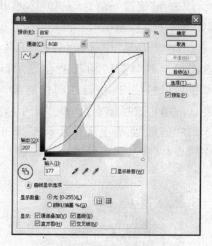

图 4 - 28 "曲线"对话框

小贴士

① 图 4 - 25 所示的直方图是一幅曝光度良好的图像的直方图,在进行曝光度修正的时候,要注意观察其直方图的变化,尽量让直方图遍布所有色阶,且直方图上没有非常明显的"峰"或"谷"。

② 图像的直方图不是绝对均衡分布的,要结合画面内容进行判断。例如,拍摄雪景的照片,整个画面偏白是很正常的,不应属于曝光过强。

③ 使用“曲线”对话框中的图像调整工具在图像上进行调整时，虽然是在图像的一个局部进行拖动的，但是其调整结果是对图像上所有具有该色阶的像素点进行调整。

4. 调整颜色

在拍摄照片的时候，经常会遇到由于光照、周围景物影响等原因造成的照片颜色失真现象。例如，在拍摄日出的照片时，画面往往会偏红。

(1) 校正色偏

判断一幅图像是否存在色偏，一般应该观察画面中黑、白、灰这样的颜色区域，若这些区域的像素点 R、G、B 颜色分量值差别比较大，则可认为图像存在色偏，3 个颜色分量中，哪个分量值最大，图像就偏哪种颜色。因此，在进行图像色偏校正时，首先要判断图像是否存在色偏，然后再进行校正。具体步骤如下：

1) 判断色偏

① 选择“窗口→信息”菜单项，打开“信息”面板，如图 4－29 所示。

② 在“工具箱”中选择“吸管”工具，当将鼠标放在图像上时“信息”面板上会显示该点的颜色值。也可以按住 Shift 键在图像的黑、白、灰等中性色区域单击选择样本点(最多 4 个)，如图 4－30 所示，在“信息”面板上观察其 R,G,B 值是否接近，如图 4－31 所示。若不接近，则说明图像存在色偏，需要做进一步调整。

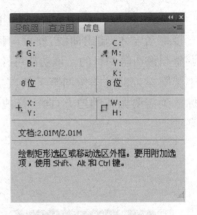

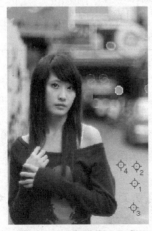

导航器
直方图
信息
R:
G:
B:
C:
M:
Y:
K:
8位
8位
X:
Y:
W:
H:
文档:2.01M/2.01M
绘制矩形选区或移动选区外框。要用附加选项，使用 Shift、Alt 和 Ctrl 键。

图 4－29 “信息”面板

图 4－30 在图像上取样

导航器
直方图
信息
R:
G:
B:
C:
M:
Y:
K:
8位
8位
X:
Y:
W:
H:
#1R: 212
G: 218
B: 223
#2R: 214
G: 217
B: 221
#3R: 207
G: 213
B: 220
#4R: 210
G: 214
B: 218
文档:2.01M/2.01M

图 4－31 取样后的“信息”面板

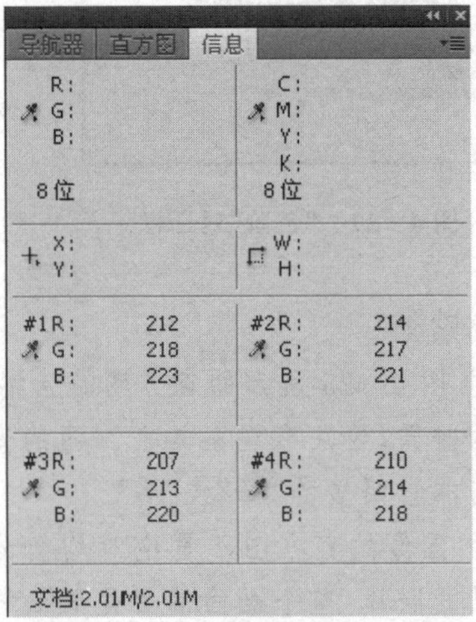

2）校正色偏

选择"图像→调整→照片滤镜"菜单项，打开如图 4 – 32 所示的对话框。利用补色原理，直接减少偏重的颜色分量或者增加其补色，使得 3 个颜色分量值基本接近，如图 4 – 33 所示，后边一列是调整后的各颜色分量值。

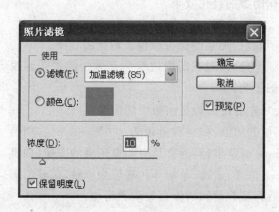

图 4 – 32　"照片滤镜"对话框

图 4 – 33　调整后的"信息"面板

（2）改善颜色饱和度

选择"图像→调整→自然饱和度"菜单项，打开"自然饱和度"对话框，如图 4 – 34 所示。该选项的功能是对全局颜色进行调整。调整饱和度滑块会对所有颜色都做等量的调整；调整自然饱和度滑块则会分辨颜色目前饱和度的状况，仅对饱和度较低的颜色增加饱和度，避免趋近饱和的颜色发生剪裁而丧失细节。

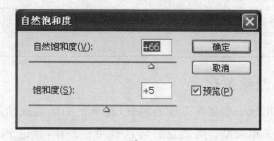

图 4 – 34　"自然饱和度"对话框

5. 强化图像清晰度

选择"滤镜→锐化→USM 锐化"菜单项，打开"USM 锐化"对话框，如图 4 – 35 所示。图像锐化的作用是使图像变得更清晰，其本质是使图像中颜色变化剧烈的地方颜色差异更大。

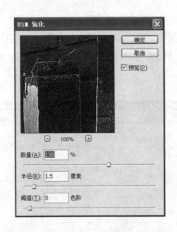

图 4-35 "USM 锐化"对话框

"USM 锐化"对话框左上角是待处理图片的局部,可通过其下方的"+""-"调整显示比例,默认值为 100%。进行参数调整后,左上角区域显示的是调整后的画面效果。将鼠标移动到该局部画面上,按住鼠标左键不放,显示的是调整前的画面效果;放开鼠标左键,显示的是调整后的画面效果。可通过按下和放开鼠标左键操作,对比图像的锐化效果。

参数说明:

数量:加强图像边缘像素对比的程度;

半径:设置在图像边缘会有多少像素受到锐化的影响;

阈值:设置两个像素之间差异多大时才会被认为是图像中的边缘。

调整顺序:一般是先设定数量和阈值的初值,如将数量设为 100%~300%,阈值设为 0 色阶,让图像保持最敏感的状态;再调整半径,通常具有明显轮廓的图像(如机器、建筑等),可使用较高的半径,如 1~2 像素,人物、植物等轮廓较为细致、柔软的图像,半径要低一些,约 0.5~1 像素;然后调整数量和阈值直到满意为止。

USM 锐化参数设置可参考表 4-1 所列。

表 4-1 USM 锐化参数参考值

画面内容	参数		
	数量/%	半径/像素	阈值/色阶
柔和的人物	80~120	1~2	10
风景、花朵、动物	100~200	0.7~1	3~5
有明显轮廓的建筑、机械、汽车	80~150	1~4	5~10
一般图像	120	1	4

【知识点 3】图像美化

有时照片中会出现一些破坏画面的瑕疵(像杂乱的电线或拍照时难以避开的杂物等),使画面看起来很凌乱。先别急着将这些照片丢弃,经过 Photoshop 修图工具的处理后,所有瑕疵都会被扫除一空。

1. 仿制图章

"仿制图章工具"用于将图像中的局部内容覆盖到图像的其他部分,用来修补图像中的瑕疵或复制物体。具体操作步骤如下:

① 单击"图层"面板下方的"新建"按钮,如图 4-36 所示,在背景图层上建立一个空白图层并选中,如图 4-37 所示。

② 在"工具箱"中选择"仿制图章工具",如图 4-38 所示。

图 4-36 "图层"面板   图 4-37 选中空白图层   图 4-38 选择
"仿制图章工具"

③ 在"仿制图章工具"属性栏中设置"画笔"大小、"不透明度""流量"以及"样本"等参数,如图 4-39 所示。

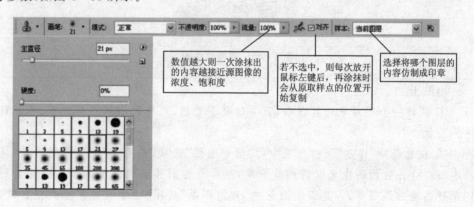

图 4-39 "仿制图章工具"属性设置

④ 当将鼠标移动到画面上时,其形状会变成空心圆圈,其圈住的区域即为将要复制的区域,如图 4-40(a)所示。按住 Alt 键,在需要复制的地方单击鼠标左键,选取用来覆盖的内容,如图 4-40(b)所示。

⑤ 在需要被覆盖的区域涂抹,就可以把取样点处的图像复制过来,覆盖过程如图 4-41 所示。覆盖完成后,可以在图层缩略图上看到复制的内容,如图 4-42 所示。

(a) 仿制图章时

(b) 取样时

图 4 - 40　鼠标形状

(a) 涂抹需要被覆盖的区域

(b) 覆盖完成效果

图 4 - 41　覆盖过程

图 4 - 42　图层缩略图

小贴士

① 新建一个图层来进行仿制，万一效果不理想，只要删除该图层即可，不会影响原图像。

② 在此选择"样本"下拉列表中的"所有图层"选项，是要让"仿制图章工具"从所有图层合并后的图像里取得图像信息，然后将仿制作业所产生的信息存储在刚刚新建的空白图层里；若是沿用默认的"当前图层"选项，由于当前图层是空白的，所以不管怎么涂抹，都仿制不到任何内容。

③ 建议将图像的显示比例放大，以方便设置取样点和涂抹操作。

④ 在涂抹过程中，十字形的地方是样本，用它来替换鼠标所在位置的图像。

⑤ 在覆盖较大片物体时，可以多次设置取样点使处理结果更自然。

⑥ "仿制图章工具"其实并不限定在同一张图像中使用，也可以把某张图像的局部内容复制到另一张图像之中。在不同图像之间复制时，可将两张图像并排在 Photoshop 窗口中，以便对照来源图像的复制位置以及目的图像的复制结果。

2. 修复纹理

"仿制图章工具"很好用,但它有个缺点,就是当来源区域与目的区域的亮度稍有差异时,修补的结果就会很突兀,变得不自然。修复工具就可以克服这个缺点,它会修复目的图像的纹理,还会让被修复区域的明暗度与周围像素相近,使修补的效果更为自然。

(1) 污点修复画笔工具

"污点修复画笔工具"相当神奇,它可以移除照片中的脏点、污渍或杂物。只要在想修补的地方画一下,此工具便会自动以被修补区域周围的图像内容作为修复依据,快速覆盖掉脏点或杂物,同时也能保留被修补区域的明暗度,使修补的结果不留痕迹。具体操作步骤如下:

① 单击"图层"面板中的"创建新图层"按钮,创建一个新的空白图层,用于绘制修补的内容。

② 选择"工具箱"中的"污点修复画笔工具",如图 4 - 43 所示。在工具属性栏中将"画笔"设为合适的大小、"模式"选择"正常"、"类型"选择"近似匹配",并选中"对所有图层取样"前的复选框,如图 4 - 44 所示。

③ "污点修复画笔工具"属性设置好后,直接在污渍上单击或涂抹就能够完成修复。

图 4 - 43　选择"污点修复画笔工具"

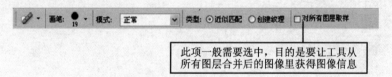

此项一般需要选中,目的是要让工具从所有图层合并后的图像里获得图像信息

图 4 - 44　"污点修复画笔工具"属性设置示例

小贴士

① 若某个小瑕疵的修补结果不理想,则可以再次涂抹这个瑕疵,Photoshop 就会以周围不同区域的纹理来修补该瑕疵。

② 若某个瑕疵的周围区域没有适当纹理可供取样,则可在工具属性栏上改选"创建纹理"选项,让 Photoshop 依据该瑕疵区域中的所有内容建立适合的纹理来填入瑕疵区。

③ "污点修复画笔工具"适合用来修掉明显的污点或杂物,例如皮肤上的痘痘、斑点或是照片上的小刮痕等。不过由于此工具会自动抓取周围图像来填补被修补区,因此假如要修复的区域较复杂,就不适合用此工具来做修补。

（2）修复画笔工具

"修复画笔工具"用于修补较大的范围。该工具类似于"仿制图章工具"，但它能够保持被修补区域的明暗变化，使修补更自然。具体操作步骤如下：

① 单击"图层"面板中的"创建新图层"按钮，创建一个新的空白图层，用于绘制修补的内容。

② 在"工具箱"中找到"污点修复画笔工具"，长按"污点修复画笔工具"按钮，在打开的工具组列表中选择"修复画笔工具"，如图 4-45 所示。在工具属性栏中将"画笔"设为合适的大小、"模式"选择"正常"、"源"选择"取样"，并选中"对齐"前的复选框，在"样本"下拉列表中选择"所有图层"选项，如图 4-46 所示。

③ 在待覆盖的内容附近按下 Alt 键，同时单击来设置取样点，如图 4-47(a) 所示。

图 4-45 选择"修复画笔工具"

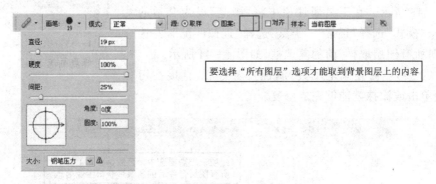

要选择"所有图层"选项才能取到背景图层上的内容

图 4-46 "修复画笔工具"属性设置示例

④ 在待覆盖的内容上进行涂抹，如图 4-47(b) 所示。

小贴士

① 当待修复的区域较大时，可在待修复的内容附近多次设置取样点进行涂抹，使修补更加自然。

② 在涂抹的过程中可以多次设置取样点对同一处进行涂抹以达到理想的效果。

③ "仿制图章工具"可避免周围区域对修复结果产生影响，在修复过程中，可以交替使用"仿制图章工具"和"修复画笔工具"使修复更加自然。

④ 在细节处理的地方，要放大显示比例，调小画笔，以达到比较精确的效果。

（3）修补工具

"修补工具"用于修补成块的区域，适用于对范围较大、较不细致的区域进行修复。具体操作步骤如下：

①　在"工具箱"中找到"污点修复画笔工具"，长按"污点修复画笔工具"按钮，在打开的工具组列表中选择"修补工具"，如图 4 - 48 所示。工具属性栏的设置都维持默认值，如图 4 - 49 所示。

(a) 取样过程　　　　(b) 修复过程

图 4 - 47　取样与修复过程

图 4 - 48　选择"修补工具"

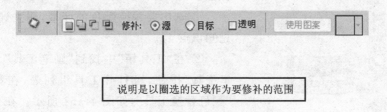

说明是以圈选的区域作为要修补的范围

图 4 - 49　"修补工具"属性栏

②　在图像上以"修补工具"圈选污渍区域，并将其拖拽到干净区域，如图 4 - 50 所示，即可自动以干净区域修补圈选区域。

> **小贴士**
>
> ①　在使用"修补工具"时，也可在属性栏中将修补项设为"目标"，然后选择目标区域并将其拖拽到待修补区域。
>
> ②　"修补工具"仅对当前图层起作用，因此不能新建空白图层进行修复。若目标区域来自多个图层，则可先使用快捷键 Ctrl＋Alt＋Shift＋E 进行盖印图层操作。盖印图层的作用是将当前可见的所有图层合并成一个新的图层而原来的所有图层不变；盖印图层后，可在盖印所得的新图层上使用"修补工具"进行修复。

3. 美化细节

完成对图像大范围的美化处理后，往往需要对细节进行进一步美化。图像的细节美化包括很多方面，如调整局部亮度、局部清晰度、局部颜色等。

(a) 圈选开始

(b) 圈选完成

(c) 拖拽过程

图 4-50　圈选与拖拽过程

(1) 颜色替换工具

"颜色替换工具"用涂抹的方式将图像上一种颜色替换为另一种颜色。其本质是调整工具涂抹区域像素点的色相，因此被替换颜色不能是黑、白、灰等无色相颜色。具体操作步骤如下：

图 4-51　选择"颜色替换工具"

① 选中要替换颜色的区域，建立选区（方法见知识点4）。

② 在"工具箱"中找到"画笔工具"，长按"画笔工具"按钮，可打开工具组列表，在其中选择"颜色替换工具"，如图 4-51 所示。在工具属性栏设置"画笔"大小、"容差"等工具属性，如图 4-52 所示。

③ 单击"工具箱"下方的"设置前景色"工具，如图 4-53 所示，打开"拾色器（前景色）"对话框，如图 4-54 所示，将前景色设置成希望替换的颜色。

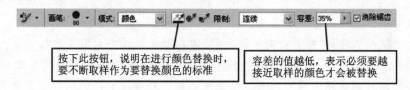

按下此按钮，说明在进行颜色替换时，要不断取样作为要替换颜色的标准

容差的值越低，表示必须要越接近取样的颜色才会被替换

图 4-52　"颜色替换工具"属性设置

④ 用"颜色替换工具"在选区内涂抹，完成颜色替换，如图 4-55 所示。

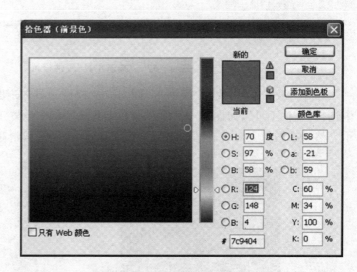

图4-53 单击"设置
前景色"工具

图4-54 "拾色器(前景色)"对话框

（2）加强亮度与清晰度

分别使用"减淡工具"和"锐化工具"实现图像局部亮度、清晰度的调整。与知识点2中利用菜单进行调整不同,使用工具进行调整是对图像局部的调整,也就是说,仅调整工具涂抹的区域,工具未处理的区域不会发生变化。具体操作步骤如下:

① 在"工具箱"中选择"减淡工具",如图4-56所示。在工具属性栏中设置工具属性,如图4-57所示。然后在图像上涂抹反光的地方,以提高其亮度,如图4-58所示。

(a) 颜色替换过程

(b) 完成颜色替换效果图

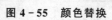

图4-55 颜色替换

图4-56 选择"减淡工具"

图 4 - 57　"减淡工具"属性设置

　　② 在"工具箱"中找到"模糊工具",长按"模糊工具"按钮,在弹出的工具组选项中选择"锐化工具",如图 4 - 59 所示。在工具属性栏中设置工具属性,如图 4 - 60 所示。然后在图像上对有轮廓的地方进行涂抹,以提高画面清晰度,如图 4 - 61 所示。

图 4 - 58　用"减淡工具"涂抹反光区域　　　　图 4 - 59　选择"锐化工具"

图 4 - 60　"锐化工具"属性设置

图 4 - 61　用"锐化工具"涂抹轮廓区域

【知识点4】建立选区

1. 矩形选框工具组

矩形选框工具组包括"矩形选框工具""椭圆选框工具""单行选框工具"和"单列选框工具"，该工具组主要用于选取规则的区域。

在"工具箱"中找到"矩形选框工具"，长按"矩形选框工具"按钮，可打开矩形选框工具组列表，如图 4 - 62(a)所示。"矩形选框工具"和"椭圆选框工具"通过拖拽绘制矩形选框或椭圆选框，完成对画面内容的选取；"单行选框工具"和"单列选框工具"通过单击选取画面上单击位置所在的行或列。

选定工具后，可在工具属性栏中进一步设置工具属性，以"矩形选框工具"为例，如图 4 - 62(b)所示：

➢ "新建选区"按钮用于新建一个选区。

➢ "向选区中添加"按钮用于将新绘制的选区添加到已有选区中。

➢ "从选区中减去"按钮用于从已有选区中减去新绘制的选区。

➢ "与选区求交"按钮用于选取已有选区与新绘制选区的交叠部分。

➢ "样式"选项用于约束绘制选区的形状，包含 3 个下拉选项："正常"选项是按照拖拽的长宽建立选区；"固定比例"选项是按照设定的长宽比建立选区；"固定大小"选项是按照设定的尺寸建立选区，此时不用拖拽，只需在图像上单击，即可形成以单击处为左上角点的固定大小的选区，若按下 Alt 键同时单击，则以单击处为中心。

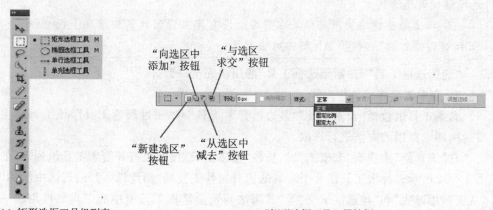

(a) 矩形选框工具组列表　　　　　　　　(b) "矩形选框工具"属性栏

图 4 - 62　矩形选框工具组

以"矩形选框工具"为例，其用法如下：

① 直接在图像上拖拽，形成一个以鼠标起点为左上角点、终点为右下角点的矩形选区，如图 4 - 63(a)所示，箭头标记的是矩形选框增长方向。

② 按住 Shift 键在图像上拖拽，形成一个以鼠标起点为左上角点、终点为右下角

点的正方形选区,如图 4 - 63(b)所示,箭头标记的是正方形选框增长方向。

③ 按住 Alt 键在图像上拖拽,形成一个以鼠标起点为中心向外扩张的矩形选区,如图 4 - 63(c)所示,箭头标记的是矩形选框增长方向。

④ 按住 Shift＋Alt 组合键在图像上拖拽,形成一个以鼠标起点为中心向外扩张的正方形选区,如图 4 - 63(d)所示,箭头标记的是正方形选框增长方向。

(a) 直接拖拽　　　　(b) 按住Shift　　　　(c) 按住Alt键　　　　(d) 按住Shift+Alt
　　　　　　　　　　键并拖拽　　　　　　并拖拽　　　　　　　组合键并拖拽

图 4 - 63　"矩形选框工具"的用法

小贴士

① 选定选区后,将鼠标放在选区内拖动,可以移动选区。

② 在拖拽过程中,不松开鼠标左键,按下空格键可以移动选区,松开空格键后还可继续改变选区大小。

③ 以上功能键的使用必须是在图像上没有建立任何选区的情况下,否则按下 Shift 键为增加选区,按下 Alt 键为减去选区。

"椭圆选框工具"与"矩形选框工具"的用法完全一致。

2. 套索工具组

套索工具组包括"套索工具""多边形套索工具"和"磁性套索工具",该工具组主要运用圈定范围的方法进行选取。

在"工具箱"中找到"套索工具",长按"套索工具"按钮可打开套索工具组列表,如图 4 - 64 所示。套索工具组 3 个工具的工具属性主要是"新建选区""向选区中添加""从选区中减去"和"与选区求交"等,其用法与矩形选框工具组中的工具属性用法一致。套索工具组各工具的具体用法如下:

(1) 套索工具

"套索工具"是一个用手工来绘制选区的工具,直接在图像上拖拽,当放开鼠标左键时,工具会自动地连接拖拽的起点和终点,形成一个闭合选区,如图 4 - 65 所示。

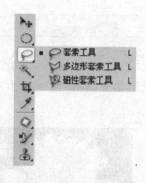

图4-64　索套工具组列表

图4-65　用"套索工具"圈选

（2）多边形套索工具

"多边形套索工具"是以单击来完成选取的,适用于选择线条笔直的物体,具体操作步骤如下:

① 在多边形的任意位置单击,确定选区的起点,如图4-66（a）所示。

② 在转折处单击,将转折点作为多边形的顶点,如图4-66（b）所示。

③ 回到起点单击构成闭合选区,或者直接双击则自动将双击处与起点用线段进行连接,如图4-66（c）所示。

(a) 选区起点

(b) 选区转折点

(c) 选区终点

图4-66　用"多边形套索工具"建立选区

小贴士

① 在选择过程中按下 Delete 键可以删除上一个顶点。

② 在选择过程中按住 Shift 键不放,则以 45°的整数倍角度选择下一个顶点。

（3）磁性套索工具

"磁性套索工具"会根据图像相邻像素的对比来选取图像,选择时会自动贴齐图像边缘,适用于圈选在颜色或亮度上有明显边界差异的图像。"磁性套索工具"的工具属性栏如图4-67所示。

➤ "新建选区""向选区中添加""从选区中减去"和"与选区求交"4个按钮的功能与"矩形选框工具"属性栏的按钮功能一致。

➤ "磁性套索工具"是以鼠标指针为中心侦测某一距离内的图像,以便找出物体

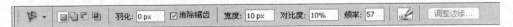

图4-67 "磁性套索工具"属性栏

边缘,改变"宽度"值可以改变侦测范围。在使用此工具时,按下大小写转换键,鼠标变成显示侦测区域的状态。

➢ "对比度"用来设置物体边缘反差的程度,以作为侦测的标准。当物体边缘很清晰时,数值应设高一些;反之,若物体边缘不易判断时,则应将数值设低一些。

➢ "频率"用来设置圈选时节点的密度,值越大、节点越密,越能精确地选择物体边缘。

"磁性套索工具"使用方法:在起点处单击,然后沿着边缘移动鼠标即可,如图4-68所示,在有明显转折的地方要单击,手动增加节点。

图4-68 用"磁性套索
工具"建立选区

小贴士

在选择过程中按下Delete键可以删除上一个黑色控制点。

3. 快速选择工具组

快速选择工具组包括"快速选择工具"和"魔棒工具",该工具组主要根据画面颜色建立选区。

在"工具箱"中找到"快速选择工具",长按"快速选择工具"按钮可打开快速选择工具组列表,如图4-69所示。快速选择工具组各工具的具体用法如下:

(1) 快速选择工具

使用"快速选择工具"可以直接在图像上涂抹,将相近的颜色范围创建为选区,如图4-70所示。"快速选择工具"属性栏如图4-71所示,选中"自动增强"选项可使选区侦测更精准。

图4-69 快速选择工具组列表　　图4-70 用"快速选择工具"建立选区

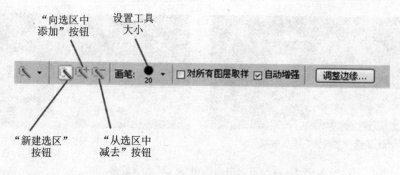

图 4-71　"快速选择工具"属性栏

（2）魔棒工具

"魔棒工具"用单击的方法实现选取，用于选择与单击像素点颜色相近的像素，当要选择的对象外观复杂时非常有效。"魔棒工具"属性栏如图 4-72 所示。

图 4-72　"魔棒工具"属性栏

➢ "新建选区""向选区中添加""从选区中减去"和"与选区求交"4 个按钮的功能与"矩形选框工具"属性栏的按钮功能一致。

➢ "容差"中可输入 0~255 的数值，数值大小必须根据选择图像中的颜色差异来调整，如图 4-73 所示。

(a) 以容差为32建立选区效果　　　　(b) 以容差为42建立选区效果

图 4-73　以不同容差建立选区效果

➢ 若图像中有多个不连续区域都为相近的颜色，取消选中"连续"选项可一次将与单击处颜色相近的像素全部选择出来，如图 4-74(a) 所示；选中"连续"选项则只有和单击处同在一个颜色区域的像素才会被选择，如图 4-74(b) 所示。

➢ 选中"对所有图层取样"选项可同时对所有可见图层进行选择，否则只对当前所选中的图层做选择。

(a) 不选中"连续"选项效果　　　　　　　(b) 选中"连续"选项效果

图 4-74　不选中与选中"连续"选项效果对比

【知识点 5】多图层融合

当自己制作图片（比如海报、宣传画、PPT 背景等）时，需要把收集的素材整合在一起，让它们和谐地显示在画面上，这就要控制图层之间的显示关系，从而达到多图层融合的目的。

本知识点以制作如图 4-75 所示的幻灯片背景图片为例，介绍制作图像作品的一般步骤和实现多图层融合的方法。

图 4-75　多图层融合示例图片——幻灯片背景

1. 绘制形状

（1）新建文件并填充背景色

① 选择"文件→新建"菜单项，如图 4-76 所示，在打开的"新建"对话框中，按照如图 4-77 所示的参数进行新文档的参数设置。

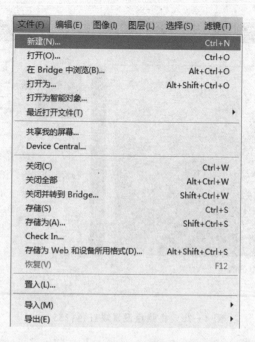

图 4-76 选择"文件→新建"菜单项

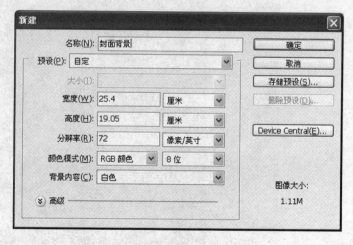

图 4-77 "新建"对话框

② 单击"工具箱"下方的"设置前景色"工具,在打开的"拾色器(前景色)"对话框中,将颜色设置成红色(255,0,0),如图 4-78 所示。

③ 在"工具箱"中找到"渐变工具",长按"渐变工具"按钮,在打开的工具组列表中选择"油漆桶工具",如图 4-79 所示。使用"油漆桶工具"在画布上单击,将画布颜色涂成红色,如图 4-80 所示。

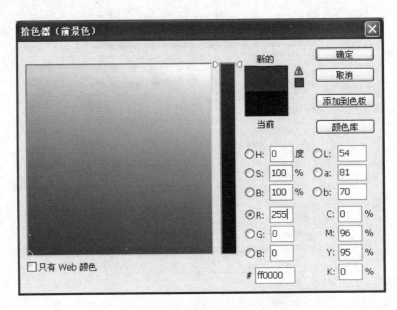

图 4-78 将颜色设置成红色(255,0,0)

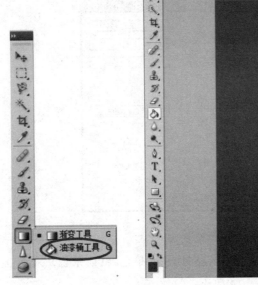

图 4-79 选择"油漆桶工具"

图 4-80 喷涂画面背景

> **小贴士**
> ① 设置新建文件尺寸时要注意设置单位。
> ② 新建文件的颜色模式要设置成 RGB 模式。
> ③ 设置前景色的正方形的颜色是当前前景色的颜色，不一定是黑色的。

（2）插入校徽和校名

① 选择"文件→打开"菜单项，如图 4 - 81 所示，在弹出的"打开"对话框中打开素材图像文件所在的文件夹，找到"校徽.png"图像，如图 4 - 82 所示。

图 4 - 81　选择"文件→打开"菜单项

图 4 - 82　"打开"对话框

② 在打开的"校徽"文件中，选择"工具箱"中的"选择"工具，如图 4 - 83 所示。

③ 拖动"校徽"图片，如图 4 - 84 所示，在"封面背景"文件标签上停留片刻，如图 4 - 85 所示，打开"封面背景"文件后，继续向下拖动，将"校徽"图片放在画面的左上角，如图 4 - 86 所示。

④ 选择"编辑→变换→缩放"菜单项，如图 4 - 87 所示；在工具属性栏中，按下"保持长宽比"按钮，保证图像的长宽比保持不变，在宽度"W"后的文本框中输入 75%，将图像缩小为原来的 75%，完成设置后，单击工具属性栏右侧的"√"按钮确定调整，如图 4 - 88 所示。

⑤ 同样的方法，将"校名"图像也导入到"封面背景"文件中，如图 4 - 89 所示。

图 4-83 选择"选择"工具

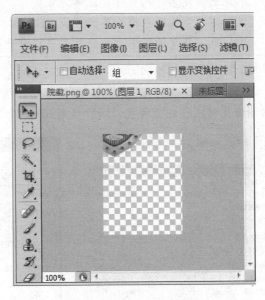

图 4-84 拖动"校徽"图片

图 4-85 在"封面背景"
文件标签上停留

图 4-86 将"校徽"图片放在画面左上角

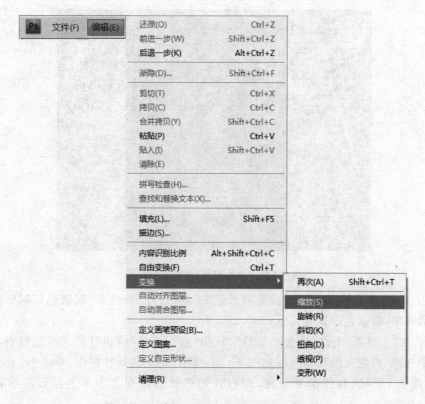

图 4-87　选择"编辑→变换→缩放"菜单项

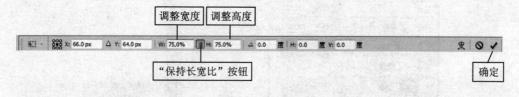

图 4-88　"缩放"属性栏设置

小贴士

在选择"缩放"工具后，图层四周会出现 8 个控制点，拖动控制点也可实现对象大小的调整。这样调整无法确定对象缩放的比例，只是根据拖动的结果确定大小是否合适。

（3）绘制光线

①单击"图层"面板中的"创建新图层"按钮，创建一个新的空白图层，用于绘制光线，双击该图层名称，将图层命名为"光线"，如图 4-90 所示。

图 4-89　导入校徽、校名后的效果

　　② 单击"工具箱"下方的"设置前景色"工具,打开"拾色器(前景色)"对话框;在该对话框中,将颜色设置成黄色(255,255,0)。

　　③ 在"工具箱"中找到"直线工具",长按"直线工具"按钮打开工具组列表,在该列表中选择"自定义形状工具",如图 4-91 所示;在工具属性栏中,单击"填充像素"按钮,单击"形状"右侧的下三角,在打开的形状选择列表中单击需要的形状,如图 4-92 所示。

图 4-90　更改图层名称　　　　　　图 4-91　选择"自定义形状工具"

　　④ 在画布上的适当位置拖拽,绘制出大小合适的光线图案,如图 4-93 所示。

　　⑤ 在"图层"面板上,向下拖动"光线"图层,使其位于"校徽"图层下方,如图 4-94所示;使用"移动"工具拖动画布上的光线图案,使其位于校徽下方,如图 4-95 所示。

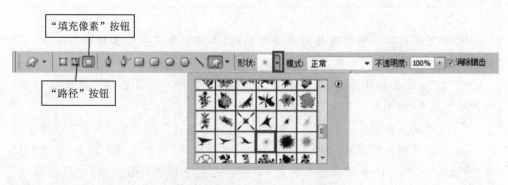

图4-92 "自定义形状工具"属性栏

图4-93 绘制光线图案

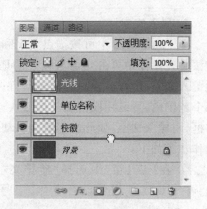

图4-94 调整图层顺序

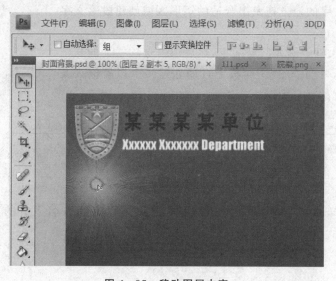

图4-95 移动图层内容

小贴士

① 必须新建一个空白图层用于绘制光线,不能将光线绘制在校徽图层上,否则调整校徽和光线的相对位置会很麻烦。

② 在"自定义形状工具"属性栏中,"路径"按钮的作用是绘制所选形状的路径,"填充像素"按钮的作用是绘制所选形状的图形。

③ 可以从互联网上下载自定义形状库,它一般是以".csh"为扩展名的文件。

④ 自定义形状库的载入方法:在"自定义形状工具"的工具属性栏中,单击"形状"右侧的下三角,打开形状选择列表,单击列表右上位置的右三角,打开级联菜单,选择"载入形状"选项,打开"载入"窗口,找到计算机上的自定义形状文件,单击"载入"按钮,将该形状库载入形状选择列表中。

2. 录入文字

在 Photoshop 中可按锚点文字和段落文字两种方式输入文字:锚点文字的输入方法是在图像中单击要加入文字的地方,待出现插入点后开始键入文字,由自己来决定何时换行;如果希望将文字固定在某个范围内,可改用段落文字的输入方式,即先拖曳出一个文本框,再输入文字,如此文字就会自动在文本框中排列、换行。操作步骤如下:

① 在"工具箱"中选择"横排文本工具",如图 4-96 所示;在工具属性栏中设置字体、字号、颜色等工具属性,如图 4-97 所示。

② 在需要显示文字的地方单击创建锚点文字输入框,或在需要显示文字的地方拖曳出合适的矩形区域创建段落文字输入框。

③ 在输入框中输入所需文字,然后单击选项栏上的"√"按钮确认输入,此时"图层"面板上自动创建一个以所输入文字为图层名称的文字图层。

图 4-96 选择"横排文本工具"

图 4-97 "横排文本工具"属性栏

④ 用同样的方法输入另外一行标题文字、主讲人和校名下方的英文,效果如图 4-98 所示。

图 4 - 98　录入文字后的效果

3. 图层融合

（1）图层混合模式

图层混合模式指当图像叠加时，上方图层和下方图层的像素进行混合，从而得到另外一种图像效果，由此可知图层混合模式只能在两个图层的图像之间产生作用。案例中长城图层与背景层混合的操作步骤如下：

① 选择"文件→打开"菜单项，打开"长城"图像，并将"长城"图像拖动到"封面背景"画布的下方位置，如图 4 - 99 所示。

图 4 - 99　导入"长城"图层

② 在"图层"面板上，将"长城"图层调整到"背景"图层的上方，如图 4 - 100 所示，然后在面板左上方位置的"设置图层的混合模式"下拉列表中，将图层混合模式设置成"明度"，如图 4 - 101 所示，实现"长城"图层和"背景"图层的混合，如图 4 - 102所示。

（2）图层蒙版

1）优　点

图层蒙版的最大优点就是非破坏性编辑。图层蒙版允许用户在不覆盖原始图像数据的条件下对图像进行更改，并保持原始图像数据为可用状态，以便随时恢复。由于非破坏性编辑不会移去图像中的数据，因此在进行编辑时也不会降低图像品质。

2）作　用

图层蒙版是图像处理中最为常用的蒙版，主要用来显示或隐藏图层的部分内容，在编辑的同时保留原图像不因编辑而破坏。

图 4 - 100　调整图层顺序

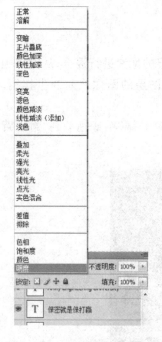

图 4 - 101　设置图层混合模式

图 4 - 102　图层混合效果

图层蒙版中的白色区域可以遮盖下面图层中的内容，只显示当前图层中的图像；图层蒙版中的黑色区域可以遮盖当前图层中的图像，显示出下面图层中的内容；图层蒙版中的灰色区域会根据其灰度值使当前图层中的图像呈现出不同层次的透明效果。

所谓图层蒙版，可以把它理解为一块能使物体变透明的布。在布上涂黑色时，物体变透明；在布上涂白色时，物体完全显示；在布上涂灰色时，物体呈现半透明效果。

其实,图层蒙版就是一张灰色图像,当它与图层图像结合的时候,不同的灰色会有不同程度的遮蔽效果:

➢ 黑色的遮蔽率为100%,所以图层图像若对应到黑色的部分会变成完全透明,而透出下层图像的内容。

➢ 白色的遮蔽率为0%,所以图层图像若对应到白色的部分则不变,也就是完全不透明。

➢ 不同程度的灰色遮蔽率也不同:越接近黑色的遮蔽率越高,图层图像越透明;越接近白色的遮蔽率越低,图层图像越不透明。所以图层图像若对应到灰色的部分会有不同程度的半透明效果。

3) 操作步骤

① 在"图层"面板上选中需添加蒙版的图层,单击面板下方的"添加图层蒙版"按钮,即可为当前图层添加一个图层蒙版,此时,在图层缩略图右边会关联一个蒙版缩略图,如图4-103所示。

② 在"工具箱"中找到"油漆桶"工具,长按该工具打开工具组列表,选择"渐变工具",如图4-104所示;在工具属性栏中,单击渐变色带右侧的下三角,打开"渐变"拾色器,选择"黑白渐变",右侧的颜色渐变方式选择"线性渐变",如图4-105所示。

图4-103 添加图层蒙版

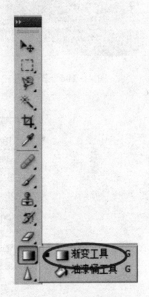

图4-104 选择"渐变工具"

③ 在画布上"长城"的位置自上向下拖动,绘制一条线段,如图4-106所示,在绘制过程中同时按下Shift键,可保证绘制的线段垂直于水平线,效果如图4-107所示,"图层"面板状态如图4-108所示。

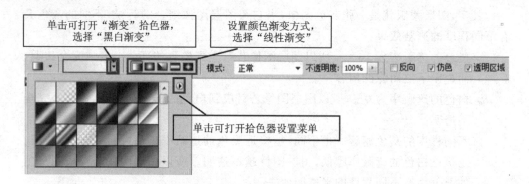

图 4 - 105 "渐变工具"属性栏

图 4 - 106 渐变填充

图 4 - 107 效果图

图 4 - 108 绘制蒙版后的"图层"面板

小贴士

① 建立选区，选中需要的画面内容后，添加图层蒙版，可以"隐藏"不需要的画面内容，实现抠图。

② 可以使用 Photoshop 的各种编修像素的工具（例如画笔工具、渐变工具、各种滤镜等），直接编修图层蒙版，创造出各种合成效果。

4. 图层样式

使用图层样式可以快速更改图层内容的外观，制作出如投影、外发光、叠加、描边等图像效果。具体操作方法如下：

① 在"图层"面板中，选中要应用图层样式的图层（例如"保密就是保安全"图层），然后双击该图层，打开"图层样式"对话框，如图 4-109 所示。

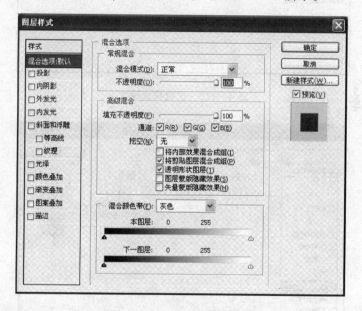

图 4-109　"图层样式"对话框

② 在"图层样式"对话框左侧的"样式"列表中，单击"描边"选项，右侧显示描边效果参数设置界面，拖动"大小"右侧的滑块或直接在文本框中输入数值将边缘设置成 2 像素，单击"颜色"后方的色块将边缘颜色调整为黑色（0，0，0），如图 4-110 所示。

③ 用同样的方法，为"保密就是保安全"等图层设置描边效果。

④ 双击"校名"图层，打开"图层样式"对话框，在左侧选择"颜色叠加"选项，在右侧的参数设置界面中单击长方形色块，如图 4-111 所示；打开"选取叠加颜色"对话框，将叠加颜色设置成金黄色（251，207，3），如图 4-112 所示；选择"描边"选项，为该图层设置与其他图层一致的描边效果。

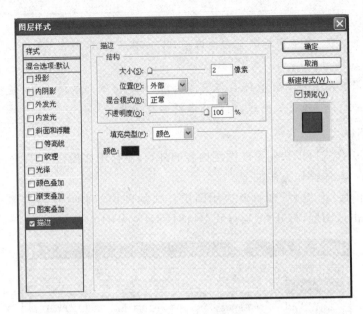

图 4-110 描边样式设置

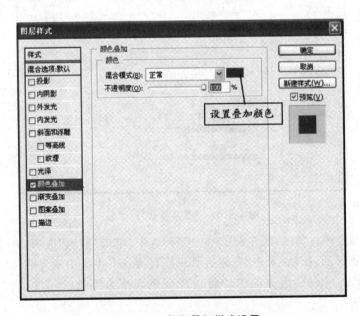

图 4-111 颜色叠加样式设置

⑤ 完成图层样式的设置后,就完成了幻灯片背景图片的制作,最后选择"文件→存储"或"存储为"菜单项,打开如图 4-113 所示的对话框,选择输出图像的文件格式,输入文件名,并选择文件存储路径,单击"保存"按钮完成图像文件的保存。

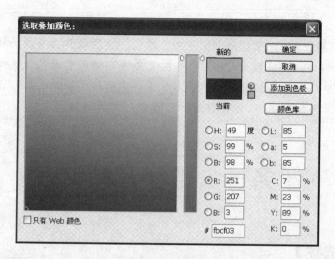

图 4 - 112 "选取叠加颜色"对话框

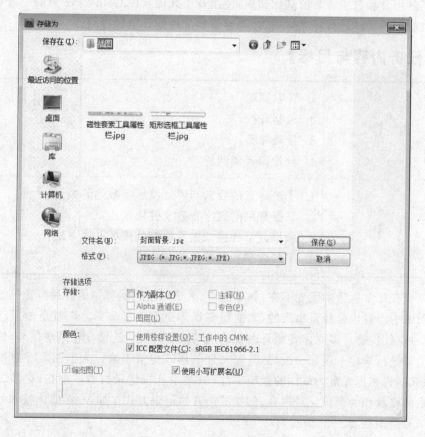

图 4 - 113 "存储为"对话框

小贴士

　　图像文件输出时，一般选择 JPEG 文件格式。当图像作品背景为透明时，须使用 PNG 文件格式。建议输出时，除了将图像文件存储为普通图像文件外，再存储一个 PSD 文件格式的图像文件，因为这个格式存储的是 Photoshop 源文件，它保留了图层、通道等编辑信息，方便以后对图像进行二次编辑。

任务三　数字音频处理

【任务描述】

　　了解声音和数字音频的基础知识；使用音频处理软件 GoldWave 录制一段音频，对录制的音频文件进行降噪处理，并调整音频文件的音量和音调。

【任务内容与目标】

内　容	1. 音频原理； 2. 录制音频； 3. 音频降噪； 4. 音量和音调调整
目　标	1. 了解声音的要素与声音波形参数间的关系； 2. 掌握常用的数字音频文件格式； 3. 掌握数字音频录制及后期处理的基本方法； 4. 了解数字音频特效的制作方法

　　声音在日常生活中无处不在，如车流声、人声以及自然界中的各种声音等。在多媒体系统中声音也是经常出现的，它使得多媒体更加丰富多彩。声音是由振动产生的，通过空气传播。多媒体音频将声音的空气振动转变为连续变化的电信号，然后对这种信号进行采样—量化—编码，并以文件的形式记录下来。人们用数字磁带录音机、激光唱机和以光盘为载体的微型唱片（MD）录音机记录声音。现在，更多的人以计算机的硬盘作为载体记录声音，创新了声音的记录方式。如今，多媒体技术处理的声音信号范围在 20～20 000 Hz。

【知识点1】音频原理

1. 声音的基础知识

音调、响度和音色是声音的基本特征。声源除了发出纯音外，还伴有不同频率的泛音，这些泛音显示了声源物体的不同属性。多媒体系统处理的声音是人耳可听范围内的音频，这些音频被存储为不同格式的文件。

（1）声音的本质

声音是由物体的振动而产生的一种物理现象。振动使物体周围的空气绕动而形成声波，声波以空气为媒介传入人的耳朵，于是人们就听到了声音。因此，从物理本质上讲，声音是一种波。用物理学的方法分析，描述声音特征的物理量有声波的振幅（Amplitude）、周期（Period）和频率（Frequency）。由于频率和周期互为倒数，因此一般只用振幅和频率两个参数来描述声音。

需要指出的是，一个现实世界的声音不是由某个频率或某几个频率的波组成的，而是由许许多多不同频率、不同振幅的正弦波叠加而成的。因此一个声音中会有最低和最高频率。通俗地说，频率反映声音的高低，振幅则反映声音的大小。声音中含有的高频成分越多，音调就越高（或越尖），反之则越低；而声音的振幅越大，则声音越大，反之声音越小。

（2）声音的分类

声音的分类有多种标准，根据客观需要可分为以下3种：

1）按频率划分

① 亚音频（Infrasound）：0～20 Hz。

② 音频（Audio）：20 Hz～20 kHz。

③ 超音频（Ultrasound）：20 kHz～1 GHz。

④ 过音频（Hypersound）：1 GHz～1 THz。

按频率分类的意义主要是为了区分人耳能听到的音频和超出人的听力范围的非音频。

2）按原始声源划分

① 语音：人类为表达思想和感情而发出的声音。

② 乐音：弹奏乐器时乐器发出的声音。

③ 声响：除语音和乐音之外的所有声音，如风雨声、雷声等自然界的声音或物件发出的声音。

区分不同声源发出的声音是为了便于针对不同类型的声音使用不同的采样频率进行数字化处理，依据它们产生的方法和特点采用不同的识别、合成和编码方法。

3）按存储形式划分

① 模拟声音：对声源发出的声音采用模拟方式进行存储的声音信息，如用录音带录制的声音。

② 数字声音：对声源发出的声音采用数字化处理后，用 0 和 1 表示的声音数据流，或者是计算机合成的语音和音乐。

（3）声音的三要素

自然界中的声音是由物体振动产生的，正在发声的物体叫作声源。物体在 1 s 内振动的次数叫作频率，单位是赫兹（Hz）。人的耳朵可以听到 20～20 000 Hz 的声音。

1）音　调

音调是声音的主观属性之一，由物体振动的频率决定，同时也与声音的强度有关。对于同一强度的纯音，音调随频率的升降而升降；对于一定频率的纯音，低频纯音的音调随强度的增加而下降，高频纯音的音调却随强度的增加而上升。

音调的高低还与发声体的结构有关，因为发声体的结构影响了声音的频率。大体上，2 000 Hz 以下的低频纯音的音调随响度的增加而下降，3 000 Hz 以上的高频纯音的音调随响度的增加而上升。

人们通常所说的三度音"低音、中音、高音"指的就是音调的高低，也就是声波的频率高低，频率高的声音叫高音，频率低的声音叫低音。在简谱中高音"1"比中音"1"高八度，中音"1"比低音"1"高八度。音乐中用作定音标准的音，其频率为 440 Hz，也就是 C 大调"6"这个音。那么中音"6"的频率就是 880 Hz，高音"6"的频率就是 1 760 Hz。也就是说，音调每高八度频率高一倍，从中可以看出乐谱中的音阶不是等差数列而是等比数列。从"1"到"7"这 7 个音中还有 5 个半音，也就是共 12 个台阶，每个台阶称作一个半音。很显然，每 2 个半音之比是 2 的 12 次方根（约 1.059 463），从中可算出中音"6"升半音是 932 Hz，中音"7"是 988 Hz……

2）音　色

音色是声音的特色，不同的发声体所发出的声音具有不同的音色。从声音的波形图上可以看出它们各不相同、各具特色。不同乐器发声的波形如图 4-114 所示。

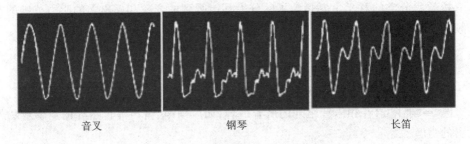

音叉　　　　　　钢琴　　　　　　长笛

图 4-114　不同乐器发声的波形图

音色的不同取决于不同的泛音。每一种乐器、不同的人以及所有能发声的物体发出的声音，除了一个基音外，还伴随有许多不同频率的泛音，正是这些泛音决定了其音色的不同，使人能辨别出声音是由不同的乐器或不同的人发出的。

3）响　度

响度就是指声音的强弱，又称音量。它与声源振动的力度及声音传播的距离有关，声源振动的力度越大，响度越大，声音传播的距离越远。

响度的大小取决于音强、音高、音色、音长等条件。如果其他条件相同，则元音听起来比辅音响。元音响度大小又与开口度大小有关，开口度大的元音更响。而辅音中，浊音比清音响，送气音比不送气音响。

人耳的功能是很特殊的，一枚钢针落地的声音人耳能清晰分辨，震耳欲聋之声人耳也能够承受，人耳的适应范围为什么这么大？科学家研究发现，耳膜受声音影响而振动时，其振动幅度不是与声音强度成比例，而是与声音强度的对数成正比关系。于是，人们便用声音强度的值取其以 10 为底的对数值"1"作为声强单位，单位名称为贝尔，贝尔的 1/10 为分贝，用"dB"表示。

人耳对不同频率的声波的敏感程度是不同的，对频率为 3 000 Hz 的声波最敏感。只要这个频率的声强达到 $10\sim12$ W·m^{-2}，就能引起人耳的听觉。声强级就是以人耳能听到的最小声强为基准规定的，并把此声强规定为零级声强，也就是说这时的声强级为零贝尔（也是零分贝）。

一般来说，安静环境的声音在 20 dB 以下，若声音在 15 dB 以下就可以认为它属于"死寂"了。低声耳语约为 30 dB，人们正常的交谈声音为 $40\sim60$ dB。声音在 60 dB 以下是无害的，在 60 dB 以上就属于吵闹范围，70 dB 的声音很吵，会损害听力神经，90 dB 以上的声音会使听力受损。汽车噪声为 $80\sim100$ dB，以一辆汽车发出 90 dB 的噪声为例，在距它 100 m 处，仍然可以听到 81 dB 的噪声（以上标准会因环境的差异有所不同，并非绝对值）。电锯声是 110 dB，喷气式飞机的声音约为 130 dB。

2. 音频信号的数字化

音频信号的数字化就是对时间上连续波动的声音信号进行采样和量化，对量化的结果用某种音频编码算法进行编码，最终所得的结果就是音频信号的数字形式。也就是把声音（模拟量）按照固定时间间隔，转换成个数有限的数字表示的离散序列，即数字音频，如图 4 - 115 所示。

图 4 - 115　音频信号的数字化

（1）采样和采样频率

采样又称为抽样或取样，它是把时间上连续的模拟信号变成时间上断续离散的有限个样本值的信号，如图 4 - 116 所示。假定声音波形如图 4 - 116(a)所示，它是时间的连续函数 $x(t)$，若要对其采样，需按一定的时间间隔（T）从波形中取出其幅度值,得到一组 $x(nT)$ 序列,即 $x(T),x(2T),x(3T),x(4T),x(5T),x(6T)$ 等。T 称为采样周期,$1/T$ 称为采样频率。$x(nT)$ 序列是连续波形的离散信号。显然,离散信号 $x(nT)$ 只是从连续信号 $x(t)$ 上取出的有限个振幅样本值。

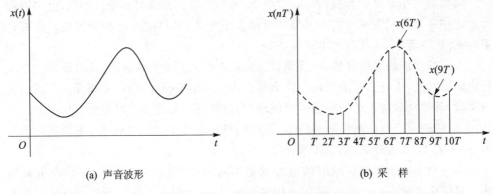

(a) 声音波形   (b) 采 样

图 4-116 连续波形采样示意图

根据奈奎斯特定理,只要采样频率等于或大于音频信号中最高频率的两倍,信息量就不会丢失。也就是说,只有采样频率等于或高于声音信号中最高频率的两倍时,才能把数字信号表示的声音还原成为原来的声音(原始连续的模拟音频信号),否则就会产生不同程度的失真。奈奎斯特定理用公式表示为:

$$f_{采} \geqslant 2f \quad 或 \quad T_{采} \leqslant T/2$$

其中,f 为被采样信号的最高频率,如果一个信号中的最高频率为 f_{max},则采样频率最低要选择 $2f_{max}$。

奈奎斯特定理的著名实例就是日常生活中使用的电话和激光唱片。电话话音的信号频率约为 3.4 kHz;在数字电话系统中,为将人的声音变为数字信号,采用脉冲编码调制方法,每秒钟可进行 8 000 次采样。激光唱片存储的是数字信息;要想获得激光唱片的音质效果,需要保证采样频率为 44.1 kHz,也就是能够捕获频率高达 22.05 kHz 的信号。在多媒体技术中,通常选用 3 种音频采样频率:11.025 kHz、22.05 kHz 和 44.1 kHz。在允许失真的条件下,应尽可能将采样频率选低些,以免占用太多的数据量。

常用的音频采样频率和适用情况如下:

① 8 kHz:适用于语音采样,能达到电话话音音质标准的要求。

② 11.025 kHz:可用于语音及频率不超过 5 kHz 的声音采样,能达到电话话音音质标准以上,但不及调幅广播的音质要求。

③ 16 kHz 和 22.05 kHz:适用于频率在 10 kHz 以下的声音采样,能达到调幅广播音质标准。

④ 37.8 kHz:适用于频率在 17.5 kHz 以下的声音采样,能达到调频广播音质标准。

⑤ 44.1 kHz 和 48 kHz：主要用于音乐采样，可以达到激光唱片的音质标准。对于频率在 20 kHz 以下的声音，一般采用 44.1 kHz 的采样频率，以减少对数字声音的存储开销。

（2）量化和量化位数

采样只解决了音频波形信号在时间坐标（即横轴）上把一个波形分割成若干等份的数字化问题，但是，每一等份的长方形的高是多少？这需要用某种数字化的方法来反映某一瞬间声波幅度的电压值的大小。该值的大小直接影响音量的高低。人们把对声波波形幅度的数字化表示称为量化。

量化的过程是，先将采样后的信号按整个声波的幅度划分成有限个区段的集合，把落入某个区段内的样值归为一类，并赋予相同的量化值。如何分割采样信号的幅度？还是采取二进制的方式，以 8 位或 16 位的方式来划分纵轴。也就是说，在一个以 8 位为采样模式的音效中，其纵轴将会被划分为 2^8 个量化等级（Quantization Levels），用以记录其幅度大小。而一个以 16 位为采样模式的音效，它在每一个固定的采样区间内所被采集的声音幅度，将以 2^{16} 个不同的量化等级加以记录。

声音的采样与量化如图 4 - 117 所示。

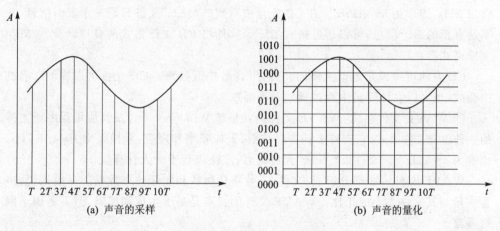

(a) 声音的采样　　　　　　　　　　　　(b) 声音的量化

图 4 - 117　声音的采样与量化

（3）编　码

模拟信号经采样和量化以后，会形成一系列的离散信号——脉冲数字信号。这种脉冲数字信号可以以一定的方式进行编码，形成计算机内部使用的数据。所谓编码，就是对量化结果的二进制数据以一定的格式表示的过程。也就是按照一定的格式，把经过采样和量化得到的离散数据记录下来，并在有用的数据中加入一些用于纠错、同步和控制的数据。在数据回放时，可以根据所记录的纠错数据，判别读出的声音数据是否有错。如在一定范围内有错，可加以纠正。

编码的形式比较多，常用的编码方式是脉冲编码调制。

(4) 声音的存储

1) 声音文件体积

数字音频的存储量决定于对模拟声波的采样频率、采样精度以及声道数。

$$存储量(B/s)=采样频率×采样精度×声道数/8$$

采样频率单位为 Hz,采样精度单位为 bit,将乘积除以 8 的目的是将位转化为字节。

例如,采样频率为 44.1 kHz,采样精度为 16 bit,则 1 s 立体声音频的存储量计算如下:

$$存储量=44\ 100\ kHz×16\ bit×2/8=176.4\ kb/s$$

数字音频的音质与存储量有一定关系。应根据使用场合和要求转换适当的声音采样频率。采样频率的转换须使用相应的软件进行。

2) 声音文件格式

数字音频的编码方式就是数字音频格式,不同的数字音频设备一般都对应着不同的音频文件格式。常见的音频文件格式有 CD 文件格式、WAVE 文件格式、MP3 文件格式、MIDI 文件格式、WMA 文件格式和 RealAudio 文件格式等。

① CD 文件格式:CD 文件格式是音质比较高的一种音频文件格式,采样率为 44.1 kHz,速率为 88 kHz/s。在 CD 光盘中看到的".cda"文件只是一个索引信息,并不是真正的声音信息,可以通过格式工厂等软件将 CD 文件格式的音频转化为 MP3 文件格式。

CD 音轨可以说是近似无损的,它的声音最接近原声。CD 光盘可以在 CD 唱机中播放,也可以在计算机中通过播放器来播放。

② WAVE 文件格式:WAVE 文件格式是被 Windows 平台及其应用程序所支持的一种声音文件格式,它支持多种音频位数、采样频率和声道,采样频率为 44.1 kHz,速率为 88 kHz/s。文件以".wav"为后缀名,广泛流行于个人计算机。

WAVE 文件由 3 部分组成:文件头、数字化参数和实际波形数据。一般来说,声音质量与其文件大小成正比。WAVE 文件的特点是易于生成和编辑,但不适用于网络播放。

③ MP3 文件格式:MP3 是一种音频压缩技术,它利用 MPEG Audio Layer 3 的技术,将音乐以 1∶10 甚至 1∶12 的压缩率压缩成较小的文件,还非常好地保持了原来的音质。

MPEG-1 标准音频依据编码的复杂性及编码效率分为 3 层:层Ⅰ、层Ⅱ、层Ⅲ。MP3 是 MPEG-1 标准音频的层Ⅲ。MP3 的压缩码结合了 MUSICAM 和 ASPEC 两种算法,大大提高了文件的压缩率,同时也保证了音频的品质。

④ MIDI 文件格式:MIDI 原指"乐器数字接口",是一个供不同设备进行信号传输的接口的名称。早期的电子合成技术规范不统一,直到 MIDI 1.0 技术规范出现,电子乐器才都采用了这个统一的规范来传达 MIDI 信息,形成了合成音乐演奏系统。有人将之称为计算机音乐。

MIDI 文件与 WAVE 文件不同,它属于非波形声音文件,存储的是指令而不是数据。MIDI 文件的格式从 IEF 格式而来,有着复杂的定义,还存在着特殊的编码规则。MIDI 文件由两种区块构成:文件头区块 Mthd 及音轨区块 Mtrk。

⑤ WMA 文件格式:WMA 文件格式是以减少数据流量但保持音质的方法来达到更高压缩率的一种音频格式,其压缩比可以达到 1∶18。同时,它可以通过数字权利管理(DRM)方案加入防止拷贝、限制插入时间和次数等,有力地防止盗版。

WMA 文件格式来自于微软,音质强于 MP3 文件格式,还支持音频流技术,适合在网络上在线播放。

⑥ RealAudio 文件格式:RealAudio 文件格式是一种主要用在低速的广域网上实时传输音频信息的文件格式,它最低时占用 14.4 kbit/s 的网络带宽,适用于在网络上在线播放。

Real 的文件格式主要有 3 种:RA(Real Audio),RM(RealMedia,RealAudio G2),RMX(RealAudio Secured)。这些格式的特点是可以随网络带宽的不同而改变声音的质量,在保证大多数人听到流畅声音的前提下,使带宽较富裕的听众获得较好的音质。

3. 音频处理软件 GoldWave 简介

GoldWave 是一个集声音编辑、播放、录制和转换于一身的音频工具,体积小巧,功能却不弱。GoldWave 可打开的音频文件相当多,包括 WAV,OGG,VOC,IFF,AIF,AFC,AU,SND,MP3,MAT,DWD,SMP,VOX,SDS,AVI,MOV 等音频文件格式,也可以从 CD、VCD、DVD 或其他视频文件中提取声音。GoldWave 不仅可以对声音任意剪裁拼接,还可使用它的多普勒、回声、混响、降噪、变调等功能,把声音处理成各种效果。

双击"GoldWave.exe"打开 GoldWave 软件,其界面如图 4-118 所示。从图 4-118 可以看出,GoldWave 启动了两个面板,大面板是"编辑器",小面板是"控制器"。"编辑器"完成对声音波形的各种编辑,"控制器"可控制录制、播放和一些设置操作。

【知识点 2】录制音频

① 选择"文件→新建"菜单项,打开"新建文件"对话框,如图 4-119 所示。在此对话框中,"声道数"可选择"单声道"或"立体声"。如果只有一个麦克风录音的话录制的是单声道,这里为了看编辑区里的功能选择"立体声"。"采样速率"中默认是"44100",备选采样速率有很多选项,可根据需要选择。"初始化长度"是新建声音文件的长度,也就是时间数,输入值按 HH∶MM∶SS. T 的格式,HH 表示小时数,MM 表示分钟数,SS 表示秒数,以冒号分界。如果没有冒号,则数字就表示秒数;如果有一个冒号,则冒号前面的数字表示分钟数、后面的数字表示秒数;如果有两个冒号,则最前面的数字表示小时数。图 4-119 中的初始化长度"1∶00"就表示 1 min。完成以上设置后,单击"确定"按钮,在编辑区里就出现了新建立的声音波形图,如图 4-120

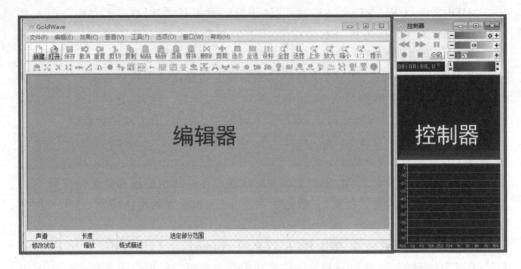

图 4 - 118　GoldWave 软件界面

所示,当然现在是"无声"的。

图 4 - 119　"新建文件"对话框

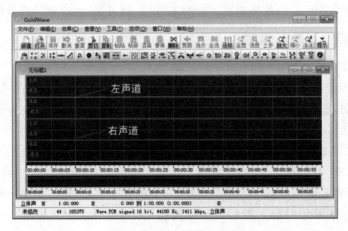

图 4 - 120　波形界面

② 单击"控制器"上的红色"录音"按钮,如图4-121所示,然后对着麦克风说话,在编辑区里就出现了录制的声音波形,如图4-122所示。

③ 录制完成后,单击"控制器"上的"播放"按钮,如图4-121所示,试听录制的声音。

④ 选择"文件→保存"菜单项,打开"保存声音为"对话框,如图4-123所示;选择文件存储路径,输入文件名,再在下面的"文件类型"中选择"Wave"或"mp3",单击"保存"按钮,即可完成声音文件的保存。

图4-121 "录音"按钮与"播放"按钮

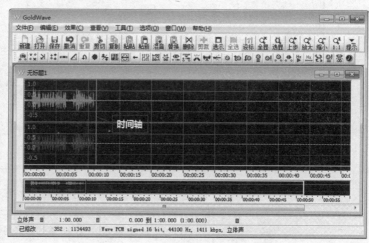

图4-122 录音状态下的用户界面

小贴士

① 新建音频文件时,预设时间要比所需录音时间长一些,因为时间用不完可以截去,如果时间不够用就麻烦了。

② "控制器"上的绿色"播放"按钮和黄色"播放"按钮的默认功能是一样的,均是播放选中的波形,可在"选项→控制器属性"菜单项中设置两个"播放"按钮播放的内容。

【知识点3】音频降噪

受到录音设备等条件的限制,人们录制的声音会含有一定的噪声,如图4-124所示,长方形框住的部分均为噪声。

将噪声完全去掉是一件非常困难的事情,但是GoldWave软件能将噪声对音质的影响降到很低。具体降噪方法如下:

① 选择"效果→滤波器→降噪"菜单项,如图4-125所示,打开"降噪"窗口,如图4-126所示。

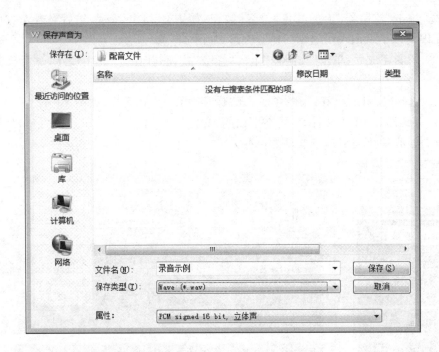

图 4 - 123   "保存声音为"对话框

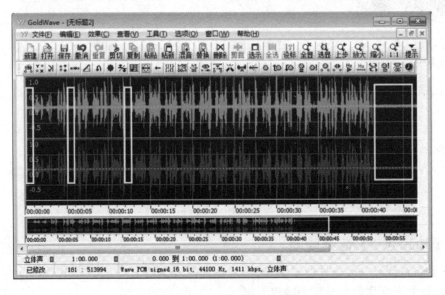

图 4 - 124   波形中的噪声

② 保持面板的默认值,直接单击下面的"确定"按钮,待它处理完成后,音频波形如图 4 - 127 所示,可以看到噪声明显减少,无声处已经接近为一条直线。再播放一下,噪声已经几乎没有了,但语音好像没什么变化。

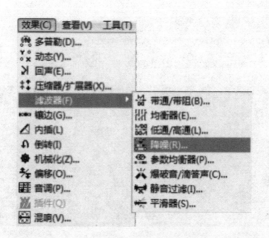

图 4 - 125　选择"效果→滤波器→降噪"菜单项

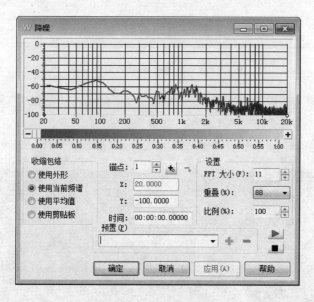

图 4 - 126　"降噪"窗口

　　默认参数是根据通用的设备噪声模型来去除噪声的,但毕竟产生噪声的原因千差万别,每次录音时的环境、使用设备、工件软件等的不同,导致了其中的噪声也不尽相同。因此,GoldWave 软件还提供了一种从录音文件中采样,然后根据样本降噪的方法。具体操作步骤如下:

　　① 从波形文件中选取一段没有语音只有噪声的波形,如图 4 - 128 所示。

　　② 单击"播放"按钮试听一下,确认该段波形内没有语音内容,然后单击"工具栏"中的"复制"按钮,如图 4 - 129 所示,复制选中的内容。复制的内容即为"噪声样本"。

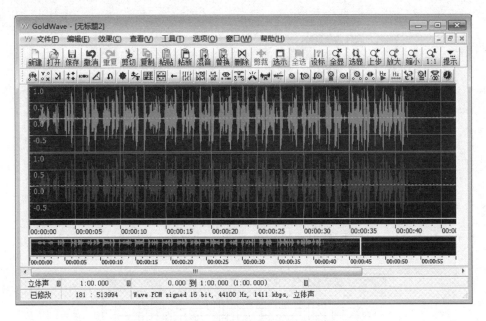

图 4-127　降噪处理后的声音波形

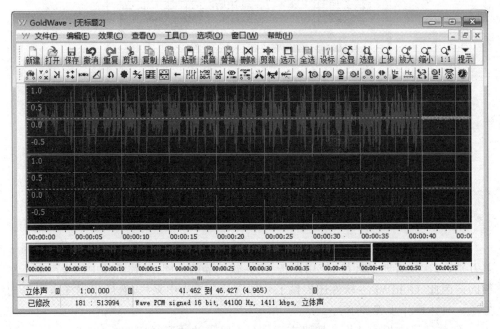

图 4-128　选中一段噪声波形

③ 单击"工具栏"中的"全选"按钮,如图 4-130 所示,选中整个声音文件的波形。

④ 选择"效果→滤波器→降噪"菜单项,打开"降噪"窗口,在窗口左下方"收缩包

图 4-129 单击"复制"按钮

图 4-130 单击"全选"按钮

络"选项组中选择"使用剪贴板"单选项,如图 4-131 所示,再单击"确定"按钮。

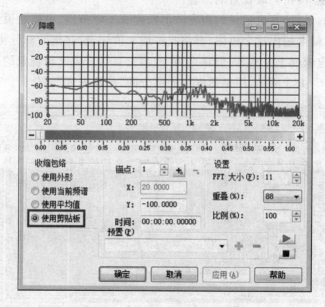

图 4-131 使用噪声样本降噪

【知识点 4】音量和音调调整

1. 音量调整

计算机中的音量条、音箱或耳机里的音量电位器都可以调整音量的大小,一些多媒体播放器也都带有音量调节功能。但是,以上各种改变音量的方法并不改变原始声音文件中的波形幅度,只改变播放出来的声音大小。改变原始声音文件中的波形幅度的操作步骤如下:

① 选择"效果→音量→更改音量"菜单项,打开"更改音量"对话框,如图 4-132 所示。

② 向左拖动滑块可减小音量,向右拖动滑块可增大音量;用鼠标单击滑块两端

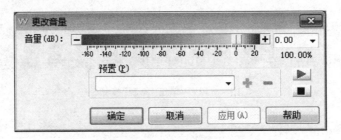

图 4-132 "更改音量"对话框

的"－"和"＋"可进行微调；也可在滑块右端的文本框中直接输入数值进行调整。

③ 调整之后，可单击对话框中的绿色"播放"按钮进行试听，试听之后若觉得合适，则单击"确定"按钮完成音量的调整。

需要注意的是，计算机记录的声音波形幅度有一定范围，也就是说最大值有一个极限，如果波形幅度超出这个极限，都将只按最大值记录，超出的部分将被截去，这会造成声音在一定程度上失真，人们称之为"截顶失真"，造成这种现象的原因被称作音量过载。如图 4-133 所示，用矩形框住的部分即"截顶失真"部分。

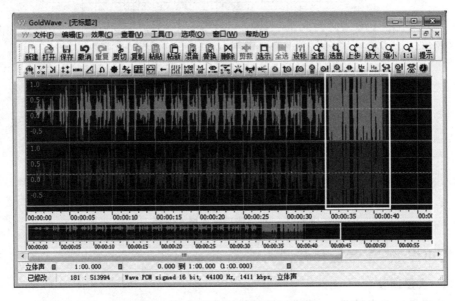

图 4-133 正常音量与过载音量

小贴士

① "截顶失真"是无论用什么手段也不能消除的，所以在录音时调节音量"宁小勿大"。在图 4-133 中，编辑框的上下边沿即为极限，图中标记为"±1"，中间线为"0"幅值，表示没有声音。一般在录音时，波形幅度控制在 50%～80%，如图 4-134 中左半部分所示。

② 不同的声音播放设备对声音的放大量也不尽相同，因此，凭主观听觉确定音量是否合适并不完全可信。在进行声音调整时，要根据声音的波形来判断声音的大小是否恰当。

③ 若语音中有某句话发音过弱或过强，则可以先选中需要进行调整的声音片段，再更改音量，这样音量的调整只对选中的部分起作用。

④ 先选中后调整的办法可实现对声音的局部调整，对所有的效果调整都是有效的。

⑤ 仅选中一句话甚至一个字的时候，可使用"工具栏"上的"放大"按钮，把声音的时间刻度放大，使选择更精确。不需要放大显示时，可单击"缩小"按钮缩小波形图。

2. 音调调整

音调的调整就是改变声音的振动频率。一般来说，女性的声带紧而薄，发出的声音音调较高；男性的声带松而厚，发出的声音音调较低。但是，变调功能可以把女高音变成男低音或者把男低音变成女高音，具体操作步骤如下：

① 选择"效果→音调"菜单项，打开"音调"对话框，如图4-134所示。

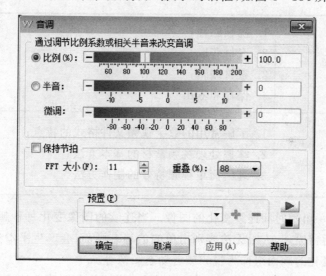

图4-134　"音调"对话框

② 对于语音音调的调整，一般选择"比例"，拖动滑块可让音调按比例降低或升高，也可在右边文本框中输入数字，例如，输入"110"表示声音的频率变成原来的110％；对于乐曲音调的调整，则需要用"半音"来进行，选中"半音"项后，单击左端的"－"每次降半音，单击右端的"＋"每次升半音，如果还想在半个音阶内做升降，可在下一行的"微调"中进行调整。

③ 选中下方的"保持节拍"复选项，使音频的时长不发生变化。

小贴士

① 音调调整与音量调整一样,也可以选择具体声音片段甚至是一个字音对其进行调整。

② 音调改变量较大时,声音的音量也会发生改变,一般需要在调整音调后,视情况对音量进行调整。

任务四　数字视频制作

【任务描述】

了解视频的基础知识,利用视频处理素材,制作一部电子相册。

【任务内容与目标】

内　容	1. 视频原理; 2. 素材获取; 3. 素材编辑; 4. 保存和输出
目　标	1. 了解常用的数字视频文件格式的特点; 2. 掌握处理视频素材的基本方法; 3. 理解简单视频特效的制作方法

视频就是一组随时间连续变化的图像。当连续的图像变化每秒超过 24 幅画面时,根据视觉暂留原理,人眼无法辨别出单幅的静态画面,会产生平滑连续的视觉效果,这种连续变化的画面组称为视频或者动态图像等。

视频是通过摄像直接从现实世界中获取的,能够使人们感性地认识和理解多媒体信息所表达的含义。视频分为模拟视频和数字视频。

【知识点 1】视频原理

1. 模拟视频与数字视频

视频这个术语来源于拉丁语的"我能看见的",通常指不同种类的活动画面,又称影片、录像、动态影像等,泛指将一系列静态图像以电信号方式加以捕捉、记录、存储、传送与重现的各种技术。按照视频的存储方式与处理方式的不同,视频可分为模拟视频和数字视频两大类。

（1）模拟视频

模拟视频（Analog Video）属于传统的电视视频信号范畴，指每一帧图像是实时获取的自然景物的真实图像信号。模拟视频信号是基于模拟技术以及图像显示的国际标准来产生视频画面的，具有成本低、还原性好等优点，视频画面往往会给人一种身临其境的感觉。它的缺点是，不论被记录的图像信号有多好，经长时间的存储或多次复制之后，信号和画面的质量将会明显地降低。

电视信号是视频处理的重要信息源。电视信号的标准也称为电视的制式。目前各国的电视制式不尽相同。不同制式之间的主要区别在于不同的刷新速度、颜色编码系统和传送频率等。目前世界上最常用的模拟广播视频标准（制式）有中国、欧洲使用的 PAL 制，美国、日本使用的 NTSC 制及法国等国家所使用的 SECAM 制。

1）NTSC 制

NTSC 标准是 1952 年美国国家电视标准委员会（National Television Standard Committee）制定的一项标准。其基本内容为：视频信号的帧由 525 条水平扫描线构成，水平扫描线采用隔行扫描方式，每隔 1/30 s 在显像管表面刷新一次，每一帧画面由两次扫描完成，每一次扫描画出一个场，需要 1/60 s 完成，两个场构成一帧。美国、加拿大、墨西哥、日本和许多其他国家都采用该标准。

2）PAL 制

PAL（Phase Alternate Lock）标准是原联邦德国在 1962 年制定的一种兼容电视制式。PAL 意指"相位逐行交变"。该标准主要用于欧洲大部分国家、澳大利亚、中国、南非和南美洲国家。其屏幕分辨率增加到 625 条线，扫描速率降到 25 f/s，采用隔行扫描方式。

3）SECAM 制

SECAM（Sequential Color and Memory）标准主要用于东欧国家、法国、苏联和其他一些国家，是一种 625 线、50Hz 的系统。

模拟视频信号主要包括亮度信号、色度信号、复合同步信号和伴音信号。在 PAL 彩色电视制式中采用 YUV 模型来表示彩色图像。其中，Y 表示亮度；U，V 表示色差，是构成彩色的两个分量。与此类似，在 NTSC 彩色电视制式中使用 YIQ 模型，其中的 Y 表示亮度，I 和 Q 是两个彩色分量。YUV 表示法的重要性是它的亮度信号（Y）和色度信号（U，V）是相互独立的。也就是用 Y 信号分量构成的黑白灰度图与用 U，V 信号构成的另外两幅单色图是相互独立的。由于 Y、U、V 是独立的，所以可以对这些单色图分别进行编码。

（2）数字视频

数字视频（Digital Video）是相对于模拟信号而言的，指以数字形式记录的视频。数字视频有不同的产生方式、存储方式和播放方式。模拟视频可以通过视频采集卡将模拟视频信号进行模/数（A/D）转换，这个转换过程是视频捕捉（或采集过程），将转换后的信号采用数字压缩技术存入计算机磁盘中就成了数字视频。

相对于模拟视频而言,数字视频具有如下特点:

① 数字视频可以不失真地进行无数次复制。

② 数字视频便于长时间存放而不会有任何的质量降低。

③ 可以对数字视频进行非线性编辑,并可增加特技效果等。

④ 数字视频数据量大,在存储与传输的过程中必须进行压缩编码。

2. 数字视频文件格式

(1)普通视频文件格式

1)AVI 文件格式

音频视频交错格式(Audio Video Interleaved,简称 AVI)是一种音、视频交叉记录的数字视频文件格式,其运动图像和伴音数据是以交替的方式存储的。这种音频和视频的交织组织方式与传统的电影相类似,在电影中包含图像信息的帧顺序显示,同时伴音声道也同步播放。

AVI 文件不仅解决了音频和视频的同步问题,而且具有通用和开放的特点。它可以在任何 Windows 环境下工作,而且还具有扩展环境的功能。用户可以开发自己的 AVI 的视频文件,并在 Windows 环境下随时调用它。

AVI 一般采用帧内有损压缩,可以用一般的视频编辑软件(如 Adobe Premiere)进行再编辑和处理。这种文件格式的优点是图像质量好,可以跨平台使用;缺点是文件体积较大。

2)MPEG 文件格式

MPEG(Moving Picture Expert Group)/MPG/DAT 文件格式的具体格式后缀可以是 mpeg、mpg 或 dat,家庭使用的 VCD、SVCD 和 DVD 就是 MPEG 文件格式。

将 MPEG 算法用于压缩全运动视频图像,就可以生成全屏幕活动视频标准文件——MPG 文件。MPG 格式文件在 1 024×786 的分辨率下可以用 25 f/s(或 30 f/s)的速率同步播放全运动视频图像和 CD 音乐伴音,并且其文件大小仅为 AVI 文件的1/6。MPEG - 2 压缩技术采用可变速率(Variable Bit Rate,简称 VBR)技术,能够根据动态画面的复杂程度,适时改变数据传输率,以获得较好的编码效果。目前使用的DVD 就采用了这种技术。

MPEG 的平均压缩比为 50:1,最高可达 200:1,压缩效率很高且图像和音响的质量非常好。MPEG 标准包括 MPEG 视频、MPEG 音频和 MPEG 系统(视频、音频同步)3 个部分。MP3 音频文件就是 MPEG 音频的一个典型应用,而 VCD、SVCD、DVD 则是全面采用 MPEG 技术所生产出来的新型消费类电子产品。

3)MOV 文件格式

MOV 文件格式(MOV format Quick Time)是美国 Apple 公司开发的一种视频文件格式,默认的播放器是 QuickTime Player。它具有较高的压缩比和较好的视频清晰度,并且可跨平台使用。

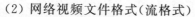

（2）网络视频文件格式（流格式）

1）RM 文件格式

RM 文件格式（Real Media）是 Real Networks 公司开发的一种流媒体视频文件格式，是目前主流的网络视频文件格式。Real Networks 所制定的音频、视频压缩规范称为 Real Media，相应的播放器为 Real Player。

2）ASF 文件格式

ASF 文件格式（Advanced Streaming Format）是微软公司前期开发的流媒体格式，采用 MPEG - 4 压缩算法。这是一种可以在互联网上实时观看的视频文件格式。

3）WMV 文件格式

WMV 文件格式（Windows Media Video）是微软公司推出的采用独立编码方式的视频文件格式，是目前应用最广泛的流媒体视频文件格式之一。

3. 视频制作软件——会声会影简介

会声会影是加拿大 Corel 公司制作的一款功能强大的视频编辑软件，具有视频抓取和编修功能，是可以将 MV、DV 等画面直接抓取的视频文件，提供了非常多的编辑功能与效果，并能够导出多种常见的视频文件格式。双击"Corel VideoStudio"图标可打开会声会影编辑界面，其功能分区如图 4 - 135 所示。

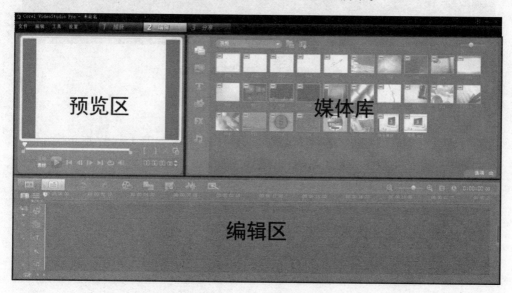

图 4 - 135　会声会影界面功能区

【知识点 2】素材获取

会声会影软件获得素材的方式有从视频设备捕获、从 DVD/VCD 导入和从移动设备导入等，当然也可以直接导入硬盘中已有的素材。

1. 捕获素材

从外部设备捕获素材,操作步骤如下:

在软件界面中,单击"1 捕获"选项卡,在右侧的属性面板中,根据素材来源选择捕获素材的方法,如图4-136所示。例如"捕获视频"可以从计算机的摄像头直接录制视频素材;其他的选项则需要将相应的外部设备与计算机相连,以进行素材的捕获。

图4-136 "1 捕获"选项卡界面

2. 导入素材

导入硬盘中已有的素材,具体操作步骤如下:

① 在软件界面中,选择"2 编辑"选项卡并打开界面,如图4-137所示。

② 在媒体库左侧的一列按钮中,单击"媒体"按钮,在如图4-138所示的下拉列表中选择需要导入的素材类型——视频或图片。例如选择"视频",然后单击"添加"按钮,打开"浏览视频"对话框,在该对话框中找到需要导入的视频文件。若需要选择多个文件,则先按住Ctrl键再单击文件,可添加选中的文件,直到选中所有需要的文件为止,如图4-139所示,然后单击"打开"按钮,可将选中的视频素材导入媒体库中。

> **小贴士**
>
> 导入音频素材时,需在媒体库左侧的一列按钮中单击"音频"按钮,然后单击"添加"按钮将音频文件导入媒体库。

图 4 - 137 "2 编辑"选项卡界面

图 4 - 138 素材导入按钮

【知识点 3】素材编辑

完成视频编辑所需全部素材的导入后,就可以进行素材的基础编辑了。

1. 素材载入

①单击编辑区上方靠左侧位置的"时间轴视图"按钮,进入时间轴视图模式,如图 4 - 140 所示。默认的时间轴视图面板自上而下依次是"视频轨""覆叠轨""标题轨""声音轨""音乐轨"。

② 将需要展示的主要内容拖动到编辑区,视频、照片依次拖动到"视频轨"上,语

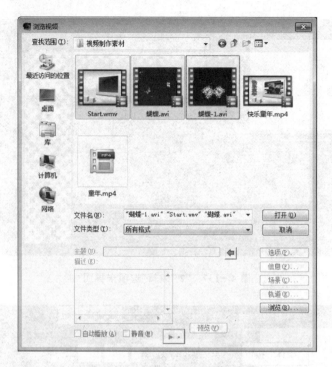

图 4 – 139　"浏览视频"对话框

图 4 – 140　时间轴视图模式

音拖动到"声音轨"上,音乐拖动到"音乐轨"上,如图 4 – 141 所示。

2. 视频剪辑

① 选中需要剪辑的视频文件,如图 4 – 142 所示,选中的文件会被黄色的矩形框起来。

图 4 - 141 添加素材

图 4 - 142 选中视频文件

② 单击媒体库右下角的"选项"按钮,如图 4 - 143 所示,打开"视频"选项面板,在图 4 - 144 所示的"视频区间"输入框中减少视频的时长,此操作相当于保留视频开始到所设置时间点的内容,后边的内容删除。

③ 在预览区单击"播放"按钮,如图 4 - 145 所示,预览视频文件,此时编辑区内的白色时间指针向后移动,如图 4 - 146 所示。播放到需要剪辑的地方单击"暂停"按钮,时间指针停留在当前位置。单击预览区的"["按钮,可删除时间指针左侧的视频;单击预览区的"]"按钮,可删除时间指针右侧的视频;单击"]"按钮右侧的小剪刀按钮,可将视频文件从时间指针位置"剪开",将视频文件分割成两段视频。

3. 图片剪辑

① 选中需要剪辑的图片文件,如图 4 - 147 所示,选中的文件同样会被黄色的矩形框起来,同时,时间指针会自动移动到该文件的起始时间点。

② 单击媒体库右下角的"选项"按钮,打开"照片"选项面板,在图 4 - 148 所示的"照片区间"输入框中调整照片的停留时长,默认时长是 3 s,可以调大也可以调小。

图 4 - 143　"选项"按钮

图 4 - 144　"视频"选项面板

图 4 - 145　预览区中的"播放"和"剪辑"按钮

图 4 - 146　编辑区的时间指针

图 4 - 147　选中图片文件

图 4 - 148　"照片"选项面板

小贴士

　　① 知识点 3 视频剪辑中的②和③是视频剪辑的两种方法,可任选其一,也可两者交替使用。

　　② 时间指针也被称作"飞梭栏"。

　　③ 音频剪辑的方法与视频剪辑类似。

④ "视频轨"上的素材必须从 0 时刻开始,且素材之间没有时间间隔,当删除某一素材或视频文件的前部时,其右侧的内容会自动前移,与被删除内容左侧的素材连接起来,不出现"空当"。

⑤ 除"视频轨"外的其他轨道(如"音乐轨"),允许素材从任意时刻开始,因此,在进行剪辑操作时,删除左侧的素材内容,右侧内容不会自动前移,须根据需要,自行调整素材起始时间点。

⑥ 在进行素材剪辑时,要注意各轨道素材的总时间长度。音频和音乐素材的时长,一般不应超过"视频轨"和"标题轨"的素材时长,避免出现有声音没有画面的"黑屏现象"。

4. 添加转场

直接将素材排列在"视频轨"上,预览时会发现素材之间的衔接非常生硬,为了缓和这种生硬的过渡,可以在两个素材之间添加转场效果。添加转场的具体步骤如下:

① 在媒体库左侧的一列按钮中单击"转场"按钮,在下拉列表中选择"全部"或者某个需要的转场效果,如图 4 - 149 所示。

图 4 - 149　转场效果列表

② 在媒体库中单击某个转场效果可进行预览,选中需要的转场效果后,将其拖动到两个素材之间,如图 4 - 150 所示,时间指针自动停留在转场效果的起始时间点,且转场效果是被选中的状态。

③ 单击媒体库右下角的"选项"按钮,打开"转场效果"选项面板,不同转场效果

图 4 - 150 添加转场效果

的选项面板参数有所不同,如图 4 - 151、图 4 - 152 所示,但均能够在"区间"输入框中调整转场时间长度,其他参数可尝试进行调整,观察其效果。

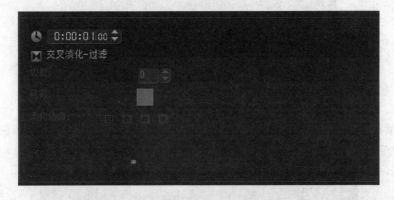

图 4 - 151 交叉淡化转场效果选项面板

图 4 - 152 3D 比萨饼盒转场效果选项面板

5. 添加字幕

完成素材剪辑工作,视频作品的雏形就已经做好了,剩下的工作主要是为了让视频作品更加精美。字幕是在很多视频作品中经常出现的一种素材,在会声会影中添加字幕,是在其"标题轨"上完成的。具体添加方法如下:

① 在媒体库左侧的一列按钮中单击"标题"按钮,或单击编辑区的"标题轨"图标均可调出"标题"面板,此时预览区中会出现"双击这里可以添加标题"提示,如图 4 - 153 所示。

图 4-153　标题编辑提示

　　② 预览作品，在需要添加文字的时刻单击"暂停"按钮，时间指针停留的位置即为添加文字的位置，在预览区中双击文字提示可进行文字编辑，如图 4-154 所示。

图 4-154　标题编辑示例

③ 在编辑文字的同时,媒体库中"标题"面板中的"编辑"选项面板会自动打开,如图 4-155 所示。在此面板中,可设置文字的显示时长、字体、字号、颜色等。单击"边框/阴影/透明度"选项打开其对话框,可在其中进行相应的设置,如图 4-156 所示。

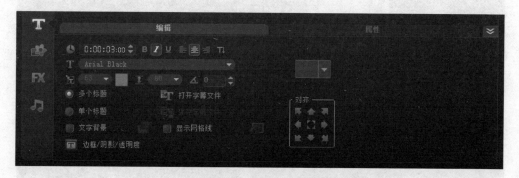

图 4-155　"编辑"选项面板

④ 单击"标题"面板的"属性"选项卡,可打开"属性"选项面板,如图 4-157 所示,在此面板中可为文字添加动画效果。选中"应用"前边的复选框,在如图 4-158 所示的下拉列表框中选择运动方式(例如"飞行"方式),然后在其下方的预设效果列表中选择需要的动画效果;也可单击下拉列表框右侧的"自定义动画属性"按钮,在弹出的对话框中自行设置动画参数,如图 4-159 所示。

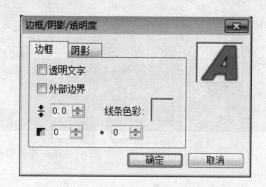

图 4-156　"边框/阴影/透明度"对话框

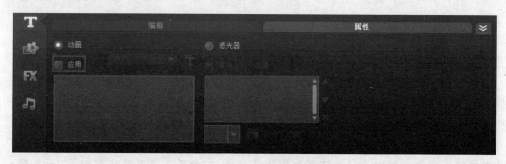

图 4-157　"属性"选项面板

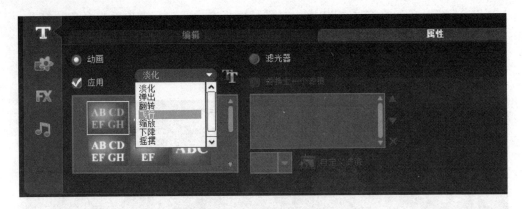

图 4-158 动画效果列表

图 4-159 动画效果设置

小贴士

① 可在标题效果库中选择预设的文字效果,将其直接拖动到"标题轨"的适当位置,然后在预览区中双击示例文字进行文字的编辑。但是,软件自带的标题效果库中的效果均是针对英文字体的,将文字改成中文后,很多效果的颜色、动画会失效。

② 视频作品中所有需要添加的文字(如标题、字幕、职员表等),均需添加在"标题轨"中。

③ 为文字添加动画效果后要预览视频,以保证文字在舞台上有足够的停留时间,让观众能看清楚文字,切不可进入动画后紧跟着退出动画。

④ 会声会影软件支持字幕文件的导入,在"编辑"面板中单击"打开字幕文件"可打开文件选择窗口,导入字幕文件。其支持的字幕文件格式为".utf"格式,该格式的字幕文件一般由专门的字幕制作软件生成,内含每条字幕的出现时间、消失时间等信息。

6. 添加特效

视频特效不是视频作品的必备元素,但是恰当地运用特效能够起到画龙点睛的作用,使作品更加精美,表现力更强。

（1）滤　镜

滤镜主要是在视频或照片上添加一些变换或装饰,使画面更加丰富。添加滤镜的具体方法如下:

① 在媒体库左侧的一列按钮中单击"滤镜"按钮,在下拉列表中选择"全部"或者某个需要的滤镜效果,如图 4 - 160 所示。

图 4 - 160　滤镜效果列表

② 在媒体库"滤镜"面板中单击某个滤镜可进行预览,选中需要的滤镜后,将其拖动到视频或照片素材上,如图 4 - 161 所示,时间指针自动停留在该素材的起始时

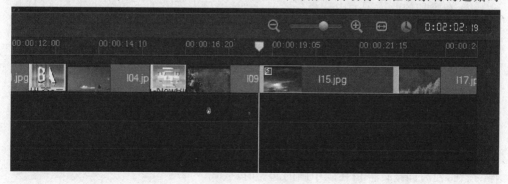

图 4 - 161　添加滤镜

间点,且素材缩略图上出现一个黑色小方块标记,素材为被选中状态。

③ 单击媒体库右下角的"选项"按钮,打开"滤镜"面板中的"属性"选项面板,如图 4-162 所示。左侧列出的是当前选中素材所添加的所有滤镜,若需要添加一个以上的滤镜,则需要在"替换上一个滤镜"前面的复选框中单击一下,取消选中,如图 4-163 所示。

图 4-162 "属性"选项面板

图 4-163 添加多个滤镜

④ 在添加的滤镜列表中选择任意一个滤镜,单击下方的下拉列表箭头,可打开该滤镜的预设效果列表,如图 4-164 所示;也可单击"自定义滤镜"链接,打开滤镜参数设置对话框,对滤镜的参数进行设置,"雨点"滤镜参数设置如图 4-165 所示。

注意:不同的滤镜有不同的参数,因此设置界面也不尽相同。

(2)画中画

画中画是一种常见的视频展示方法,在很多视频作品中均有应用。会声会影软件支持画中画特效,具体设置方法如下:

① 单击预览区的"播放"按钮预览视频作品,在需要添加画中画的时刻单击"暂停"按钮,使时间指针停留在画中画的起始时刻。

② 将子画面素材拖动到"覆叠轨"的时间指针位置,如图 4-166 所示。预览区

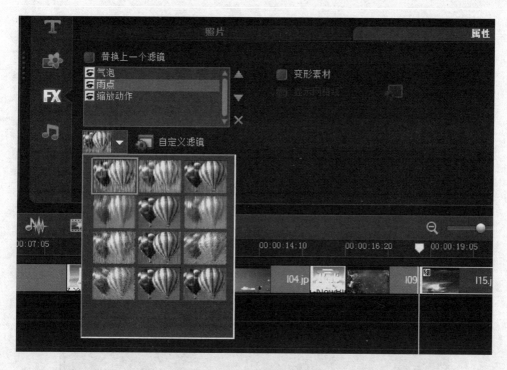

图 4 - 164　滤镜预设效果列表

图 4 - 165　"雨点"滤镜参数设置

中的子画面上会出现 8 个黄色控制点和 4 个绿色控制点,黄色控制点用于调整画面的大小,绿色控制点用于调整画面的形状。

图 4 - 166　添加画中画

③ 在预览区拖动黄色控制点调整子画面的大小,拖动绿色控制点调整子画面的形状,拖动画面调整子画面的位置,如图 4 - 167 所示。

图 4 - 167　调整子画面

④ 子画面的素材也可以添加滤镜,单击媒体库右下角的"选项"按钮,在"属性"面板的滤镜设置区中可以调整滤镜个数,单击"自定义滤镜"链接可调整滤镜参数,如图4-168所示。

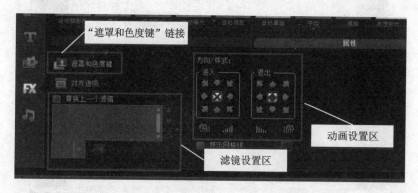

图4-168　覆叠素材"滤镜"面板中的"属性"面板

⑤ 在动画设置区可设置子画面的进入、退出动画以及淡入淡出动画,如图4-168所示。

⑥ 单击"属性"面板左上方的"遮罩和色度键"链接,可打开"遮罩和色度键"面板,如图4-169所示。在该面板中选中"应用覆叠选项"前的复选框,在"类型"下拉列表中选择"遮罩帧",在右侧的形状列表中选择一个形状,则子画面会被裁剪成选中的形状,椭圆形遮罩效果如图4-170所示。

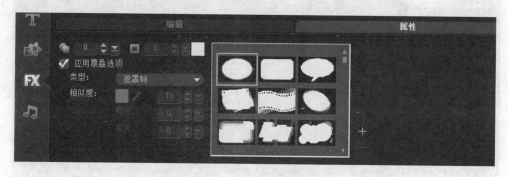

图4-169　"遮罩和色度键"面板

（3）蓝　幕

蓝幕技术也叫色度键技术,是影视作品中经常采用的一种处理手段。它在单一颜色的背景前拍摄物体,在后期的视频处理中根据背景色的色调信息来区分前景和背景,通常保留前景而将背景用另外的画面替代,合成出新的视频作品。会声会影软件能够对蓝幕特效提供很好的支持,具体操作步骤如下:

① 单击预览区的"播放"按钮预览视频作品,在需要通过蓝幕技术添加前景的时刻单击"暂停"按钮,使时间指针停留在蓝幕的起始时刻。

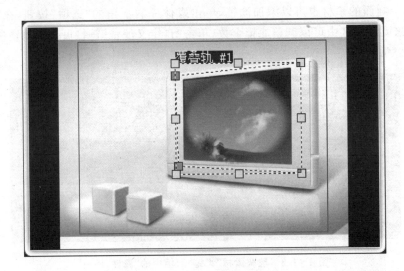

图 4 - 170　椭圆形遮罩效果

　　② 将单一背景色的素材拖动到"覆叠轨"的时间指针位置,如图 4 - 171 所示。在预览区拖动黄色控制点,调整素材的大小;拖动素材画面,调整素材的位置,如图 4 - 172 所示。

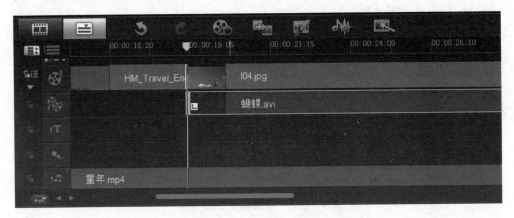

图 4 - 171　添加蓝幕素材

　　③ 单击媒体库右下角的"选项"按钮,在"属性"面板中单击"遮罩和色度键"链接,打开"遮罩和色度键"面板。在该面板中选中"应用覆叠选项"前的复选框,在"类型"下拉列表中选择"色度键",软件会自动选取画面背景颜色。若自动获取的颜色不合适,可单击"拾色器"图标,如图 4 - 173 所示,使用拾色器在预览区的画面中单击,选择合适的背景颜色。完成蓝幕效果设置后的预览区界面如图 4 - 174 所示。

图 4－172　预览区界面

图 4－173　色度键参数设置

图 4－174　设置蓝幕效果后的预览区界面

小贴士

① 画中画设置中的③～⑥是可选步骤,在进行设置时,根据需要选择执行即可。

② 在做蓝幕特效时,也可为素材添加滤镜和动画效果。

③ 当在同一时刻需要画中画和蓝幕两种覆叠效果时,可单击编辑区中"视频轨"图标上方的"轨道管理器"按钮,如图 4-175 所示,打开"轨道管理器"对话框,如图 4-176 所示,在该对话框中可通过选中复选框设置在编辑区中显示的轨道。会声会影提供的覆叠轨最多有 6 个,标题轨、音频轨、音乐轨最多各有 2 个。

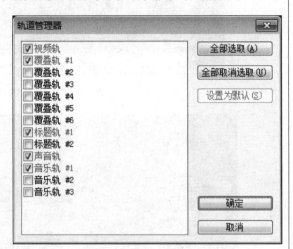

图 4-175 "轨道管理器"按钮   图 4-176 "轨道管理器"对话框

【知识点 4】保存和输出

在制作视频作品的过程中,须对工程文件及时进行保存,以避免文件丢失。完成视频作品的制作后需要将视频导出,才能够用视频播放器进行播放。

1. 保存工程文件

会声会影的工程文件包含编辑信息(如轨道、剪辑点、素材顺序、字幕、位置、时间点等内容),是会声会影的可编辑文件,可用会声会影软件打开工程文件,对视频作品进行编辑。保存工程文件的方法如下:

① 选择"文件→保存"或"另存为"菜单项,如图 4-177 所示。

② 在弹出的"另存为"对话框中选择文件存储路径,设置文件名,然后单击"保存"按钮,如图 4-178 所示。

图 4-177　选择"文件→保存"菜单项

图 4-178　"另存为"对话框

2. 导出视频

导出视频操作是将会声会影的文件转化成视频作品的必要步骤,导出的视频作品可以脱离会声会影软件环境,使用任意视频播放器进行播放。导出视频的具体步骤如下:

① 单击"3　分享"选项卡,在右侧的媒体库中单击"创建视频文件"选项,如图 4-179 所示,在弹出的文件模板列表中,根据需要选择预设的视频文件模板,或选择"自定义"选项,自行配置视频文件参数。

② 若使用预设的视频文件模板,则打开如图 4-180 所示的"创建视频文件"对话框;若使用"自定义"选项,打开的"创建视频文件"对话框如图 4-181 所示。单击"选项"按钮,可在打开的"视频保存选项"对话框的"常规"和"压缩"选项卡中,配置视频的帧速率、显示宽高比、压缩方式等参数,如图 4-182 所示。

③ 选择视频文件存储路径,设置文件名,然后单击"保存"按钮。

图 4-179　单击"创建视频文件"选项

图 4 - 180　预设视频参数的"创建视频文件"对话框

图 4 - 181　自定义视频参数的"创建视频文件"对话框

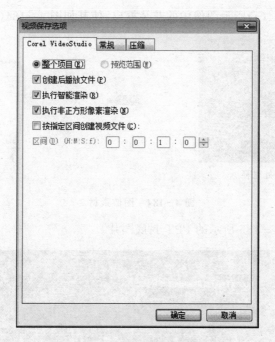

图 4 - 182　"视频保存选项"对话框

小贴士

　　在保存的工程文件中,存储的只是编辑信息和素材文件的存储路径,而没有素材文件本身。所以,将工程文件存储到另外一台计算机时,须将素材文件一起存储过去,在新的计算机上打开工程文件时,软件会提示进行素材链接,重新进行素材链接后,才能够对工程文件进行编辑。

思考练习

操作题

1. 将图 4 - 183(a)所示图像右下角的数字去掉,使其如图 4 - 183(b)所示。

(a) 处理前　　　　　　　　　　　　　　　　　　(b) 处理后

图 4 - 183　图像素材 1

2. 将图 4-184(a)所示图像中的花朵抠出,使其如图 4-184(b)所示。

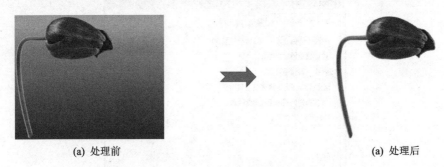

(a) 处理前   (a) 处理后

图 4-184   图像素材 2

3. 制作如图 4-185 所示的 PPT 封底图片。

图 4-185   PPT 封底图片

4. 将图 4-186(a)所示图像调整成红色调,使其如图 4-186(b)所示。

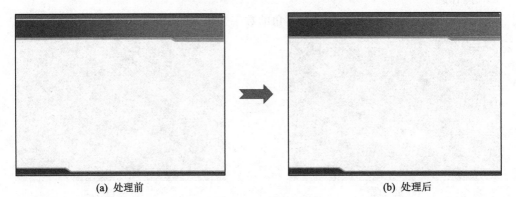

(a) 处理前   (b) 处理后

图 4-186   图像素材 3

5. 将图 4 - 187(a)所示图像中的玻璃杯抠出,结合图 4 - 184 制作如图 4 - 187(b)所示的图片(提示:利用图层蒙版制作玻璃杯的透明效果)。

(a) 处理前

(b) 处理后

图 4 - 187　图像素材 4

6. 制作《沁园春·雪》朗诵音频作品,要求:

(1) 消除录音中的设备噪声;

(2) 添加恰当的背景音乐,注意调整音乐的时长。

7. 以你的某个经历(例如中学生活、旅游见闻等)为主题,制作视频作品,要求:

(1) 可使用视频、照片等素材进行创作;

(2) 画面流畅,过渡自然;

(3) 作品添加必要的说明性文字或字幕,便于观众理解作品内涵;

(4) 可添加旁白进行介绍;

(5) 添加恰当的背景音乐。

专题五 算法与程序

近年来,随着 Internet 的高速发展,培养人们的计算思维能力(即培养人们分析与分解问题的能力)变得尤其重要。这是培养系统化逻辑思维的基础。人们具备这一能力后,在面对问题时才能具有系统分析与问题分解的能力,从而探索出可能的解决办法,并获得最有效的解决算法。

希望本专题能帮助读者建立系统化的逻辑思维模式和习惯。为了提高读者的学习兴趣,本专题通过指定任务介绍算法及程序,包括计算的概念、计算的本质、算法以及计算机程序等问题。

通过学习本专题,读者对计算思维和问题求解会有初步认识,能够了解算法、程序的基本概念,算法设计的基本方法以及程序设计的原则和思想,能够掌握程序的基本结构,并利用典型算法解决简单的实际问题。

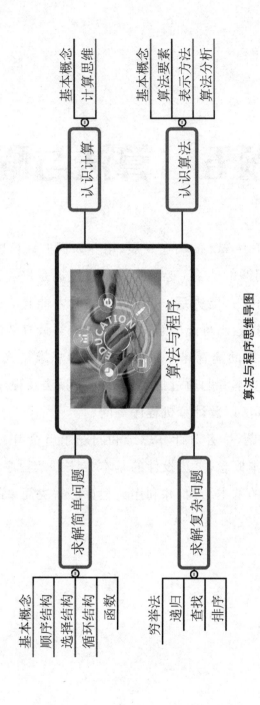

基本概念
计算思维

认识计算

基本概念
算法要素
表示方法
算法分析

认识算法

算法与程序

求解简单问题

基本概念
顺序结构
选择结构
循环结构
函数

求解复杂问题

穷举法
递归
查找
排序

算法与程序思维导图

认识计算思维导图

数值计算 —— 加、减、乘、除

逻辑运算 —— 正弦、余弦、乘方、开方、微分、积分

字符串计算 —— 与、或、非

图像计算 —— 同或、异或

纯计算角度下的计算含义

字符串计算 —— 合并串、截取串、拷贝串

图像计算 —— 分割、压缩、传输、比较

图灵机 —— 构成、模拟人类计算

图灵机角度下的计算含义 —— 在纸带上书写或擦除某个符号、注意力从纸带的一个位置移动到列另一个位置

计算过程

定义

图灵机意义下的算法处理 —— 计算化思维、形式化思维、算法、程序、软件

计算的表达

计算分类

计算的体现

计算本质

基本概念

认识计算

计算思维

基本概念 —— 定义 —— 计算机科学家的思维方式、概念化思维、基础的技能、人的思维、思想、数学和工程互补融合的思维、面向所有的人、所有有的领域

界定

特征 —— 抽象 —— 符号化、寻求算法、算法实现

算法化 —— 系统化思维、整体性、结构性、动态性、综合性

系统化 —— 部分构成整体、系统的角度看待问题、部分的角度看问题

虚拟化 —— 虚拟空间、虚拟实践、虚拟技术

网络化 —— 计算机为核心、信息网络为支撑、人机结合

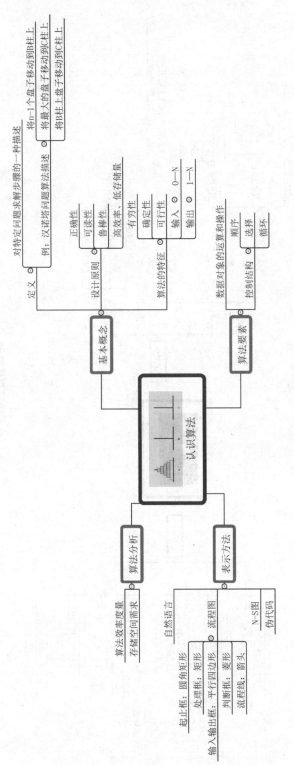

认识算法

基本概念
- 定义：对特定问题求解步骤的一种描述
  - 例：汉诺塔问题算法描述
    - 将n-1个盘子移动到B柱上
    - 将最大的盘子移动到C柱上
    - 将B柱上盘子移动到C柱上
- 设计原则
  - 正确性
  - 可读性
  - 鲁棒性
  - 高效率，低存储量
- 算法的特征
  - 有穷性
  - 确定性
  - 可行性
  - 输入　0—N
  - 输出　1—N

算法要素
- 数据对象的运算和操作
- 控制结构
  - 顺序
  - 选择
  - 循环

算法分析
- 算法效率度量
- 存储空间需求

表示方法
- 自然语言
- 流程图
  - 起止框：圆角矩形
  - 处理框：矩形
  - 输入输出框：平行四边形
  - 判断框：菱形
  - 流程线：箭头
- N-S图
- 伪代码

认识算法思维导图

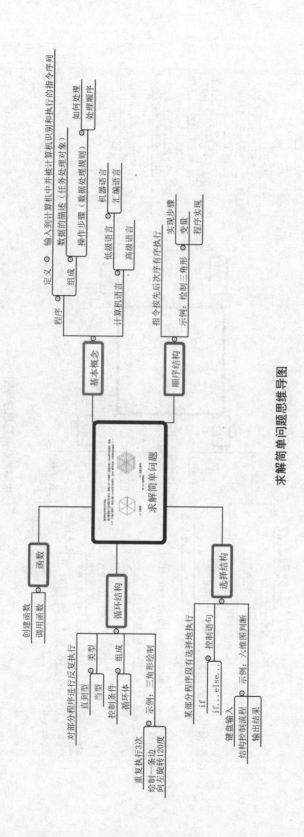

求解简单问题思维导图

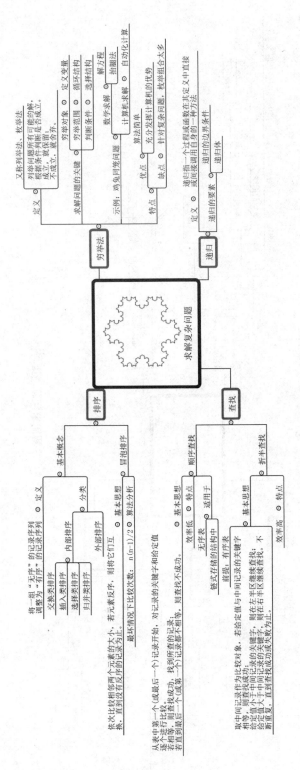

求解复杂问题思维导图

求解复杂问题

穷举法
- **定义**：又称列举法、枚举法。列举问题所有可能的解，根据条件判断是否成立，不成立，就合并。
- **求解问题的关键**
  - 穷举对象
  - 穷举范围
  - 判断条件
- **数学求解**
  - 定义变量
  - 数学求解：解方程 / 拍摄法 / 自动化计算
  - 算法简单
  - 循环结构
  - 选择结构
- **示例**：鸡兔同笼问题
- **特点**
  - 优点：充分发挥计算机的优势
  - 缺点：针对穷举问题，枚举组合太多

递归
- **定义**：递归指一个过程或函数在其定义中直接或间接调用自身的一种方法
- **递归的要素**
  - 递归的边界条件
  - 递归体

排序
- **基本概念**
  - 定义：将一组"无序"的记录序列调整为"有序"的记录序列
  - 分类
    - 内部排序：交换类排序 / 插入类排序 / 选择类排序 / 归并类排序
    - 外部排序
- **冒泡排序**
  - 基本思想：依次比较相邻两个元素的大小，若元素反序，则将它们互换，直到没有反序的记录为止。
  - 算法分析：最坏情况下比较次数：n(n-1)/2

查找
- **顺序查找**
  - 基本思想：从表中第一个（或最后一个）记录开始，对记录的关键字和给定值逐个进行比较，找到所查的记录，则查找成功。若直到最后一个（或第一个）记录都不相等，则查找失败。
  - 特点
    - 效率低
    - 适用于：无序表 / 链式存储结构中的关键字
- **折半查找**
  - 基本思想：取中间记录作为比较对象，若给定值与中间记录的关键字相等，则查找成功；若给定值小于中间记录的关键字，则在左半区继续查找；若给定值大于中间记录的关键字，则在右半区继续查找。不断重复，直到查找成功或查找失败为止。
    - 前提：有序表
  - 特点：效率高

任务一　认识计算

【任务描述】

了解计算的基本概念,认识计算的本质,了解计算思维的概念和特征,为后续进行算法的学习奠定基础。

【任务内容与目标】

内　容	1. 基本概念; 2. 计算思维
目　标	1. 熟悉计算的本质; 2. 了解计算的作用与优势; 3. 熟悉计算思维的概念; 4. 理解计算思维的特征

【知识点1】基本概念

1. 定　义

（1）纯计算角度下计算的含义

从纯计算的角度来看,数学中的加、减、乘、除是元级的数值计算,此外,还有正弦、余弦、乘方、开方、微分、积分等。而计算机中最基础的元计算就是对比特位的与、或、非、同或、异或运算等。同样,元级的字符串计算有合并串、截取串、查找串、拷贝串等,元级的图像计算有分割、压缩、解压、传输、比较等。现在的手机几乎都具有美颜功能,对比美颜后的照片和原始照片会发现差别很大,其实这本质上是修图软件对原始图像进行了某种特殊计算后得到的结果。

（2）图灵机角度下计算的含义

从图灵机计算的理论模型来看,任何复杂的计算都可以等价规约为图灵机。1936年,"计算机科学之父"——艾伦·麦席森·图灵为了回答一元多项式是否有零解的问题,而构建了一台计算模型——图灵机。图灵机拥有一条永无边际的穿孔纸带,可以在一个存储了特定程序的机器上来回运算。它通过模拟人类用纸笔进行数学运算的过程来完成相应的计算。从图灵机的整个计算过程来看,计算包括两个简单的动作:一是在纸带上书写或擦除某个符号;二是把注意力从纸带的一个位置移动

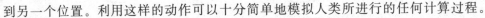

到另一个位置。利用这样的动作可以十分简单地模拟人类所进行的任何计算过程。

从图灵机的角度来看,计算就是从一个已知的符号串开始,按照一定的规则来改变符号串,经过有限步骤最后得到一个满足预先规定的符号串的变换过程。

2. 计算的分类

计算问题的研究包括两个方面:

① 计算理论的研究:侧重于从数学角度进行分析。比如图灵机、Pi 演算、Lambda 演算都属于计算理论的研究。

② 计算模型的研究:侧重于对真实系统的建模。比如冯·诺依曼模型、BSP 模型、LogP 模型等。

3. 计算的本质

计算机可以用来模拟武器在不同条件下的使用性能,模拟汽车碰撞、火药爆炸等危险的试验过程,甚至还可以模拟如火山喷发、海底洋流、大陆飓风等具备自组织特性的自然现象。计算已经成为与理论、实验相并列的第三大科学研究方法。而且,计算突破了实验和理论这两种方法的局限,极大地拓展了人类认识世界和解决问题的视野。

由此可以看出,计算不仅仅指数值计算,还包括非数值计算以及各种应用推动的数据处理过程。例如,从技术的角度有云计算以及大数据、多媒体数据处理等,从应用的角度有生物计算、量子计算、网络计算、仿真计算等。那么计算的本质是什么?

图灵机模型成功地表述了计算这一过程的本质。在图灵机模型中,计算就是计算者对一条无限长的纸带上的符号串执行指令,一步一步地改变纸带上某个位置的符号,经过有限步骤最后得到一个满足预先规定的符号串的过程。这一模型的关键是形式化地表述了计算的过程。计算过程就是解释器的运行过程,数据和代码经过解释器的运行,最后得到一个结果。在整个计算过程中最重要的是建立解释器。对不同符号的理解需要解释器将其解释成特定计算模型,不同的解释器对应着不同的计算模型(比如符号计算和数值计算就各自对应自己的解释器),通过不同的计算模型得出各自需要的结果。虽然它们是不同的计算模型,但本质是相同的——计算过程符号化。

总之,对各种不同计算的实现,首先是人的计算思维活动(计算的过程化、形式化思维活动的表达),体现为算法、程序或软件。因此,计算的本质就是通过演化产生新的信息,计算机只是演化规则的实现工具而已。

【知识点 2】计算思维

计算思维是人类思维与计算机能力的结合。计算机的应用领域已渗透到社会的各行各业,正在深刻改变着传统的工作、学习和生活方式,因此,计算思维能力已经成为每个人的基本技能。

1. 基本概念

计算思维作为计算时代的产物,是一种可以灵活运用计算工具与方法求解问题的思维活动。1980年,麻省理工学院的西摩·帕尔特教授在《头脑风暴:儿童、计算机及充满活力的创意》中首次提及计算思维,但并没有对计算思维进行界定。

在计算思维的发展历程中,加利福尼亚大学伯克利分校的理查德·卡普教授和卡内基梅隆大学计算机科学系原教授周以真(美籍华人)起着重要的作用。计算思维同理论思维和实验思维并称为人类的三大思维。理查德·卡普教授提出了"计算透镜"的概念。"计算透镜"是指要把计算作为一种通用的思维方式,这种广义的计算涉及处理信息、执行算法、关注复杂度,通过这种计算描述各种自然过程和社会过程,并把计算变成一个适用于自然领域和社会领域的通用思维模式。周以真教授为了能够帮助人们更好地认识机器智能,发表了题为《计算思维》的文章,提出了一种建立在计算机处理能力及其局限性基础上的思维方式——计算思维。她认为计算思维是运用计算机科学的思想、方法、技术,进行问题求解、系统设计以及人类行为理解等涵盖计算机科学之广度的一系列思维活动。它能为问题的有效解决提供一系列的观点和方法,可以更好地加深人们对计算本质以及计算机求解问题的理解,便于计算机科学家与其他领域专家交流。

为了让人们更易理解计算思维的概念,周以真教授从6个不同侧面对计算思维进行了界定:

① 计算思维是概念化思维,不是程序化思维。计算机科学不等于计算机编程,计算思维应该像计算机科学家那样去思维,远远不止是为计算机编写程序,应该是能够在抽象的多个层次上思考问题。

② 计算思维是基础的技能,而不是机械的技能。基础的技能是每个人为了在现代社会中发挥应有的职能所必须掌握的。生搬硬套的机械技能意味着机械地重复。计算思维不是一种简单、机械地重复。

③ 计算思维是人的思维,不是计算机的思维。计算思维是人类基于计算,或为了计算问题求解的方法论,而程序流程毫无灵活性可言。配置了计算设备,人们就能用自己的智慧去解决那些之前不敢尝试的问题,就能建造那些其功能仅仅受制于想象力的系统。

④ 计算思维是思想,不是人造物。计算思维不只是将软硬件等人造物到处呈现,更重要的是计算的概念被人们用来求解问题、管理日常生活,以及与他人进行交流和活动。

⑤ 计算思维是数学和工程思维的互补、融合,不只是数学思维。人类制造的能代替人完成计算任务的自动计算工具都是在工程思维和数学思维的结合下完成的,这种结合形成的思维才是计算思维。

⑥ 计算思维面向所有的人、所有的领域。计算思维不只是计算机科学家的思维,如同所有人都具备读、写、算的能力一样,计算思维是必须具备的思维能力。因此,计算思维不仅是计算机专业的学生要掌握的能力,也是所有受教育者应该掌握的能力。

2. 计算思维的特征

人的思维里一直蕴含着计算的特征。戈特弗里德·威廉·莱布尼茨认为,一切思维都可以看作是符号的形式操作的过程;艾伦·麦席森·图灵认为,人的大脑应当被看作是一台离散态机器;著名的认知科学家泽农·W·派利夏恩指出,认知是一种计算。概括起来,计算思维具有算法化、系统化、虚拟化以及网络化4个特征。

（1）算法化

计算思维最核心的特征是算法思维,这并不表示一定要运用计算机语言去编程实现,而是利用算法的基本思路来解决现实问题。用算法思维求解问题一般分四步,即问题抽象、符号化表示、寻找求解问题的高效算法和算法实现。

（2）系统化

系统一词来源于古希腊语,是"由部分构成整体"的意思。通常把系统定义为若干要素以一定结构形式联结在一起的具有某种功能的有机整体。中国古代的哲学也体现了系统化思维,它把世界看成是一个系统,是从系统的角度来看待问题的。研究系统科学的一种思维方式被人们称为系统思维。系统思维具有整体性、结构性、动态性以及综合性四大特性。

① 整体性。系统思维的整体性主要体现在系统思维认为整体的属性和功能是部分按照一定的方式相互作用、相互联系所造成的,我们必须把研究的对象作为系统来认识。也就是说,在对整体情况充分理解和把握的基础上,提出整体目标,然后提出实现目标的条件,再提出能够创造这些条件的各种可供选择的方案,最后再从中选择最优方案。

② 结构性。结构决定功能,系统的最优结构能够实现系统的最佳功能。因此,通过寻找系统的最优结构,可以实现优化系统功能的目标。

③ 动态性。系统思维的动态性指的是系统内部诸要素之间的联系及系统与外部环境之间的联系。它与时间密切相关,并会随时间不断变化。

④ 综合性。系统思维具有综合性,它有两方面的含义:一是任何系统整体都是这些或那些要素为特定目的而构成的综合体;二是对任何系统整体的研究,都必须对它的成分、层次、结构、功能、内外联系方式等做全面的考察,从多侧面、多因果、多功能、多效益上把握系统整体。比如华为技术有限公司设计制造的搭载鸿蒙系统的汽车——AITO问界M5,它的构成部件并不是世界上最先进的,但是它的综合性能却是世界一流的。

（3）虚拟化

客观世界是物质的,物质决定着人们的意识。然而,今天的计算机和网络技术都已经非常发达,完全可以创造出另一个与客观世界类似的虚拟空间。例如网络商城、社交平台、虚拟现实游戏等。在一个虚拟的空间里,可以开展各种各样的实践活动。值得一提的是,这种虚拟实践可以让人们离开实践来看实践。也就是说,你可以观察你在虚拟空间里的活动,掌握你的思维形成过程。

当用一个算法来解决问题时,尽管不去借助于编程,算法也会展现出人们解决问题的基本思路。换句话说,算法把人们的思维给显示出来了。从计算思维的角度来看,人们在某种程度上能够看得见思维。

(4) 网络化

网络化思维是以计算机为核心、以信息网络为支撑的人机结合的思维方式,是一种复杂的系统思维,也是计算思维的高级阶段。加拿大学者马歇尔·麦克卢汉曾说过:"网络将给人们带来一种超越个体的生命智慧。因为网络能够广泛地共享,它能够使我们的思维真正突破时间、空间、文化、民族等界限,形成一个全球大脑、全球意识、全球思维。"

计算思维建立在计算过程的能力和限制之上。计算方法和模型使人们敢于去处理那些原本无法由个人独立完成的问题求解和系统设计,这正是计算思维的优点。

计算思维决定了人们在信息时代的生存方式。正如波兰经济学家弗·布鲁斯所说:"伟大创新的根源从来不只是技术本身,它们常在于更广阔的历史背景下,它们需要更多的看待问题的新方法。"

任务二　认识算法

【任务描述】

学习算法的基本概念、算法的控制结构、算法的表示与分析,为后续进一步学习计算机问题求解奠定基础。

【任务内容与目标】

内　容	1. 基本概念; 2. 算法的要素; 3. 算法的表示方法; 4. 算法分析
目　标	1. 了解算法的基本概念,熟悉算法的设计原则及特征; 2. 掌握算法的控制结构; 3. 掌握算法的表示方式; 4. 了解算法效率度量及存储空间需求

【知识点 1】基本概念

1. 算法的定义

算法(Algorithm)是对特定问题求解步骤的一种描述,它是指令的有限序列,其中每一条指令表示一个或多个操作。算法有着悠久的历史,中国古代的筹算口诀与珠算口诀实际上就是算法的雏形,可以看作是利用算筹和算盘解决算术运算问题的方法。古印度有一种称为汉诺塔的游戏,解决这个游戏问题也用到了算法,其解决步骤可用如下描述:

① 将 $n-1$ 个盘子移动到 B 柱上。

② 将最大的盘子移动到 C 柱上。

③ 将 B 柱上的盘子移动到 C 柱上。

2. 算法的设计原则

大多数算法可在计算机上执行,称为计算机算法。计算机算法可分为数值运算和非数值运算两大类。算法的好坏有其评判的准则,也就是算法的设计原则。

① 正确性:对任何合法的输入,算法都应得出正确的结果。

② 可读性:算法应简洁清晰,这在当下大型软件需要多人合作完成的环境下尤为重要;另外,晦涩难懂的程序易于隐藏错误而难以调试。

③ 鲁棒性:当输入非法数据时,算法也能适当地做出反应或进行处理,而不会产生莫名其妙的输出结果。

④ 高效率、低存储量:效率是指算法的执行时间,存储量是算法执行过程中所需的最大存储空间。

3. 算法的特征

图灵奖获得者高德纳在《计算机程序设计艺术》一书中明确了算法具有五大重要特征:

① 有穷性:一个算法必须总是在执行有穷步之后结束,且每一步都可在有穷时间内完成。

② 确定性:算法中每一条指令必须有确切的含义,不会产生二义性。

③ 可行性:算法中描述的操作都是可以通过已经实现的基本运算执行有限次来实现的。

④ 输入:一个算法有零个或多个输入,这些输入取自某个特定的对象的集合。

⑤ 输出:一个算法有一个或多个输出,这些输出是同输入有着某些特定关系的量。

【知识点 2】算法的要素

1. 数据对象的运算和操作

计算机可执行的基本操作是以指令的形式描述的。计算机系统能执行的所有指令的集合称为指令系统。计算机的基本运算和操作主要有四类:

① 算术运算:加、减、乘、除等。

② 逻辑运算:与、或、非等。

③ 关系运算:大于、小于、等于、不等于等。

④ 数据传输:输入、输出、赋值等。

2. 算法的控制结构

算法由 3 种控制结构构成,即顺序结构、选择结构和循环结构。

(1)顺序结构

顺序结构是最简单的算法结构,语句与语句之间是按从上到下的顺序执行的。它由若干个依次执行的处理步骤组成,是任何一个算法都离不开的一种算法结构。

顺序结构示意图如图 5-1 所示,它表示执行完步骤 A 后执行步骤 B,两个步骤的执行是有先后顺序的。也就是说,顺序结构是按照算法的先后步骤排列的顺序逐条执行的。

前面提到的汉诺塔问题的解决步骤也是有先后顺序的,可以用顺序结构进行描述,算法流程图如图 5-2 所示。需要依次执行这 3 个步骤才能完成任务,这种结构就是顺序结构。

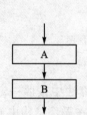

图 5-1　顺序结构示意图　　　　图 5-2　顺序结构描述汉诺塔问题算法流程图

(2)选择结构

在一个算法中经常会遇到一些条件的判断,算法的流程根据条件是否成立有不同的走向。这种先根据条件做出判断、再决定执行哪一种操作的结构称为选择结构,选择结构示意图如图 5-3 所示。

此结构中包含一个判断框,根据给定的条件是否成立而选择执行步骤 A 或步骤 B。无论执行哪一个分支,在执行完步骤 A 或步骤 B 之后,继续执行选择结构后

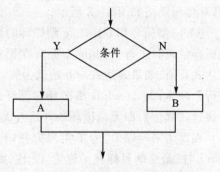

图 5-3　选择结构示意图

面的其他语句。步骤 A 或步骤 B 中可以有一个是空的,即不执行任何操作。

> **小贴士**
>
> 　　无论条件是否成立,只能执行步骤 A 或步骤 B 之一,不可能既执行步骤 A 又执行步骤 B,也不可能既不执行步骤 A 也不执行步骤 B。

　　在汉诺塔问题中,假设需要移动的盘子数为 n。当 $n=1$ 时,只需将一个盘子移动到 C 柱上;当 $n>1$ 时,需要先将 $n-1$ 个盘子移动到 B 柱上,再将最大的盘子移动到 C 柱上,最后将 $n-1$ 个盘子移动到 C 柱上。实现过程包含两个分支,因此采用选择结构进行设计。具体算法流程图如图 5-4 所示。

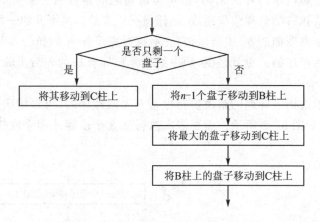

图 5-4　选择结构描述汉诺塔问题算法流程图

　　(3) 循环结构

　　循环结构是指某些操作步骤被连续地重复执行,即在算法中按照一定条件反复执行某一处理步骤。被反复执行的处理步骤称为循环体。在循环结构中通常都有一个起循环计数作用的变量,这个变量的取值一般都包含在执行或终止循环的条件中。循环结构有 while 型循环(也称当型循环)和 do-while 型循环(也称直到型循环)两种,具体示意图如图 5-5 所示。

　　while 型循环和 do-while 型循环的区别在于循环检查是在循环开始前进行还是在循环结束时进行。while 型循环在循环开始前进行循环检查(在循环开始前检查表达式真值,如果表达式一开始就为假,则整个循环立即终止),若循环条件为真,则执行循环体;而 do-while 型循环在循环结束时进行循环检查(在每次循环结束后检查表达式真值),即无论循环条件是否成立,循环体至少执行一次。

　　在汉诺塔问题中,为了实现方便,将 $n-1$ 个盘子移动过程中的临时柱子称为 Temp 柱、最终的目标柱子称为 To 柱,则在实现盘子移动的算法中需要不断地重复移动盘子的操作,具体算法流程图如图 5-6 所示。

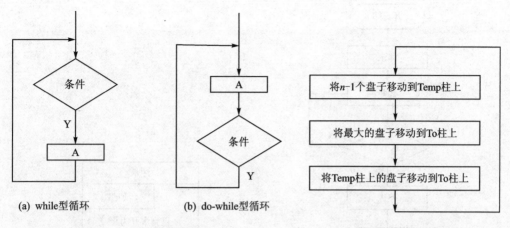

(a) while型循环   (b) do-while型循环

图 5-5 循环结构示意图

图 5-6 循环结构描述汉诺塔
问题算法流程图

算法控制结构的共同特点:在算法的控制结构中,不论是顺序结构、选择结构还是循环结构,都只有一个入口、一个出口;结构内的每一部分都可能被执行到,也就是说,每一个步骤都有一条从入口到出口的路径;结构内不存在死循环(即无终止的循环)。

【知识点 3】算法的表示方法

算法可采用多种方法进行描述,主要有自然语言表示法、流程图表示法、N-S 图表示法、伪代码表示法。

1. 自然语言表示法

自然语言就是人们日常使用的语言,例如,用自然语言描述烧水的过程:

第一步:往壶里注水。

第二步:加热。

第三步:如果水未开,则重复第二步,直到水开为止。

第四步:完成。

从以上例子可以看出,自然语言描述的算法通俗易懂,但比较繁琐,而且容易产生歧义。

2. 流程图表示法

流程图表示法主要利用几何图形的图框表示不同的操作,用流线表示算法的执行方向。与自然语言相比,它能更清晰、直观、形象地反映控制结构的过程。将以上烧开水的过程改用流程图表示如图 5-7 所示。

3. N-S 图表示法

为了避免流程图在描述程序时的随意跳转,可采用 N-S 图。它采用图形的方法描述处理过程,将全部算法写在一个大的矩形框内,框内有若干基本处理框,没有指向箭头,严格限制一个处理到另一个处理的转移,将图 5-7 改为 N-S 图,如图 5-8 所示。

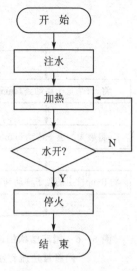

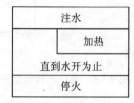

图 5-7 烧水流程图　　　　　图 5-8 烧水 N-S 图

4. 伪代码表示法

伪代码介于自然语言和计算机语言之间,可用文字和符号来描述算法,每一行或几行表示一个基本操作,烧水的例子可表示如下:

往壶里注水

DO

　　　加热

WHILE 水未开

水开停火

使用伪代码描述算法没有严格的语法限制,书写格式也比较自由,侧重对算法本身的描述,修改容易,较易转化为程序语言代码;缺点是不够直观。

【知识点 4】算法分析

1. 算法效率度量

算法执行时间是指程序在计算机上运行时所消耗的时间。一个算法由控制结构和原操作构成,算法执行时间取决于两者的综合效果。为了便于比较同一问题的不同算法,通常以算法中基本操作重复执行的次数作为算法的时间量度。

一般情况下,算法中基本操作重复执行的次数是问题规模 n 的某个函数 $f(n)$,算法的时间量度记做:

$$T(n) = O(f(n))$$

它表示随问题规模 n 的增大,算法执行时间的增长率和 $f(n)$ 的增长率相同,称作算法的时间复杂度。

多数情况下,基本操作是最内层循环的指令,它的执行次数和包含它的语句频度相同。语句频度是指该语句重复执行的次数。

如图 5-9 所示的 3 个程序段，每个程序段中均含有基本操作指令"x＝x+1"，语句频度分别为 1、n 和 n^2，则这 3 个程序段的时间复杂度分别为 $O(1)$、$O(n)$ 和 $O(n^2)$。一般情况下，对某个算法选择一种基本操作来计算时间复杂度，有时也需要同时考虑几种基本操作，甚至可以对不同操作赋予不同权值，以反映执行不同操作所需要的相对时间。

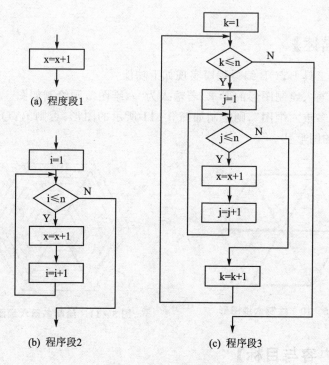

图 5-9 3 个程序段

2. 算法的存储空间需求

空间复杂度，对一个算法在运行过程中临时占用存储空间大小的量度，记做：

$$S(n)=O(f(n))$$

其中 n 为问题规模。一个执行的程序除了需要存储空间来寄存本身所用的指令、常数、变量和输入数据外，还需要一些对数据进行操作的工作单元和存储一些为实现计算所需信息的辅助空间。

程序初学者常常认为程序设计就是用某种程序设计语言编写代码，这是错误的认识。程序编码实现是在算法设计工作完成之后才开始的。以建筑设计为例，建筑设计这个过程不涉及砌砖、开挖土方等具体工作，这些工作是在建筑施工阶段进行的。只有在完成建筑设计、有了设计图纸之后，施工阶段才能开始。如果不做设计直接施工，则很难保证建筑物的质量。同样，在程序编码实现前，程序员一定要先分析问题、设计问题的解决算法。程序设计阶段主要完成求解问题的算法设计，设计的好坏直接影响后续程序的实现质量。所以程序员一定要养成先设计、后编码的习惯。

任务三　求解简单问题

【任务描述】

利用编辑工具 BYOB 编写程序实现如下功能：

通过键盘输入绘制图形的要求，若输入为"六维图"，则绘制如图 5-10 所示的图形；若输入为"多重六维图"，则绘制如图 5-11 所示的图形；否则 BYOB 中小精灵回复"不是规定的图形！"。

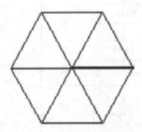

图 5-10　绘制六维图形

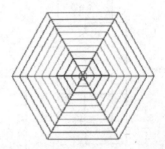

图 5-11　绘制多重六维图形

【任务内容与目标】

内　容	1. 基本概念； 2. 利用顺序结构求解问题； 3. 利用选择结构求解问题； 4. 利用循环结构求解问题； 5. 利用函数求解问题
目　标	1. 熟悉编程工具 BYOB； 2. 掌握程序的三大基本结构； 3. 能够根据算法编写相应程序； 4. 掌握利用函数进行问题求解的方法

【知识点1】基本概念

1. 程　序

在日常生活中,人们会碰到各种各样的程序。比如,运动会的日程安排、一场晚会的节目流程、新生入学报到流程都可以看作程序。运动会结束、节目演完、手续办完表示程序结束。这些程序表示的都是按时间先后次序出现的事务。因此,在日常生活中,程序表示处理或工作的步骤。

计算机能够完成各种特定功能的计算,主要是由控制其执行的软件(也就是程序)实现的,即计算机的每一步操作都是根据人们事先指定的指令进行的。那么在计算机中,什么是程序?所谓程序,是指能够输入计算机中并被计算机识别和执行的指令序列,其中每一条指令都使计算机执行特定操作。因此,要想使计算机执行一系列的操作,解决现实问题,必须事先编好一条条指令并输入计算机中,计算机自动执行各条指令,完成相应的工作。计算机系统要实现各种功能,需要成千上万个程序。这些程序是由计算机软件设计人员根据需求设计的,作为计算机软件系统的一部分提供给用户。利用这些软件,人们可以进行各种各样的工作,比如打网游、编辑图片、听音乐、网购等。另外,用户也可以根据自身的实际需求设计软件。比如,为了解决信息安全的问题,采用高端技术进行加密处理;设计软件参加数学建模竞赛等。这些问题的解决主要靠人们分析问题、解决问题的能力,也就是程序设计的能力。

总之,计算机的一切工作都是由程序控制的,没有程序,计算机无法工作。程序是完成既定任务的一组指令序列。它包括对数据的描述、对操作的描述两方面的内容。对数据的描述是指在程序中要指定数据的类型和组织形式;对操作的描述即操作步骤,指如何对数据进行处理,包括进行何种处理和处理的顺序。从本质上来说,程序就是描述一定数据的处理过程。程序和指令是计算机系统中最基本的概念,只有懂得了程序,才能真正理解计算机的工作过程,才能更加深入地使用计算机。

2. 计算机语言

正像人与人之间的沟通交流需要语言一样,人与计算机交流信息也需要解决语言问题。要想让计算机完成人交给它的工作,就需要设计一种计算机和人都能识别的语言,这就是计算机语言。计算机程序设计语言是程序实现的工具,是人与计算机交互的途径。计算机程序设计语言的发展也经历了一定的过程,纵观其发展史,可将其归为低级语言和高级语言两大类。低级语言又可分为机器语言和汇编语言。

(1) 低级语言

1) 机器语言

机器语言是机器能直接识别的程序语言或指令代码。计算机的工作是基于二进制的,它只能识别由0和1组成的指令。在计算机发展初期,该序列可被机器直接理解并执行,速度很快,但具有不直观、难记、难写、不易查错、开发周期长、可移植性差等缺点,所以一般只有专业人员在编写对执行速度有很高要求的程序时才会使用。

2）汇编语言

汇编语言，又称为符号语言，是一种由助记符组成的程序设计语言。它主要采用助记符代替 0,1 代码，以提高编程效率和质量。其指令与机器语言基本上一一对应，可移植性差。

虽然汇编语言相比机器语言要好记一些，但它也是完全依赖于具体机器的语言。由于它"贴近"计算机，因此被称为低级语言。

> **小贴士**
>
> 这些助记符不能被机器直接识别，须汇编成机器语言才能被机器理解。汇编之前的程序称为源程序，汇编之后的程序称为目标程序。采用连接程序将目标程序连接成可执行程序后，可执行程序可脱离语言环境独立运行。

（2）高级语言

高级语言是一种不依赖具体机器的语言，它参照数学语言设计，近似于人们日常会话的语言。

高级语言提供了大量与人类语言类似的控制结构。编程人员不必关注机器的内部结构及工作原理，只需将精力集中在解决问题的思路和方法上，摆脱了硬件环境的束缚。利用高级语言编写的程序可移植性好。根据编程机制的不同，高级语言又可分为面向对象的程序设计语言和面向过程的程序设计语言两种。常用的面向过程的程序设计语言有 C、Fortran、Pascal 等；面向对象的程序设计语言有 C++、C♯、Java 等。

高级语言不能被机器直接识别，程序必须经过翻译后才能被计算机执行。程序的运行方式有解释和编译两种。解释是指边解释边执行，不生成目标代码，执行速度不快，源程序保密性不强；编译是指使用编译程序将源程序编译为目标程序，再使用连接程序与库文件将其连接成可执行程序，可执行程序能够脱离语言环境独立运行。

3. 问题求解

利用编辑工具 BYOB 编写程序绘制任务要求的图形，需要确定绘图的动作和步骤，即编出相应的算法。

绘制任务要求的图形的基本思想是分析图形，找出绘图的一般规律，即任务要求绘制的两个图形都是由多个正三角形按照一定的规律组合而成的。因此，该程序中包括的基本动作就是绘制正三角形。然后确定用正三角形组成任务要求绘制的图形的规律，按照这个规律设计算法实现任务。

具体算法如下：

① 根据键盘输入信息判断要绘制的图形，然后执行绘图程序。若输入为非规定的图形，则 BYOB 中小精灵回复"不是规定的图形！"。

② 若绘制六维图，则先设置正三角形的边长，然后按照顺时针或逆时针的顺序

旋转角度依次绘制出6个正三角形。

③ 若绘制多重六维图,同样先设置六维图中正三角形的初始边长,然后按照从内到外或从外到内的顺序,依次画出多个不同边长的六维图。

任务实现流程图如图5-12所示。

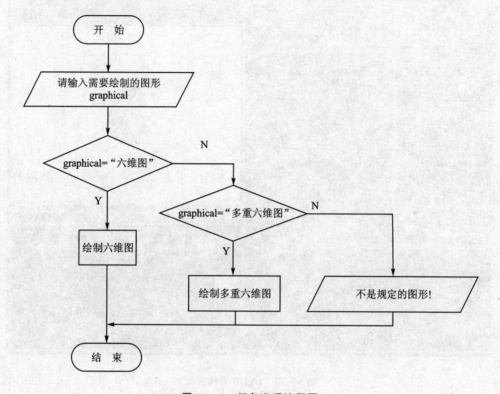

图5-12　任务实现流程图

最后,通过 BYOB 完成程序的编写。

4. 编程工具 BYOB 简介

BYOB(Build Your Own Blocks)是 Scratch 的一个改进版,由 Jens Monig(Enterprise Applications Development,MioSoft Corporation)和 Brian Harvey(University of California at Berkeley)基于 Scratch 源代码修改而成。Scratch 是由麻省理工学院开发出来的一种免费的图形化编程工具。它可以创造出互动的故事、动画、游戏音乐和艺术,直接用鼠标以点选拖拽的方式进行编程,可使学生将心思用于解决问题本身,非常适合程序设计的入门教学。

BYOB 操作界面如图5-13所示。界面中从右到左依次为演示区、编程区和功能区。演示区根据程序运行情况显示运行结果,下方为角色设置区;编程区为编程时放置程序所需功能指令块的区域;功能区提供了编程所需的指令块,可以通过拖拽的方式将下方的指令块拖到编程区进行使用,上方为8类功能的选择区,如图5-14所示示，8 类功能分别为动作（Motion）、外观（Looks）、声音（Sound）、笔（Pen）、控制（Control）、感知（Sensing）、操作（Operators）、变量（Variables）。

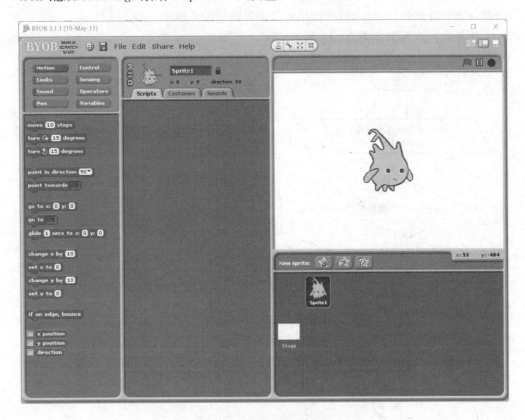

图 5 - 13　BYOB 操作界面

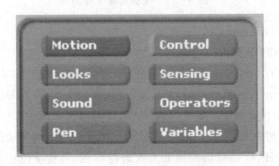

图 5 - 14　8 类功能的选择区

如何在 BYOB 中利用 3 种基本结构实现任务要求的绘图程序？下面分别通过知识点 2、知识点 3 以及知识点 4 介绍三大结构的实现。

【知识点2】利用顺序结构求解问题

绘制图形的所有动作都是按照先后顺序进行的,这就需要用顺序结构来实现。如何在BYOB中利用顺序结构实现相应功能程序的编写?本任务要求通过键盘输入绘制图形的要求并根据要求绘制图形。经过分析可知,任务要求绘制的图形是由多个正三角形组合而成的。为此,本知识点通过三角形的绘制介绍顺序结构的实现。

例如绘制如图5-15所示的正三角形。在绘制正三角形时,首先想到的是找出正三角形的3个顶点,然后将3个顶点依次相连就可以了。根据这一思想,假定正三角形一个顶点的坐标为(0,0)。设正三角形的边长为50,经过计算得到正三角形另外两个顶点的坐标分别为

图5-15　正三角形

$(50,0)$和$(25,25\sqrt{3})$。利用BYOB绘制正三角形的边,必须按照顺序让小精灵从$(0,0)$点出发,最终回到$(0,0)$点,这样就绘制出了正三角形。具体实现程序如图5-16所示。

```
go to x: 0 y: 0
pen down
go to x: 50 y: 0
go to x: 25 y: 25 * sqrt of 3
go to x: 0 y: 0
pen up
```

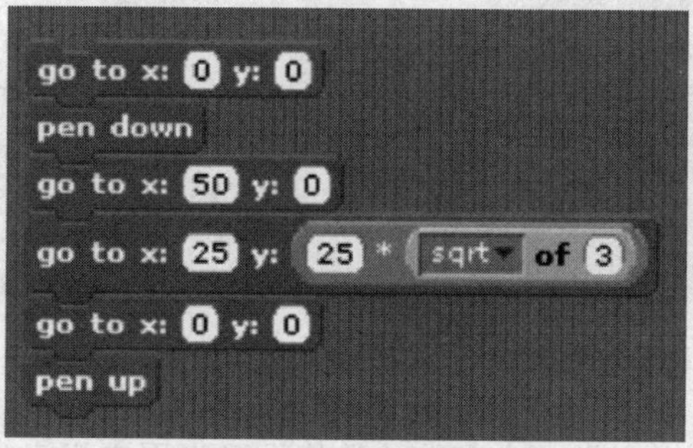

图5-16　正三角形绘制程序1

这种实现绘制正三角形的方法比较具体,要想再绘制一个其他大小的正三角形,就必须重新计算确定3个顶点,在实现时重新修改程序,比较费时。

思考:如何设计绘制正三角形的一般化算法?

小精灵在绘制正三角形时所做的动作就是画边、旋转,每画完一条边需要旋转120°,经过这样的动作小精灵最终回到起始位置,正三角形也就绘制完成。可以通过这一思路重新设计绘制正三角形的实现程序。设三角形的边长为50,具体实现程序如图5-17所示。

指令的顺序是不能改变的,必须按照图中的顺序组织指令才能绘制出一个正三角形。这就是任务二中提到的顺序结构。图5-17所示的程序虽然能够实现正三角形的绘制,但是要想绘制一个边长不同的正三角形,程序需要进行修改。要想实现一个一般化的正三角形的绘制就要用到变量。

变量可以理解为计算机中进行数据存取的内存地址。用户通过创建变量、设置变量名,对变量中的数据进行操作。在 BYOB 中通过功能区的"Variables"进行变量的创建。

例如创建变量 n,首先单击"Make a variable",弹出创建变量对话框如图 5-18 所示,输入变量名称为 n,然后单击"OK"按钮完成变量创建。此时,在演示区会看到变量 n 的小图标,可以理解为在计算机内存中分配了一个地址空间,地址空间的名称为 n,可以通过变量的操作指令,对变量中的数据进行操作,指令集如图 5-19 所示。

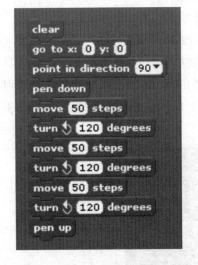

图 5-17　正三角形绘制程序 2　　　　　图 5-18　创建变量对话框

其中"set"指令为将变量 n 中存放的数值设置为用户指定的数值;"change"指令为改变变量 n 中存储的数值,改变的大小为用户设定值;"show variable"为显示变量中的值,表示将变量的值显示在演示区;"hide variable"为隐藏变量中的值,表示隐藏演示区中变量的值。

在绘制一般化的正三角形时,可以利用变量设置正三角形的边长。通过变量相关指令中的"set"指令实现边长的存储,将边长设置为变量中存储的值。具体实现程序如图 5-20 所示。通过该程序,在绘制不同边长的正三角形时,仅需修改图 5-20 中的标记处即可。

本知识点通过绘制正三角形介绍了顺序结构的实现,从案例可以看出顺序结构在实现过程中是比较简单的,这是它的优点。但是,顺序结构中也会出现大量重复的指令,比如图 5-17、图 5-20 中的实现过程就涉及这种情况。这就使得程序变得繁复、冗长。如何设计程序才能使它变得简洁明了?这需要用到循环结构,在知识点 4 中将进行相应介绍。

图 5 - 19　变量指令集

图 5 - 20　正三角形绘制程序 3

【知识点 3】利用选择结构求解问题

根据任务要求,小精灵在绘制图形前要根据键盘输入的信息进行判断。若输入为"六维图",则进行六维图的绘制;若输入为"多重六维图",则进行多重六维图的绘制;否则小精灵回复"不是规定的图形!"。因此,在整个任务的实现过程中需要对输入信息进行判断。这就需要程序提供一种判断和选择机制,也就是任务二中提到的选择结构。选择结构在 BYOB 中的实现指令有两个,如图 5 - 21 所示。

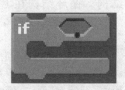

图 5 - 21　选择结构指令

其中,"if"指令是指满足条件执行相应的指令,程序中"if"指令外的所有指令都执行;"if...else..."指令的功能是满足条件时执行"if"中的指令,不满足条件时执行"else"中的指令。根据任务要求需要进行两次判断,均采用"if...else..."指令实现。

根据任务实现逻辑,在进行判断前,必须实现通过键盘输入绘制信息,并将绘制信息进行存储的功能。这就用到了 BYOB 中感知键盘输入的指令"ask...and wait"。然后建立变量存储输入的信息,实现指令如图 5 - 22 所示。

判断 graphical 变量中存储的绘制信

图 5 - 22　键盘输入指令

息是否为"六维图",若是,则进行六维图的绘制,否则,继续判断 graphical 变量中存储的绘制信息是否为"多重六维图",若是,则进行多重六维图的绘制。若输入信息为其他信息,则小精灵回复"不是规定的图形!"。任务中判断指令的实现如图 5-23 所示。

```
ask 请输入要画的图形 and wait
set graphical to answer
if     graphical = 六维图
绘制六维图
else
    if     graphical = 多重六维图
    绘制多重六维图
    else
    say 不是规定的图形!
```

图 5-23　任务中判断指令的实现

其中,六维图和多重六维图是由正三角形按照一定规律组合而成的。因此,绘制六维图和多重六维图需要进行正三角形的多次绘制。这就要用到循环结构。

【知识点 4】利用循环结构求解问题

在顺序结构的实现过程中,程序中会包含大量的需要重复执行的指令。如图 5-17、图 5-20 中的程序,这些指令仅利用顺序结构组织往往使程序变得繁复、冗长。要想使程序简洁易读,就需要用到循环结构。循环结构在 BYOB 中的实现指令有 4 个,如图 5-24 所示。

图 5-24　循环结构指令

其中,"forever"指令是指指令中包含的所有指令一直循环执行;"repeat"指令是指根据用户设定的循环次数,指令中包含的所有指令执行相应的次数;"forever if"指令是指满足条件时一直执行指令中包含的所有指令;"repeat until"指令是指一直执行指令中包含的所有指令直到满足条件结束循环。下面通过绘制任务要求的六维图,具体介绍一下循环结构的实现。

根据分析可知,六维图是由正三角形按照一定的规律组合而成的,前面介绍了利用顺序结构实现绘制正三角形的方法。那么如何利用循环结构实现绘制正三角形?

由于正三角形的 3 条边的画法是相同的,因此可以利用循环指令中的"repeat"指令实现 3 条边的绘制。将循环次数设为 3 次,具体实现程序如图 5-25 所示。

如何绘制任务要求的六维图？根据分析可知,六维图是由 6 个正三角形按照顺序组合在一起的。在程序实现过程中可以让小精灵在画完一个正三角形后旋转一定的角度再画第 2 个正三角形,然后再旋转一定的角度画第 3 个正三角形······依此类推,就会绘制出一个六维图,这个旋转角度很容易得出为 60°。

六维图的绘制过程需要重复执行 6 次画正三角形的指令。具体程序指令如图 5 - 26 所示。

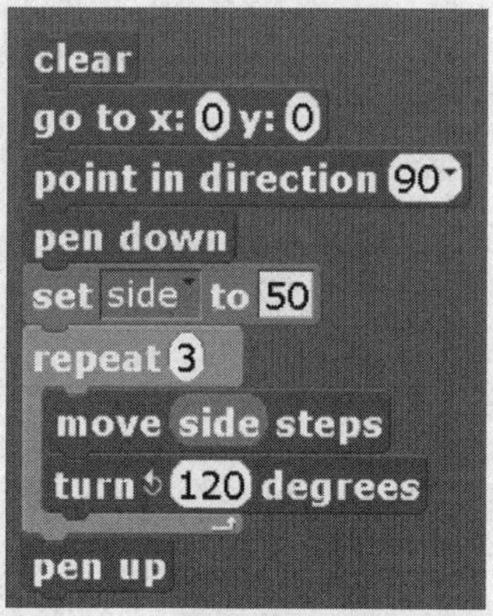

图 5 - 25　循环指令实现正三角形的绘制

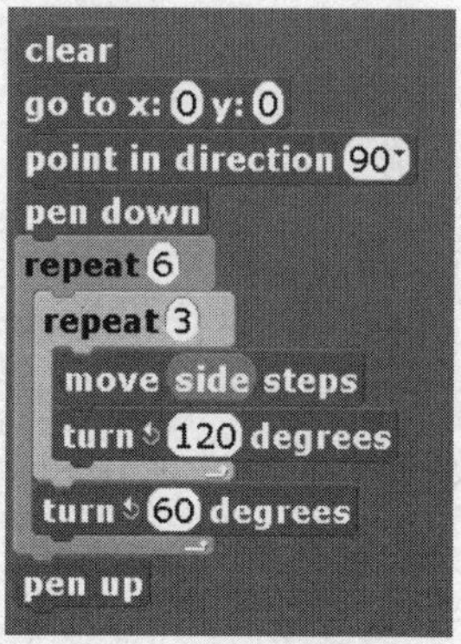

图 5 - 26　绘制六维图

小贴士

画出多彩的六维图:在绘制图形的过程中,将画笔颜色改变指令"change pen color by..."放在外循环内,同时利用"pick random 1 to 100"指令在每次循环后随即设置一个颜色改变值,这样画出的六维图就由多种颜色组成了。

掌握了顺序结构、选择结构和循环结构,就可以利用这 3 种结构对指令进行组织,实现具体的功能。

思考:如何绘制正多边形?

在本任务中除了绘制六维图还要绘制多重六维图形。绘制多重六维图的方法同绘制六维图的方法基本相同。多重六维图的绘制主要是通过绘制不同边长的六维图实现的,即利用循环结构,通过改变边长实现多个六维图的绘制。

任务的最终实现程序如图 5 - 27 所示。

【知识点 5】利用函数求解问题

从知识点 4 中,我们看到本任务能够利用程序设计的顺序结构、选择结构和循环结构实现程序绘制图形的功能,但是在实现多重六维图的绘制过程中,利用循环结构重复调用绘制六维图的指令使得程序冗长、不精练。为此,可以利用函数解决该问题。

1. 函数定义

函数,最早由中国清代数学家李善兰翻译提出,出自其著作《代数学》。它指的是一个量随着另一个量的变化而变化,或者说一个量包含在另一个量中。在数学领域,函数(function)是指一种对应关系。这种对应关系使一个集合中的每一个元素对应另一个集合里的唯一元素,即在一个变化过程中,有两个变量 x 和 y,对于 x 的每一个确定的值,y 都有唯一的值与之对应,此时 y 称为 x 的函数,x 是自变量,y 是因变量。

在计算机领域中什么是函数?通过前面的介绍,我们已经能够编写一些简单的程序,但是如果程序的功能比较多、规模比较大,它就会变得庞杂,难以维护。此外,有时程序要多次实现某一功能,这就需要多次重复编写实现此功能的程序代码。这使得程序冗长、不精练。因此,人们就想到了采用"组装"的办法来简化程序设计的过程,即事先编好一些常用的函数来实现各种不同的功能,需要时直接在程序中调用这些函数就可以了。

函数是从英文 function 翻译过来的,其实,function 在英文中的意思既是函数,又是功能。从本质上讲,函数就是用来完成一定的功能。函数名就反映其代表的功能。

在设计一个较大的程序时,往往把它分成若干个功能模块,每一个模块包含一个或多个函数,每个函数实现一个特定的功能。下面就具体介绍一下如何利用函数实现任务要求的多重六维图的绘制。

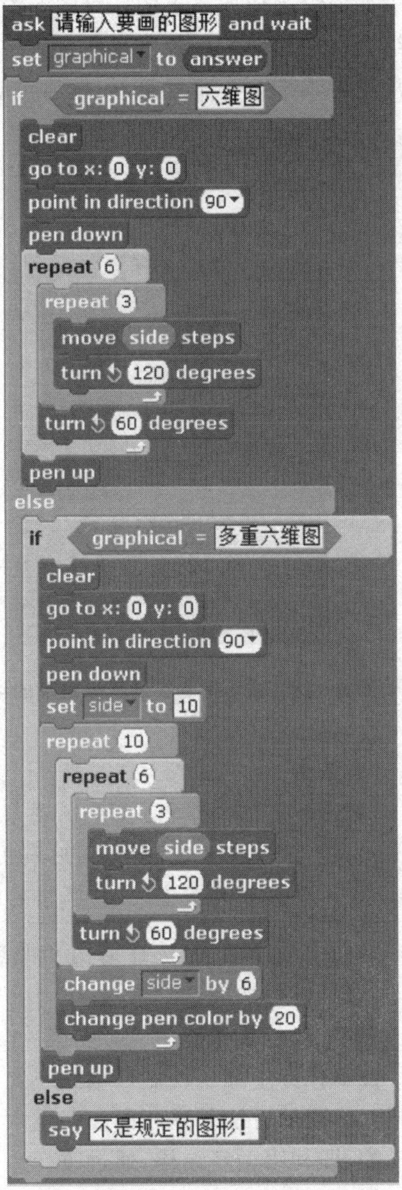

图 5-27 任务的最终实现程序

2. 问题求解

知识点 4 介绍了六维图的绘制方法,多重六维图是由多个六维图组合而成的,在程序中需要重复利用绘制六维图的指令。因此,可以将六维图的绘制看作一个整体来处理,也就是将绘制六维图的指令组合在一起作为一个功能模块来处理。这样一个功能模块就是我们所说的函数。

BYOB 提供了创建函数的指令,即功能区"Variables"中的"Make a block"指令。具体操作:单击"Make a block",弹出创建指令块对话框,选择指令块对应的功能选择区(选择"Motion"),为指令块取名为"hexagon",单击"OK"按钮。在"Block Editor"对话框中添加绘制六维图的指令,如图 5 - 28 所示。

　　由于需要将六维图的边长输入到函数中才能进行六维图的绘制,在"hexagon"函数中添加了输入变量 s,并在函数中将 s 赋值给边长。函数构建完成后,在功能区的"Motion"中就添加了一个名为"hexagon"的含有一个输入的指令。利用该指令能够比较方便地实现多重六维图的绘制。由于每一重六维图的边长不同,在程序实现过程中,需要对改变边长的值进行设置处理。具体实现程序如图 5 - 29 所示。

　　利用"hexagon"函数可以实现六维图的绘制,将该函数引入任务实现的程序设计中,最终的实现程序如图 5 - 30 所示。

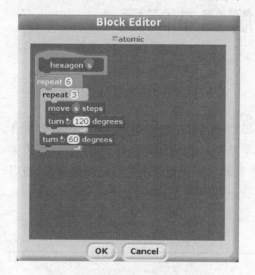

图 5 - 28　创建绘制六维图指令块

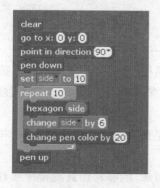

图 5 - 29　绘制多重六维图

图 5 - 30　基于函数的实现程序

可见顺序结构、选择结构和循环结构并不是彼此孤立的,使用时可相互嵌套。在实际的程序设计中,循环结构的循环体可以是一个顺序结构或选择结构,选择结构的分支也可以是一个循环结构,顺序结构的每一个步骤也可以是一个选择结构或循环结构。其实,不论哪种结构,都可以将其理解为一种处理步骤,只不过这种处理步骤比输入、输出和赋值等处理步骤更复杂一些,可以视为一种复杂的步骤,仍然具有可行性。这样一来,就不难理解各种控制结构之间的关系。

在实际的设计过程中,常常将最基本的程序步骤通过这3种结构组织起来,以设计各种算法。但是如果问题非常复杂,程序设计也势必非常困难,编写出来的程序往往处理步骤众多、结构复杂。

任务四　求解复杂问题

【任务描述】

了解穷举法、递归、查找和排序的基本思想,掌握穷举法、递归、顺序查找、折半查找以及冒泡排序的实现过程。能够利用穷举法解决鸡兔同笼问题、利用递归算法实现绘制雪花图形、利用顺序查找以及折半查找算法在查找表中进行记录的查找、利用冒泡排序将表中的数据按关键字进行排序。

【任务内容与目标】

内　　容	1. 穷举法; 2. 递归; 3. 查找; 4. 排序
目　　标	1. 熟练掌握程序的三大结构、掌握穷举法的解题思路; 2. 了解递归的基本概念,掌握利用递归算法进行问题求解的思路; 3. 掌握顺序查找以及折半查找的设计思路,能够利用查找算法对问题进行求解; 4. 掌握冒泡排序的基本思想,能够利用冒泡排序实现对表中数据的排序

【知识点1】穷举法

1．基本概念

（1）定　义

穷举法又称列举法、枚举法，是利用计算机运算速度快、精确度高的特点，对要解决问题的所有可能情况，一个不漏地进行检验，从中找出符合要求的答案。采用穷举法求解一个问题时，通常先建立一个数学模型，包括一组变量以及这些变量需要满足的条件。问题求解的目标就是确定这些变量的值。根据问题的描述和相关的知识，能为这些变量分别确定一个大概的取值范围。在这个范围内对变量依次取值，判断所取的值是否满足数学模型中的条件，直到找到全部符合条件的值为止。

（2）特　点

穷举法是利用计算机运算速度快、精确度高的特点，对要解决问题的所有可能情况一个不漏地进行检查，从中找出符合要求的答案。它主要有以下特点：

① 得到的结果肯定是正确的。

② 可能做了很多无用功，浪费了宝贵的时间，效率低下。

③ 通常会涉及求极值（如最大、最小、最重等）。

④ 数据量大的话，可能会造成时间崩溃。

因此，用穷举法解决问题，通常从4个方面进行分析：

① 根据问题的具体情况确定穷举对象（简单变量或数组）。

② 根据确定的范围设置穷举循环。

③ 根据问题的具体要求确定筛选的约束条件。

④ 设计穷举程序并运行、调试，对运行结果进行分析与讨论。

（3）分析问题的4个方面

当问题所涉及数量非常大时，穷举的工作量也就相应较大，程序运行时间也就相应较长。因此，应用穷举法求解时，应根据问题的具体情况分析归纳，寻找简化规律，精简穷举循环，优化穷举策略。只要把这4个方面分析好，问题就能迎刃而解。

穷举法通常应用循环结构来实现。在循环体中，根据所求解的具体条件，应用选择结构实施判断筛选，求得所要求的解。

例如，利用穷举法解决百钱买百鸡问题，主要从穷举对象、穷举范围、判定条件、优化穷举策略4个方面进行考虑。

2．鸡兔同笼问题求解

问题描述：

大约在1 500年前，我国古代数学名著《孙子算经》上有这样一道题：今有鸡兔同笼，上有三十五头，下有九十四足，问鸡兔各有几何？

这是一个大家都熟悉的经典问题,如果采用人工计算,大家都会通过数学的方法求解。方法是:首先将鸡与兔的数量用 x 和 y 表示,其实这就是一个抽象的过程。在该问题中,大家所关心的并不是鸡与兔的外形、动作、所处的环境等,而仅仅是数量,因此可以将鸡和兔的数量分别抽象为两个变量 x 和 y。然后根据题意即可得到下列数学模型:

$$\begin{cases} x + y = 35 \\ 2x + 4y = 94 \end{cases}$$

通过用数学方法求解,得到如下结果:

$$\begin{cases} x = 23 \\ y = 12 \end{cases}$$

从中可以看到问题求解的过程与问题分析和抽象密切相关,根据抽象的结果就可以建立相应的数学模型对问题进行求解。当然,对于同一个问题可以有多种求解方法,如本例还可以用假设与置换法(中国古代流传的方法)、玻利亚跳舞法(西方解法)以及抬腿法(源自美籍匈牙利数学家波利亚)等进行求解。

下面以抬腿法为例解决该问题。假设每只鸡都抬起一条腿("金鸡独立"),同时每只兔子都抬起两条腿(蹲着),它们各抬起各自一半的腿,则总腿数减半,此时每只鸡一条腿没有抬起,而每只兔子有两条腿没有抬起,所以兔子数为 $94 \div 2 - 35 = 12$(只)。另外,在我国有一档综艺节目《奔跑吧兄弟》的一期节目中,奔跑兄弟需要寻找线索逃出密室,在寻找线索的过程中就遇到了这个经典的鸡兔同笼问题,嘉宾利用抬腿法快速地解决了这个问题,通过自己的"智商秀"秒杀众人。他的解题思路是:假设鸡和兔同时抬起 2 条腿,这样它们一共抬起的腿数为 $35 \times 2 = 70$(条),没有抬起的腿数为 $94 - 70 = 24$(条),每只兔子比鸡多两条腿,那么兔子数为 $24 \div 2 = 12$(只)。

由此可见,由抽象到模型再到求解,我们用的是数学方法。这个过程用的完全是人自己的思维以及数学方法,那么如何用计算机来解决该类问题?

相对于人来说,计算机难以进行思维和决策,例如鸡兔同笼问题中二元一次方程组的建立、求鸡兔数量的抬腿法等。但是计算机处理速度比较快,更易做的是重复性计算,可以通过多次尝试的方法来获知问题答案。因此,可以利用计算机运算速度快、精确度高的特点,对鸡和兔的数量从 1 到 35 进行遍历,从中找出符合要求的答案。这就是穷举法解决问题的思路,具体算法描述如图 5-31 所示。

利用上述算法编写程序,可以求出问题的解。但是该算法利用了两重循环,解题过程较复杂,接下来就需要对算法进行优化处理。问题中提到鸡和兔的数量一共是 35 只,因此可以利用该条件减少循环次数。优化后的算法描述如图 5-32 所示。

将该算法描述转换为流程图的表示形式,如图 5-33 所示。

根据流程图在 BYOB 中编写实现程序,具体指令代码如图 5-34 所示。

算法描述:

1 鸡的数量从1遍历到35

2　兔的数量从1遍历到35

3　　判定鸡的数量+兔的数量是否等于35并且2×鸡的数量+4×兔的数量是否等于94

4　　若满足条件

5　　　求出一组鸡和兔的数量值

6　　兔的数量加1,返回到步骤2

7 鸡的数量加1,返回到步骤1

图 5-31　鸡兔同笼问题算法描述

算法描述:

1 鸡的数量从1遍历到35

2　兔的数量=35-鸡的数量

3　　判定2×鸡的数量+4×兔的数量是否等于94

4　　若满足条件

5　　　求出一组鸡和兔的数量值

6 鸡的数量加1,返回到步骤1

图 5-32　优化算法

【知识点2】递　归

1. 基本概念

（1）定　义

在数学与计算机科学中,递归指一个过程或函数在其定义中直接或间接调用自身的一种方法。它的求解方法是把一个大型、复杂的问题层层转化为多个相同的或相似的子问题,如果不能对子问题直接进行求解,就再把子问题分解为更小的子问题,当能够直接对子问题进行求解时,则逐层返回,最终解决整个问题。

从递归的问题求解过程可以看出,递归程序需要有边界条件。当边界条件不满足时,逐层递进;当边界条件满足时,逐层返回。可以通过编写递归函数来实现递归。下面以例 5-1 为例进行介绍。

例 5-1　利用递归求解 5!。

设 $f(n)$ 为求 n 的阶乘的函数,当 $n>1$ 时,有 $f(n)=n\times f(n-1)$。因此,利用递归求解 5! 的过程如下:

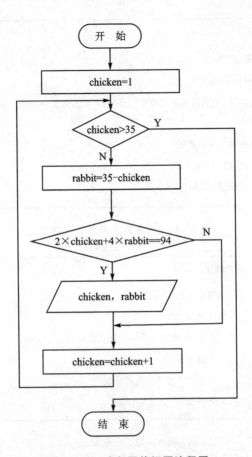

图 5-33 鸡兔同笼问题流程图

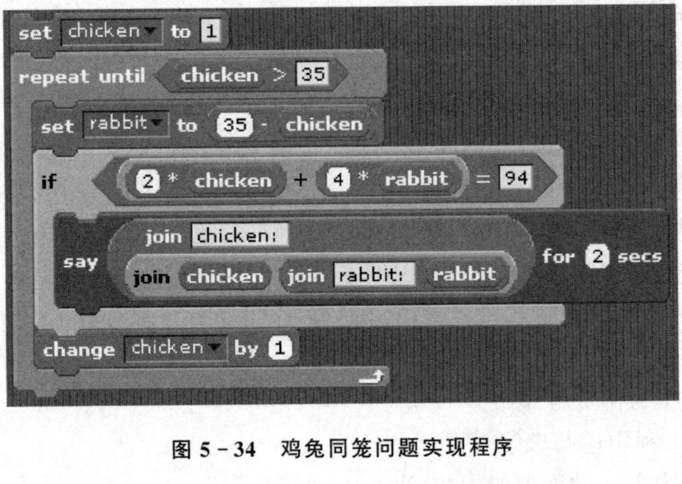

图 5-34 鸡兔同笼问题实现程序

$$f(5)=5\times f(4)\Rightarrow f(4)=4\times f(3)\Rightarrow f(3)=3\times f(2)\Rightarrow f(2)=2\times f(1)$$

由于 $n=1$ 时，$f(1)=1$，因此，逐层返回可得到 $f(5)$ 的解：

$$f(2)=2\times 1=2;\quad f(3)=3\times f(2)=3\times 2=6;$$
$$f(4)=4\times f(3)=4\times 6=24;\quad f(5)=5\times f(4)=5\times 24=120$$

经过递归计算，最终求得 5！的解为 120。

总之，递归是利用分治法的策略进行问题求解的。分治法求解问题主要包括以下 4 个步骤：

① 把复杂问题分成两个或多个子问题。

② 把子问题分成更小的子问题。

③ 最后子问题能进行简单直接的求解。

④ 原问题的解通过子问题的解合并得到。

（2）递归的要素

根据递归的求解过程可以看出，利用递归方法进行问题求解的要素主要包括以下两个：

① 递归边界条件：确定递归何时终止，也称为递归的出口。

② 递归模式：大问题如何分解为小问题，也称为递归体。

（3）递归的作用

从递归的定义可以看出递归在处理问题时反复调用函数，增大了空间和时间开销。递归虽然能够简化思维过程，但效率较低，效率和开销问题是递归最大的缺点。在实现过程中，可以利用循环结构通过非递归方式解决问题。但有些问题用循环结构很难解决，必须利用递归的强大力量实现。总之，递归的作用可以归纳为以下 3 类：

① 替代多重循环。

② 解决本来就是用递归形式定义的问题。

③ 将问题分解为规模更小的子问题进行求解。

2. 递归的应用

编写程序实现如图 5-35 所示的雪花图形。

分析图 5-35 所示的雪花图形，将图形中最小的角用直线代替后得到如图 5-36（a）所示的图形，将该图中的角继续用直线代替后得到如图 5-36（b）所示的图形。反复此操作，会得到如图 5-36（c）、图 5-36（d）所示的图形。

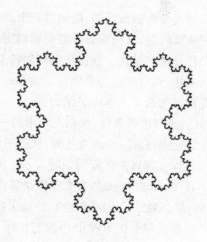

图 5-35 雪花图形

经过分析可以看出,绘制雪花图形的最基本的行为是进行三角形的绘制,然后分别以三角形的每条边为基础,以边长的 1/3 为边长,从边长的 1/3 处进行较小三角形的绘制。

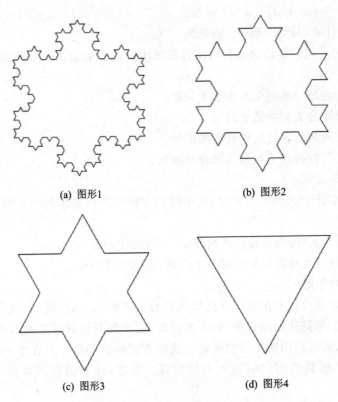

(a) 图形1   (b) 图形2

(c) 图形3   (d) 图形4

图 5 - 36　分析雪花图形绘制过程

通过分析图形可知,绘制雪花图形的程序可以利用递归方法实现。编写递归程序解决该问题,首先需要针对问题确定出实现递归方法的两个要素,即递归实现的边界条件及递归模式。根据该案例的特点可以看出,最基本的实现步骤是绘制三角形的一条边,然后以边为基础逐层绘制缩小后的三角形。为此,利用递归方法实现绘制雪花图形的两个要素可总结为:

① 递归边界条件:绘制三角形的一条边。

② 递归模式:以边为基础,从边的 1/3 处绘制边长为原边长 1/3 的三角形。

具体实现算法流程图如图 5 - 37 所示。

其中,f(level,size)为实现绘制雪花图形的递归函数,该函数的具体实现流程如图 5 - 37(b)所示;level 为绘制的层次数,size 为相应的边长。

根据流程图在 BYOB 中编写程序,主程序指令如图 5 - 38 所示。

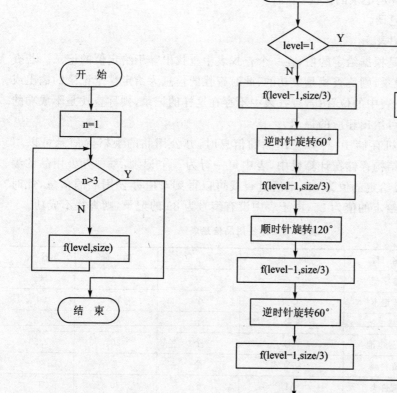

(a) 利用函数绘制图形　　　　　　(b) 递归函数的实现流程

图 5-37　绘制雪花图形算法流程图

【知识点3】查 找

1. 基本概念

（1）定 义

在日常生活中，人们几乎每天都要进行查找工作。例如，在电话号码簿中查阅某单位或某人的电话号码；在字典中查阅某个词的读音和含义；在书摊中寻找自己想购买的某本书等。其中，电话号码簿、字典、书摊都可视作是一张查找表。查找表指的是由同一类型的记录构成的集合。

对查找表进行的操作主要有 4 种，分别是：

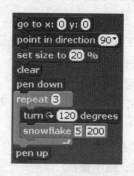

图 5-38　绘制雪花图形的程序

① 查询某个特定的记录。

② 查询某个特定记录的位置。

③ 插入一个记录。

④ 删除一个记录。

所谓查找,就是根据给定的值,在一个查找表中查找出等于给定值的记录。若查找表中有这样的记录,则称查找是成功的,此时查找的信息为给定整个记录的输出或指出该记录在查找表中的位置;若查找表中不存在这样的记录,则称查找是不成功的(或查找失败),并可给出相应的提示。

例如,用计算机存储 10 种办公用品的信息时,办公用品的规格等信息可以用表 5-1 所列的表结构存储在计算机中,表中每一行为一个记录,每种办公用品的编号是唯一的。假设给定的值为 62,则通过查找可以得到对应办公用品的信息,此时查找是成功的;若给定的值为 85,由于表中没有编号为 85 的记录,则查找不成功。

表 5-1 办公用品信息表

编 号	名 称	规 格	单 位	数 量	单价/元
1	签字笔	0.5 mm	支	50	1
16	笔记本	80 页	个	10	20
24	5 号电池	5 号	个	40	2.5
35	7 号电池	7 号	个	20	2.5
47	资料架	三格立式	个	5	18.9
59	文件夹	A4	个	30	5
62	记号笔	S563	支	10	2
73	订书机	齐心 B2985	个	5	8.5
88	订书钉	23/13	盒	10	1.2
99	胶水	170 mL	瓶	5	1.5

(2)查找的方式

在计算机应用中,查找是常用的基本运算。下面以表 5-1 为查找范围,介绍顺序查找和折半查找。

问题描述:

表 5-1 中的办公用品的记录已按编号从小到大进行了排列,现要查找是否存在编号为 62 和 85 的办公用品。如果存在,则指出它的位置;如果不存在,则显示提示信息"查找失败"。

2. 顺序查找

顺序查找,又叫线性查找,指从表中第一个(或最后一个)记录开始,对记录的关键字和给定值逐个进行比较。若相等,则查找成功,找到所查的记录;若直到最后一个(或第一个)记录都不相等,则查找不成功。

小贴士

关键字是指能唯一标识表中某一记录的数据项的值。比如表 5−1 中每种办公用品的编号各不相同,通过编号能够区分表中的每一条记录,编号就是该表的关键字。

利用顺序查找算法进行问题求解:首先,需要在程序中定义一个表结构来存储表 5−1 中的每条记录,并记录下表的长度。可设定存储办公用品的表为 a,记录表长的变量为 n,表中每增加一条办公用品的记录,n 的值加 1。其次,从该表的第一条记录开始查找,判断记录的编号是否为要查找办公用品的编号。在实现算法中可定义循环变量 i 和 k,分别记录当前查找到的办公用品的编号以及要查找的办公用品编号。具体实现算法流程图如图 5−39 所示。

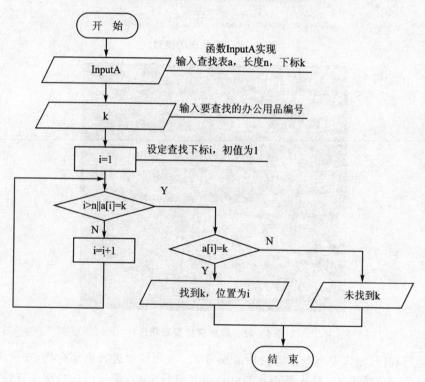

图 5−39　顺序查找算法流程图

在 BYOB 中编程实现该查找任务,首先是建立查找表 a,建立查找表 a 的"InputA"函数的实现代码如图 5−40 所示。

运行该代码指令,程序执行过程中就需用户输入数据,用户根据任务要求输入数据,表长为 10 的查找表就建立完成。

查找表建立之后,根据前面编写的算法流程图,完成顺序查找程序的编写,具体程序如图 5−41 所示。

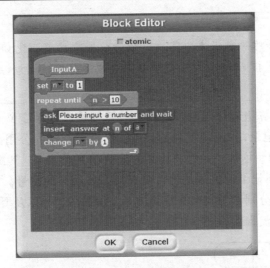

图 5 – 40　查找表的建立

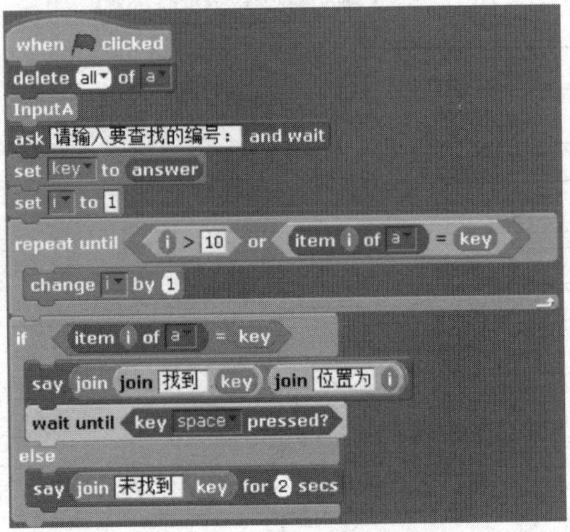

图 5 – 41　顺序查找实现程序

　　运行程序,输入要查找的办公用品编号 62,在表 a 中进行顺序查找,查找成功输出"找到 62 位置为 7";输入要查找的办公用品编号 85,在表 a 中进行顺序查找,查找失败,输出"未找到 85"。顺序查找运行结果如图 5 – 42 所示。

　　在进行从前至后(或者从后至前)扫描的顺序查找过程中,如果查找表中的第一个元素就是被查找元素,则只需要做一次比较就查找成功,查找效率较高;但如果被查找元素是查找表中的最后一个元素,或者被查找元素根本不在查找表中,则为了查找这个元素就需要将其与查找表中所有的元素进行比较,这是顺序查找最坏的情况。在平均情况下,利用顺序查找法在查找表中查找一个元素,大约要与查找表中一半的元素进行比较。

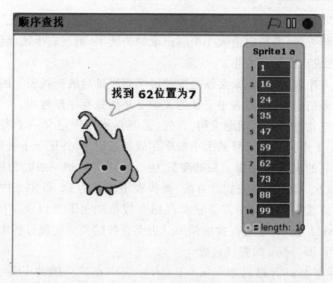

(a) key=62查找结果

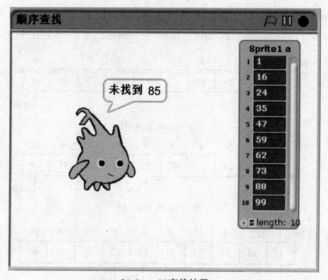

(b) key=85查找结果

图 5 - 42　顺序查找运行结果

　　由此可见,对于表长较大的查找表来说,顺序查找的效率是很低的。但是对于无序的查找表来说,也只能采取顺序查找。

　　思考: 我们去超市购买商品时,会发现商品总是按照不同的类别(生鲜、蔬菜、文具等)来存放,为什么?

3. 折半查找

　　折半查找又叫二分查找,其基本思想是在有序表中取中间记录作为比较对象。

若给定值与中间记录的关键字相等,则查找成功;若给定值小于中间记录的关键字, 则在左半区继续查找;若给定值大于中间记录的关键字,则在右半区继续查找。不断 重复,直到查找成功或失败为止。

这里说的有序表,是指记录必须是按关键字有序排列的查找表。因此,折半查找 有一个非常重要的前提:查找表中记录的关键字必须是有序排列的。

利用折半查找算法进行问题求解:首先,需要在程序中定义一个表结构,该表结构须按照表 5-1 中关键字编号的大小顺序存储每条记录,并记录下表的长度。可设定存储办公用品的表为 a,记录表长的变量为 n,表中每增加一条办公用品的记录后 n 的值加 1。其次,按照折半查找的方法,查找表中编号为 62 和 85 的办公用品信息是否存在。在算法实现过程中需要定义存储查找范围上下界以及中间位置的变量 high、low 和 mid。最后,输出查找的结果。折半查找的具体实现过程如下:

(1) 关键字 key=62 的查找过程

① 建立有序表 a(升序),表长 n=10,有序表中查找范围的下界 low=1、上界 high=10,如图 5-43(a)所示。

mid=(low+high)/2=5,由于 a[5]=47<key,因此应当在[mid+1,high]内进行查找,改变 low 的值,计算得到 low=mid+1=6,如图 5-43(b)所示。

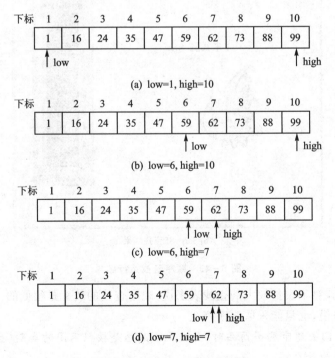

图 5-43　key=62 的查找过程

② 重新计算 mid 的值,mid=(low+high)/2=8。将 mid 所指向的数值与关键字 key 进行比较,得到 a[mid]>key,说明待查元素若存在,必在区间[low,mid-1]

内,则令 high＝mid－1＝7,如图 5－43(c)所示。

③ 重新计算 mid 的值,mid＝(low＋high)/2＝6。由于 a[mid]＜key,因此应该在[mid＋1,high]内进行查找,改变 low 的值,计算得到 low＝mid＋1＝7,如图 5－43(d)所示。

④ 计算 mid 的值,mid＝(low＋high)/2＝7,由于 a[mid]＝key,因此查找成功。

结果:找到关键字 key＝62,在有序表 a 中的位置是 7。

(2) 关键字 key＝85 的查找过程

① 建立有序表 a(升序),表长 n＝10,有序表中查找范围的下界 low＝1、上界 high＝10,如图 5－44(a)所示。

mid＝(low＋high)/2＝5,由于 a[5]＝47＜key,因此应当在[mid＋1,high]内进行查找,改变 low 的值,计算得到 low＝mid＋1＝6,如图 5－44(b)所示。

② 重新计算 mid 的值,mid＝(low＋high)/2＝8。将 mid 所指向的数值与关键字 key 进行比较,得到 a[mid]＜key,说明待查元素若存在,必在区间[mid＋1,high]内,则令 low＝mid＋1＝9,如图 5－44(c)所示。

③ 重新计算 mid 的值,mid＝(low＋high)/2＝9。将 mid 所指向的数值与关键字 key 进行比较,得到 a[mid]＞key,说明待查元素若存在,必在区间[low,mid－1]内,则令 high＝mid－1＝8,如图 5－44(d)所示。

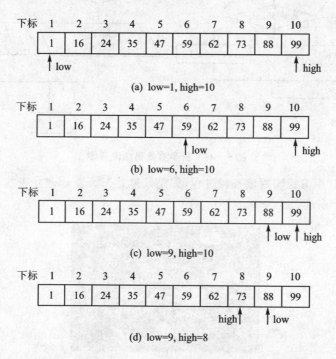

图 5－44　key＝85 的查找过程

④ 此时,low>high,查找失败。

结果:查找失败,在有序表 a 中未找到关键字 key=85。

折半查找过程是将区间中间位置的关键字与给定值进行比较。若相等,则查找成功;若不相等,则缩小范围,直到新的区间中间位置的关键字等于给定值或者查找区间的上界小于下界(表明查找不成功)为止。

具体实现算法流程图如图 5-45 所示。

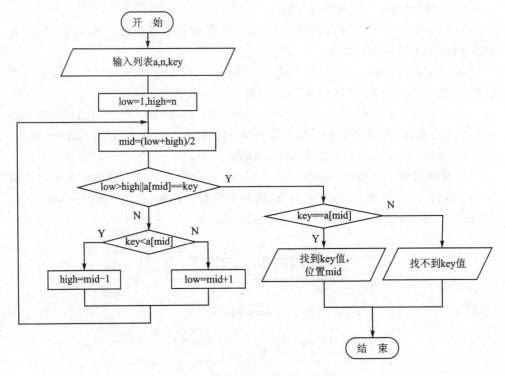

图 5-45　折半查找算法流程图

在 BYOB 中编程实现该查找过程,首先是建立查找表 a,建立查找表 a 的程序代码如图 5-46 所示。

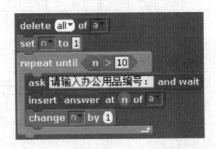

图 5-46　建立查找表 a 的程序代码

运行该代码指令,程序执行过程中就需用户输入数据,用户根据任务要求输入数据,表长为 10 的查找表就建立完成。

查找表建立之后,根据前面编写的算法流程图,进而完成折半查找程序的编写,具体程序如图 5－47 所示。

```
delete all of a
set n to 1
repeat until  n > 10
    ask 请输入办公用品编号: and wait
    insert answer at n of a
    change n by 1

ask 请输入要查找的办公用品编号: and wait
set key to answer
set low to 1
set high to 10
set mid to round ( low + high ) / 2
repeat until  item mid of a = key or
              low > high
    if  item mid of a < key
        set low to mid + 1
    else
        set high to mid - 1
    set mid to round ( low + high ) / 2

if  low > high
    say join 找不到 key
    wait until key space pressed?
else
    say join 找到 join key join ，位置 mid
    wait until key space pressed?
```

图 5－47 折半查找实现程序

运行程序,输入要查找的办公用品编号 62,在表 a 中进行折半查找,查找成功输出"找到 62,位置 7";输入要查找的办公用品编号 85,在表 a 中进行折半查找,查找失败,输出"找不到 85"。运行结果如图 5－48 所示。

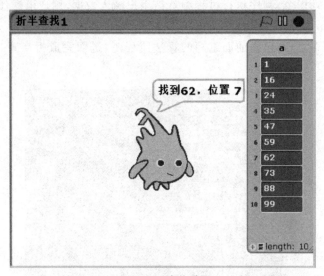

(a) key=62查找结果

(b) key=85查找结果

图 5－48　折半查找运行结果

　　折半查找每次将规模(即查找的范围)缩减一半,且每次只将给定值与查找区间中间位置的元素进行比较,这样就大大减少了比较的次数,提高了查找的效率。因此,折半查找的效率要比顺序查找高得多。顺序查找与折半查找对比如表 5－2 所列。

表 5 - 2　顺序查找与折半查找对比

查找方式	优　点	缺　点
顺序查找	算法简单	当查找数量很大时,查找效率极为低下
折半查找	在查找区间内查找,效率高	前提条件是需要有序表顺序存储,维护有序表排序的工作量大

【知识点 4】排　序

1. 基本概念

（1）定　义

排序是指将数据按照特定的关键字、依据特定的排序方式进行重新排列的过程。它是数据处理中非常重要的运算。例如:学生的成绩按照从高到低的顺序排序;商品的价格按照从低到高的顺序排序等。

（2）排序的分类

根据在排序过程中待排序的记录是否全部被放置在内存中,排序可分为内部排序和外部排序两类。

内部排序,简称内排序,指的是待排序数据存放在计算机存储器中进行的排序过程。内排序依据不同的原则,又可分为插入排序、交换排序、选择排序和归并排序。

外部排序,简称外排序,指的是待排序数据的量很大,以致内存一次不能容纳全部数据,在排序过程中需要对外存进行访问的排序过程。

在排序算法中,最基本的排序算法是冒泡排序,本部分将对冒泡排序进行介绍。

2. 冒泡排序

（1）基本概念

冒泡排序属于交换排序的一种。排序的过程是:依次比较相邻两个元素的大小,若元素反序,则将它们互换,直到没有反序的记录为止。元素交换后,较小的数据如同气泡般慢慢浮到水面,因此起名为冒泡排序。

冒泡排序的扫描方向有两种（以升序为例）:一种是按照从后向前的顺序进行冒泡排序,另一种是按照从前向后的顺序进行冒泡排序。

从后向前的排序过程:从表尾开始,从后向前扫描表中的元素,在扫描过程中逐次比较相邻两个元素的大小,若为逆序(后面的元素小于前面的元素),则将它们互换,依次类推,直到第 2 个元素与第 1 个元素比较为止。这个过程称为第 1 趟冒泡排序,其结果是将数值最小的元素放到表中第 1 个元素的位置上。然后进行第 2 趟冒泡排序,其结果是使数值次小的元素被放到第 2 个元素的位置上。不断重复,直到完成 n−1 趟冒泡排序后,表中所有元素都排序完成。

从前向后的排序过程:从表头开始,从前向后扫描表中的元素,在扫描过程中逐次比较相邻两个元素的大小,若为逆序,则将它们互换,依次类推,直到第 n−1 个元素与第 n 个元素比较为止。这个过程称为第 1 趟冒泡排序,其结果是将数值最大的元素放到最后一个元素的位置上。然后进行第 2 趟冒泡排序,其结果是使数值次大的元素被放到第 n−1 个元素的位置上。对 n−1 个元素进行同样的操作,不断重复,直到完成 n−1 趟冒泡排序后,表中所有元素都排序完成。

(2) 问题求解

下面以解决具体排序问题为例,介绍冒泡排序的实现过程。

问题描述:

有如下英文单词:length,swap,order,high,apple,bubble,zero,quick,flag,pivot,这些单词未进行排序,现需将这些英文单词按照首字母在字典中的先后次序从小到大进行排序。

字母在计算机内存中是以其 ASCII 码值存放的,因此,英文单词首字母的排序实际上是按照字母的 ASCII 码值的大小进行排序。问题的求解过程是首先确定每个单词首字母的 ASCII 值,然后再按照冒泡排序的方法由小到大进行排序。

10 个单词首字母的 ASCII 码值分别为 108,115,111,104,97,98,122,113,102,112。分别按照从后向前、从前向后两种扫描方向进行冒泡排序,按从后向前扫描方向进行第 1 趟冒泡排序的过程如图 5−49 所示;从后向前以及从前向后的冒泡排序过程如图 5−50 所示。

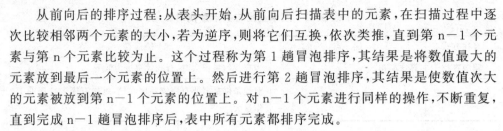

图 5−49 按从后向前扫描方向进行第 1 趟冒泡排序的过程

通过分析,可以总结出冒泡排序(以从后向前扫描为例)的具体做法(假设表中 n 个元素按照从小到大的顺序进行排序):定义两个变量 i 和 j,i 是控制排序的趟数,j 是控制每趟比较的次数,它们的初值分别为 1 和 n−1;从后向前比较,如果相邻的两个数逆序,则将两数交换,否则不断向前移动比较,直到一趟比较完,这样一直重复直至 n−1 趟为止。具体实现算法流程图如图 5−51 所示。

思考:①从前向后扫描表中的元素进行冒泡排序(升序排序),算法流程图如何设计?

初始状态	108	115	111	104	97	98	122	113	102	112
第1趟	97	108	115	111	104	98	102	122	113	112
第2趟	97	98	108	115	111	104	102	112	122	113
第3趟	97	98	102	108	115	111	104	112	113	122
第4趟	97	98	102	104	108	115	111	112	113	122
第5趟	97	98	102	104	108	111	115	112	113	122
第6趟	97	98	102	104	108	111	112	115	113	122
第7趟	97	98	102	104	108	111	112	113	115	122
第8趟	97	98	102	104	108	111	112	113	115	122
第9趟	97	98	102	104	108	111	112	113	115	122

(a) 从后向前扫描

初始状态	108	115	111	104	97	98	122	113	102	112
第1趟	108	111	104	97	98	115	113	102	112	122
第2趟	108	104	97	98	111	113	102	112	115	122
第3趟	104	97	98	108	111	102	112	113	115	122
第4趟	97	98	104	108	102	111	112	113	115	122
第5趟	97	98	104	108	111	112	113	115	122	
第6趟	97	98	102	104	108	111	112	113	115	122
第7趟	97	98	102	104	108	111	112	113	115	122
第8趟	97	98	102	104	108	111	112	113	115	122
第9趟	97	98	102	104	108	111	112	113	115	122

(b) 从前向后扫描

图 5-50　冒泡排序过程

②　若对表中的数据进行降序排序，算法流程图如何设计？

根据冒泡排序算法流程图，在 BYOB 中实现编程，首先需要建立存储排序元素的表，表建立完成后，根据前面编写的算法流程图，进而完成冒泡排序程序的编写，具体程序如图 5-52 所示。

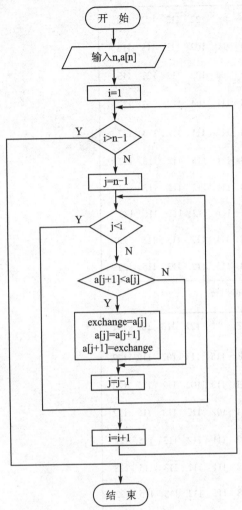

图 5 – 51　冒泡排序算法
流程图（从后向前扫描）

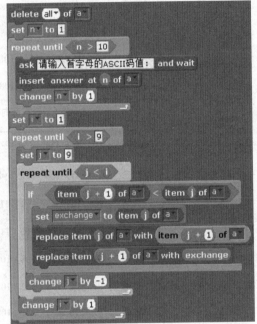

图 5 – 52　冒泡排序实现程序

　　在上述程序中，首先建立表 a，存储英文单词首字母对应的 ASCII 值，然后表中的数值按照从小到大的顺序自动进行排列。

　　从整个冒泡排序（从后向前扫描）的过程可以看出，当完成第 7 趟排序后，表中的值已经有序了，但此时程序并没有停止，它要一直执行下去，直到 n－1（9）趟为止。这就产生了很多不必要的操作。如何优化算法，使得数据排好序后程序就停止？

　　利用标志变量即可解决这个问题。首先，在程序中排序开始前设置一个标志变量 flag，设置初值 flag＝1（flag＝0，表示此趟排序过程中数据无交换，已排好序；flag＝1，表示此趟排序过程中数据有交换，未排好序；初值为 1，表示程序进入第 1 趟排序）。其次,将 flag 是否为 1 加入循环判断的条件,进入外循环体后,将 flag 置 0。最后,在内循环体判断排序过程有无数据交换。若有交换,改变 flag 的值为 1,否则 flag 为 0。利用标志变量能够实现冒泡排序算法的优化,在某趟排序完成后若数据无交换,则结束排序过程。冒泡排序算法优化流程,如图 5-53 所示。

　　根据优化算法的流程图,在 BYOB 中实现编程,完成冒泡排序的优化程序,如图 5-54 所示。

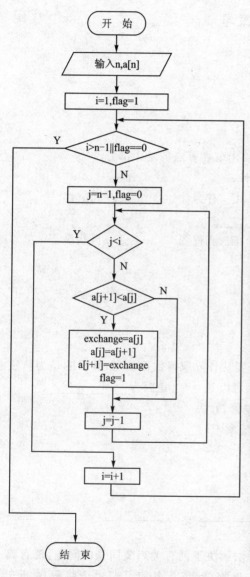

图 5-53　冒泡排序算法优化流程图

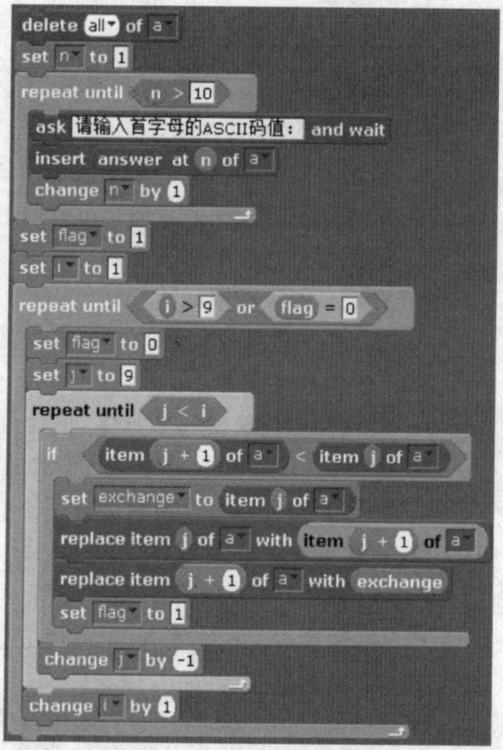

图 5-54　冒泡排序优化程序

运行程序后可以看到,当表中的数据有序后,程序即停止执行。

从优化的冒泡排序算法中可以看出,若初始序列为"正序"序列(已排好序),则只须进行一趟排序,在排序过程中进行 n−1 次数值比较,且不移动数据;若初始序列为"逆序"序列,则需要进行 n−1 趟排序,须进行 $\sum_{i=n}^{2}(i-1)=n(n-1)/2$ 比较,并做等数量级的记录移动。

思考练习

一、选择题

1. 下面对算法描述正确的一项是_____。

A. 同一问题的算法不同,结果必然不同

B. 算法只能用图形方式来表示

C. 同一问题可以有不同的算法

D. 算法可以有多个输出,所有输出必须出现在算法的结束部分

2. _____特性不属于算法的特性。

A. 二义性　　　　B. 可行性　　　　C. 有穷性　　　　D. 确定性

3. 下面不属于算法表示工具的是_____。

A. 伪代码　　　　B. 机器语言　　　　C. 流程图　　　　D. 自然语言

4. 算法的有穷性是指_____。

A. 算法程序的运行时间是有限的

B. 算法程序所处理的数据量是有限的

C. 算法程序的长度是有限的

D. 算法只能被有限的用户使用

5. 算法中的输入是指算法在执行时需要从外界取得数据信息,其目的是为算法的某些阶段建立初始状态,一个算法的输入可以是 0 个,是因为_____。

A. 算法是专门解决一个具体问题的步骤、方法

B. 解决同一个问题,采用不同算法的效率不同

C. 一个算法可以无止境地运算下去

D. 求解同一个问题的算法只有一个

二、填空题

1. 算法具有 5 个重要特性:_____、_____、_____、_____和_____。

2. 图 5−55 所示的程序主要采用穷举法解决下列有关鸡兔同笼的问题:现有鸡兔同笼,鸡和兔总共 107 只,兔比鸡多 56 只脚,问鸡兔各有几只?请将程序补充完整。

3. 图 5−56 所示程序的功能是根据随机数 x 的正负(x 在 −10~10 之间)对 y

赋值。x 为正数时，$y=1$；x 为负数时，$y=-1$；x 为零时，$y=0$。请将程序补充完整。

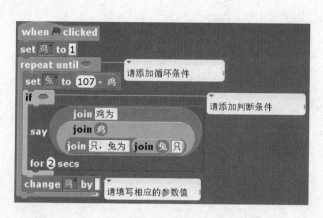

图 5－55　程序 1

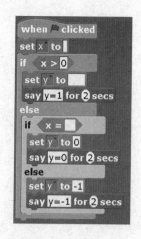

图 5－56　程序 2

三、操作题

1. 编写程序实现求解 1～200（含 200）以内所有偶数的和。

2. 编写程序实现求解 $n!$（n 值由键盘输入）。

3. 采用穷举法求出丢番图的年龄：

古希腊数学家丢番图的墓志铭上有如下记载：坟中安葬着丢番图，记录着他所经历的道路。上帝给予的童年占六分之一，又过了十二分之一，两颊长胡，再过七分之一，点燃起结婚的蜡烛。五年之后生了儿子，起名宁馨儿，儿子享年仅其父之半，便进入冰冷的墓。又过了四年，丢番图也走完了人生的旅途。（注：丢番图的年龄不超过 100 岁）

（参考答案）

专题六　办公软件应用

Office 2016 是微软推出的一个庞大的办公软件集合,它包含了 Word、Excel、PowerPoint 等办公软件。

Word 是微软公司 Office 办公软件中的重要模块之一,是一款强大实用的文字处理软件,可以用来完成文字的输入、编辑、排版、存储和打印等,是办公用户的好帮手。Word 易学好用,用户靠自己摸索就能了解和掌握其部分常用功能。但是要想让 Word 用起来更加方便,使效率更高、文档制作效果更漂亮,就需要深入学习它。

Excel 的中文含义是"超越"。确切地说,它是一种用于数据处理的电子表格软件,它直观的界面、出色的计算功能和图表工具,使其成为电子制表软件的霸主。它可以高效地完成各种表格的设计、进行复杂的数据计算和分析以及辅助决策操作,大大提高了数据处理的效率。它被广泛地应用于数据管理、财务统计、金融等众多领域。

PowerPoint 是专门用来制作演示文稿的软件,一般用于制作演讲、报告、会议、产品展示、商业演示等所需的演示文稿。它能将文字、表格、图片、动画、多媒体文件等结合在一起,以放映的方式展示各种信息,辅助用户进行更生动、形象、翔实的演示。用户最终可以在投影仪或计算机上进行演示,也可以将演示文稿打印出来,制作成胶片,以便应用到更广泛的领域中。

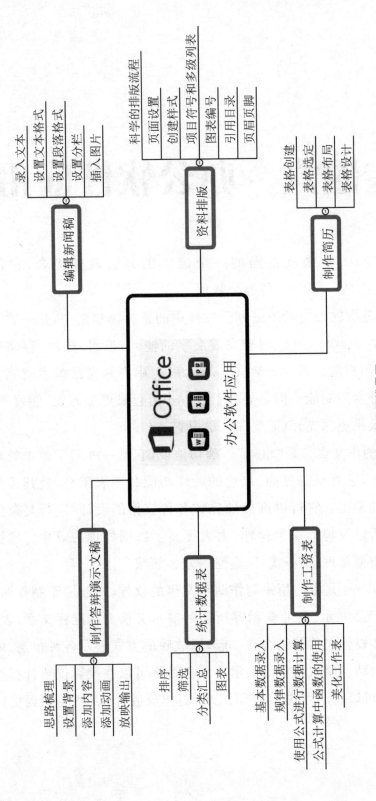

办公软件应用思维导图

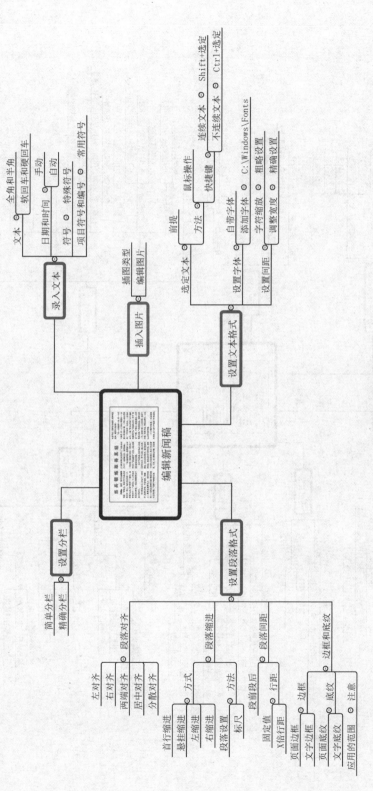

编辑新闻稿思维导图

录入文本
- 文本
  - 全角和半角
  - 软回车和硬回车
- 日期和时间
  - 手动
  - 自动
- 符号 ○ 特殊符号
- 项目符号和编号 ○ 常用符号

插入图片
- 插图类型
- 编辑图片

设置文本格式
- 前提
- 选定文本
  - 方法
    - 鼠标操作
    - 快捷键
      - 连续文本 ○ Shift+选定
      - 不连续文本 ○ Ctrl+选定
- 设置字体
  - 自带字体
  - 添加字体 ○ C:\Windows\Fonts
  - 字符缩放 ○ 粗略设置
- 设置间距
  - 调整宽度 ○ 精确设置

编辑新闻稿

设置分栏
- 简单分栏
- 精确分栏

设置段落格式
- 段落对齐
  - 左对齐
  - 右对齐
  - 两端对齐
  - 居中对齐
  - 分散对齐
- 段落缩进
  - 方式
    - 首行缩进
    - 悬挂缩进
    - 左缩进
    - 右缩进
  - 方法
    - 段落设置
    - 标尺
- 段落间距
  - 段前段后
    - 固定值
    - X倍行距
  - 行距
- 边框和底纹
  - 边框
    - 页面边框
    - 文字边框
  - 底纹
    - 页面底纹
    - 文字底纹
  - 注意
    - 应用的范围

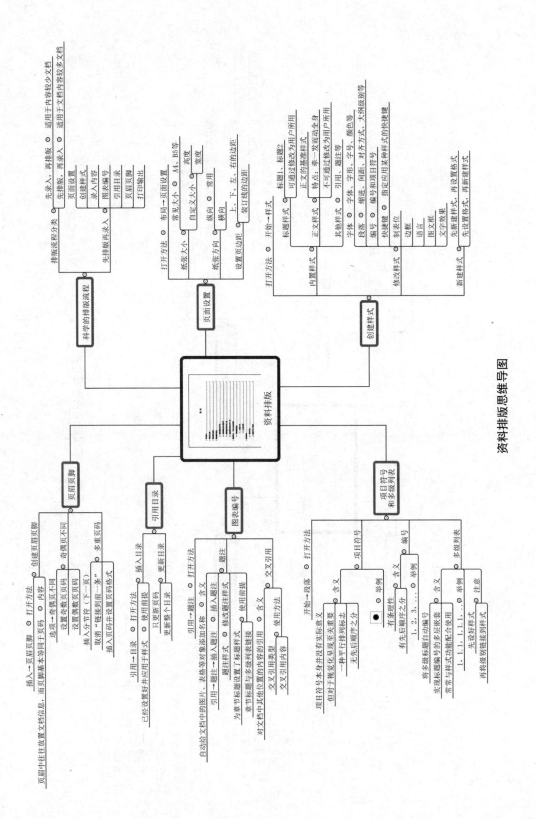

资料排版思维导图

科学的排版流程
- 排版流程分类
  - 先录入，再排版
    - 先排版，再录入
  - 适用于内容较少文档
  - 适用于文档内容较多文档
  - 先排版再录入
- 页面设置
  - 创建样式
  - 录入内容
  - 图表编号
  - 引用目录
  - 页眉页脚
  - 打印输出

页面设置
- 打开方法
  - 布局→页面设置
- 纸张大小
  - 常见大小
    - A4、B5等
  - 自定义大小
    - 高度
    - 宽度
- 纸张方向
  - 常用
    - 纵向
    - 横向
- 设置页边距
  - 上、下、左、右的边距
  - 装订线的边距

创建样式
- 打开方法
  - 开始→样式
- 内置样式
  - 标题1、标题2
  - 正文样式
    - 可通过修改为用户所用
    - 正文的基准样式
  - 其他样式
    - 特点：牵一发而动动全身
    - 不可通过修改为用户所用
- 修改样式
  - 字体
    - 引用、字号、颜色等
    - 字体、字形、字号、题注等
  - 段落
    - 缩进、间距、对齐方式、大纲级别等
  - 编号
    - 编号和项目符号
  - 快捷键
    - 指定应用某种样式的快捷键
  - 边框
  - 语言
  - 图文框
  - 文字效果
- 新建样式
  - 先新建样式、再设置格式
  - 设置好格式、再新建样式

页眉页脚
- 打开方法
  - 插入→页眉页脚
  - 创建页眉页脚
- 内容
  - 页眉基本等同于页脚
  - 选项
    - 奇偶页不同
    - 设置奇数页页码
    - 设置偶数页页码
  - 取消"链接到前一条"
    - 多重页眉
  - 插入页码并设置页码格式
  - 插入分节符（下一页）

页眉页脚中往往放置文档信息，
而且页脚基本等同于页眉。

引用目录
- 插入目录
  - 引用→目录
  - 已绘设置好并应用手样式
- 打开方法
  - 引用→目录
  - 使用前提
- 只更新页码
  - 更新整个目录
- 更新目录

图表编号
- 打开方法
  - 引用→题注
    - 含义
    - 自动给文档中的图片、表格等对象添加名称
  - 插入题注
    - 插入→题注
    - 题注设置了标题样式
    - 为章节标题设置了多级列表编号
  - 修改题注样式
  - 使用前提
- 交叉引用
  - 含义
    - 对文档中其他位置内容的引用
  - 使用方法
    - 交叉引用类型
    - 交叉引用内容

项目符号
和多级列表
- 打开方法
  - 开始→段落
- 项目符号
  - 含义
    - 项目符号本身并没有实际意义
    - 但对于视觉化呈现至关重要
    - 一种平行并列的标志
  - 举例
    - ●
    - 有无顺序之分
      - 有先后顺序用编号
        - 1、2、3、……
      - 无先后顺序之分
- 编号
  - 含义
  - 举例
    - 将文档标题自动编号
    - 将多级标题编号的多层嵌套
    - 常与多级列表功能配合使用
- 多级列表
  - 含义
    - 实现标题编号的多层嵌套
  - 举例
    - 1、1.1、1.1.1……
  - 注意
    - 先设好样式
    - 再将级别链接到样式

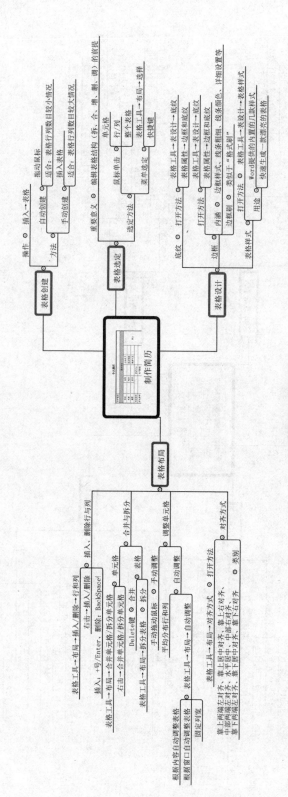

制作简历思维导图

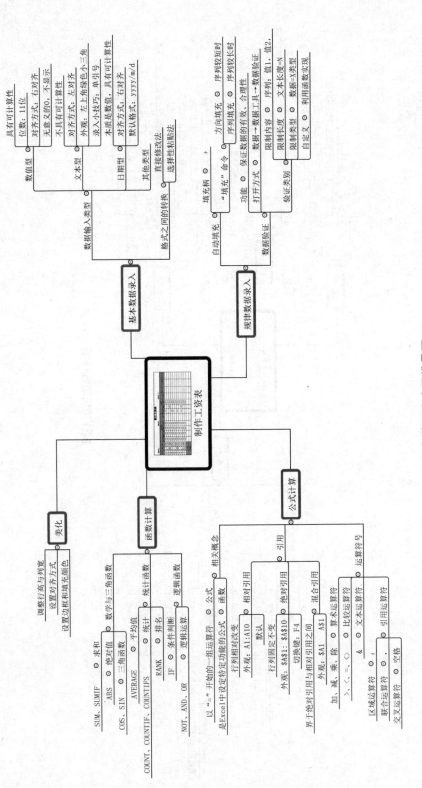

制作工资表思维导图

- 美化
  - 调整行高与列宽
  - 设置对齐方式
  - 设置边框和填充颜色

- 函数计算
  - 数学与三角函数
    - SUM、SUMIF 求和
    - ABS 绝对值
    - COS、SIN 三角函数
  - 统计函数
    - AVERAGE 平均值
    - COUNT、COUNTIF、COUNTIFS 统计
    - RANK 排名
  - 逻辑函数
    - IF 条件判断
    - NOT、AND、OR 逻辑运算

- 基本数据录入
  - 数据输入类型
    - 数值型
      - 具有可计算性
      - 位数：11位
      - 对齐方式：右对齐
      - 无意义的0：不显示
    - 文本型
      - 不具有可计算性
      - 对齐方式：左对齐
      - 外观：左上角绿色小三角
      - 录入小技巧：单引号
    - 日期型
      - 本质是数值，具有可计算性
      - 对齐方式：右对齐
      - 默认格式：yyyy/m/d
    - 其他类型
  - 格式之间的转换
    - 直接修改法
    - 选择性粘贴法

- 规律数据录入
  - 自动填充
    - 填充柄
      - +
    - "填充"命令
      - 方向填充
      - 序列填充
    - 功能
      - 序列较短时
      - 序列较长时
      - 保证数据的有效、合理性
  - 数据验证
    - 打开方式：数据→数据验证工具→数据验证
    - 验证类别
      - 限制内容：序列、值1、值2,
      - 限制长度：文本长度=N
      - 自定义：数据=A类型
      - 利用函数实现

- 公式计算
  - 相关概念
    - 公式
      - 以"="开始的一组运算符
    - 函数
      - 是Excel1中设定特定功能的公式
  - 引用
    - 相对引用
      - 外观：A1:A10
      - 默认
      - 行列相对改变
    - 绝对引用
      - 外观：$A$1:$A$10
      - 行列固定不变
      - 切换键：F4
    - 混合引用
      - 外观：$A1、A$1
      - 界于绝对引用与相对引用之间
  - 运算符号
    - 算术运算符
      - 加、减、乘、除
    - 比较运算符
      - >、<、=、<>
    - 文本运算符
      - &
    - 引用运算符
      - 区域运算符：:
      - 联合运算符：,
      - 交叉运算符：空格

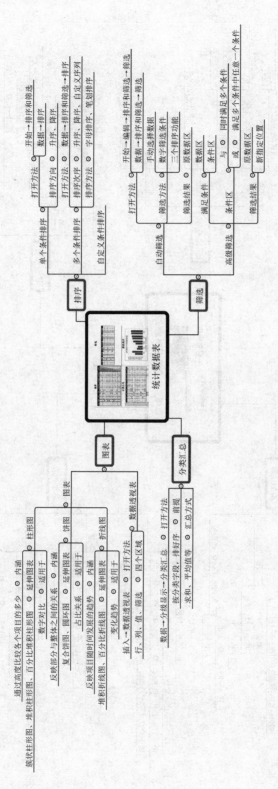

统计数据表思维导图

统计数据表

排序
- 单个条件排序
  - 打开方法 ○ 开始→排序和筛选
  - 排序方向 ○ 升序、降序
- 多个条件排序
  - 打开方法 ○ 数据→排序和筛选→自定义排序
  - 排序次序 ○ 升序、降序、自定义序列
- 自定义条件排序
  - 排序方法 ○ 字母排序、笔划排序

筛选
- 自动筛选
  - 打开方法 ○ 开始→编辑→排序和筛选→筛选 数据→排序和筛选→筛选
  - 筛选方法 ○ 手动选择数据
  - 筛选结果 ○ 数字筛选功能 三个排序区
- 高级筛选
  - 满足条件 ○ 原数据区 数据区
  - 条件区 ○ 与、或 同时满足多个条件 满足多个条件中任意一个条件
  - 筛选结果 ○ 原数据区 新指定位置

图表
- 柱形图
  - 内涵 ○ 通过高度比较各个项目的多少
  - 延伸图表 ○ 簇状柱形图、堆积柱形图、百分比堆积柱形图
  - 适用于 ○ 数字对比
- 饼图
  - 内涵 ○ 反映部分与整体之间的关系
  - 延伸图表 ○ 复合饼图、圆环图
  - 适用于 ○ 占比关系
- 折线图
  - 内涵 ○ 反映项目随时间发展的趋势
  - 延伸图表 ○ 堆积折线图、百分比折线图
  - 适用于 ○ 变化趋势
- 数据透视表
  - 打开方法 ○ 插入→数据透视表
  - 筛选 ○ 四个区域
  - 行、列、值、筛选

分类汇总
- 打开方法 ○ 数据→分级显示→分类汇总
- 前提 ○ 按分类字段、排好存
- 汇总方式 ○ 求和、值、平均值等

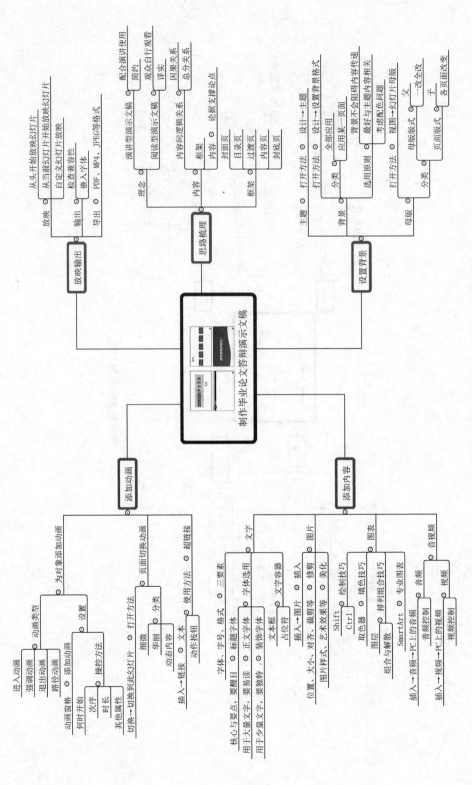

制作毕业论文答辩演示文稿思维导图

任务一 编辑新闻稿

【任务描述】

录入并编辑新闻稿,通过对文字的字体、字号、文字宽度进行调整,对段落的缩进、行距进行设置以及插入分栏等操作,使其达到如图 6-1 所示的效果。

当兵锻炼取得真经

本报讯 白兰、特约记者陈利报道:"排雷兵,是和平年代离死神最近的一群人。他们迈出的每一步,都事关生死;留下的每一个脚印,都带来安宁……"前不久,在XX大学某学员队俱乐部里,一场当兵锻炼体会交流会火热进行。

学员胡星在台上拿出了一张照片:他身着防护服,手拿毛刷、铁锹,小心翼翼地清理浮土,清除伪装层……这是他在部队进行模拟扫雷作业的场景。"闻惯了硝烟的味道,才会有直面死神的勇气!"谈起当兵的日子,他感慨良多、收获满满。

"来到基层部队,既要像个士兵一样训练,更要像个排长一样思考。"学员队"游泳健将"吴伟,对当兵锻炼有着独到的见解。

在水中的训练场,他发现战士们游泳动作过大、换气太快、露头太频。原来,在以往的训练中,他们把游的时间长、距离远作为训练目标,忽略了战场上的真实情况,缺少了战术背景。但是,他大胆指出问题,并发挥自身专长,现场指导教学,取得明显效果,赢得士兵称赞。

"第一次到基层一线,第一次住大排房,第一次与战士零距离……生理上的适应很关键,心理上的适应更重要。"学员陈思一边讲述、一边撸起袖子,一道"黑白分界线"成了他最骄傲的印记。"别看战士们一声声'排长'叫着,可是让他们打心眼里服你,还得凭真本事。"陈思回忆说,到部队第一天,恰逢"武装三公里"训练,他拼了命跑、咬着牙追,愣是没掉队,从此让大家刮目相看。

一个个精彩的故事,一条条难得的真经,在大家心中激起了阵阵涟漪。

图 6-1 新闻稿效果图

【任务内容与目标】

内 容	1. 录入文本; 2. 设置文本格式; 3. 设置段落格式; 4. 设置分栏; 5. 插入图片
目 标	1. 熟悉 Word 的工作环境; 2. 掌握文本排版,能够设置字体、字形、字号、效果和字符间距等格式; 3. 掌握段落排版,能够设置缩进、间距等段落格式; 4. 掌握分栏操作,能够设置栏数、宽度及间距等参数; 5. 掌握图片插入操作,并能够对图片位置、环绕、边框、效果等进行设置

【知识点 1】录入文本

1. 输入文本

在文档中输入文本内容时,最主要的操作是输入汉字和字符。Word 的输入功能简单易用,只要会使用键盘打字,就可以方便地对文档进行编辑。在 Word 中录入文本如图 6-2 所示。

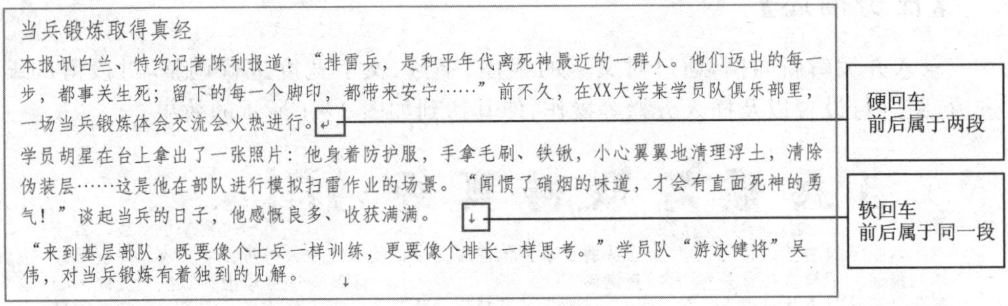

当兵锻炼取得真经

本报讯白兰、特约记者陈利报道:"排雷兵,是和平年代离死神最近的一群人。他们迈出的每一步,都事关生死;留下的每一个脚印,都带来安宁……"前不久,在XX大学某学员队俱乐部里,一场当兵锻炼体会交流会火热进行。↵

硬回车
前后属于两段

学员胡星在台上拿出了一张照片:他身着防护服,手拿毛刷、铁锹,小心翼翼地清理浮土,清除伪装层……这是他在部队进行模拟扫雷作业的场景。"闻惯了硝烟的味道,才会有直面死神的勇气!"谈起当兵的日子,他感慨良多、收获满满。↓

软回车
前后属于同一段

"来到基层部队,既要像个士兵一样训练,更要像个排长一样思考。"学员队"游泳健将"吴伟,对当兵锻炼有着独到的见解。↓

图 6-2 录入文本示例

小贴士

输入错误时可以按 Backspace 键删除错误的字符,在输入过程中,当文字到达一行的最右端时会自动跳转到下一行。

如果在一行未输入完时就要换行输入,可按 Enter 键来结束一个段落,这时会产生一个段落标记"↵",称为物理段落。

如果按 Shift+Enter 组合键来结束一个段落,会产生一个段落标记"↓",称为逻辑段落。虽然此时也能达到换行输入的目的,但并不会结束这个段落,只是换行输入而已,实际上前一个段落与后一个段落仍为一个整体,Word 仍默认它们为一个段落。

故障:在更改内容时,后面的字总是被"吃"掉。

很多人会遇到这样的问题:编辑文档时,在文字前面插入内容,光标后面的文字会莫名其妙地被"吃"掉,这是什么原因呢?

原因:当前编辑处于改写状态。在编辑时,输入文本有两种状态——插入状态和改写状态。当处于插入状态时,打字时输入的文本会插入到当前的位置;当处于改写状态时,打字时输入的文本会覆盖后面的文字。

如何在两种状态之间切换?方法有两种:一种是在窗口左下角的状态栏处单击当前状态即可,另一种是按 Insert 键进行切换。

2. 输入日期和时间

在文档编辑中输入日期和时间,可以直接输入;也可以单击"插入"选项卡→"文本"组→"日期和时间"按钮,打开如图 6-3 所示的"日期和时间"对话框,在"可用格式"列表框中根据需要选择相应的格式,然后单击"确定"按钮,即可在文档编辑区中输入日期和时间。

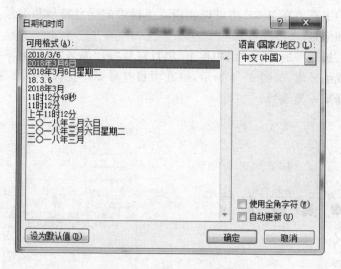

图 6-3　"日期和时间"对话框

3. 输入符号

在编辑 Word 文档时,为了美化版面或使层次清晰,经常需要输入符号。符号包括常用符号和特殊符号等。一般符号都可以直接通过键盘输入,如果键盘上没有,则可单击"插入"选项卡→"符号"组→"符号"按钮,选择"其他符号",打开如图 6-4 所示的"符号"对话框,在对话框符号区选择不同的子集和字体来选定符号进行插入。

图 6-4　"符号"对话框

4. 输入项目符号和编号

项目符号是指放在文本前以强调效果的点或其他符号，编号是指放在文本前具有一定顺序的字符。在 Word 中可以使用系统提供的项目符号和编号，也可以自定义项目符号和编号。

在"开始"选项卡的"段落"组中单击"项目符号"或"编号"右侧的下拉按钮，打开项目符号库或编号库，如图 6-5 所示，可在项目符号库中选择某一个项目符号或在编号库中选择某一类编号。

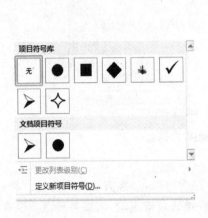

图 6-5　项目符号库和编号库

【知识点 2】设置文本格式

1. 选定文本

选定操作是进行文本、段落设置的前提。选定文本对象最常用的方法就是通过鼠标选取，采用这种方法可以选择文档中的任意文字，它是最基本和最灵活的选取方法。用鼠标选取文本的各种操作样式及选定范围如表 6-1 所列。

表 6－1　用鼠标选取文本的各种操作样式及选定范围

鼠标操作样式	选定范围
直接拖曳鼠标	选定拖曳的区域
双击鼠标左键	词（词组）
鼠标变成向右的箭头，单击	选择一行文本
鼠标变成向右的箭头，双击	选择一个段落
鼠标变成向右的箭头，三击	选择整篇文档

　　除了可使用鼠标选择文本外，还可以通过键盘上的组合键来选择文本。使用组合键选定文本时，须先将插入点移到欲选择文本的开始位置，然后操作有关的组合键即可。各个组合键及其选定范围如表 6－2 所列。

表 6－2　各个组合键及其选定范围

组合键	选定范围
Shift＋→	选定插入点右侧的一个字符
Shift＋←	选定插入点左侧的一个字符
Shift＋↑	选择从插入点到上一行同一位置之间的所有字符
Shift＋↓	选择从插入点到下一行同一位置之间的所有字符
Shift＋End	选择从插入点到所在行的行尾之间的所有字符
Shift＋Home	选择从插入点到所在行的行首之间的所有字符
Ctrl＋Shift＋↓	选择从插入点到所在段的段尾
Ctrl＋Shift＋↑	选择从插入点到所在段的段首
Shift＋PageDown	选择从插入点到下一屏之间的内容
Shift＋PageUp	选择从插入点到上一屏之间的内容
Ctrl＋Shift＋End	选择从插入点到整篇文档的结尾
Ctrl＋Shift＋Home	选择从插入点到整篇文档的开始
Ctrl＋A	选择整篇文档

小贴士

　　在选定文本的同时，按住 Shift 键，选定连续的文本；在选定文本的同时，按住 Ctrl 键，选定不连续的文本。

2. 设置字体

　　最基本的字体格式设置包括字体、字号、字形、颜色设置及给字符添加边框和底纹等。

单击"开始"选项卡→"字体"组右下角的"命令启动器"按钮,打开"字体"对话框,如图 6-6 所示。在该对话框中可进行字体、字形、字号、颜色及效果等字体格式设置。

图 6-6 "字体"对话框

故障:若要设置标题的字体为"方正大黑",我们发现找不到这种字体?

出现上述情况的原因是计算机字体库中的字体不全。Windows 10 自带了大部分常见的字体,共计 208 种字体,但是仍有部分字体无法提供,可通过添加字体的方式来解决。具体操作如下:

① 打开 Windows 10 的字体安装文件夹。字体存放路径"C:\Windows\Fonts"。

② 复制下载好的字体。

③ 在 Windows 10 字体文件夹中直接复制安装字体。

④ Windows 10 字体安装完毕后,在字体文件夹里即可看到已安装的字体,在应用软件中也可以使用此种字体。

3. 设置字符间距

设置字符间距是指对字符之间的距离、字符缩放比例、字符位置等进行调整。

单击"开始"选项卡→"字体"组右下角的"命令启动器"按钮,打开"字体"对话框,在该对话框中选择"高级"选项卡,如图 6-7 所示,对字体进行高级设置。

字符间距包括缩放、间距和位置。缩放是指改变文字的胖瘦,100%是正常,大于100%文字变胖,小于 100%文字变瘦。间距指的是两个字之间的间距。标准是正

图 6-7　"高级"选项界面

常,即我们平时看到的间距;加宽是增大间距;紧缩是缩小间距。增大、缩小间距的程度,可以通过填写磅值来控制,磅值越大,间距改变的幅度越大。位置是指在一行中文字是提升还是降低,提升是指文字位置变高,降低是指文字位置变低。位置改变的程度,可以通过填写磅值来控制,磅值越大,位置改变的幅度越大。

单击"开始"选项卡→"段落"组→"中文版式"按钮,打开"中文版式"下拉列表,如图 6-8 所示。其中可设置的版式有纵横混排、合并字符、双行合一、调整宽度以及字符缩放。

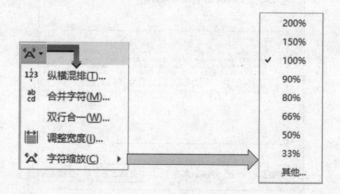

图 6-8　"中文版式"下拉列表

【知识点 3】设置段落格式

段落指的是两个段落标记之间的文本内容,是独立的信息单位,具有自身的格式特征。段落格式设置是指以段落为单位的格式设置,设置段落格式主要是指设置段落对齐方式、段落缩进、段落间距以及段落边框和底纹等。设定段落格式后,文本中该段落后的新段落的格式将与其相同,除非重新设置段落格式,否则这种格式设置会一直保持到文档结束。

单击"开始"选项卡→"段落"组右下角的"命令启动器"按钮,打开"段落"对话框,如图 6-9 所示。

图 6-9 "段落"对话框

1. 设置段落对齐方式

段落对齐是指文档边缘对齐的一种方式,包括左对齐、居中、右对齐、两端对齐和分散对齐。段落对齐适用于整个段落,将光标置于段落的任意位置都可以选定段落。

段落对齐方式可通过"段落"组的对齐按钮来设置,或者可在"段落"对话框中通过"缩进和间距"选项卡→"常规"组→"对齐方式"选项进行设置,如图6-10所示。

① 左对齐方式▤:一段中所有的行都从页的左边距处起始。

② 居中方式▤:段落的每一行距页面的左、右边距离相同。

③ 右对齐方式▤:一段中所有的行都从页的右边距处起始。

④ 两端对齐方式▤:段落每行的首尾对齐,如果行中字符的字体和大小不一致,系统将自动调整字符间距,以维持段落的两端对齐,但对未满的行则保持左对齐。

⑤ 分散对齐方式▤:和两端对齐方式相似。其区别在于使用两端对齐方式时未满的行是左对齐;而使用分散对齐方式时则使这一段的所有行都首尾对齐,字与字的间距相等。

在"段落"对话框中,单击"缩进和间距"选项卡"常规"组的"大纲级别"选项右侧的下拉按钮,弹出"正文文本、1级、2级、3级……9级"10种大纲样式,如图6-11所示,它一般与样式配合使用。

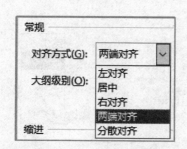

图6-10　"对齐方式"选项

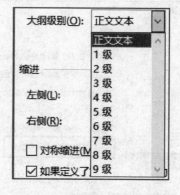

图6-11　"大纲级别"选项

2. 设置段落缩进

段落缩进是指段落相对左、右页边距向页内缩进一段距离,包括左缩进、右缩进、首行缩进和悬挂缩进。设置段落缩进可以将一个段落与其他段落分开,使条理更加清晰,层次更加分明。

在"段落"对话框中,单击"缩进和间距"选项卡→"缩进"组→"特殊"选项下拉按钮,弹出首行、悬挂两种缩进类型,在它的左侧可以设置左、右缩进的大小,如图6-12所示。

① 左缩进:控制段落中所有行与左边界的位置。

② 右缩进:控制段落中所有行与右边界的位置。

③ 首行缩进:控制段落第一行第一个字的起始位置。

④ 悬挂缩进:控制段落中第一行以外的其他行的起始位置。

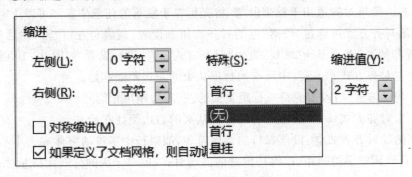

图 6-12　段落"缩进"设置

按照书写习惯,大多数段落都将首行缩进设置为 2 个字符。缩进的单位默认为字符,如果要使用磅、厘米等其他度量单位,直接输入单位值即可,也可以单击"文件"选项卡→"选项"组→"高级",在"显示"组设置默认的度量单位为英寸、厘米、毫米、磅、派卡,如图 6-13 所示。

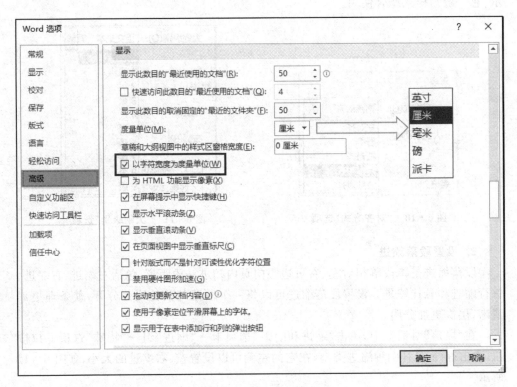

图 6-13　设置度量单位

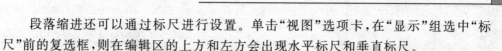

段落缩进还可以通过标尺进行设置。单击"视图"选项卡,在"显示"组选中"标尺"前的复选框,则在编辑区的上方和左方会出现水平标尺和垂直标尺。

标尺上面有 4 个滑块控制着文档中文字的位置,也就是文字的缩进,包括左缩进、右缩进、首行缩进和悬挂缩进。水平标尺如图 6-14 所示,其中数字代表字符,不受字号大小的影响。

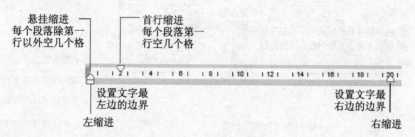

图 6-14　水平标尺

小贴士

在拖动滑块的同时,按住 Alt 键,可以精准调整标尺。

---

3. 设置段落间距

段落间距是指段落与段落之间的距离。在文档排版时,经常需要在段与段之间留有一定的空白距离,如标题段与上下正文段之间的距离大一些、正文段与正文段之间的距离小一些。在段落之间适当地设置一定的距离,可以使文章的结构更清晰、更易于阅读。

在"段落"对话框"缩进和间距"选项卡"间距"组的"段前""段后"输入框中直接输入数值,或者单击右侧的自增减按钮,可设置段落间距,如图 6-15(a)所示。

行距是指行与行之间的距离。Word 提供了多种可供选择的行距,如单倍行距、1.5 倍行距、2 倍行距、最小值、固定值和多倍行距等。

单击"间距"组→"行距"下拉按钮,可以设置行距的大小,当选定行距值为固定值时,可以在右边"设定值"中填入具体大小的数值。也可以通过"行和段落间距"快捷工具按钮来设置段落间距,如图 6-15(b)所示。

4. 设置段落边框和底纹

设置段落边框是指为整段文字添加线型边框,设置段落底纹是指为整段文字设置背景颜色。

单击"开始"选项卡→"段落"组→"边框"按钮,在展开的下拉列表中可选择边框样式,如图 6-16(a)所示。

如果要设置不同的边框效果,则从"边框"下拉列表中选择"边框和底纹"命令,打开"边框和底纹"对话框,如图 6-16(b)所示。在"边框"选项卡中可分别设置边框的样式、颜色和宽度等。

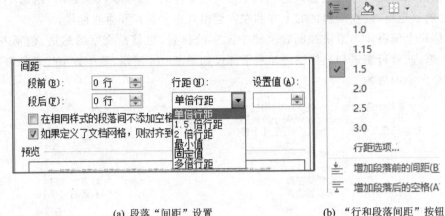

(a) 段落"间距"设置　　　　　　(b) "行和段落间距"按钮

图 6 - 15　设置段落间距

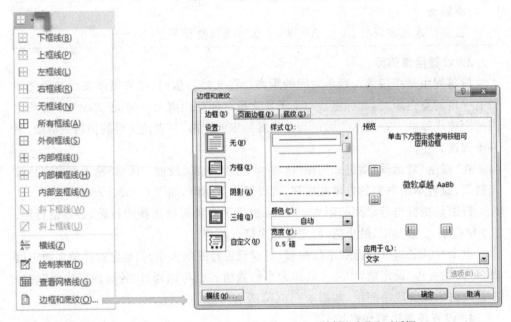

(a) "边框"按钮　　　　　　　(b) "边框和底纹"对话框

图 6 - 16　设置段落边框和底纹

如果要为整段文字或段落设置背景,则选择该段落或文字,打开"边框和底纹"对话框,单击"底纹"选项卡,在"填充"框中选择底纹的颜色,如图 6 - 17 所示。

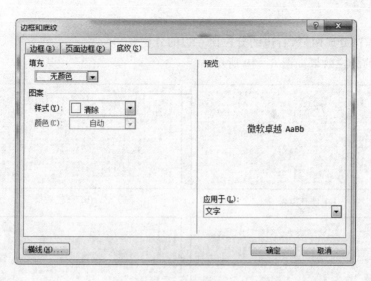

图 6-17 设置底纹

小贴士

用户可以通过选定文本并设定字体的方法来设置文本的格式,还可以通过"格式刷"命令将一个段落、文本的排版格式便捷地复制到另一段文本中。

---

① 选择"格式刷"命令。选择要设定格式的文本,单击"开始"选项卡→"剪贴板"组→"格式刷"按钮,文档中的鼠标光标变为 🖌 形状。如果想多次使用格式刷改变多个段落的格式,只要在选中复制格式的原文档的后面双击"格式刷"按钮即可。

② 使用格式刷。将鼠标光标移动到要改变段落格式的段落的任意位置,单击该段文字,格式即可发生变化。

【知识点4】设置分栏

分栏既可以美化页面,又可以方便阅读,但是如果分栏后每一栏的宽度不一样,将会影响文档的美观。对文档进行分栏有两种方法:一是简单分栏;二是精确分栏。

1. 简单分栏

单击"布局"选项卡→"页面设置"组→"分栏"按钮可对文档进行简单分栏。

"分栏"下拉列表(见图 6-18)中各选项的含义如下:

① 一栏:不对文档进行分栏或取消已有的分栏。

② 两栏:将文档分为左、右两栏。

③ 三栏:将文档分为左、中、右三栏。

④ 偏左:分成两栏,右边的分栏比左边的分栏要宽

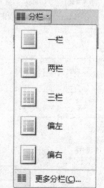

图 6-18 "分栏"下拉列表

一些。

⑤ 偏右：分成两栏，右边的分栏比左边的分栏要窄一些。

不同的分栏效果如图6-19所示。

(a) 两栏效果

(b) 三栏效果

(c) 偏左效果

(d) 偏右效果

图6-19 不同的分栏效果

2. 精确分栏

精确分栏可以自定义文档的分栏数量、宽度、间距和分隔线，从而使文档更加美观，具有可观赏性。

单击"页面设置"组→"分栏"按钮，在弹出的下拉列表中选择"更多分栏"选项，弹出"栏"对话框，各参数设置以及分栏效果如图6-20所示。

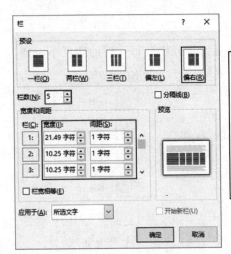

图6-20 精确分栏参数设置及分栏效果

【知识点 5】插入图片

Word 除了具有强大的文字处理功能外,还提供了一套强大的用于绘制图形的工具。用户可以利用这套工具在文档中绘制所需的图形,也可以插入已知的图形、图片等素材。

1. 插图类型

(1)"插图"组

单击"插入"选项卡→"插图"组→"图片"(或者"剪贴画""形状""SmartArt""图表""屏幕截图")按钮,可打开相应的对话框或下拉菜单。

思考:通常情况下你在 Word 中插入图片时是把图片直接拖进去,还是复制、粘贴进去,还是选择插图操作?

当然,思考中的 3 种操作都可以实现插入图片,但是直接拖进去或者复制、粘贴会将图片和读图软件的相关信息全部粘贴入文档,Word 文档就会变得很大。当选择插图操作时,Word 会默默地自动压缩图片:默认为 220 ppi。当用户希望图片被无损地插入时,单击"文件"选项卡→"选项"组→"高级",在"图像大小和质量"组选中"不压缩文件中的图像"即可,如图 6 - 21 所示。

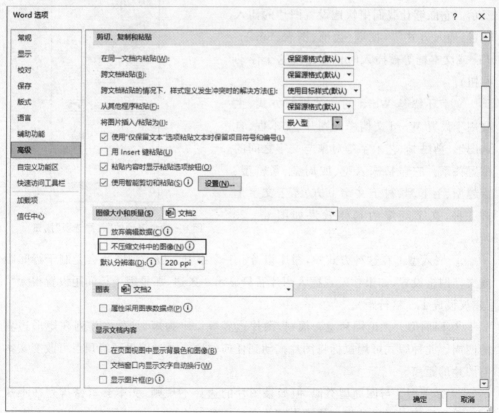

图 6 - 21　设置"不压缩文件中的图像"

（2）"文本"组

单击"插入"选项卡→"文本"组→"文本框"（或者"艺术字"）按钮，可打开相应的下拉菜单，选择并插入不同的文本信息。

2. 编辑图片

单击某个图片，会出现图片工具"格式"选项卡，包含"调整""图片样式""排列""大小"4 个功能组。

（1）"调整"组

"调整"组包括设置图片的亮度和对比度、饱和度和色调、艺术效果，压缩图片、更改图片、重设图片、删除背景等功能。

（2）"图片样式"组

"图片样式"组包括设置图片的边框、效果及版式等功能。

（3）"排列"组

"排列"组包括设置图片的文字环绕、层级、组合、对齐、旋转等功能。其中，图片的文字环绕是常用到的功能。单击图形，右侧会出现浮动的"布局选项"按钮，如图 6-22 所示。它能够让我们更快地设置图片的插入位置、插入方式等（视频、边框、图表、Smart-Art 或文本框等被插入时也会出现这个浮动按钮）。

文字环绕是 Word 的一种排版方式，主要用于设置 Word 文档中的图片、文本框、自选图形、剪贴画、艺术字等对象与文字之间的位置关系。它包括嵌入型、四周型、紧密型、穿越型、上下型、衬于文字下方、浮于文字上方 7 种，文字环绕的具体效果如图 6-23 所示。

图 6-22 浮动的"布局选项"按钮

① 嵌入型。在这种方式中，图片相当于一个字符。嵌入型图片会受制于行间距或文档网格设置，如果你发现插入图片后只显示一条边，那是因为行间距设置得太窄（建议设成 1.5 倍行距）。

② 四周型。无论图片是否规则，图片边界被设定为矩形，文本排列在矩形边界的四周。此种版式可用鼠标将图片拖动到任何位置。通过编辑环绕顶点可改变文本与图片的距离。

③ 紧密型。与四周型类似，但如果图片的边界不规则，文本会紧密排列在不规则边界的周围。通过编辑环绕顶点可改变排列的贴合度。

(a) 嵌入型

(b) 四周型

(c) 紧密型

(d) 穿越型

(e) 上下型

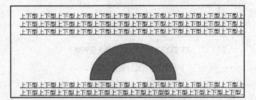

(f) 衬于文字下方

(g) 浮于文字上方

图 6 - 23　文字环绕的具体效果

④ 穿越型。与紧密型类似,文字会根据图片外形出现在每个凹陷处。

⑤ 上下型。文本在图片的上、下方,图片的左、右两端无文本。

⑥ 衬于文字下方。图片相当于背景图片,可以制作图片水印。

⑦ 浮于文字上方。图片会覆盖文字。

7 种环绕方式可分为 3 类:

➤ 嵌入型:图片被当作文本,不能使用编辑环绕顶点。

➤ 四周/紧密/穿越/上下型:图片与文本在一层且相互影响。

➤ 衬于文字下方/浮于文字上方:图片和文本在两层,互不干扰。

（4）"大小"组

"大小"组包括设置图片高度和宽度、裁剪等功能。

任务二　资料排版

【任务描述】

编写 XXX 资料翻译验收细则，并按要求进行排版，要求及效果如图 6 - 24 所示。

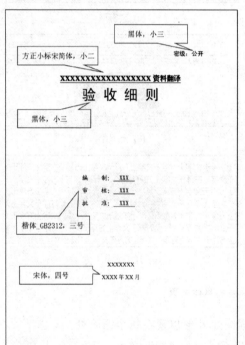
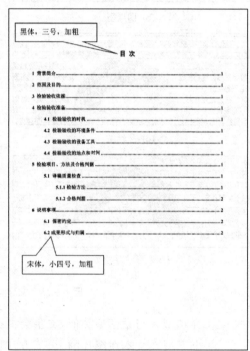

图 6 - 24　资料排版效果图

1　背景简介

　　XX 承担了项目 XXXXXXX，根据项目研究和教学需要，计划翻译 XXXXXXXXXX。

2　范围及目的

　　本细则规定了检验人员对本次翻译外协的检验项目、方式、程序、合格判据等内容，明确了检验验收的时机、内容、方法，适用于对外协服务的检验验收工作。

3　检验验收依据

　　注：规定产品检验验收依据。

　　推荐内容如下：

　　a. 校区与采购或外协方签订的合同、技术要求；

　　b. 翻译成品文件。

4　检验验收准备

　　根据检验任务，检验人员明确检验分工及要求，供应商应做好检验所需的条件准备，明确符合要求的人员配合质检组的检验。

4.1　检验验收的时机

　　产品交付前。

4.2　检验验收的环境条件

　　供应商提供译稿电子版。

4.3　检验验收的设备工具

　　计算机。

4.4　检验验收的地点和时间

　　XX 会议室，就译稿进行全文检查校对，时间为一周。

5　检验项目、方法及合格判据

5.1　译稿质量检查

5.1.1　检验方法

　　a. 对译稿进行全文通读校对；

　　b. 时间为一周；

c. 及时反馈修改意见，并要求供应商修改。

5.1.2　合格判据

　　a. 译文忠于原文，语言准确，语句通顺；

　　b. 根据甲方提供的专业术语进行翻译；

　　c. 按照文样式排版，结合中文习惯对译稿进行排版，提交电子版文稿。

6　说明事项

6.1　保密约定

　　注：规定保密相关人员、范围、期限等要求，应与合同中保持一致。

6.2　成果形式与归属

　　翻译成果全部甲方所有，乙方不得作他用。

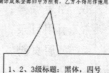

1、2、3级标题：黑体，四号

正文：仿宋_GB2312，四号

方正小标宋简体，小二号

XXXXXXXX 翻译检验记录表

单位：XXXXXXXX

序号	检验项目	检验方法	合格判据	检验结果
1	《XXXXXX》翻译稿	全文中英文校对	译文忠于原文，评议准确，语句通顺，图片准确清晰；根据甲方提供的专业术语进行翻译，校译不少于3次；按原文样式排版。	
检验结论				

黑体，五号

宋体，五号

日期：　　年　月　日　　　　　　　　　　　　　记录人：

3

图 6-24　资料排版效果图（续）

【任务内容与目标】

内　容	1. 科学的排版流程； 2. 页面设置； 3. 创建样式； 4. 项目符号和多级列表； 5. 图表编号； 6. 引用目录； 7. 页眉页脚
目　标	1. 掌握科学的排版流程； 2. 掌握页边距、纸张方向、纸张大小等设置； 3. 能够新建、修改、删除样式，学会设置样式中的字体、段落等； 4. 学会自动插入、更新、修改题注和交叉引用； 5. 学会插入目录； 6. 学会正确插入分隔符； 7. 学会设置页眉页脚的格式并插入页眉页脚

【知识点 1】科学的排版流程

本专题任务一介绍的排版流程是先输入文字、插入图表，再进行排版，这对于文字内容较少、简单的排版任务较适用，但对于文字内容较多、较复杂的排版任务就不适用了。科学的排版流程应是先花几分钟时间把格式设置好，然后在这个格式框架内输入内容。它分为以下 7 步，如图 6-25 所示。

图 6-25　科学的排版流程

① 页面设置：排版的第一件事，只有先设置好文档的纸张大小、方向、页边距等，才能确保后面的排版不用返工。

② 创建样式：样式在长文档排版中占有举足轻重的地位，是所有自动化排版的基础。

③ 录入内容：录入文字、图片、表格等文档的过程，自动应用事先创建好的样式。

④ 图表编号：将图片、表格排版，并通过题注功能自动编号。

⑤ 引用目录:设置样式,然后录入内容,就可以自动生成目录。

⑥ 页眉页脚:一篇文档的排版离不开对页面最上面的页眉和页面最下面的页脚的设置。

⑦ 打印输出:文档排版的最后一步,用以检验排版的最终效果。

【知识点 2】页面设置

页面设置是对页面的边距、纸张方向、纸张大小、版式以及文字排列等进行设置。在进行页面设置之前,首先要熟悉一个版面的基本术语,页面布局如图 6-26 所示。

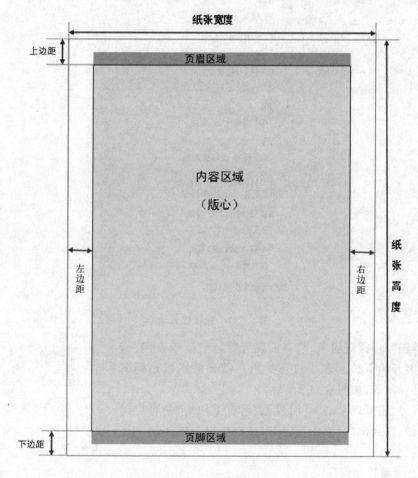

图 6-26 页面布局

1. 设置纸张大小与纸张方向

纸张大小是指用于打印文档的纸张幅面,例如平时打印个人简历或文档一般都用 A4 纸,有时也用 B5 纸,另外还有诸如 A3、B4 等很多种纸张规格。纸张方向一般分为横向和纵向两种。通常打印的文档纸张是纵向的,有时也用横向纸张,例如一个很宽的表格,采用横向打印可以确保表格的所有列能完全显示。

单击"布局"选项卡→"页面设置"组→"纸张大小"按钮,在展开的下拉列表中可选择用户需要的纸张大小,如图 6-27 所示。

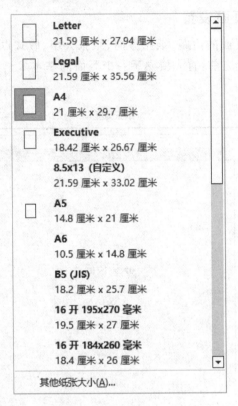

图 6-27　选择纸张大小

单击"布局"选项卡→"页面设置"组→"纸张方向"按钮,在展开的下拉列表中可选择用户需要的纸张是横向的还是纵向的,如图 6-28 所示。

另外,也可以单击"页面设置"组右下角的"命令启动器"按钮,在弹出的"页面设置"对话框中设置纸张的大小和方向。

图 6-28　选择纸张方向

2. 设置页边距

页边距是指版心到页边界的距离,又叫"页边空白"。为文档设置合适的页边距,可使文档的外观显得更加清爽,让人赏心悦目。

单击"布局"选项卡→"页面设置"组→"页边距"按钮,在展开的下拉列表中可选择 Word 提供的页边距的样式,如图 6-29(a)所示;也可以选择"自定义边距",在弹出的"页面设置"对话框中设置精准的上、下、左、右边距,如图 6 - 29(b)所示。

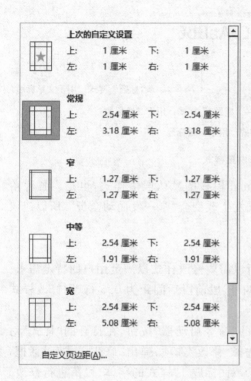

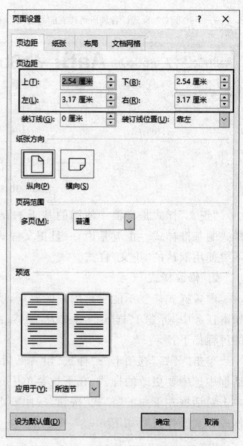

(a) 通过下拉菜单设置页边距　　　　　　(b) 通过"页面设置"对话框设置页边距

图 6 - 29　设置页边距

【知识点 3】创建样式

样式是字符格式和段落格式的集合,在编排重复格式时反复套用样式,可以避免对内容进行重复的格式化操作,即样式是排版自动化的基础。使用样式有三大优点:一是使全文格式编排美观统一;二是一次修改,全文更新;三是应用样式是自动生成目录的基础。

样式一般有两类:标题类样式和正文类样式。标题类样式包括"标题"样式、"标题 1"样式、"标题 2"样式等;正文类样式包括"正文"样式、"图片题注"样式、"表格题注"样式、"公式"样式等。

1．内置样式

内置样式位于"开始"选项卡的"样式"功能组，如图6-30所示。

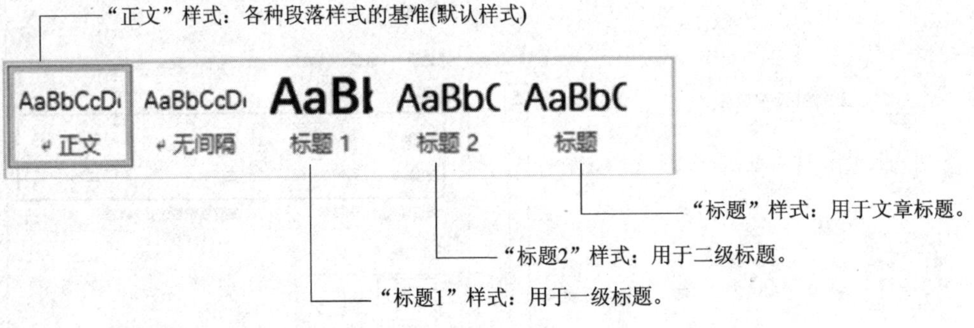

"正文"样式：各种段落样式的基准(默认样式)

"标题"样式：用于文章标题。

"标题2"样式：用于二级标题。

"标题1"样式：用于一级标题。

图6-30　内置样式

"正文"样式是文档中使用的基于Normal模板的默认段落样式，也是内置段落样式的基准样式。也就是说，一旦正文样式发生改变会"牵一发而动全身"，所以建议不要使用默认的"正文"样式。

2．修改样式

内置样式往往不能满足用户的要求，所以需要修改样式以满足用户的特定需求。如本任务中"标题1"样式的格式为：黑体、四号、段前段后间距为0.5行，则修改样式的过程如下：

单击"开始"选项卡→"样式"组右下角的"命令启动器"按钮，在打开的"样式"对话框中选中要更改的样式，在下拉菜单中选择"修改"选项，弹出"修改样式"对话框，单击对话框左下角的"格式"按钮，按照要求，对"标题1"样式的字体、段落进行修改。修改样式操作过程如图6-31所示。

拓展："自动更新"的意义

如果选中"自动更新"，那么只要有一项应用了该样式的文本格式发生改变，其他所有应用该样式的文本格式就会随即同步更新。

因此，建议标题类样式选中此复选框，这样只要有一个标题更改了格式，其他所有该样式下的标题就会自动更新；正文类样式不建议选中此复选框，因为正文内容往往会有局部的格式调整，并不需要将其应用于全文。

对样式可以进行字体、段落、制表位、边框、语言、图文框、编号、快捷键及文字效果9类格式的修改。本任务是通过修改字体、段落和编号等格式完成对"标题1"样式的修改，格式设置如图6-32所示。

在文章中选中（或单击）要设定为"标题1"样式的文字，再单击"样式"中的"标题1"，该文字就应用了"标题1"样式。按照同样的方法修改"标题2"样式、"标题3"样式及"正文"样式。需要注意的是，"正文"样式不能修改，会自动新建一个样式。一般情况下，用户都是采取新建样式的方法定义新的样式。

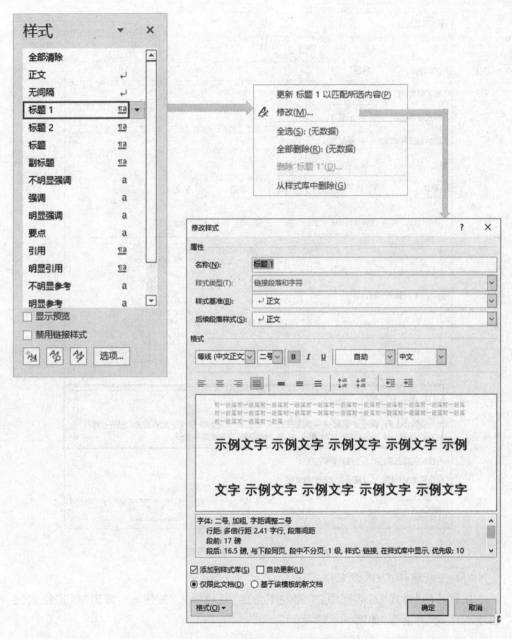

图 6-31 修改样式操作过程

3. 新建样式

新建样式有两种方法：一种是先新建样式，再设置格式；另一种是先设置格式，再新建样式。

图 6-32 "标题1"样式修改

（1）先新建样式，再设置格式

在打开的"样式"对话框中，单击左下角的"新建样式"按钮 ，弹出"根据格式化创建新样式"对话框，如图 6-33 所示。

（2）先设置格式，再新建样式

用户也可以按照要求，为正文内容、各级标题内容设置好字体和段落格式后选中内容，单击"创建样式"，在弹出的"根据格式化创建新样式"对话框中输入样式名称，单击"确定"按钮即可完成新样式的创建，如图 6-34 所示。

通过以上两种不同的方法，为一级标题重新设置样式为"验收标题 1"，为二级标题设置样式为"验收标题 2"，为三级标题设置样式为"验收标题 3"，为正文设置样式

名称：
新样式的命名原则是样式代表什么就将其命名为什么。例如"验收正文"等。

样式类型：
类型有5种：段落、字符、链接段落和字符、表格、列表。

样式基准：
当前新创建的样式所基于的样式。如果创建的是"正文"样式，那么样式基准选择"正文"；如果创建的是"标题1"样式，那么样式基准选择"标题1"。

后续段落样式：
该段落结束以后，下段内容自动套用的样式。如果新建样式命名为"验收正文"，则此处选择"验收正文"；如果新建样式命名为"验收标题1"，则此处选择"验收标题1"。

图6-33 "根据格式化创建新样式"对话框

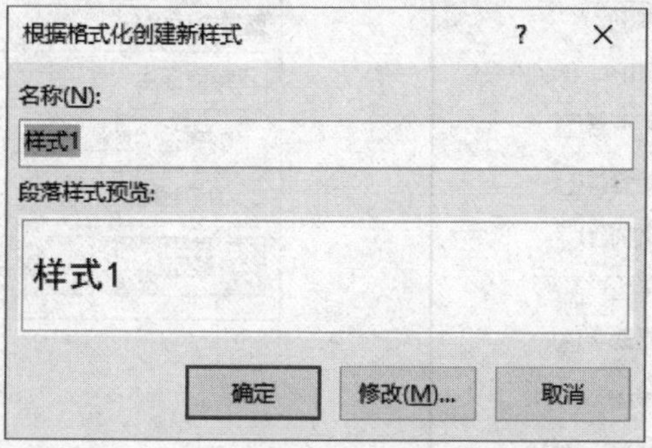

图6-34 "根据格式化创建新样式"对话框

为"验收正文"。

【知识点 4】项目符号和多级列表

1. 项目符号和编号

项目符号是一种平行排列标志，表示在某项下可有若干条目。项目符号本身并没有实际意义，但对于视觉化呈现至关重要。单击"开始"选项卡→"段落"组"项目符号"右侧的下拉按钮，可展开项目符号库。

编号比项目符号更具条理性，有先后顺序之分，方便识别条目所在位置。当应用了编号的项目位置发生移动或中间有条目删除时，编号都能自动重新编号，保证序号的连续性。单击"开始"选项卡→"段落"组→"编号"右侧的下拉按钮，可展开编号库。

故障：插入项目符号或编号后，发现项目符号或编号与其后面的文本之间的距离过大。

其实项目符号或编号与其后面的文本之间的距离是通过制表位来控制的，而制表位又与文本缩进相关联。

在项目符号或编号处右击，选择"调整列表缩进"选项，在弹出的"调整列表缩进量"对话框中，单击"编号之后"右侧的下拉按钮，更改制表位为"空格"或"不特别标注"，如图 6–35 所示。这样，项目符号或编号与其后面的文本之间的距离就缩小为一个空格或没有空格了。

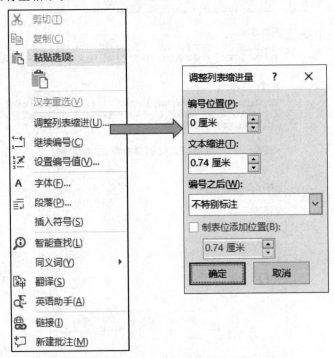

图 6–35　调整项目符号或编号与其后面的文本之间的距离

2. 多级标题与多级列表

　　多级列表功能是将多级标题自动编号，与 Word 默认的自动编号功能不同，多级列表功能可以实现标题编号的多层嵌套，常常与样式功能配合使用。单击"开始"选项卡→"段落"组→"多级列表"右侧的下拉按钮，在展开的列表库中选择一种样式，或者选择"定义新的多级列表"，弹出"定义新多级列表"对话框，如图 6 - 36 所示，在该对话框中单击左下方的"更多"按钮。

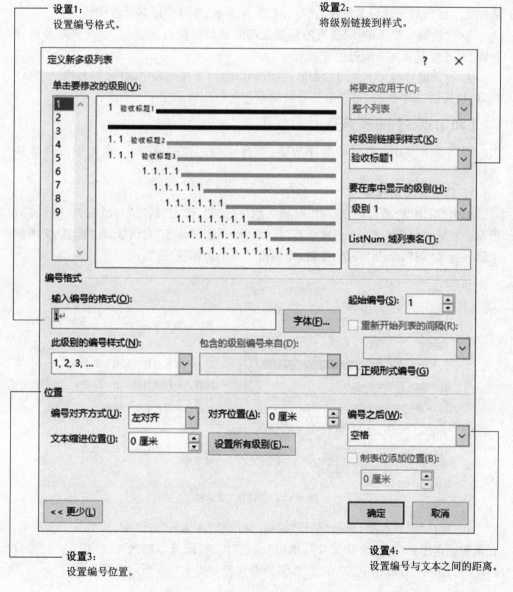

设置1：
设置编号格式。

设置2：
将级别链接到样式。

设置3：
设置编号位置。

设置4：
设置编号与文本之间的距离。

图 6 - 36　"定义新多级列表"对话框

根据本任务要求,一级标题用"1,2,3,..."样式,二级标题用"1.1,2.1,3.1,..."样式,三级标题用"1.1.1,2.1.1,3.1.1,..."样式。那么,如何将编号与标题样式进行链接?

① 设置编号的格式:在"输入编号的格式"文本框内输入编号的格式,单击右侧的"字体"按钮,弹出"字体"设置对话框,在该对话框内设置编号的字体、字形、字号等格式。

② 设置链接样式:在"将级别链接到样式"下拉选项中选择"验收标题1",这样就将样式与多级列表进行了链接,在增、删、改标题时,序号保证都是连续的。

③ 设置编号位置:不同层级的标题之间默认都是向右缩进的,要设置编号对齐方式、对齐位置及文本缩进位置。

④ 设置编号与文本之间的距离:在"编号之后"下拉列表中选择"制表符""空格""不特别标注"3个选项,可设置编号与文本之间的距离。

【知识点 5】图表编号

用户借助 Word 提供的题注功能,可自动给文档中的图片、表格等对象添加名称。

1. 给图表添加题注

单击"引用"选项卡→"题注"→"插入题注"按钮,弹出"题注"对话框,如图 6-37 所示。在该对话框中单击"新建标签"按钮,弹出"新建标签"对话框,在"标签"文本框中输入标签"图",单击"确定"按钮,即创建了一个新标签"图"。

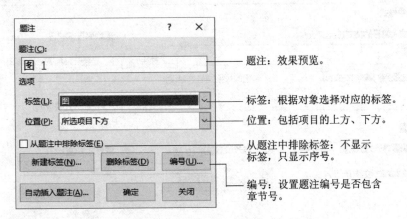

图 6-37 "题注"对话框

在"题注"对话框中,单击"编号"按钮,弹出"题注编号"对话框,如图 6-38 所示。在该对话框中选中"包含章节号",单击"确定"按钮,即可以插入一个"图 1-1"字样的题注。但是,有时在单击"确定"按钮后会弹出如图 6-39 所示的提示框。

原因是编号与标题样式没有链接在一起。因此,若要在题注中正常地显示章节号,则必须满足如下两个条件:

① 为章节标题设置标题样式。

② 章节标题与多级列表链接。

由此可以看出:Word 排版的每一个环节都是环环相扣、紧密相连的。

2. 修改题注样式

默认的题注格式是左居中,字体为等线,这不满足用户需求。因此,在题注插入完成以后,往往要再修改题注样式。

选中题注,单击"开始"选项卡→"样式"右侧的下拉按钮,打开样式库,Word

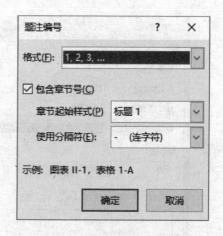

图 6-38 "题注编号"对话框

会自动识别到"题注"样式。将光标置于样式之上,右击选择"修改",弹出"修改样式"对话框,如图 6-40 所示。在该对话框中可以对题注的字体、段落等格式进行设置。

图 6-39 插入题注错误提示框

3. 交叉引用

所谓交叉引用,是指对文档中其他位置的内容的引用。单击"引用"选项卡→"题注"→"交叉引用"按钮,打开"交叉引用"对话框,如图 6-41 所示,在该对话框中分别选择"引用类型""引用内容""引用哪一个题注"。

> **小贴士**
>
> 当文档中的图片、表格有增删或者位置发生变化时,你会发现题注没有发生变化。
>
> 这是因为在 Word 中是通过域来控制题注编号的,而域的更新具有延迟性,需要借助 F9 键来完成。所以每当项目有变化时,都要选中题注,然后按 F9 键,编号才能自动更新。

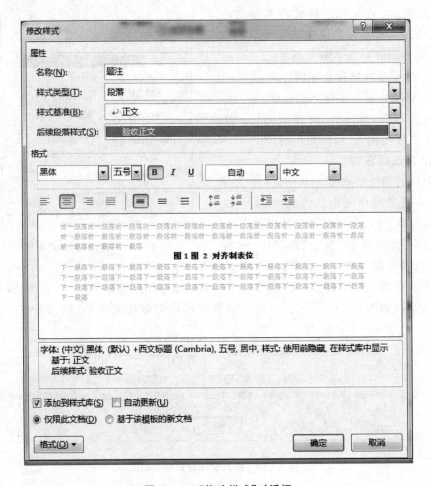

图 6-40 "修改样式"对话框

【知识点 6】引用目录

目录一般位于文档靠前的位置,是在完成文档编辑后一次性自动生成的。自动生成目录的前提是各级标题已经应用了某级样式。

1. 插入目录

单击"引用"选项卡→"目录"组→"目录"的下拉按钮,选择"自定义目录"选项,弹出自定义"目录"对话框。

① 选择应用的目录样式。在"目录"对话框中单击"选项"按钮,在弹出的"目录选项"对话框中选择目录在文档中设置的样式和级别,一般选择 1,2,3 三级目录。

② 设置每一级目录格式。在"目录"对话框中单击"修改"按钮,修改每一级目录的字体、字号等格式。

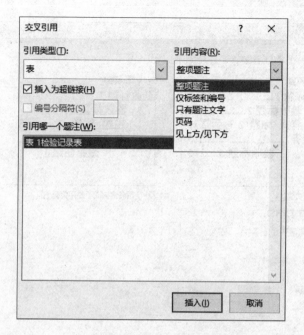

图 6 - 41 "交叉引用"对话框

③ 选择目录模板样式。在"目录"对话框中,从"格式"下拉列表中选择一种模板,最后单击"确定"按钮即可。自动插入目录的关键操作过程如图 6 - 42 所示。

按照如上操作过程,自动生成的目录如图 6 - 43 所示。

2. 更新目录

如果在生成目录后对文档的内容进行了较大的改动,目录的标题和页码也要发生改变,因此,需要对目录进行更新。

将光标置于自动生成目录的位置,右击选择"更新域"命令。在弹出的"更新目录"对话框中,若选择"只更新页码"单选项,则完成对目录页码的更新操作;若选择"更新整个目录"单选项,则完成对目录标题和页码的更新操作。具体操作过程如图 6 - 44 所示。

【知识点 7】页眉页脚

页眉是指位于打印纸顶部的说明信息,页脚是指位于打印纸底部的说明信息。页眉和页脚的内容可以是页号,也可以在页眉和页脚中输入其他的信息。在页眉中常插入文档章节标题,而在页脚中常插入页码。

1. 创建页眉或页脚

在使用 Word 进行文档编辑时,并不需要每添加一页都创建一次页眉和页脚,可以在进行版式设计时直接为整篇文档添加页眉和页脚。Word 提供了许多漂亮的页眉、页脚格式。

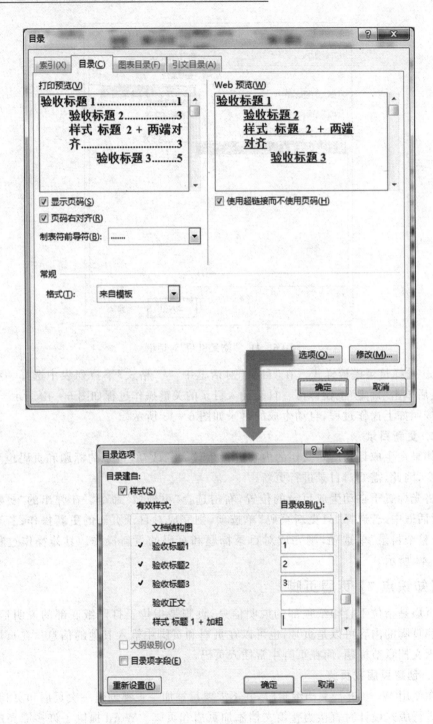

图 6 - 42　自动插入目录的关键操作过程

目　次

图 6 - 43　自动生成的目录

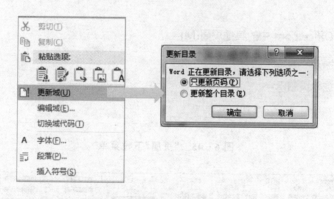

图 6 - 44　更新目录操作过程

单击"插入"选项卡→"页眉和页脚"组→"页眉/页脚"下拉按钮,从弹出的菜单中选择页眉/页脚的格式。"页眉"下拉菜单如图 6 - 45 所示。此时,增加"页眉页脚"选项卡及其设置页眉页脚的各类组件,如图 6 - 46 所示。

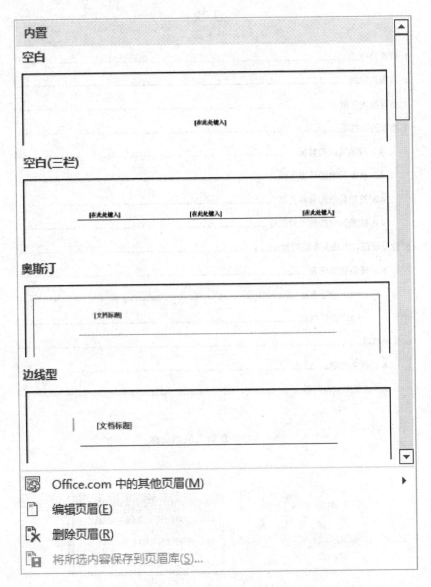

图 6-45 "页眉"下拉菜单

图 6-46 "页眉页脚"选项卡

2. 为奇偶页创建不同的页眉和页脚

对于双面打印的文档,通常需要为奇偶页设置不同的页眉和页脚。

(1) 设置奇数页右对齐

① 设置奇偶页不同。进入页眉和页脚的编辑状态,然后在"选项"组中选中"奇偶页不同"前的复选框,如图6-47所示。

② 设置页码编号格式。单击"插入"选项卡→"页眉和页脚"组→"页码"→"设置页码格式"选项,弹出设置"页码格式"对话框,如图6-48所示。首先选择编号格式,再设置页码编号,选择起始页码为1,单击"确定"按钮即可。

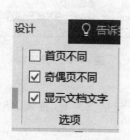

图6-47　设置"奇偶页不同"

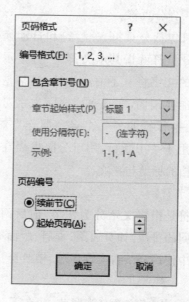

图6-48　"页码格式"对话框

③ 插入页码。将光标置于奇数页面页码区,单击"插入"选项卡→"页眉和页脚"组→"页码"→"当前位置"→"普通数字"选项,插入页码数字。

④ 设置页码字体、对齐格式。页码插入后默认是左对齐,在"开始"选项卡中将其设置为右对齐,根据格式要求调整页码的字体和字号。

(2) 设置偶数页左对齐

将光标移动到偶数页面页码区,采用上述方法插入页码并设置格式。

3. 多重页码的设置

在多数情况下,不同的章节要设置不同的页眉。如本任务中,封皮页、目录页是没有页码的,只有正文页才需要设置页码。设置多重页码的步骤有三步,分别是插入分节符(下一页)、取消"链接到前一节"和插入页码并设置页码格式。

（1）插入分节符

Word 提供的分隔符包括分页符和分节符，其中分页符又含分页符、分栏符和自动换行符，如图 6 - 49 所示。

1）分页符

分页符，顾名思义就是开始新的一页。例如写完一段文字后，你想在新的一页上写下一段文字，但是这一页还有很多空白，这时候就可以用到分页符。

分页符包括分页符、分栏符和自动换行符。其中分页符就指其本义；分栏符指示分栏符后面的文字将从下一栏开始，通常是配合分栏功能使用的，实现多栏之间文字对称效果；自动换行符的另一个名字叫作"软回车"，通常用于手工断行，用于分隔发表在网页上的文档的标题与正文。

2）分节符

分节符是指将文章分为两节，前后两节可以有不同的排版，如页边距、页眉、版面等。

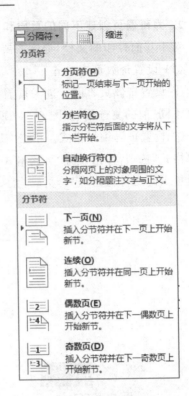

图 6 - 49　分隔符

在本任务中使用分节符实现纵版、横版穿插。分节符包括下一页、连续、偶数页和奇数页。

① 下一页：将文章分为两节，并在下一页开始新的一节。

② 连续：将文章分为两节，并紧接着后面开始新的一节。

③ 偶数页：将文章分为两节，并从下一个页码为偶数的那一页开始新的一节。

④ 奇数页：将文章分为两节，并从下一个页码为奇数的那一页开始新的一节。

单击"布局"选项卡→"页面设置"组→"分隔符"右侧的下拉按钮，选择某一种分节符命令。在本任务中，需要将文档分成 3 节：在第 2 页和第 3 页之间插入一个分节符，因为这两页的页脚设置不一致，一页无页脚，一页有页脚；在第 4 页和第 5 页之间插入一个分节符，因为这两页的版式不一致，一页是竖版，一页是横版。分页符与分节符的区别如表 6 - 3 所列。

小贴士

若在设置正反面打印时，总是希望章节开始于正面（奇数页），则在每章开始时插入一个奇数页的分节符。

表6-3 分页符与分节符的区别

区分点	分隔符	
	分页符	分节符
功 能	分页	把文章分成不同的节,可以单独对各节进行编辑
操作方法	单击"布局"选项卡→"页面设置"组→"分隔符"→"分页符"选项	单击"布局"选项卡→"页面设置"组→"分隔符"→"分节符"选项
样 式	..........分页符..........	::::::::::::::::::::::::::::::分节符(下一页)::::::::::::
快捷键	Ctrl+Enter 组合键	无
用 途	使文章的内容在不同页面显示,前后还是同一节,即文章前后页面的页眉、页脚等设置样式是一致的	使文章的内容在不同页面显示,但前后不是同一节,即文章不同节的页眉、页脚、页面设置需要单独设置

（2）取消"链接到前一节"

通过把文档分成多节,断开了各节之间的联系,要想单独对各节进行编辑,使其彼此互不影响,取消"链接到前一节"选项即可。

进入页眉页脚编辑区,页码编辑区左侧会显示所在节的位置信息,右侧会显示"与上一节相同"字样。单击"页眉和页脚"选项卡→"导航"→"链接前一节"选项,则取消与上一节的链接。

（3）插入页码并设置页码格式

分别设置并插入不同节的页码。在本任务中,首先设置正文页的页码格式为阿拉伯数字,再插入页码。

任务三 制作简历

【任务描述】

设计如图6-50所示的个人简历表格。

求职意向				
基本信息				
姓名	性别	出生年月		照片
民族	婚否	政治面貌		
籍贯	学历	健康状况		
毕业院校		所学专业		
手机号码		电子邮箱		
教育经历				
起止时间		毕业院校	专业	
工作经历				
起止时间		单位名称	职位	
荣誉奖励				
自我评价				

图 6-50　个人简历表格

【任务内容与目标】

内　容	1. 表格创建； 2. 表格选定； 3. 表格布局； 4. 表格设计
目　标	1. 熟悉创建表格的两种方法； 2. 学会插入、删除行和列，合并、拆分单元格或表格，调整单元格大小及设置文本对齐方式等操作； 3. 学会设置边框样式、底纹、表格样式等操作

【知识点 1】表格创建

表格作为一种简明扼要的表达方式，不仅结构严谨、效果直观，而且包含的信息量大，能够比文字更为清晰且直观地描述内容。在制作报表、合同文件、宣传单、工作总结以及其他各类文书时，经常都需要在文档中插入表格，以清晰地表现各类数据。

表格是由行和列的单元格组成的，可以在单元格中输入文字或插入图片，使文档内容变得更加直观和形象，增强文档的可读性。创建表格的方式有自动创建和手动创建两种。

1. 自动创建表格

单击"插入"选项卡→"表格"组→"表格"按钮，在展开的插入表格下拉列表中，用鼠标在示意表格中拖动，以选择表格的行数和列数，同时在示意表格的上方会显示相应的行、列数，释放鼠标即可插入相应的表格，如图 6 - 51 所示。此种方法一般适用于行数、列数较少的情况。

2. 手动创建表格

手动创建表格可以准确地输入表格的行数和列数，还可以根据实际需要调整表格的列宽。

单击"插入"选项卡→"表格"组→"表格"按钮，在展开的插入表格下拉列表中选择"插入表格"命令，打开"插入表格"对话框，如图 6 - 52 所示。在"列数"和"行数"文本框中输入要创建表格的列数和行数，单击"确定"按钮即可在文档输入点处创建表格。

在"插入表格"对话框的"'自动调整'操作"选项组中，选择不同的选项将创建不同列宽设定方式的表格。选择不同选项的作用如下：

① 固定列宽：根据输入列宽值调整表格列宽。

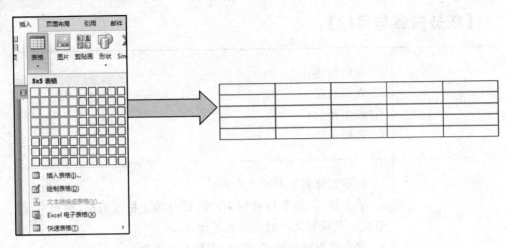

图 6 – 51　自动创建表格

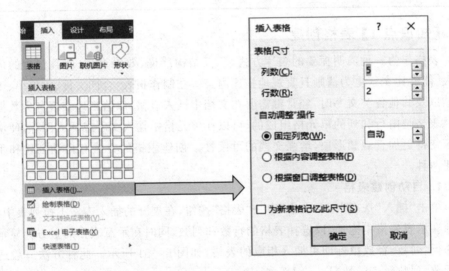

图 6 – 52　打开"插入表格"对话框

② 根据内容调整表格：根据内容量自动调整表格列宽。

③ 根据窗口调整表格：根据窗口内边距的大小自动调整列宽。

【知识点 2】表格选定

对表格进行操作之前，必须先选定作为操作对象的单元格。如果要选定一个表格中的部分内容，可以用鼠标拖动的方法进行选定，与在文档中选定正文相同。可以通过鼠标单击或菜单选定两种操作方法选定表格中的单元格、行和列。

1. 鼠标单击

通过鼠标单击选定单元格的具体操作方法如图 6 – 53 所示。

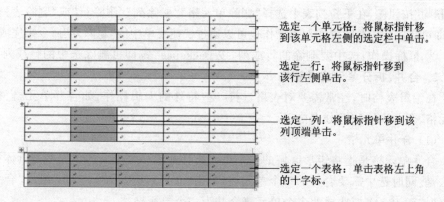

选定一个单元格：将鼠标指针移
到该单元格左侧的选定栏中单击。

选定一行：将鼠标指针移到
该行左侧单击。

选定一列：将鼠标指针移到该
列顶端单击。

选定一个表格：单击表格左上角
的十字标。

图 6 - 53　鼠标单击选定表格

2. 菜单选定

通过菜单选定表格的方法：将插入点置于要选定的单元格中，然后切换到功能区的"布局"选项卡，单击"选择"按钮，从下拉菜单中选择"选择单元格""选择行""选择列"或"选择表格"命令，进而实现选定不同区域的操作，如图 6 - 54 所示。

【知识点 3】表格布局

选定表格或将鼠标置于表格内，单击出现的"布局"选项卡，可以进行插入、删除行和列，合并、拆分单元格或表格，设置单元格大小及设置文本对齐方式等操作。

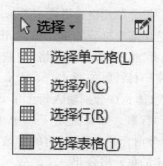

图 6 - 54　菜单选定表格

1. 插入、删除行和列

（1）插入操作

① 菜单操作：单击表格中的某个单元格，然后单击"布局"选项卡→"行和列"组中的"在上方插入"按钮、"在下方插入"按钮，可在当前单元格的上方或下方插入一行。同理，单击"在左侧插入"按钮或"在右侧插入"按钮，可在当前单元格的左侧或右侧插入一列。该操作也可以通过快捷菜单中的"插入"命令来完成。

② 鼠标操作：将光标置于表格中需要插入的位置，鼠标悬停时会出现加号⊕，单击蓝色加号即可在加号位置快速添加行或列。

> **小贴士：快捷增删的技巧**
> ① 单击表格右下角单元格的内部，按 Tab 键将在表格下方添加一行。
> ② 将光标定位到表格右下角单元格的外侧，按 Enter 键可在表格下方添加一行。

（2）删除操作

① 菜单操作：单击表格中的某个单元格，然后单击"布局"选项卡→"行和列"组中

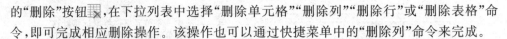

的"删除"按钮,在下拉列表中选择"删除单元格""删除列""删除行"或"删除表格"命令,即可完成相应删除操作。该操作也可以通过快捷菜单中的"删除列"命令来完成。

② 鼠标操作:选中要删除的行或列,按 Backspace 键即可删除选中的行或列。

2. 合并、拆分单元格或表格

在编辑表格时,经常需要对表格进行一些特殊的编辑操作,如合并单元格、拆分单元格、合并表格和拆分表格等。

(1) 合并单元格

合并单元格是指将矩形区域的多个单元格合并成一个较大的单元格。具体操作方法是:同时选中需要合并的多个单元格,单击"布局"选项卡→"合并"组→"合并单元格"按钮,将把选择的多个单元格合并为一个单元格。

(2) 拆分单元格

拆分单元格是指将一个单元格拆分为几个较小的单元格。具体操作方法是:同时选中需要拆分的单元格,单击"布局"选项卡→"合并"组→"拆分单元格"按钮,打开"拆分单元格"对话框,如图 6－55 所示。在"列数"和"行数"文本框中分别输入每个单元格要拆分成的列数和行数。如果选定了多个单元格,可以选中"拆分前合并单元格"前的复选框,则在拆分前把选定的单元格合并。

图 6－55 "拆分单元格"对话框

(3) 合并表格

将光标置于两个表格之间,按 Delete 键删除两个表格之间的空白区域即可。

(4) 拆分表格

拆分表格是指把一个表格拆分成两个表格或多个表格。将插入点置于要分开的行分界处,也就是要成为拆分后的第二个表格的第一行处。

切换到功能区的"布局"选项卡,单击"合并"组→"拆分表格"按钮,或者按 Ctrl＋Shift＋Enter 组合键,这时插入点所在行以下的部分就从原表格中分离出来,变成一个独立的表格。

3. 调整单元格大小

利用表格工具"布局"选项卡→"单元格大小"组的功能,可实现平均分布行和列、调整单个单元格大小、自动调整等操作,如图 6－56 所示。

(1) 平均分布行和列

选中要平均分布的行或列,单击"布局"选项卡→"单元格大小"组→"分布行"或"分布列"按钮,所选中的行或列即可快速进行平均分布。

(2) 调整单个单元格大小

① 鼠标拖动:将光标指向要调整列的列边框或行的行边框,当光标形状变为左右或上下的双向箭头时,按住鼠标左键拖动即可调整列宽或行高。

② 指定列宽和行高值：选中要调整的列或行，然后切换到功能区的"布局"选项卡，在"单元格大小"组设置"宽度"和"高度"的值，按 Enter 键即可调整列宽和行高。

（3）自动调整

切换到功能区的"布局"选项卡，在"单元格大小"组中单击"自动调整"按钮，从弹出的菜单中选择"根据内容自动调整表格""根据窗口自动调整表格""固定列宽"命令即可。

4. 设置文本对齐方式

选中部分单元格或整个表格，在"布局"选项卡→"对齐方式"组选择某种对齐方式。表格内文本对齐方式共有 9 种：靠上两端对齐、靠上居中对齐、靠上右对齐、中部两端对齐、水平居中、中部右对齐、靠下两端对齐、靠下居中对齐、靠下右对齐，如图 6-57 所示。

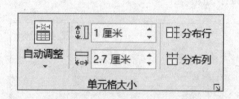

图 6-56　"单元格大小"组

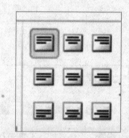

图 6-57　表格内文本对齐方式

故障：有时候明明选中了一种对齐方式，但是表格里的文字并没有发生变化，这是怎么回事？

因为设置了段落格式，段落格式影响了文本的对齐方式。

【知识点 4】表格设计

选定表格或将鼠标置于表格内，利用"表设计"选项卡设置底纹、边框、表格样式等。

1. 底　纹

选中或把光标移至需要设置底纹的行或列，单击表格工具"表设计"选项卡→"表格样式"组→"底纹"下拉按钮，选择"浅灰色"，即可将选中或光标所在的行或列设置成浅灰色底纹，如图 6-58 所示。

2. 边　框

默认的表格边框线是 0.5 磅的黑色线条，若需要自定义设置，则单击表格工具"表设计"选项卡→"边框"组，如图 6-59 所示。先设置好边框样式、笔颜色、线型及线的粗细，最后单击"边框"下拉按钮，选择设置哪类边框；也可以单击"边框"组右下角的"命令启动器"按钮，打开"边框和底纹"对话框，如图 6-60 所示，在"边框和底纹"对话框中依次设置表格的样式、颜色、宽度，选择应用的范围。

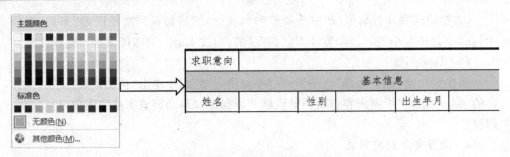

图 6-58　设置底纹操作过程

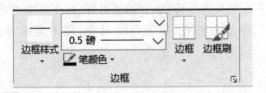

图 6-59　"边框"组

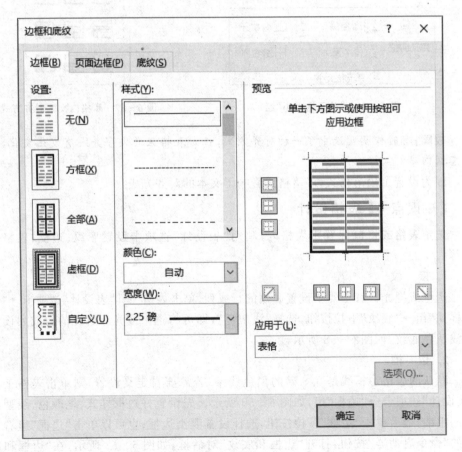

图 6-60　"边框和底纹"对话框

小贴士：边框刷的使用

　　将插入点光标放置到表格中，依次选择边框刷的笔刷样式、笔画粗细、笔画颜色，完成设置后，单击"边框刷"按钮，然后在单元格的边框线上单击，即可将设置的边框样式应用到该边框线上。

3．表格样式

　　利用表格样式库功能可以快速地制作出精美的表格。选定表格，单击"表设计"选项卡→"表格样式"下拉按钮，在弹出的表格样式库中选择一种样式后单击即可将选择的样式应用到表格中，如图 6－61 所示。

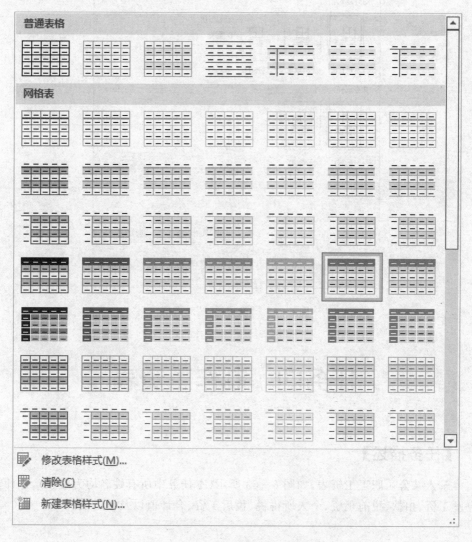

图 6－61　表格样式库

上述所有对表格的操作都可以通过"表格属性"对话框来实现，如图 6-62 所示。打开该对话框的方法是：单击表格工具"布局"选项卡→"表"组→"属性"按钮，也可以在表格内右击选择"表格属性"按钮。

图 6-62 "表格属性"对话框

任务四 制作工资表

【任务描述】

录入某公司职工工资表，如图 6-63 所示（本任务中所有姓名均为虚拟），并计算应发工资、扣款、税前工资、个人所得税、税后工资、合计值以及平均值。

图 6 - 63 职工工资表

【任务内容与目标】

内　容	1. 基本数据录入； 2. 规律数据录入； 3. 使用公式进行数据计算； 4. 公式计算中函数的使用； 5. 美化工作表
目　标	1. 熟悉 Excel 的工作环境； 2. 掌握不同类型数据的录入方法； 3. 掌握文本型数据与数值型数据之间相互转换的方法； 4. 学会操作自动填充，实现数据的快速录入； 5. 能够根据输入前提示、输入的选择、输入后警告的需要，对数据验证进行设置； 6. 掌握相对引用、绝对引用的方法； 7. 熟悉 4 类运算符的运算符号； 8. 掌握手动输入公式求和、使用函数求和的方法； 9. 能够使用常见函数完成相应的计算

【知识点1】基本数据录入

1. 数据输入类型

（1）数值型数据输入

数值型数据可用于运算，这也是它区别于文本型数据的重要特征。如果数值型数据太大，则它在 Excel 中就不能正常显示。在 Excel 中，数值型数据有如下 3 个特征：

① 默认数值型数据只显示 11 位，如果它超过 11 位，则以科学记数法显示。如输入"40489019850 1064880"，显示"4.0489E+17"，如图 6-64 所示。

② 通常情况下，单元格默认的都是常规格式，如果输入的数值型数据前面带"0"，则系统自动忽略。如输入"00001"，显示"1"，如图 6-65 所示。

输入值	显示值
404890198501064880	4.0489E+17

图 6-64　数值型数据输入示例 1

输入值	显示值
00001	1

图 6-65　数值型数据输入示例 2

③ 数值格式通常默认为右对齐。

（2）文本型数据输入

文本型数据是指非数值型的文字或符号，最具代表性的是中文字符，如姓名、性别、职称等。文本型数据不可用于运算，它在 Excel 有如下 2 个特征：

① 文本格式的单元格左上角有一个绿色的小三角，如图 6-66 所示，这是文本格式的标记。

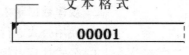

文 本 格 式

00001

图 6-66　文本格式

> **小贴士**
>
> 如何输入带前导"0"的或者是长度超过 11 位的数值型数据？
>
> 在输入前加上一个单引号"'"即可，且单引号一定是英文输入法或半角状态下的单引号。

② 文本格式通常默认为左对齐。

（3）日期型数据输入

日期型数据指的是包含年、月、日信息的数据，如出生日期、工作日期等。它有如下 3 个特征：

① 它本质上属于数值型数据。默认"1900/1/1"的数值型为"1"，以该天为基准日，将"2020/2/1"转换成数值型是"43862"，如图 6-67 所示，即表示 2020 年 2 月 1 日距离 1900 年 1 月 1 日有 43 862 天。

② 日期型数据默认的格式为"yyyy/m/d"。日期型数据不仅仅有这一种格式，可通过单击"设置单元格格式"中"数字"组"日期"选项，将日期型数据更改为不同的

显示格式。

③日期格式通常默认为右对齐。

（4）其他类型数据显示

Excel提供了11种数据显示方式，除了上述介绍的数值型、文本型、日期型外，还包括货币型、会计专用型、时间型等8种显示格式，如图6-68所示。

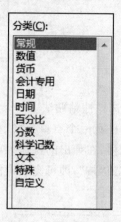

日期型	数值型
1900/1/1	1
2020/2/1	43862

图6-67　日期型数据与数值型数值的转换

图6-68　数据"分类"选项

自定义类型指的是由用户自己定义的格式。比如利用自定义功能设置性别输入值：输入"1"时，自动显示"男"；输入"2"时，自动显示"女"，如图6-69所示。因此，利用自定义功能可实现快速输入性别。

图6-69　利用自定义功能快速输入性别

> **小贴士：真实值与显示值**
>
> 在Excel中，数据的真实值与显示值并不一定完全一致。在编辑栏内显示的值是其真实值，在单元格内显示的值是其显示值。如输入数字"98"，在单元格内却显示"98.00"。

2. 格式之间的转换

最常使用的数据类型是数值型和文本型，如数据在录入的时候是文本型，但在计算的时候需要用数值型，这就要将文本型数据转换成数值型数据。转换方法如下：

（1）直接修改法

单击文本格式的单元格，在其左上角会显示一个感叹号，即"错误追踪"按钮，单击此按钮会弹出如图6-70所示的选项，选择"转换为数字"选项，即可实现文本型数据到数值型数据的转换。

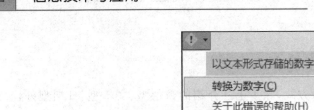

图 6 - 70　利用"错误追踪"按钮实现格式转换

（2）选择性粘贴法

选择任意一个空单元格，右击选择"复制"命令，然后选择要粘贴到的文本区域，右击单元格，在弹出的快捷菜单中选择"选择性粘贴"选项，再在弹出的对话框中选择运算"加"或"减"，即可完成操作，如图 6 - 71 所示。

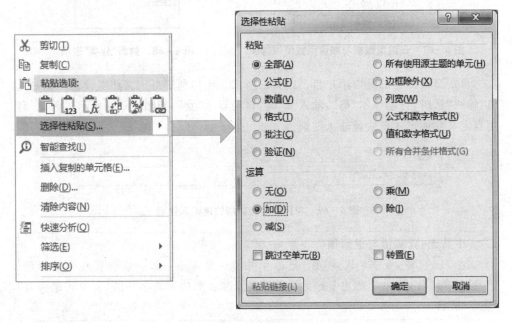

图 6 - 71　利用"选择性粘贴"实现格式转换

此法的原理是将文本格式经过一次值不变的运算（即加上或减去 0）变成数值格式，当然还要确保粘贴到的单元格为常规格式或数值格式。

【知识点 2】规律数据录入

当在 Excel 中输入一些有规律的信息时，可以利用自动填充功能完成数据的自动填充，通过设置数据验证设定数据的有效录入。

1. 自动填充

"职工工资表"中的"序号"是按照自动递增 1 的顺序有序输入的,对于这种有序的数据不必逐个手动输入,可以利用自动填充功能快速高效地完成数据录入。

（1）利用填充柄实现

对于行数不多的有规律的数据的自动填充,多采用手动拖曳填充柄的方法实现。在 A5 单元格录入文本信息 01,把鼠标置于 A5 单元格右下角,当出现黑色十字(填充柄)的时候往下拖曳,直到拖到最后,松开鼠标,即可完成数据的自动填充,如图 6-72 所示。

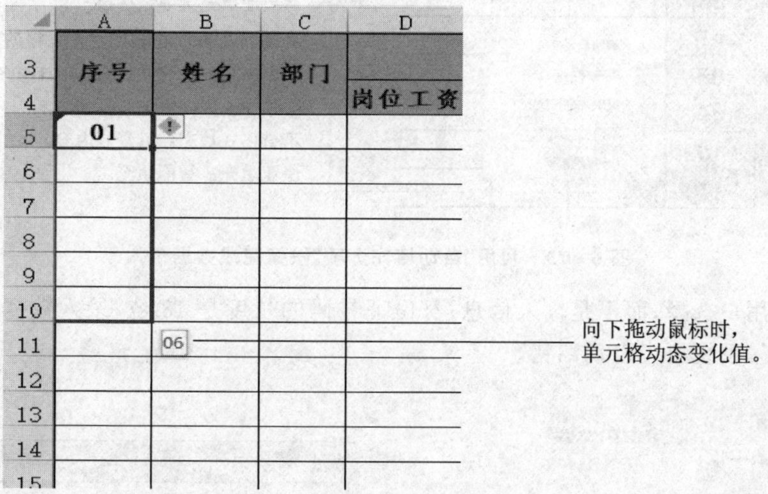

	A	B	C	D
3	序号	姓名	部门	
4				岗位工资
5	**01**			
6				
7				
8				
9				
10				
11		06		
12				
13				
14				
15				

向下拖动鼠标时,单元格动态变化值。

图 6-72　利用填充柄完成数据录入

此外,也可以通过单击右下角的"自动填充选项"按钮,选择"填充序列"选项完成数据录入;"自动填充选项"中其他 4 种选项的功能各不相同,如图 6-73 所示。

（2）利用"填充"命令实现

单击"开始"选项卡→"编辑"组→"填充"下拉按钮,弹出"填充"选项,如图 6-74 所示。可以选择填充的方向("向上""向下""向左""向右"),还可以选择"序列""内容重排""快速填充"。

当序列较短时,直接选择方向即可;当序列较长(如序号 01～1000)时直接拖动太麻烦,可以借助于"序列"来实现,如图 6-75 所示。

2. 数据验证

数据验证的目的是从规则列表中进行选择,以限制可以在单元格中输入的数据类型。数据验证可以在用户输入数据前提醒其输入的信息值的类型和格式,在用户输入数据时限制其在单元格中填入的内容以及使用的格式和输入法,在用户输入数据后检验其输入的数据是否合理、合规。如性别只有男、女两种选择,可以制作下拉

"自动填充选项"按钮：

复制单元格：重复第1个单元格的内容。

填充序列：按照序列(默认为1)填充。

仅填充格式：只复制格式。

不带格式填充：只复制内容。

快速填充：智能填充。

图6-73 利用"自动填充选项"按钮完成数据录入

列表,由用户选择,而不是输入信息;身份证号码的长度是18位,录入数据的位数多了或少了,系统可以自动纠错。

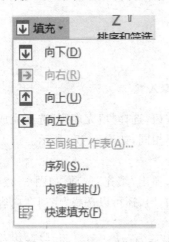

图6-74 "填充"选项

图6-75 利用"序列"完成数据录入

(1) 限制内容

以限制输入性别为例:选择"性别"列,单击"数据"选项卡→"数据工具"组→"数据验证"下拉按钮,在下拉列表中选择"数据验证"选项,弹出"数据验证"对话框,在该对话框中完成设置,如图6-76所示。接下来,在手动输入性别时就会弹出下拉列表("男""女"),用户在弹出的信息中选择一项即可,确保了内容的准确性。

图 6-76 数据验证限制内容操作过程

（2）限制长度

用户在输入身份证号码的时候，可能会多输入几位或少输入几位，这种现象同样可以利用数据验证来杜绝。

数据验证限制长度操作过程如图 6-77 所示，在设定好数据验证后，用户在输入身份证号码时若输入的长度不是 18 位，则系统会弹出"身份证号码必须是 18 位"的出错警告信息，用户就会重新录入。

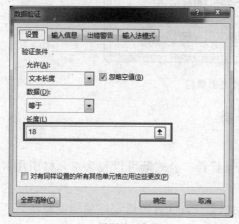

(a) 设置验证条件

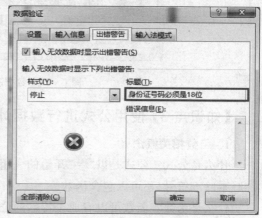

(b) 设置出错警告

图 6-77 数据验证限制长度操作过程

（3）限制格式

用户输入的日期的格式往往五花八门，而在 Excel 中规定的日期格式的分隔符一般是"/"或"-"，因此有必要设定用户在输入日期时的提示信息。

数据验证限制格式操作过程如图 6-78 所示，在设定好数据验证后，用户在输入日期时，就会弹出"日期格式 1900/1/1 或 1900-1-1"的输入提示信息。如果用户输入的日期不符合设定的格式,则会弹出错误提示信息,如图 6-79 所示。

(a) 设置验证条件　　　　　　　　　　　　(b) 设置输入信息格式

图 6-78　数据验证限制格式操作过程

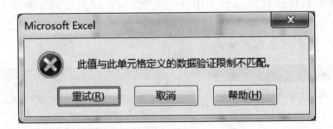

图 6-79　数据验证出错框

【知识点 3】使用公式进行数据计算

1. 函数相关概念

什么是公式?公式是以"="开始的一组运算符。公式既可以包含单元格引用、加减乘除等符号,还可以包含函数。

什么是函数?函数可以看成是特殊的公式,是 Excel 已经设定好的功能模块,是更高级的公式。函数的输入顺序是以"="开头,函数名后面紧跟左括号,接着是用逗号分隔的参数,最后用一个右括号表示函数结束。如"=SUM(A1,A2)",含义是用求和函数 SUM()对单元格 A1 和 A2 求和。使用函数时需要注意以下语法:

① 必须以"="开头。

② 函数名后面必须有一对括号。

③ 某些函数的参数是可选的。

④ 所有的标点符号都必须是英文半角字符。

⑤ 函数名不区分大小写。

⑥ 括号中的内容,只有单元格地址和数字不用加双引号,其他如文本、日期等都需要加双引号""。

2. 引 用

在通常情况下,函数公式中根据单元格的地址表示来引用单个单元格或单元格区域。单元格的引用方式有两种,分别是相对引用、绝对引用。

(1)相对引用

单元格的相对引用是基于包含公式的单元格与被引用的单元格之间的相对位置。如果公式所在的单元格的位置改变,引用也随之改变。

在 Excel 中,由于相对引用是对行、列进行同步的变化,因此,对于没有特殊要求的公式,常规情况下使用的都是相对引用。这样在公式进行下拉或者横拉的时候,公式的引用值才不会出错。比如,在 B1 的编辑栏中输入"=A1"后,下拉单元格右下角的填充柄,公式会依次变成"=A2""=A3";横拉单元格右下角的填充柄,公式则会依次变成"=B1""=C1",如图 6-80 所示。

	A	B	C	D	E
1	1	=A1	=B1	=C1	=D1
2	2	=A2	=B2	=C2	=D2
3	3	=A3	=B3	=C3	=D3
4	4	=A4	=B4	=C4	=D4
5	5	=A5	=B5	=C5	=D5

图 6-80 单元格相对引用

(2)绝对引用

绝对引用表示引用的单元格地址在工作表中是固定不变的,结果与包含公式的单元格地址无关。在相对引用的单元格的列标和行号前分别添加冻结符号"$",表示冻结单元格地址,便可成为绝对引用。

"$"加在哪里,哪里就不能动。比如,在 B1 的编辑栏中输入"=$A$1"后,下拉单元格右下角的填充柄,公式会依次变成"=A1""=A1";横拉单元格右下角的填充柄,公式也会依次变成"=A1""=A1"。

(3)混合引用

混合引用是介于相对引用和绝对引用之间的引用形式。混合引用有两种形式:一种是列绝对引用、行相对引用,如"=$A1";另一种是列相对引用、行绝对引用,如"=A$1"。

比如,在 B1 的编辑栏中输入"=$A1"后,下拉单元格右下角的填充柄,公式会依次变成"=$A2""=$A3";横拉单元格右下角的填充柄,公式则会依次变成"=$A1""=$A1",如图 6-81 所示。这也就是所谓的混合引用。

	A	B	C	D	E
1	1	=$A1	=$A1	=$A1	=$A1
2	2	=$A2	=$A2	=$A2	=$A2
3	3	=$A3	=$A3	=$A3	=$A3
4	4	=$A4	=$A4	=$A4	=$A4
5	5	=$A5	=$A5	=$A5	=$A5

图 6-81 单元格混合引用

小贴士

F4 键(或 Fn+F4 混合键):在相对引用和绝对引用之间快速切换(4 种状态)。

3. 运算符

在 Excel 中有 4 类运算符,分别是算术运算符、比较运算符、文本连接运算符、引用运算符。

(1)算术运算符

利用算术运算符可以完成基本的数学运算,如加、减、乘、除、乘方和百分比运算等。Excel 中提供的算术运算符如表 6-4 所列。

表 6-4 算术运算符

运算符	含 义	示 例
+	加法运算	6+6
—	减法运算	6-6
*	乘法运算	6*6
/	除法运算	6/6
^	乘方运算	6^6
%	百分比运算	66%

(2)比较运算符

比较运算符用来比较两个数值的大小,得到的结果用逻辑值 TRUE 和 FALSE 表示。比较运算符如表 6-5 所列。

表 6-5 比较运算符

运算符	含 义	示 例
=	等于运算	B1=B2
>	大于运算	B1>B2
<	小于运算	B1<B2

续表 6-5

运算符	含 义	示 例
>=	大于等于运算	B1>=B2
<=	小于等于运算	B1<=B2
<>	不等于运算	B1<>B2

（3）文本连接运算符

文本连接运算符是将多个文本进行连接的运算符。文本连接运算符如表 6-6 所列。

表 6-6　文本连接运算符

运算符	含 义	示 例
&	用于连接多个单元格中的文本字符串，生成一个新的文本字符串	"a"&"b"

（4）引用运算符

引用运算符可以将单元格区域合并运算。引用运算符如表 6-7 所列。

表 6-7　引用运算符

运算符	含 义	示 例
:（冒号）	区域运算符，对两个引用之间（包括两个引用在内）的所有单元格进行引用； "SUM(A1:B3)"表示计算 A1 到 B3 的总和	SUM(A1:B3)
,（逗号）	联合运算符，将多个引用合并为一个引用； "SUM(A1,B3)"表示计算 A1 和 B3 这两个单元格之和	SUM(A1,B3)
（空格）	交叉运算符，产生同时属于两个引用的单元格区域的引用； "SUM(A3:H4 B3:B8)"表示对两个区域重叠的部分 B3:B4 求和	SUM(A3:H4 B3:B8)

如果公式中同时用到了多个运算符，Excel 将按一定的顺序（优先级由高到低）进行运算，相同优先级的运算符将从左到右进行运算。可用小括号括起相应部分来指定运算顺序。常用运算符的运算优先级如表 6-8 所列。

表 6-8　常用运算符的运算优先级

运算符	说 明
:（冒号）	区域运算符
,（逗号）	联合运算符
（空格）	交叉运算符

续表 6 - 8

运算符	说　明
( )	括号
－（负号）	如－5
％	百分号
^	乘方运算符
＊ 和/	乘法运算符和除法运算符
＋和－	加法运算符和减法运算符
&	文本连接运算符
＞,＜,＞＝,＜＝等	比较运算符

【知识点 4】公式计算中函数的使用

要想完成各式各样复杂的或特殊的计算,就必须使用函数。函数是公式运算中非常重要的元素。

1. 求　和

求和的方法有 3 种:手动输入公式求和、使用函数求和及使用快捷键求和。

（1）手动输入公式求和

手动输入公式求和是在编辑栏通过"＋"实现。选中要输入公式的单元格 H5,在单元格内输入"＝D5＋E5＋F5＋G5",按 Enter 键或单击"✓"按钮,即可在单元格 H5 中得到应发工资小计,如图 6－82 所示。用鼠标拖动单元格右下角的填充柄,完成对所有员工应发工资小计的计算。

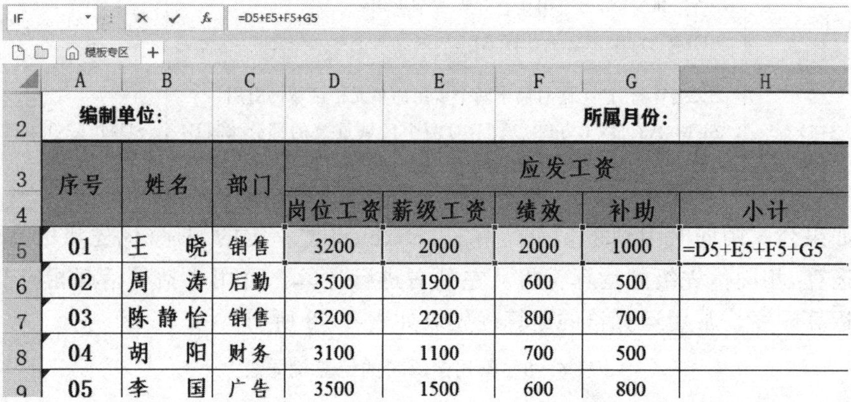

图 6－82　利用手动输入公式实现计算

如果单元格求和的条目特别多,直接输入公式效率极为低下,可以利用鼠标拖动选择单元格,也可以直接输入单元格的地址。

（2）使用函数求和

单击"公式"选项卡→"函数库"组→"自动求和"→"求和"按钮，在 H5 单元格自动出现求和函数"＝SUM(D5:G5)"，且系统自动用虚框选中 D5:G5 区域，表示对这个区域进行求和，如图 6-83 所示。如果要改变求和区域，用户可以拖动鼠标选择求和区域。

3	序号	姓名	部门	应发工资					迟到
4				岗位工资	薪级工资	绩效	补助	小计	
5	01	王　晓	销售	3200	2000	2000	1000	=SUM(D5:G5)	50
6	02	周　涛	后勤	3500	1900	600	500	SUM(**number1**, [number2], ...)	
7	03	陈静怡	销售	3200	2200	800	700		

图 6-83　利用函数实现计算

此外，也可以输入函数 SUM()，或者单击"公式"选项卡→"插入函数"按钮打开"插入函数"对话框，如图 6-84 所示。在该对话框中选择函数"SUM"，单击"确定"按钮，在弹出的"函数参数"对话框中单击"收起/展开"按钮选择求和区域，如图 6-85 所示。

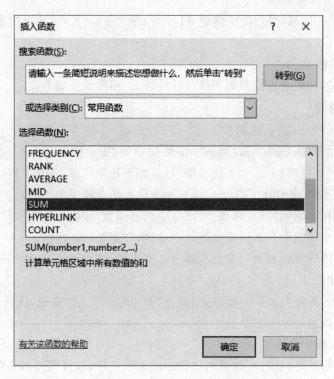

图 6-84　"插入函数"对话框

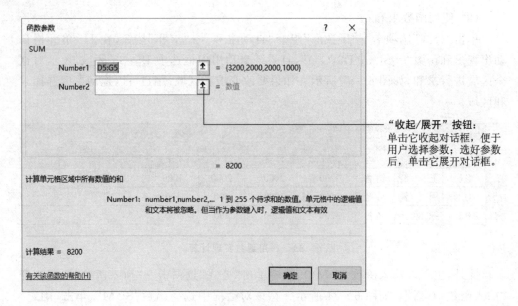

图 6-85 "函数参数"对话框

（3）使用快捷键求和

选择 D5:G5 区域，然后按快捷键 Alt＋＝（或者 Fn＋Alt＋＝），快速实现计算求和的功能。

2. 条件函数 IF( )

IF( )函数的功能是根据判断条件选择性输出，函数说明如下：

f_x 函数说明

IF(测试条件,结果 1,结果 2)

如果指定的判断条件为真，则显示结果 1；否则；显示结果 2。

如在"职工工资表"中，"个人所得税"按照如下规则计算：每月工资收入（税后）大于等于 5 000 元者，交纳月工资收入的 1％，其他人不交税。单击"公式"选项卡→"插入函数"按钮，在弹出的"插入函数"对话框中选择函数"IF"，单击"确定"按钮，在弹出的"函数参数"对话框中分别设定它的 3 个参数，如图 6-86 所示。

在单元格内计算得到第一个员工的个人所得税，拖动填充柄，即得到其余人员的个人所得税，如图 6-87 所示。

最后，单击"开始"选项卡→"数字"组→"数字格式"下拉按钮，选择"数值"选项，设定小数点后保留的小数位数。

3. 排名函数

对数据进行排序，往往不仅要列出数据的大小顺序，而且要列出它在某个数列中的排名情况，这就需要用到 RANK( )函数。RANK( )函数的功能是返回一个数字在数字列表中的排位，函数说明如下：

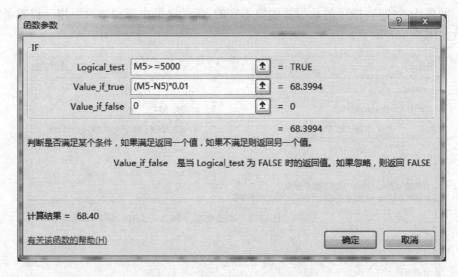

图 6-86　(IF)"函数参数"对话框

职工工资表															

编制单位：　　　　　　　　　　所属月份：　　　　　　　　　　金额单位：元

序号	姓名	部门	应发工资					扣款项				税前工资	扣除金额	个人所得税	税后工资
			岗位工资	薪级工资	绩效	补助	小计	迟到	事假	五险	小计				
1	王　晓	销售	3200	2000	2000	1000	8200	50		310.06	360.06	7839.94	1000	68.3994	7771.5406
2	周　涛	后勤	3500	1900	600	500	6500			310.06	310.06	6189.94	800	53.8994	6136.0406
3	陈静怡	销售	3200	2200	800	700	6900		100	310.06	410.06	6489.94	500	59.8994	6430.0406
4	胡　阳	财务	3100	1100	700	500	5400	100		310.06	410.06	4989.94	1000	0	4989.94
5	李　国	广告	3500	1500	600	800	6400	50		310.06	360.06	6039.94	500	55.3994	5984.5406
6	张　进	销售	3200	2000	1000	500	6700			310.06	310.06	6389.94	500	58.8994	6331.0406
7	袁智超	企划	2300	950	700	500	4450	100		310.06	410.06	4039.94	500	0	4039.94
8	石　凯	财务	3100	2000	600	500	6200			310.06	310.06	5889.94	800	50.8994	5839.0406
9	郭　靖	企划	3300	1300	500	500	5600	50	100	310.06	460.06	5139.94	500	46.3994	5093.5406
10	刘江波	销售	3200	2100	1000	800	7100			310.06	310.06	6789.94	500	62.8994	6727.0406
11	陶恩恩	销售	3200	2200	2000	500	7900			310.06	310.06	7589.94	2000	55.8994	7534.0406
合计值			34800	19250	10500	6800	71350	350	200	3410.66	3960.66	67389.34	8600	512.5946	66876.7454
平均值			3163.64	1750	954.55	618.182	6486.364	70	100	310.06	360.06	6126.3036	781.8182	46.59950909	6079.70413

图 6-87　计算结果显示

f_x 函数说明

RANK(Number,Ref,[Order])

求某个数值 Number 在某个区域 Ref 内的排名。Order(可选)指明数字排列的方式：Order＝0(默认)，降序排列；Order≠0，升序排列。

如果对个人所得税进行排序，则增加"排名"列(Q 列)，在 Q5 单元格内输入 RANK()函数或者单击"插入函数"按钮选择 RANK()函数。如果通过输入函数来实现，则在 Q5 单元格内输入"＝RANK(O5，$O$5：$O$15,0)"，可将排名计算出来。

需要注意的是,排序的数列是固定不变的,所以这里要用到绝对引用。设置函数参数如图6-88所示。

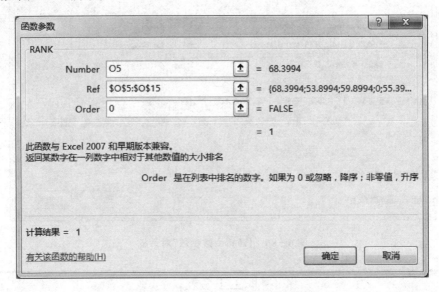

图6-88 RANK( )"函数参数"对话框

最后,下拉单元格右下角的填充柄,得到个人所得税(由高到低)的排名,如图6-89所示。

序号	姓名	部门	个人所得税	排名
			职工工资表	
	编制单位:			
1	王 晓	销售	68.40	1
2	周 涛	后勤	53.90	7
3	陈静怡	销售	59.90	3
4	胡 阳	财务	0.00	10
5	李 国	广告	55.40	6
6	张 慧	销售	58.90	4
7	袁智慧	企划	0.00	10
8	石 凯	财务	50.90	8
9	郭 靖	企划	46.40	9
10	刘江波	销售	62.90	2
11	陶思思	销售	55.90	5

图6-89 排名结果

4.统计函数

统计也是一个常见的操作。Excel 共提供了 5 种统计函数:COUNT()、COUNTA()、COUNTBLANK()、COUNTIF()、COUNTIFS()。它们多用于统计男女人数、各部门人数等。函数说明如下:

f_x **函数说明**

COUNT(Value1,Value2,...)

对于 Value1,Value2……1～255 个参数,只统计数字型数据的个数。

f_x **函数说明**

COUNTA(Value1,Value2,...)

返回 Value1,Value2……1～255 个参数中非空单元格的个数。

f_x **函数说明**

COUNTBLANK(Value1,Value2,...)

返回 Value1,Value2……1～255 个参数中空单元格的个数。

f_x **函数说明**

COUNTIF(Range,Criteria)

对指定区域 Range 内符号指定条件 Criteria 的计数。

f_x **函数说明**

COUNTIFS(criteria_Range1,Criterial,criteria_Range2,Criteria2,...)

对指定的多个区域内符号指定条件的计数。

如使用统计函数 COUNTIF()统计各部门的人数,在 D21 单元格内输入函数"=COUNTIF($C$5:$C$15,C21)",即可得到各个部门的人数,如图 6-90 所示。

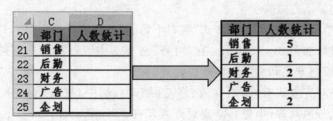

图 6-90 函数统计结果

在 Excel 中一共有十多类几百种函数可供用户使用,每一种函数都提供了详细的函数帮助说明信息(Excel 2010 提供的是离线的函数帮助,而之后的版本只提供了在线的函数帮助)。

【知识点5】美化工作表

美化工作表是指根据单元格的内容调整行高与列宽、设置对齐方式、设置边框和填充颜色等格式。

1. 调整行高与列宽

调整行高与列宽的方法有两种：一种方法是用鼠标拖动，即直接用鼠标将行高或列宽拖拽到所需高度或宽度，此种方法比较简单，适用于行、列数较少的情况，可以粗略地调整行高与列宽；另一种方法是通过设置"行高/列宽"的方法来实现，此种方法适用于行、列数较多的情况，可以精确地设置行高与列宽。设置"行高"操作过程如图 6-91 所示。

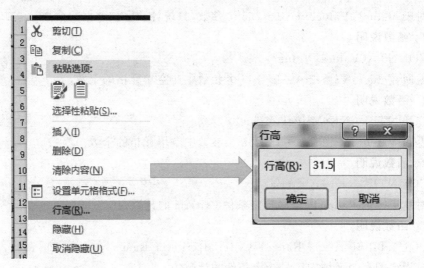

图 6-91　设置"行高"操作过程

2. 设置对齐方式

文本、数字等不同的数据类型都有一个默认的显示方式，可以通过设置对齐方式来改变默认的显示方式。

单击"开始"选项卡→"对齐方式"组右下角的"命令启动器"按钮，打开"设置单元格格式"对话框，如图 6-92 所示。在"对齐"选项卡中可以对水平对齐方式、垂直对齐方式、文本控制方式和文字方向进行设置。

其中水平对齐方式有 8 种：常规、靠左(缩进)、居中、靠右(缩进)、填充、两端对齐、跨列居中、分散对齐(缩进)；垂直对齐方式有 5 种：靠上、居中、靠下、两端对齐、分散对齐。

3. 设置边框和填充颜色

单击"开始"选项卡→"单元格"组→"格式"下拉按钮，选择"设置单元格格式"选项，打开"设置单元格格式"对话框。在该对话框中单击"边框"选项卡，设置边框的样式、粗细、颜色、加线的位置，如图 6-93 所示；单击"填充"选项卡，设置填充的颜色、样式；单击"字体"选项卡，设置单元格的字体、字形、字号、颜色及特殊效果等。

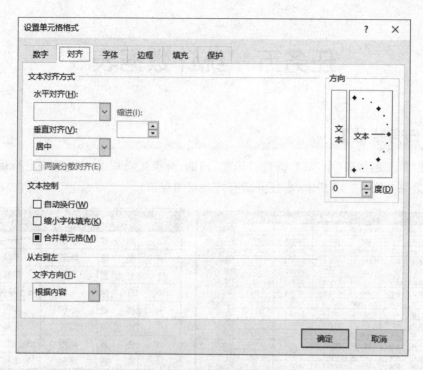

图 6 - 92 　"设置单元格格式"对话框

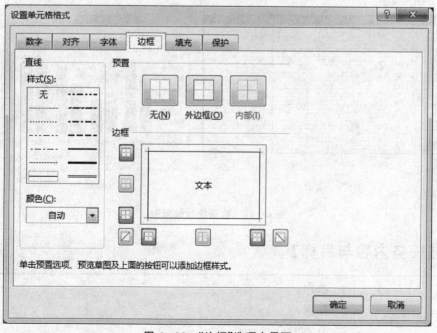

图 6 - 93 　"边框"选项卡界面

任务五　统计数据表

【任务描述】

在"员工销售表"中,对数据进行排序、筛选、分类汇总以及利用图表进行可视化显示,效果如图6-94所示(本任务所有姓名均为虚拟)。

序号	销售员	地区	学历	上半年销售额	下半年销售额	全年销售额	完成率
5	李国	华北	博士研究生	75779.5	76916.2	152695.7	152.7%
4	胡阳	华北	本科	68329.1	71245.6	139574.7	139.6%
13	郭艳	华北	硕士研究生	63119.8	63152.5	126272.3	126.3%
11	陶恩恩	华北	硕士研究生	53982.6	67711.4	121694.0	121.7%
1	王晓	华北	本科	50325.1	67822.4	118147.5	118.1%
3	陈静怡	华西	专科	46231.8	62359.4	108591.2	108.6%
7	袁智慧	华西	本科	45100.0	45776.5	90876.5	90.9%
8	石凯	华西	硕士研究生	48213.4	41596.8	89810.2	89.8%
12	张磊	华西	博士研究生	46281.4	41988.5	88269.9	88.3%
10	刘江波	华东	专科	38945.6	32342.3	71287.9	71.3%
14	马莉	华东	专科	29418.5	41256.7	70675.2	70.7%
2	周涛	华东	硕士研究生	37232.4	31486.7	68719.1	68.7%
9	郭靖	华东	本科	31256.8	33216.7	64473.5	64.5%
6	张慧	华东	本科	32759.5	31547.3	64306.8	64.3%

(a) 排序

序号	销售员	地区	学历	上
2	周涛	华东	硕士研究生	
6	张慧	华东	本科	
7	袁智慧	华西	本科	
8	石凯	华西	硕士研究生	
9	郭靖	华西	本科	
10	刘江波	华西	专科	
12	张磊	华西	博士研究生	
14	马莉	华东	本科	

(b) 筛选

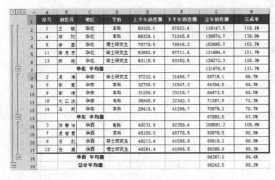

(c) 分类汇总

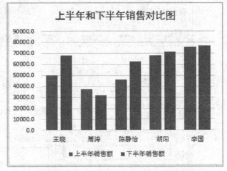

(d) 图表统计

图6-94　数据统计效果图

【任务内容与目标】

内容	1. 排序; 2. 筛选; 3. 分类汇总; 4. 图表

目　标	1. 掌握单个条件排序、多个条件排序的操作方法； 2. 掌握自动筛选和高级筛选的操作方法； 3. 掌握分类汇总的操作方法； 4. 掌握常见图表的绘制方法； 5. 熟悉数据透视表的使用			

【知识点1】排　序

排序是统计工作中经常涉及的一项工作，在 Excel 中可以将数据按照单个条件、多个条件和自定义条件进行排序。

1. 单个条件排序

选中某一列后，单击"开始"选项卡→"编辑"组→"排序和筛选"下拉按钮，选择"升序/降序"选项，相应的列会按升序或降序排序。比如在"员工销售表"中选择"完成率"列（或者将光标置于该列单元格内），然后选择"降序"选项，"完成率"列的数据按照降序排序，如图 6-95 所示。

序号	销售员	地区	学历	上半年销售额	下半年销售额	全年销售额	完成率
5	李　国	华北	博士研究生	75779.5	76916.2	152695.7	152.7%
4	胡　阳	华北	本科	68329.1	71245.6	139574.7	139.6%
13	郝　艳	华北	硕士研究生	63119.8	63152.5	126272.3	126.3%
11	陶思思	华北	硕士研究生	53982.6	67711.4	121694.0	121.7%
1	王　晓	华北	本科	50325.1	67822.4	118147.5	118.1%
3	陈静怡	华西	专科	46231.8	62359.4	108591.2	108.6%
7	袁智慧	华西	本科	45100.0	45776.5	90876.5	90.9%
8	石　凯	华西	硕士研究生	48213.4	41596.8	89810.2	89.8%
12	张　磊	华西	博士研究生	46281.4	41988.5	88269.9	88.3%
10	刘江波	华东	专科	38945.6	32342.3	71287.9	71.3%
14	马　莉	华东	专科	29418.5	41256.7	70675.2	70.7%
2	周　涛	华东	硕士研究生	37232.4	31486.7	68719.1	68.7%
9	郭　靖	华东	本科	31256.8	33216.7	64473.5	64.5%
6	张　慧	华东	本科	32759.5	31547.3	64306.8	64.3%

图 6-95　"完成率"列的数据按降序排列

利用带颜色的数据条功能可以直观地表示某个单元格的数值。选择"完成率"列，单击"开始"选项卡→"样式"组→"条件格式"下拉按钮，单击"数据条"选项，在打开的下拉列表中选择第一排的第一个蓝色的渐变数据条，"完成率"列的数据显示为数据条形式，如图 6-96 所示。

序号	销售员	地区	学历	上半年销售额	下半年销售额	全年销售额	完成率
5	李 国	华北	博士研究生	75779.5	76916.2	152695.7	152.7%
4	胡 阳	华北	本科	68329.1	71245.6	139574.7	139.6%
13	郝 艳	华北	硕士研究生	63119.8	63152.5	126272.3	126.3%
11	陶思思	华北	硕士研究生	53982.6	67711.4	121694.0	121.7%
1	王 晓	华北	本科	50325.1	67822.4	118147.5	118.1%
3	陈静怡	华西	专科	46231.8	62359.4	108591.2	108.6%
7	袁智慧	华西	本科	45100.0	45776.5	90876.5	90.9%
8	石 凯	华西	硕士研究生	48213.4	41596.8	89810.2	89.8%
12	张 磊	华西	博士研究生	46281.4	41988.5	88269.9	88.3%
10	刘江波	华东	专科	38945.6	32342.3	71287.9	71.3%
14	马 莉	华东	本科	29418.5	41256.7	70675.2	70.7%
2	周 涛	华东	硕士研究生	37232.4	31486.7	68719.1	68.7%
9	郭 靖	华东	本科	31256.8	33216.7	64473.5	64.5%
6	张 慧	华东	本科	32759.5	31547.3	64306.8	64.3%

图 6-96 "完成率"列的数据显示为数据条形式

2. 多个条件排序

多条件排序(多列排序)是指排序的关键字有多个,比如在"员工销售表"中"地区"列按照升序排序,如果地区相同,则"完成率"列按照降序排序。

选择表内任意一个单元格,单击"数据"选项卡→"排序和筛选"组→"排序"按钮,弹出"排序"对话框,在其中选择排序的"主要关键字"(表格中所有的列)、"排序依据"(单元格值、单元格颜色、字体颜色、条件格式图标)、"次序"(升序、降序、自定义序列);再单击"添加条件"按钮,增加次要关键字,选择相应的排序列、排序依据以及排序次序。多条件排序操作过程如图 6-97 所示。

在某些情况下,人名要求按照姓氏笔划进行排序。单击"排序"对话框中的"选项"按钮,打开"排序选项"对话框,如图 6-98 所示,在该对话框中选择排序方法"笔划排序"即可。

按照销售员的姓氏笔划排序后的结果如图 6-99 所示。

3. 自定义条件排序

用户可自定义排序序列。在"员工销售表"中,若要求"学历"列按照"博士研究生、硕士研究生、本科、专科"的顺序排序,则在"排序"对话框的"次序"下拉列表中选择"自定义序列"选项,在弹出的"自定义序列"对话框中输入排序序列,单击"添加"按钮即可,如图 6-100 所示。

添加自定义序列后,选择按照自定义序列的顺序进行排序,得到如图 6-101 所示的排序结果。

单击"添加条件"按钮，增加次要关键字，选择相应的排序列、排序依据以及排序次序。

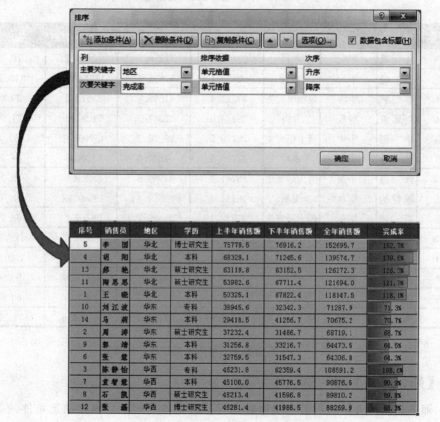

序号	销售员	地区	学历	上半年销售额	下半年销售额	全年销售额	完成率
5	李 园	华北	博士研究生	75779.5	76916.2	152695.7	152.7%
4	胡 阳	华北	本科	68329.1	71245.6	139574.7	139.6%
13	郝 艳	华北	硕士研究生	63119.8	63152.5	126272.3	126.3%
11	陶恩恩	华北	硕士研究生	53982.6	67711.4	121694.0	121.7%
1	王 晓	华北	本科	50325.1	67822.4	118147.5	118.1%
10	刘江波	华东	专科	38945.6	32342.3	71287.9	71.3%
14	马 莉	华东	本科	29418.5	41256.7	70675.2	70.7%
2	周 涛	华东	硕士研究生	37232.4	31486.7	68719.1	68.7%
9	郭 靖	华东	本科	31256.8	33216.7	64473.5	64.5%
6	张 慧	华东	本科	32759.5	31547.3	64306.8	64.3%
3	陈静怡	华西	专科	46231.8	62359.4	108591.2	108.6%
7	袁智慧	华西	本科	45100.0	45776.5	90876.5	90.9%
8	石 凯	华西	硕士研究生	48213.4	41596.8	89810.2	89.8%
12	张 磊	华西	博士研究生	46281.4	41988.5	88269.9	88.3%

图 6 - 97　多条件排序操作过程

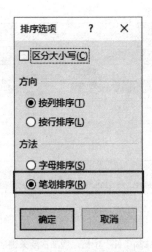

图 6-98 "排序选项"对话框

序号	销售员	地区	学历	上半年销售额	下半年销售额	全年销售额	完成率
14	马　莉	华东	本科	29418.5	41256.7	70675.2	70.7%
1	王　晓	华北	本科	50325.1	67822.4	118147.5	118.1%
8	石　凯	华西	硕士研究生	48213.4	41596.8	89810.2	89.8%
10	刘江波	华东	专科	38945.6	32342.3	71287.9	71.3%
5	李　国	华北	博士研究生	75779.5	76916.2	152695.7	152.7%
6	张　慧	华东	本科	32759.5	31547.3	64306.8	64.3%
12	张　磊	华西	博士研究生	46281.4	41988.5	88269.9	88.3%
3	陈静怡	华西	专科	46231.8	62359.4	108591.2	108.6%
2	周　涛	华东	硕士研究生	37232.4	31486.7	68719.1	68.7%
13	郝　艳	华北	硕士研究生	63119.8	63152.5	126272.3	126.3%
4	胡　阳	华北	本科	68329.1	71245.6	139574.7	139.6%
7	袁智慧	华西	本科	45100.0	45776.5	90876.5	90.9%
9	郭　靖	华东	本科	31256.8	33216.7	64473.5	64.5%
11	陶思思	华北	硕士研究生	53982.6	67711.4	121694.0	121.7%

图 6-99 按销售员的姓氏笔划排序后的结果

【知识点 2】筛　选

筛选是指从大量的数据中快速查找到符合条件的记录。根据筛选条件的多少，筛选可以分为自动筛选和高级筛选。

1. 自动筛选

可以通过两种途径进行自动筛选：一是单击"开始"选项卡→"编辑"组→"排序和

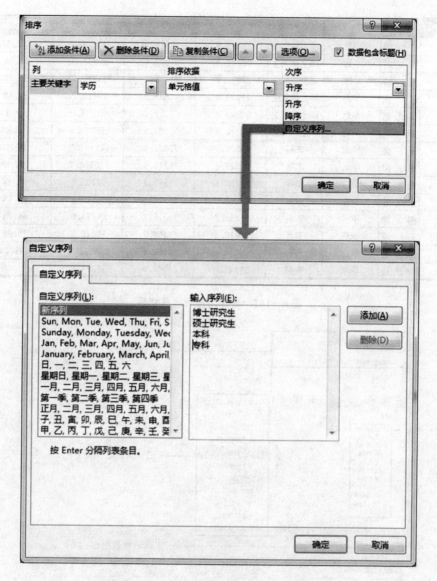

图 6 - 100　添加自定义序列排序操作过程

筛选"按钮→"筛选"选项；二是单击"数据"选项卡→"排序和筛选"组→"筛选"按钮。表格首行的每个单元格右下角都会出现一个向下的小三角形,通过单击它可以选择排序方法、数字筛选条件。

　　如在本任务中要求显示没有完成销售任务(完成率<100%)的销售员信息,操作过程如图 6 - 102 所示。

　　最终得到没有完成任务的销售员信息如图 6 - 103 所示。

序号	销售员	地区	学历	上半年销售额	下半年销售额	全年销售额	完成率
5	李 国	华北	博士研究生	75779.5	76916.2	152695.7	152.7%
12	张 磊	华西	博士研究生	46281.4	41988.5	88269.9	88.3%
2	周 涛	华东	硕士研究生	37232.4	31486.7	68719.1	68.7%
8	石 凯	华西	硕士研究生	48213.4	41596.8	89810.2	89.8%
11	陶恩恩	华北	硕士研究生	53982.6	67711.4	121694.0	121.7%
13	郝 艳	华北	硕士研究生	63119.8	63152.5	126272.3	126.3%
1	王 晓	华北	本科	50325.1	67822.4	118147.5	118.1%
4	胡 阳	华北	本科	68329.1	71245.6	139574.7	139.6%
6	张 慧	华东	本科	32759.5	31547.3	64306.8	64.3%
7	袁智慧	华西	本科	45100.0	45776.5	90876.5	90.9%
9	郭 靖	华东	本科	31256.8	33216.7	64473.5	64.5%
14	马 莉	华东	本科	29418.5	41256.7	70675.2	70.7%
3	陈静怡	华西	专科	46231.8	62359.4	108591.2	108.6%
10	刘江波	华东	专科	38945.6	32342.3	71287.9	71.3%

图 6-101　自定义序列排序结果

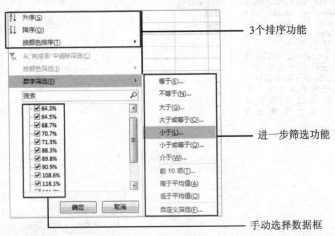

图 6-102　自动筛选操作过程

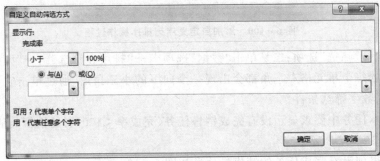

序号	销售	地区	学历	上半年销售	下半年销售	全年销售额	完成率
2	周 涛	华东	硕士研究生	37232.4	31486.7	68719.1	68.7%
6	张 慧	华东	本科	32759.5	31547.3	64306.8	64.3%
7	袁智慧	华西	本科	45100.0	45776.5	90876.5	90.9%
8	石 凯	华西	硕士研究生	48213.4	41596.8	89810.2	89.8%
9	郭 靖	华东	本科	31256.8	33216.7	64473.5	64.5%
10	刘江波	华东	专科	38945.6	32342.3	71287.9	71.3%
12	张 磊	华西	博士研究生	46281.4	41988.5	88269.9	88.3%
14	马 莉	华东	本科	29418.5	41256.7	70675.2	70.7%

图 6－103 自动筛选结果

2. 高级筛选

在实际应用中,往往需要根据多个条件进行选择,使用自动筛选就显得非常麻烦,通过高级筛选功能可以方便地实现对多个条件的筛选。多个条件之间存在"与""或"两种关系。

(1)"与":同时满足多个条件

"与"指多个条件之间是并且的关系。如在本任务中,要筛选出华西地区完成销售额的销售员信息,实现过程如下:

① 建立条件区。条件 1 为"地区＝华西",条件 2 为"完成率≥100％","与"的多个条件都处于同一行,即创建的条件区如图 6－104(a)所示。

② 单击"数据"选项卡→"排序和筛选"组→"高级"按钮,打开"高级筛选"对话框,如图 6－104(b)所示,通过右侧的展开按钮依次选择结果存放的位置、列表区域、条件区域,然后单击"确定"按钮。

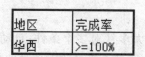

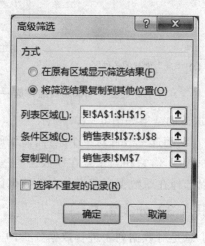

(a) "与"创建的条件区	(b) "高级筛选"对话框

图 6－104 高级筛选——"与"操作过程

③ 筛选出的结果如图 6-105 所示。

序号	销售员	地区	学历	上半年销售额	下半年销售额	全年销售额	完成率
3	陈 静 怡	华西	专科	46231.8	62359.4	108591.2	108.6%

图 6-105　高级筛选——"与"筛选结果

(2) "或"：满足多个条件中任意一个条件

"或"指多个条件之间是或者的关系。如在本任务中,要筛选出华西地区或者完成销售额的销售员信息,实现过程如下：

① 建立条件区。条件 1 为"地区＝华西",条件 2 为"完成率＞＝100％","或"的多个条件都处于不同行,即创建的条件区如图 6-106(a)所示。

② 在"高级筛选"对话框中依次选择结果存放的位置、列表区域、条件区域,如图 6-106(b)所示。

地区	完成率
华西	
	>=100%

(a) "或"创建的条件区

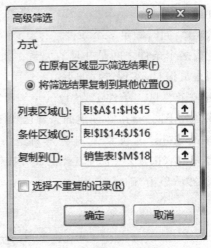

(b) "高级筛选"对话框

图 6-106　高级筛选——"或"操作过程

③ 筛选出的结果如图 6-107 所示。

总结：自动筛选一般针对单个条件,高级筛选大多针对多个条件；自动筛选的结果只能在原数据区,它相当于是在原数据的基础上隐藏不满足筛选条件的数据,而高级筛选可以选择在原数据区或者是在新数据区显示筛选的结果。

【知识点 3】分类汇总

分类汇总是对数据列表进行数据分析的一种方法,即按照数据的类别划分并汇总不同类型的数据,它是统计学中常用的数据统计与分析方法。使用分类汇总能够快速获知特定类型数据的分布以及汇总结果。分类汇总前要按分类字段进行排序。

序号	销售员	地区	学历	上半年销售额	下半年销售额	全年销售额	完成率
12	张 磊	华西	博士研究生	46281.4	41988.5	88269.9	88.3%
8	石 凯	华西	硕士研究生	48213.4	41596.8	89810.2	89.8%
7	袁智慧	华西	本科	45100.0	45776.5	90876.5	90.9%
3	陈静怡	华西	专科	46231.8	62359.4	108591.2	108.6%
1	王 晓	华北	本科	50325.1	67822.4	118147.5	118.1%
11	陶恩恩	华北	硕士研究生	53982.6	67711.4	121694.0	121.7%
13	郝 艳	华北	硕士研究生	63119.8	63152.5	126272.3	126.3%
4	胡 阳	华北	本科	68329.1	71245.6	139574.7	139.6%
5	李 国	华北	博士研究生	75779.5	76916.2	152695.7	152.7%

图 6 - 107　高级筛选——"或"筛选结果

如在本任务中,要统计出各个地区的平均销售额和完成率。单击"数据"选项卡→"分级显示"组→"分类汇总"按钮,弹出"分类汇总"对话框,如图 6 - 108 所示。

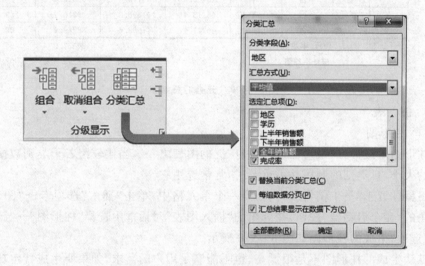

图 6 - 108　分类汇总操作过程

在"分类汇总"对话框中分别选择"分类字段""汇总方式""选定汇总项"等选项信息,最终求得的汇总结果如图 6 - 109 所示。

【知识点 4】图　表

在工作表中,图表具有良好的视觉效果,可以使结果更加清晰、直观、易懂,为用户使用数据提供了便利。在 Excel 中,用户可以很轻松地创建和编辑具有专业外观的图表。

在 Excel 中包含了柱形图、折线图、条形图、饼图、面积图、散点图等 17 种图表类型,其中新增了地图、树状图、旭日图、直方图、箱型图、瀑布图、漏斗图 7 种图表类型,但是使用频率最高的图表类型还是柱形图、饼图等。

	A	B	C	D	E	F	G	H
1	序号	销售员	地区	学历	上半年销售额	下半年销售额	全年销售额	完成率
2	1	王　晓	华北	本科	50325.1	67822.4	118147.5	118.1%
3	4	胡　阳	华北	本科	68329.1	71245.6	139574.7	139.6%
4	5	李　国	华北	博士研究生	75779.5	76916.2	152695.7	152.7%
5	11	陶思恩	华北	硕士研究生	53982.6	67711.4	121694.0	121.7%
6	13	郝　艳	华北	硕士研究生	63119.8	63152.5	126272.3	126.3%
7				华北 平均值			131676.8	131.7%
8	2	周　涛	华东	硕士研究生	37232.4	31486.7	68719.1	68.7%
9	6	张　慧	华东	本科	32759.5	31547.3	64306.8	64.3%
10	9	郭　靖	华东	本科	31256.8	33216.7	64473.5	64.5%
11	10	刘江波	华东	专科	38945.6	32342.3	71287.9	71.3%
12	14	马　莉	华东	本科	29418.5	41256.7	70675.2	70.7%
13				华东 平均值			67892.5	67.9%
14	3	陈静怡	华西	专科	46231.8	62359.4	108591.2	108.6%
15	7	袁智慧	华西	本科	45100.0	45776.5	90876.5	90.9%
16	8	石　凯	华西	硕士研究生	48213.4	41596.8	89810.2	89.8%
17	12	张　磊	华西	博士研究生	46281.4	41988.5	88269.9	88.3%
18			华西 平均值				94387.0	94.4%
19			总计平均值				98242.5	98.2%

图 6－109　分类汇总结果

1. 图　表

(1) 柱形图

柱形图是最常见、最易懂、使用最广泛的图表之一。当比较跨若干类别数据元素之间的大小，且类别的顺序并不重要时，常常选用它。

将鼠标置于“员工销售表”内任意一个单元格中，单击“插入”选项卡→“图表”组右下角的“命令启动器”按钮，在弹出的“插入图表”对话框中选择“柱形图”→“簇状柱形图”选项，生成的柱形图如图 6－110 所示。

默认生成的柱形图不是很漂亮，也不能满足用户的需求，如果要生成特定功能的图表，则需要定制。比如要制作上半年与下半年销售额对比图，修改步骤如下：

① 单击图表，生成了一个浮动菜单“图表设计”，单击“数据”组→“选择数据”按钮，重新选择数据源和行/列值，如图 6－111 所示。

② 单击“图表布局”组→“快速布局”下拉按钮，在弹出的下拉列表中选择不同的选项，可快速改变图表布局，增删图表中的标题、图例等元素；单击“图表样式”，在弹出的下拉列表中选择不同的选项，可快速修改图表样式。最终生成的柱形图如图 6－112 所示。

(2) 饼　图

饼图将某个数据系列中的单独数据转为数据系列总和的百分比，然后依照百分比例绘制在一个圆形上，数据点之间用不同的图案填充饼图只能显示一组数据系列，主要用来显示单独的数据点相对于整个数据系列的关系或比例。

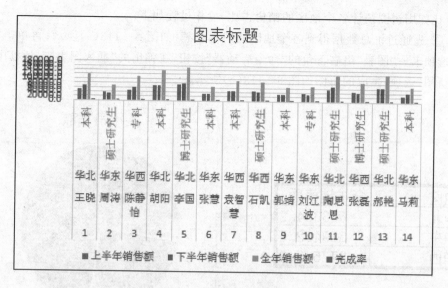

图 6-110　生成的柱形图

图 6-111　选择数据源和行/列值

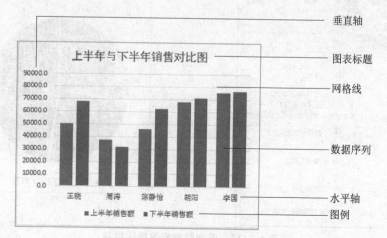

图 6-112　最终生成的柱形图

比如用饼图统计各个地区的销售占比,操作过程如下:

① 先通过汇总数据得到各个地区的销售总额,如图6-113(a)所示;再单击"插入"选项卡→"图表"组右下角的"命令启动器"按钮,在弹出的"插入图表"对话框中选择"饼图"选项,生成的饼图如图6-113(b)所示。

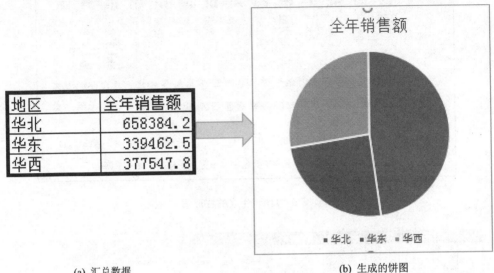

地区	全年销售额
华北	658384.2
华东	339462.5
华西	377547.8

(a) 汇总数据　　　　　　　　　　　　　　　　(b) 生成的饼图

图6-113　生成饼图操作过程

② 添加占比数据标签。单击"图表设计"选项卡→"图形布局"组→"添加图表元素"按钮,在下拉列表中选择"数据标签"→"数据标签内"选项,得到显示标签的饼图。添加数据标签操作过程如图6-114所示。

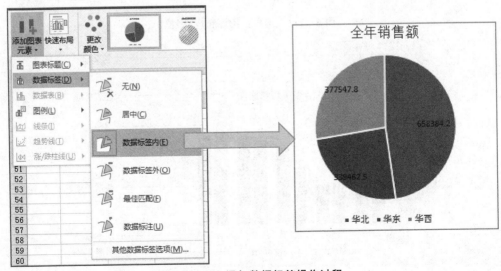

图6-114　添加数据标签操作过程

标签数值显示的是销售额,而不是占比。选中饼图,右击选择"设置数据标签格式"选项,或者单击图表右侧的"＋",如图 6-115(a)所示,选择"数据标签"→"更多选项"选项,在弹出的"设置标签数据格式"对话框中选中"百分比",则数据标签显示为百分比,如图 6-115(b)所示。

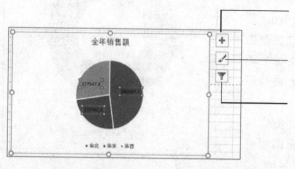

图表元素:
添加、删除或更改图表元素。

图表样式:
设置图表样式和配色方案。

图表筛选器:
编辑要在图表上显示的数据点和名称。

(a) 图表选项解释

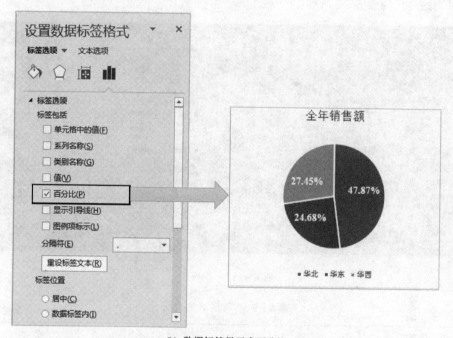

(b) 数据标签显示为百分比

图 6-115 将标签数值由销售额改为占比的操作过程

③ 使用圆环图表示。圆环图是由两个及两个以上大小不一的饼图叠在一起,挖去中间的部分所构成的图形,它与饼图类似,将各地区销售额占比图用圆环图表示如图 6-116 所示。

（3）折线图

折线图将同一数据系列的数据点在图上用直线连接起来，以等间隔显示数据的变化趋势。

比如，将上半年与下半年销售对比图改成折线图，操作步骤为单击"图表设计"选项卡→"类型"组→"更改图表类型"按钮，在打开的"更改图形类型"对话框中选择"折线图"，生成的折线图如图6-117所示。

柱形图、饼图、折线图是3类常用的图表类型。在实际应用中采用哪种图表类型，取决于数据的展现目的。3种图表的对比如表6-9所列。

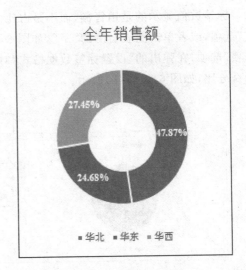

图 6 - 116　圆环图

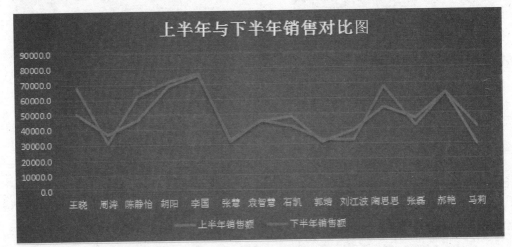

图 6 - 117　折线图

表 6 - 9　3 种图表的对比

图表类型	内　涵	延伸图表	适　用
柱形图	通过高度比较各个项目的多少	簇状柱形图、堆积柱形图、百分比堆积柱形图	数字对比
饼图	反映部分与整体之间的关系	复合饼图、圆环图	占比关系
折线图	反映项目随时间发展的趋势，一般横轴为时间	堆积折线图、百分比折线图	变化趋势

2. 数据透视表

数据透视表主要用于分析统计,它与普通表的区别在于可任意组合字段,从而方便分析统计各项数据。数据透视表的创建非常简单,通过鼠标拖曳就可以实现全方位的数据分析,使用它就等于同时操控多个函数。

单击"插入"选项卡→"表格"组→"数据透视表"按钮,打开"创建数据透视表"对话框,如图 6-118 所示。

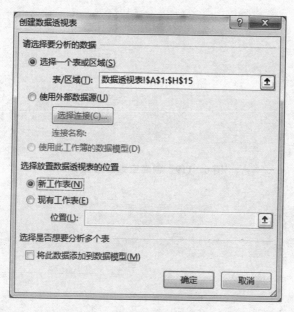

图 6-118　"创建数据透视表"对话框

选择创建数据透视表的工作表或区域后,功能区栏出现"分析""设计"浮动窗口,主窗口相应位置创建了一个空白的数据透视表模板,窗口右侧列出"数据透视表字段"对话框,其功能是选取要添加到报表的字段,如图 6-119 所示。

"数据透视表字段"对话框中的"行"区域表示数据表中行的值;"列"区域一般用于辅助数据交叉分析;"值"区域的作用是以不同的方式呈现汇总的数据,它可以允许重复字段;"筛选"区域的作用类似于筛选,它可以将二维表格变成三维表格。比如,在"员工销售表"中,要求按照地区、学历对 2017 年销售额进行总计。在上述空数据透视表中,通过鼠标拖曳的方式将表中的字段放到"筛选""行""列""值"4 个区域,如图 6-120 所示。

数据透视表就是"拖曳的艺术",随着鼠标的点击和拖曳,数据形成不同的行/列组合,得到的结果也不尽相同。最终得到的按照地区、学历对 2017 年销售额进行总计的数据透视表如图 6-121 所示。

图 6 - 119 创建空数据透视表

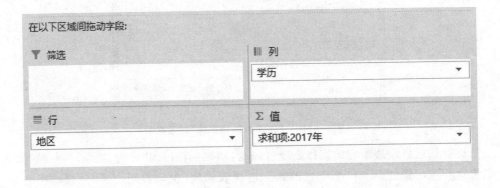

图 6 - 120 选取数据透视表中字段

求和项:2017年	列标签				
行标签	博士研究生	硕士研究生	本科	专科	总计
华北	75779.5	117102.4	118654.2		311536.1
华东		37232.4	93434.8	38945.6	169612.8
华西	46281.4	48213.4	45100	46231.8	185826.6
总计	122060.9	202548.2	257189	85177.4	666975.5

图 6 - 121 创建有数据的数据透视表

任务六　制作毕业论文答辩演示文稿

【任务描述】

制作毕业论文答辩演示文稿,效果图如图6-122所示。

(a) 封面页

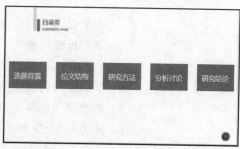

(b) 目录页

(c) 过渡页

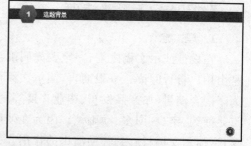

(d) 内容页

(e) 封底页

图6-122　毕业论文答辩演示文稿效果图

【任务内容与目标】

内　容	1. 思想梳理； 2. 设置背景； 3. 添加内容； 4. 添加动画； 5. 放映输出
目　标	1. 能够根据不同受众使用不同类型的演示文稿； 2. 掌握母版的使用； 3. 掌握录入不同对象的方法及技巧； 4. 掌握常用的自定义动画的设置； 5. 熟悉页面切换动画设置； 6. 熟悉保存、发布不同类型文件的方法

【知识点1】思路梳理

1. 理　念

在设计演示文稿之前，一定要先明确演示文稿的应用场景是配合演讲者使用还是由用户自行阅读。一般而言，演示文稿可以分为两类：一类是演讲型演示文稿，是为了配合演讲（如产品发布、毕业答辩等）使用的。这类演示文稿的幻灯片的显著特点是简约，字少、图多、动画炫。因为在使用这类演示文稿的场合中，观众主要是听人演讲，演示文稿只起到辅助演讲的作用。另一类是阅读型演示文稿，主要是为了满足阅读的需要，将资料发出去让别人自行观看，由于没有人对内容进行讲解，因此就要求页面内容尽可能详细一点，能够满足逻辑上的自洽性，如图6-123所示。

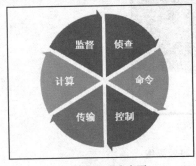

XX科技有限公司是一家专门从事软件开发的高新技术企业，它成立于2009年，注册资金500万元。经过十几年的发展，公司研制开发了多项拥有自主知识产权的软硬件产品，并广泛应用在电力行业和政府部门，同时公司也赢得了广大客户的信赖。

公司现有员工100人。公司不断跟进国内外最先进的技术，与国内许多著名的IT厂商建立了长期稳定的合作关系。

(a) 演讲型(内容页)　　　　　　　　　　(b) 阅读型(内容页)

图6-123　演示文稿类型

2. 内容准备

内容是一份演示文稿的灵魂所在,是制作演示文稿过程中最需要打磨的部分,也是决定一份演示文稿是否出彩的关键因素。从本质上而言,演示文稿的演示无非就是内容的演示,通过演示清晰、完整地阐述一件事情。

(1) 明确内容表达的逻辑关系

在准备演示文稿的内容前,应该先理清内容表达上的逻辑关系。通常有两种逻辑关系:一种是按照先后顺序的表达方式,即"是什么—为什么—怎么做";另一种是总分结构的表达方式,即"总说—分说"。

以毕业论文答辩演示文稿制作为例,因为它涉及因果关系,所以可以采用先后顺序的表达方式来编排,即可以采用如图 6-124 所示的逻辑关系。

图 6-124　毕业论文答辩演示文稿内容表达的逻辑关系

(2) 确定内容框架

在确定好内容的表达逻辑后,接下来要做的就是整理思路,把要表达的内容按照一定的框架结构罗列出来,尽量做到内容完整。在这个过程中,可以使用纸和笔绘制,也可以借助思维导图工具(XMind 等)来辅助整理。

(3) 填充内容

通常而言,在一页幻灯片上会包含两部分内容:论点和论据。为了让论点更有说服力,就需要用一些论据来支撑论点,这些论据通常是数据、图表、图片或视频。这也就是论据支撑论点的表达方式。

通常,一份完整的演示文稿包含封面页、目录页、过渡页、内容页以及封底页这 5 部分内容,其中,过渡页的数量是由目录页的数量所决定的。这些内容的表达形式有文字、图片、图表、声音与视频等。

【知识点 2】设置背景

1. 主　题

主题是一组预定义的颜色、字体和视觉效果,是一种视觉化风格的体现,它可应用于幻灯片以实现统一专业的外观。用户可以使用 PowerPoint 内置的主题,也可以自定义主题。单击"设计"选项卡→"主题"右侧下拉按钮,可以看到 PowerPoint 内置了 30 多套主题供用户选用,如图 6-125 所示。

如果不是特别正式的场合,对效果没有过多要求,只需在短时间内完成一个演示文稿来应急的话,用户完全可以使用这些内置的主题,从而"一键搞定"主题设置。

通过使用主题,可以轻松赋予演示文稿和谐的外观,比如将图形(表格、形状等)

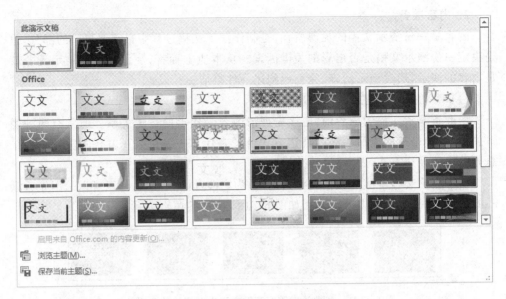

图 6-125　PPT 内置的主题

添加到幻灯片时,演示文稿将应用与其他幻灯片元素兼容的主题颜色。

> **小贴士:主题与模板的区别**
>
> ① 模板是现成的样式,直接输入内容就可以了;主题是对幻灯片中的内容进行的一组配置。
>
> ② 模板可以单独存盘,是一个文件;主题不可单独存盘,是一个格式。

2. 背　景

(1) 设置方法

幻灯片背景是指幻灯片主题后面所呈现的背景效果,它能够在一定程度上对幻灯片的主题起到衬托作用。在某页幻灯片上右击选择"设置背景格式"选项或者单击"设计"选项卡→"自定义"组→"设置背景格式"按钮,打开"设置背景格式"对话框,如图 6-126 所示。在该对话框内可设置纯色背景、图片背景、纹理背景和图案填充背景等。

如果选中了"隐藏背景图形"前的复选框,则当前的背景设置只作用于当前选定的幻灯片;否则,背景设置将作用于全部的幻灯片。

(2) 选择原则

在选择幻灯片背景的时候,可以从以下 3 个方面来考虑,这样不仅可以强化幻灯片所表达的主题,还会给用户带来良好的视觉享受。

1) 要确保背景不会阻碍内容传递

背景只是辅助内容呈现,起到的是配角的作用,内容才是真正要表达的东西,千万不能颠倒主次关系。

因此,在选择背景时,不要选择影响内容识别的图片。如果不知道选哪种图片作为背景,可以考虑使用白色、浅灰色等较易掌控的颜色作为背景色。

2)最好与主题内容相关

背景的一个主要作用是让内容看起来更有表现力,更符合主题要求。比如表现科技感,神秘感元素的内容可以选择黑色背景,表现主题教育的内容可以选择红色背景等。

3)考虑配色问题

一般来说,黑、白、灰 3 种颜色属于大众色,能跟其他很多颜色相匹配。这也是为什么大多数背景选择这些颜色的原因。

3. 母 版

幻灯片母版是定义演示文稿中所有幻灯片页面格式的幻灯片视图,包括使用的字体、占位符的大小及位置、背景的设计和配色方案等。使用幻灯片母版的

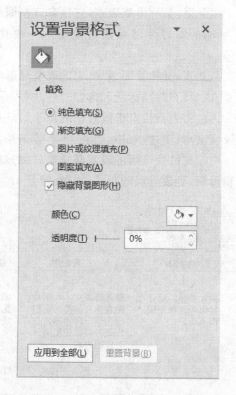

图 6－126 "设置背景格式"对话框

目的是对整个演示文稿进行全局的设计或更改,并使该更改应用到演示文稿中的所有幻灯片中。因此在母版中的设计即为演示文稿中的共有信息,可以让演示文稿中的各张幻灯片都具有相同的外观特点,比如为所有幻灯片设置统一的字体、定制统一的项目符号、添加统一的页脚以及 LOGO 标志等。

单击"视图"选项卡→"母版视图"组→"幻灯片母版"按钮,即进入幻灯片母版设计界面,如图 6－127 所示。

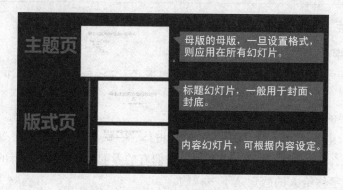

图 6－127 幻灯片母版设计界面

主题页：又称母版版式，它是窗口左侧缩略图窗格中最上方的幻灯片，只要它改变，所有的幻灯片都会跟着改变。一般在主题页批量添加 LOGO、页眉页脚、页码等。

版式页：又称页面版式，它的改变只影响使用该页版式的幻灯片。它包括标题幻灯片、内容幻灯片、标题和内容幻灯片等，一般通过占位符来设置。

占位符是指带有虚线边框的位于幻灯片版式中的包含内容的框。在这些框内可以设置文本、图片、表格、图表、图形等信息。

对于幻灯片母版的设置都是通过"幻灯片母版"浮动菜单来实现的，在这里可以编辑母版，更改母版的版式、主题、背景、大小等，如图 6 - 128 所示。

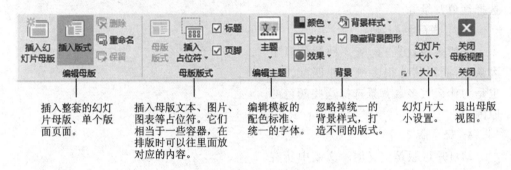

图 6 - 128 "幻灯片母版"浮动菜单

设置完幻灯片母版后，单击"关闭母版视图"按钮，回到编辑页面，在要应用某个版式的幻灯片上右击选择"版式"选项，在下拉列表中选择要应用的某种版式单击即可。

小贴士

如果演示文稿页面数量多、页面版式可以分为固定的若干类（比如需要批量制作的演示文稿课件，对制作速度有要求），可以为演示文稿定制一个母版。

而对于全图演讲、音乐动画、个性相册等演示文稿的制作还是自由发挥比较好。

【知识点 3】添加内容

1. 文 字

文字是演示文稿最基本也是最重要的元素之一，它是决定演示文稿精美度的关键因素。

（1）文字的三要素

① 字体，指的是文字的风格样式，比如楷体、宋体、黑体、微软雅黑等。如果把文字比作人，那么字体就相当于人的五官。它们有的看起来俏皮可爱，有的看起来苍劲有力，不同的字体给人的感觉是不一样的。

PowerPoint 中提供了一些必要的字体，但更多的字体需要自己安装。Windows

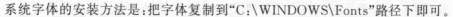

系统字体的安装方法是:把字体复制到"C:\WINDOWS\Fonts"路径下即可。

② 字号,就是文字的大小。增大文字的字号可以增强观众对文字的注意力,页面中最重要的信息,其字号通常是最大的。当页面中内容较多时,必须以保证格式整齐为重点,严格限制字号的选择。当然演示文稿中的字号并不是越大越好,在保证能看清楚的前提下,以选择较小的字号为优。

③ 格式。PowerPoint 支持多种文字格式设置,包括文字的字体设置、段落设置、填充设置、轮廓设置和六类(阴影、映像、发光、棱角、三维、转换)艺术效果。

(2) 字体的选用

按照使用用途,字体可分为 3 类:标题字体、正文字体和装饰字体。标题字体用于小标题或关键词,应该醒目、美观,气质与演示文稿相符;正文字体用于大量文字,因此必须以易读性为首要要求,兼顾美观;装饰字体仅仅适于应用到字数很少的文本(如警句格言、图文混搭等),起到画龙点睛的作用。

(3) 文字的容器

文字的容器是文本框。演示文稿里有两种形式的文本框:文本占位符和自定义文本框。文本占位符表现为一个虚框,虚框内部往往有"单击此处添加标题/文本"之类的提示语,鼠标点击它之后,提示语会自动消失,可以在里面输入文本信息。选择的版式不同,占位符随之不同。单击"插入"选项卡→"文本"组→"文本框"按钮可以插入自定义文本框,根据实际需要,可选择插入横排或竖排文本框。

小贴士

在添加文字时要注意:一是通过美观的字体和排版让文字更有美感,增强其亲和力;二是避免长篇大论,将文字要传达的信息图表化,以增强理解。

---

2. 图　片

图片是演示文稿可视化表现的核心元素,图片能够让用户更加直观地理解幻灯片要表达的意思,同时也可以让幻灯片更加形象。

(1) 插入图片

单击"插入"选项卡→"图像"组→"图片"按钮,可实现单张或多张图片的插入。也可以使用复制＋粘贴的方法插入图片,这种方法速度更快。

图 6 - 129　"裁剪"下拉菜单

(2) 图片裁剪

选中图片,单击图片工具"格式"选项卡→"大小"组→"裁剪"下拉按钮,弹出如图 6 - 129 所示的下拉菜单,可在此下拉菜单中选择裁剪方式。裁剪有 3 种方式:

① 随意裁剪。拖动图片四周进行裁剪,即可裁剪出所需的效果,这是目前使用最广的一种裁剪方式。

② 裁剪为形状。除了可以将图片裁剪成三角形、圆、矩形外,还可以裁剪出很多有趣的形状,比如爱心、云彩等。

③ 按横纵比裁剪。可以将图片裁剪成 1∶1,4∶3,16∶9 等常见的比例。

（3）设置图片样式

为了赋予普通图片以个性,使整体效果更为美观、避免单调,可以套用图片样式。根据形状、阴影、映像、边缘以及棱台的不同,PowerPoint 预设了 28 种图片样式,用户可以方便、快速地套用相关样式。其实现的方式是:选中图片,单击图片工具"格式"选项卡→"图片样式"组→"其他"下拉按钮,弹出图片样式列表,如图 6 – 130 所示。

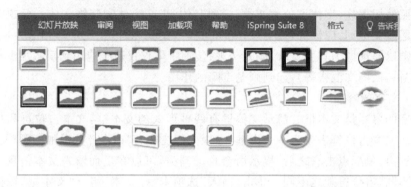

图 6 – 130　图片样式列表

不同的图片样式所适用的内容、应用环境以及给人的感觉是不同的。使用快捷效果时,要确保样式的统一。比如,在同一套演示文稿的同一种背景中,可选择快捷效果 1、27、28,但不能在选择快捷效果 1 的同时还选择快捷效果 5、6、8。形状可以因图片的不同而变化,但质感要始终如一。

此外,通过"图片样式"组可以设置图片边框、图片效果等;通过"调整"组可以校正、设置图片颜色和艺术效果等。

3. 图　表

图表是用图形表示各类数理关系、逻辑关系,以让这些关系可视化、清晰化、形象化。它是内在的,能够还原思想。演示文稿制作者可以根据自己的思想随意绘制图表,所有的图表须按照严格的逻辑关系环环相扣。图表是演示文稿表达的核心武器,要使用图表,首先应掌握绘图技巧。

（1）图形绘制技巧

单击"插入"选项卡→"插图"组→"形状"下拉按钮,在弹出的下拉列表中共有 9 大类 17 种形状,这基本涵盖了多数绘图软件常用的形状。熟记并熟练使用这些形状,就能自由绘制丰富多彩的演示文稿图表。

1）使用 Shift 键绘制标准图形

强大的 Shift 键能够辅助用户画出标准图形,如直线、正图形、等比例拉伸图形等。

① 绘制直线。在绘制直线时按住 Shift 键可画出 3 种线条:水平线、垂直线和

45°倍数直线。

② 绘制正图形。在绘制圆形、矩形、三角形、四边形等任何一种基本图形时,按住 Shift 键,得到的总是按照默认图形形状等比例放大或缩小的图形,不会发生扭曲和变形。比如矩形会成为正方形、三角形会变成等边三角形、椭圆形会变成正圆形、六边形会变成正六边形、五角星也会变成正五角星等。

③ 等比例拉伸图形。只需要在拉伸图形的同时按住 Shift 键,即可保持同比例拉伸。

> **小贴士**
>
> 居中拉伸图形:在拉伸图形时,无论是否使用 Shift 键,图形总是向一个方向移动,这样图形无法保持居中,拉伸后还要调整图形位置,比较麻烦。如果在按住 Ctrl 键的同时操作,无论图形怎么拉伸,中心总能保持不变。

2)快速复制图形的方法

从现在开始,再也不要用"右键复制、右键粘贴"的方法复制图形了。复制图形是演示文稿绘图里最常用的一个操作,它有 3 种快捷方法:

① 快速复制法:选中对象,直接按下快捷键 Ctrl＋D。当连续按下这组快捷键时,就会在右下侧连续复制图形,而且图形间保持相同的距离。这是一种最快的复制图形的方法,但使用起来并不方便,因为在一般情况下,图形的位置还需要重新调整。

② 任意复制法:选中对象,按下 Ctrl 键,拉动图形到任意地方,即复制对象到该位置。这个方法的最大优点在于复制位置可由用户随意控制。

③ 对齐复制法:选中对象,按下 Ctrl ＋Shift＋组合键的同时拉动对象,鼠标只能拉动对象平行移动或者垂直移动。因为复制对象一般都是以并列关系出现的,采用这种方法在复制对象的同时也直接使对象保持对齐了。记住:这是一种最有用的复制图形的方法。也可以不按 Ctrl 键、只按 Shift 键,不过那就是对齐对象,而不是复制图形了。

3)图形间的随意转换

当使用场合发生变化时,可通过编辑顶点或编辑形状功能轻易地实现基本图形之间、基本图形与任意多边形之间的转换。

(2)图形的填色技巧

无论多么好看的图形,如果没有色彩都不能称作"美"。图表的色彩还有一个重要特征——区分:让图表与背景相区分,图表的不同色彩代表了不同的含义。

除了可以选择纯色填充、渐变填充外,还可以通过取色器随意取色填充图形。如图 6-131 所示,单击绘图工具"格式"选项卡→"形状填充"组→"取色器"选项,此时取色器上方会带一个白色的方框,随着鼠标的移动而选取颜色,当鼠标停留时,会显示 RGB 颜色值,单击要匹配的颜色,即可将该颜色应用到所选形状或对象上,如果想取消选择任何颜色,则直接按下 ESC 键。

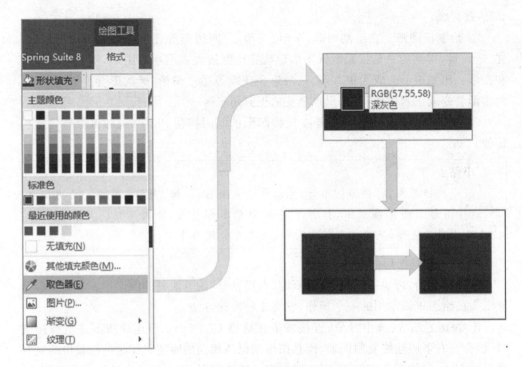

图 6 - 131　用取色器取色

如果想选取非当前页面的颜色,需要长按住鼠标左键,移动取色器至需要取色的地方,松开鼠标左键即可取色成功。

（3）图形组合排列技巧

单个图形往往不能构成一页完整的幻灯片,主要形状、次要形状、背景形状、对比形状、衬托形状、逻辑形状等多个形状分类组合、层次布局才能构成一页漂亮的幻灯片。这里自然就涉及图形的组合与排列技巧。

1）图　层

图层是作图软件的基本概念,所有的图形都占据独立的一层,其余的图形要么在这层的下面,要么在这层的上面。可以把某个图层上移或下调,使其居于顶层,遮盖其他所有的图层;也可以使其居于底层,被其他所有图层覆盖。

对于图层的处理,PowerPoint 提供了两个有用的工具:"修改层级"和"选择窗格"。修改层级操作包括 4 种命令:"置于顶层""置于底层""上移一层""下移一层"。单击绘图工具"格式"选项卡→"排列"组→"选择窗格"按钮,打开"选择"对话框,如图 6 - 132 所示。在该对话框中可修改图层的顺序、设置是否隐藏图层。

2）组合与解散

组合是指把有关联的对象（图片、图形、文本等）捆绑在一起,使其类似于一个对象。组合的作用有 3 点:

① 使批量选择对象变得更容易。没有组合时要对一组对象进行操作,只好一个

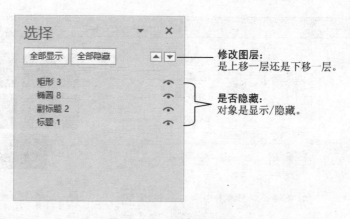

图 6-132　"选择"对话框

一个地选择,组合后只要单击任何一个对象,整组对象都能被选择。

②　避免误操作。没有组合时,所有的对象都是零散分布的,很容易不小心移动个别较小的对象,造成错位;组合后选择不了单个对象,就不会有误操作。

③　便于做动画效果。整组对象通常是作为一个对象做动作的,因此必须组合后才能操作。

操作方法:选定要组合的多个对象,单击绘图工具"格式"选项卡→"排列"组→"组合"下拉按钮,在下拉列表中选择"组合"选项,即可将多个对象组合在一起,如图 6-133 所示。

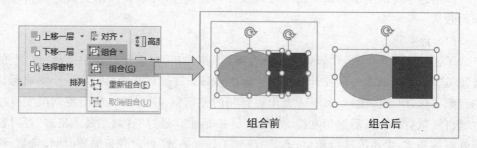

图 6-133　组合操作

解散是组合的逆过程,即把组合在一起的对象分解掉。当不再需要组合效果时,自然就会解散组合,单击"取消组合"即可。

(4)　专业图表

SmartArt 译成中文为智能图表。它可以一键插入表示不同关系的图示类型,涵盖了众多逻辑关系图形:列表、流程、循环、层次结构、关系、矩阵、棱锥图。单击"插入"选项卡→"插图"组→"SmartArt"按钮,可打开"选择 SmartArt 图形"对话框,如图 6-134 所示。

SmartArt 图表可以实现智能添加和删除、快速配色、智能调整大小等操作;它代

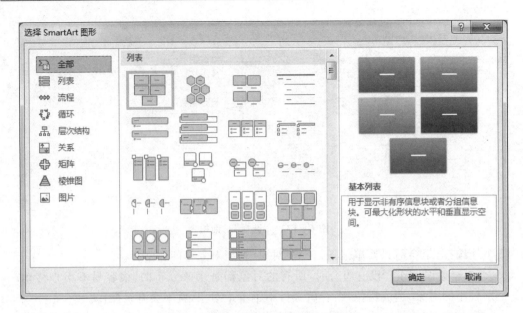

图 6-134　"SmartArt 图形"对话框

表了未来的发展方向——把图表设计与 PowerPoint 软件较好地结合起来,实现智能化,让图表制作可以傻瓜式操作。

4. 音频与视频

在内容丰富的演示文稿中添加音频或者视频文件,可以让演示文稿达到精彩演绎的效果。

(1) 音　频

单击"插入"选项卡→"媒体"组→"音频"下拉按钮,在下拉列表中选择"PC 上的音频"选项,即可插入一段在计算机中选定的音频。在幻灯片中会显示一个喇叭形状的音频图标,单击该图标,其下方会出现音频的控制框,用户可以利用控制框实现播放/暂停、裁剪、前进/后退等功能,如图 6-135 所示。通过"音频工具—格式"可对音频外框的样式、大小等进行调整,通过"音频工具—播放"可对音频播放时间、音量、样式进行设置。

图 6-135　插入音频

音频主要用于渲染演讲时的气氛、还原本来的内容,切忌背景音乐喧宾夺主。

（2）视　频

当文字和图片不能动态、直观地描述一个场景时,可以考虑使用视频。在幻灯片演示时,能配合着使用一段恰当的视频说明一些问题,往往更具有说服力。

在幻灯片中插入视频的方法与插入音频的方法类似,不仅可以插入"PC 上的视频",还能插入"联机视频"。单击"插入"选项卡→"媒体"组→"视频"下拉按钮,在下拉列表中选择"PC 上的视频"选项,即可插入一段在计算机中选定的视频,视频下方会出现视频的控制框,用户可以利用控制框实现播放/暂停、裁剪、前进/后退等功能,如图 6-136 所示。

图 6-136　插入视频

通过"视频工具—格式"可对视频框架的样式、大小、颜色等进行调整,通过"视频工具—播放"可对视频播放时间、音量、播放方式进行设置。

【知识点 4】添加动画

PowerPoint 的一大突出功能就是可以为对象设置各种动画,让静态的演示文稿动起来,使演示更加生动、活泼和直观。

1. 添加动画

动画可以让对象"华丽地出场""成功地演示""完美地退出"。

（1）动画类型

PowerPoint 将动画分为 4 类:进入动画、强调动画、退出动画和路径动画,如图 6-137 所示。

进入动画是让对象从无到有,退出动画是让对象从有到无,强调动画是让对象发生某种变化,路径动画是让对象按照指定的路线移动。演示文稿中的每一个对象都可以同时设定多种动画,而将多种动画进行叠加、衔接以及组合,能得到千变万化的动画效果。

图 6 - 137　动画类型

　　进入动画是最基本的自定义动画,使演示文稿页面里的对象(包括文本、图形、图片、组合及多媒体素材)从无到有、陆续出现。一般在进入动画中选择的动画效果有出现、淡出、擦除、缩放、基本缩放、切入、浮入等。

　　退出动画是进入动画的逆过程,即对象从有到无、陆续消失的一个动画过程,它是画面之间连贯过渡(称之为"无接缝动画")必不可少的选项。在多数情况下,使用退出动画是为了给新对象的进入提供空间,或者强调新进入的对象。因此,在大多数情况下,退出动画应尽量选择自然、干脆、温和的动画效果,如消失、淡出、向外溶解、收缩等。

　　强调动画是在放映过程中引起观众注意的一类动画,它不是从无到有,而是一开始就存在的,进行动画时形状或颜色会发生变化。强调动画经常使用的效果是放大、缩小、闪烁、陀螺旋等。

　　路径动画是使对象按照绘制的路径运动。路径可以是直线、曲线、各种形状或者任意绘制,用得最多的是自定义路径。路径动画是较高级的演示文稿动画,能够实现演示文稿画面的千变万化,也是让演示文稿动画炫目的根本所在。

（2）动画的基本设置

1）添加、设置动画

"动画"选项卡如图 6 - 138 所示。

图 6 - 138 "动画"选项卡

单击"动画"选项卡→"动画"右侧下拉按钮，在下拉列表中可选择要添加的动画。也可以单击"动画"选项卡→"高级动画"组→"动画窗格"按钮，打开"动画窗格"对话框，在该对话框中对动画的顺序、效果等进行详细设置，如图 6 - 139 所示。

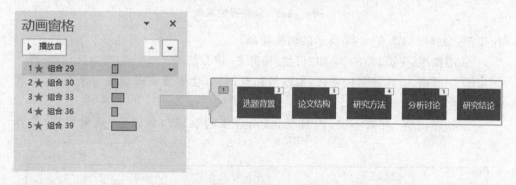

图 6 - 139 在"动画窗格"对话框中设置动画

2）操控动画

在"动画窗格"对话框中选择一个动画，单击右边的下拉箭头，会弹出动画操控菜单，如图 6 - 140 所示。

小贴士

动画刷 ✶ ——复制元素的动画效果，使其能够快速地在特定元素上使用，用法同格式刷。

---

2. 添加页面切换动画

在演示文稿中，除了可以为幻灯片中的各种对象设置动画外，也可以将幻灯片与幻灯片之间的切换设置成动态的，这就是页面切换动画。

页面切换动画是为了缓解页面之间转换时的单调感而设立的。其动画特点是大画面、有气势，适合做简洁画面和简洁动画的演示文稿，也适合做一些情景演示文稿的切割，它是自定义动画的补充。单击"切换"选项卡→"切换到此幻灯片"右侧的下

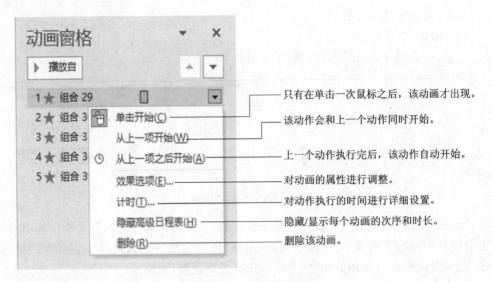

图 6-140　动画操控菜单

拉按钮,会弹出如图 6-141 所示的切换动画。

① 细微型:平面、简洁、柔和、自然、偏商务,推荐使用。

② 华丽型:立体、醒目、夸张,偏激情和有创意,会导致页面切换过于明显,造成强烈的隔离感,不推荐使用。

③ 动态内容:背景不动,内容变化,用夸张的效果凸显内容,效果特别,推荐尝试。

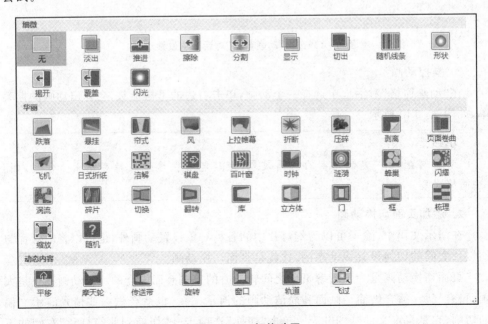

图 6-141　切换动画

单击"切换"选项卡→"计时"组→"换片方式",可选择页面切换的方式是鼠标单击还是间隔一定时间自动换片,如图 6－142 所示。

图 6－142　设置动画"换片方式"

单击鼠标时:手动切换,只有单击鼠标、滑动滚轴时(或按下箭头键、PgUp 键、PgDn 键),幻灯片才会切换。

设置自动换片时间:画面在本页幻灯片停留的时间,单位为 s。如果设置为 5 s,则本页幻灯片从打开到切换到下一页只停留 5 s。如果本页幻灯片中的自定义动画的播放时间短于 5 s,则等待到 5 s 后切换;如果本页幻灯片中的自定义动画的播放时间超过 5 s,则这个限制失效,等本页自定义动画全部播放完毕后立即切换到下一页。选择自动播放后,单击"全部应用"按钮,整个演示文稿会自动播放,可以制作电子相册、动画片甚至电影的效果。

全选:默认自动切换,如果单击鼠标则会强制切换。

全不选:演示文稿停止切换,只有按下键盘中的上下箭头键或 PgUp 键、PgDn 键时才会切换画面。

对于一些自动播放的情景动画演示文稿,仅依靠自定义动画有时候还是感觉有些单调,而页面切换动画则能很好地解决这一问题。

3．超链接

为图片、形状或者文本对象添加超链接,可以在两个对象之间进行跳转,增强演示效果的逻辑性和操作的流畅感。

将超链接添加到文本对象上,当用户单击该文本的时候就可跳转到链接的地方,由当前对象过渡到另一个对象。单击"插入"选项卡→"链接"组→"超链接"按钮,弹出"插入超链接"对话框,如图 6－143 所示,单击左侧的"本文档中的位置",在中间选择要链接到的幻灯片,右边有该页幻灯片的预览效果,这样就可以为某个对象添加链接。

添加超链接后,只有在幻灯片播放的时候才能看出链接效果。当幻灯片播放时,将鼠标放到已插入超链接的对象上时会出现小手形状的鼠标样式,单点鼠标即可跳转至相应的链接页面。

【知识点 5】放映输出

1．放映技术

在放映演示文稿时,如果是人工放映,一般都是单击一次才进入下一对象的放映;如果不采用单击的方式,则可以将演示文稿设置为自动放映。

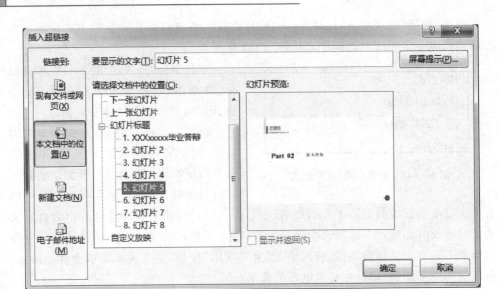

图 6 - 143　"插入超链接"对话框

（1）自动放映

1）设置自动切片

通过设置幻灯片自动切片的方式，可以实现幻灯片自动播放。选中第一张幻灯片，单击"切换"选项卡，在"计时"组选中"设置自动换片时间"复选按钮，单击右侧数值框的微调按钮设置换片时间（单位是 s），如图 6 - 144 所示。

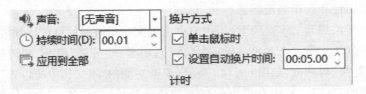

图 6 - 144　设置自动换片时间

如果单击"应用到全部"按钮，则可快速为整个演示文稿设置相同的换片时间；如果想要实现不同的幻灯片以不同的播放时间进行放映，就需要为每一页幻灯片单独设置换片时间。

2）使用排练计时实现自动放映

根据幻灯片内容长度的不同，如果无法精确控制幻灯片播放时间，就可以通过排练计时自由设置播放时间。排练计时就是在幻灯片放映前预放映一次，而在预放映的过程中，程序记录下每张幻灯片的播放时间，在设置无人放映时就可以让幻灯片自动以这个排练时间来自动放映。

选中第一张幻灯片，单击"幻灯片放映"→"设置"组→"排练计时"按钮，此时会切换到幻灯片放映状态，同时，在屏幕左上角出现一个"录制"对话框并显示时间，如

图 6-145 所示。

依次单击"下一项"按钮,直到幻灯片排练结束,按 Esc 键退出播放,系统将自动弹出提示框,询问是否保留此次幻灯片的排练时间,如图 6-146 所示。

图 6-145　"录制"对话框

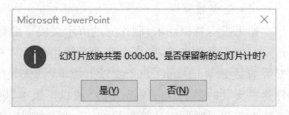

图 6-146　排练计时结束提示框

单击"是"按钮,演示文稿切换到幻灯片浏览视图,每张幻灯片右下角会显示时间,表示每页幻灯片的用时。可通过"文件"选项卡→"导出"组→"创建视频"选项,选择"使用录制的计时和旁白",制作微课视频。

小贴士

设置自动切片与使用排练计时方式实现自动放映的区别:排练计时是以一个对象为单位(一个动画、一个音频等);自动切片是以一张幻灯片为单位。

(2)手动放映

1)手动放映的启动

启动幻灯片放映的方法有 3 种:第 1 种方法是从头开始放映幻灯片;第 2 种方法是从当前幻灯片开始播放;第 3 种方法是自定义幻灯片放映,如图 4-147 所示。

图 6-147　启动幻灯片放映的方法

从头开始放映幻灯片,即从第 1 张幻灯片开始依次进行放映。如果用户需要从当前选择的幻灯片处开始放映,可以按 Shift+F5 组合键;也可以在 PowerPoint 中选择幻灯片,切换至"幻灯片放映"功能区,单击"开始放映幻灯片"组→"从当前幻灯片开始"按钮,执行操作后即可从当前幻灯片处开始放映。自定义幻灯片放映是按设定的顺序播放,而不会按顺序依次放映每一张幻灯片。

2)手动放映中的操作

① 放映时任意切换到其他幻灯片。在放映幻灯片时,默认是按顺序播放每张幻灯片的。若要在放映时任意切换到其他幻灯片,则可通过右击,在快捷菜单中选择"查看所有幻灯片"命令,切换至浏览视图状态,选择要切换的幻灯片即可。

② 放映时放大局部内容。在放映幻灯片时,可能会有部分文字或图片较小的情况,此时可通过右击,在快捷菜单中选择"放大"命令,将鼠标指针移至要放大的位置即可。

2.演示文稿的输出

(1)检查兼容性

如果没有特殊要求,制作完的演示文稿一般会保存为 pptx 或 ppt 格式。最终在演示时使用哪种格式,则要由演示时使用的计算机决定。如果演示时使用的计算机安装的是 PowerPoint 2007 或以上版本,则优先使用 pptx 格式;如果演示时使用的计算机安装的是 PowerPoint 2007 或以下版本,则必须将文件保存为 ppt 格式;如果不能确定演示时所用计算机的 Office 版本,则应该将文件保存为 ppt 格式。

(2)嵌入字体

如果使用了自己安装的字体,那么保存文件时必须检查字体是否已经嵌入文件中。如果在一台没有安装这些字体的计算机上播放,这些字体会被自动替换为宋体;如果想要字体不发生变化,那么必须在保存文件时嵌入字体。单击"文件"选项卡→"选项",打开"PowerPoint 选项"对话框,在该对话框中单击"保存"项,选中"将字体嵌入文件"即可嵌入字体,如图 6-148 所示。

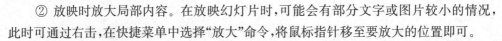

图 6-148 嵌入字体操作过程

注意:嵌入字体后,在每次保存或自动保存演示文稿时都会消耗大量的中央处理器资源和时间,导致计算机变得很"卡",因此,建议在文件最终完成后,再将字体嵌入文件中。

3. 导出格式

PowerPoint 2010 及以上版本可以将演示文稿导出为 PDF、WMV、MP4、PNG 或 JPEG 等格式的文件。以导出 PDF 格式的文件为例:单击"文件"选项卡→"导出"组→"创建 PDF/XPS 文档"选项,在弹出的对话框中单击"选项"按钮,则可在"选项"对话框中设定导出幻灯片数量等信息,即可将演示文稿导出为 PDF 文件,如图 6-149 所示。也可以通过单击"文件"选项卡→"另存为"选项,在弹出的对话框中修改保存类型为 PDF 文件来完成。导出其他类型的文件,方法类似。

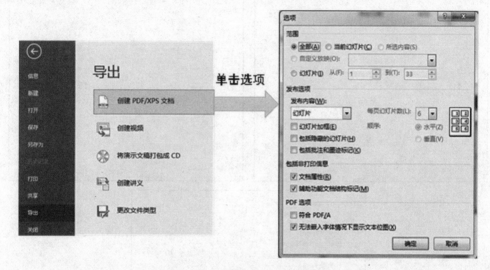

图 6-149　幻灯片导出操作过程

利用 PowerPoint 的发布功能,可以设计一张海报、一段视频、一篇不允许修改的文档等。

思考练习

操作题

1. 绘制表 6-10。

表 6-10　销售表

地　区	一月	二月	三月	总　计
东部	7	7	5	19
西部	6	4	7	17
南部	8	7	9	24
总　计	21	18	21	60

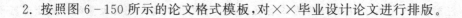

2. 按照图 6－150 所示的论文格式模板，对××毕业设计论文进行排版。

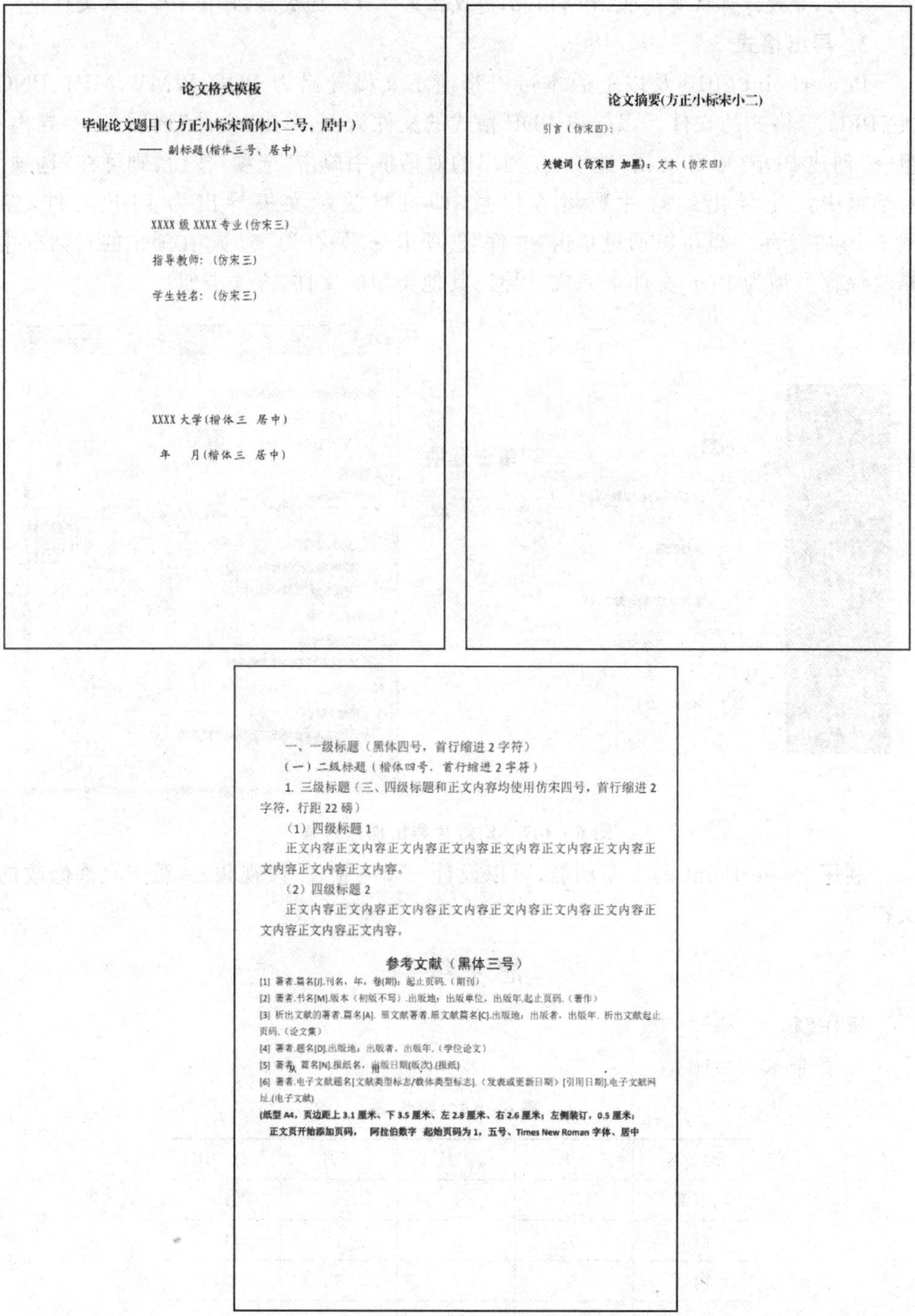

论文格式模板

毕业论文题目（方正小标宋简体小二号，居中）
—— 副标题(楷体三号，居中)

XXXX 级 XXXX 专业(仿宋三)

指导教师：(仿宋三)

学生姓名：(仿宋三)

XXXX 大学(楷体三 居中)

年 月(楷体三 居中)

论文摘要(方正小标宋小二)

引言(仿宋四)：

关键词(仿宋四 加黑)：文本(仿宋四)

一、一级标题（黑体四号，首行缩进 2 字符）

（一）二级标题（楷体四号，首行缩进 2 字符）

1. 三级标题（三、四级标题和正文内容均使用仿宋四号，首行缩进 2 字符，行距 22 磅）

（1）四级标题 1

正文内容正文内容正文内容正文内容正文内容正文内容正文内容正文内容正文内容正文内容。

（2）四级标题 2

正文内容正文内容正文内容正文内容正文内容正文内容正文内容正文内容正文内容正文内容。

参考文献（黑体三号）

[1] 著者.篇名[J].刊名,年,卷(期):起止页码.（期刊）

[2] 著者.书名[M].版本（初版不写）.出版地:出版单位,出版年.起止页码.（著作）

[3] 析出文献的著者.篇名[A].原文献著者.原文献篇名[C].出版地:出版者,出版年.析出文献起止页码.（论文集）

[4] 著者.题名[D].出版地:出版者,出版年.（学位论文）

[5] 著者.篇名[N].报纸名.出版日期(版次).（报纸）

[6] 著者.电子文献题名[文献类型标志/载体类型标志].（发表或更新日期）[引用日期].电子文献网址.(电子文献)

(纸型 A4，页边距上 3.1 厘米、下 3.5 厘米、左 2.8 厘米、右 2.6 厘米；左侧装订, 0.5 厘米；

正文页开始添加页码，阿拉伯数字 起始页码为 1, 五号、Times New Roman 字体、居中

图 6－150　论文格式模板

3. 已知某班学员的基本信息及各科的成绩如图6-151所示,要求:

姓　名	性　别	学　号	语　文	英　语	政　治	计算机应用基础
辛　凯	男	200952101	80	75	71	91
苗　青	女	200952102	58	54	81	62
苗春风	女	200952103	54	84	90	65
魏秀诗	男	200952104	68	81	60	80
刘　强	男	200952105	92	82	51	66
高　荣	女	200952106	84	50	53	82
唐晓名	女	200952107	68	61	74	68
王明书	男	200952108	79	37	57	64
公方兰	女	200952109	81	90	78	79

图 6-151　某班学员的基本信息及各科的成绩

(1) 按格式制作成绩表;

(2) 计算总分、平均分、名次、最高分、最低分;

(3) 统计各科及格、不及格人数;

(4) 将考试成绩不及格的分数标注为红色;

(5) 设置列宽为13;

(6) 设置标题字段的单元格对齐方式为垂直居中、水平居中,字体为宋体、14号、加粗;

(7) 按名次升序排序;

(8) 筛选语文成绩大于等于80分且小于90分的学员(自动筛选);

(9) 筛选语文成绩大于等于80分且英语成绩大于等于80分的学员(高级筛选);

(10) 对该班级男生、女生的成绩进行分类(分类汇总);

(11) 将"姓名""语文""政治"3列数据生成簇状柱形图,系列产生在列,嵌入A30:E45区域。

4. 制作个人简历演示文稿,要求:

(1) 设计成阅读型演示文稿,由用户自行观看;

(2) 通过思维导图,构建内容框架;

(3) 按照封面页、目录页、过渡页、内容页、封底页这5部分内容设计;

(4) 页数不少于10页。

参考文献

[1] 逸之.欢迎来到神奇的计算世界[EB/OL].(2020-10-17)[2021-04-08].https://www.zhihu.com/column/c_1176550362282127360.

[2] 国家互联网信息办公室.人工智能发展简史[EB/OL].(2017-01-23)[2022-03-10].http://www.cac.gov.cn/2017-01/23/c_1120366748.htm.

[3] 梅宏,金海.云计算:信息社会的基础设施和服务引擎[M].北京:中国科学技术出版社,2020.

[4] 唐国纯.云计算原理与实践[M].北京:北京科学技术出版社,2020.

[5] 王良明.云计算通俗讲义[M].3版.北京:电子工业出版社,2019.

[6] 孟小峰,慈祥.大数据管理:概念、技术与挑战[J].计算机研究与发展,2013,50(1):146-169.

[7] 邝志雯.大数据在金融领域中的应用[J].中国市场,2021(9):197-198.

[8] 韩浩.大数据技术在商业银行中的运用探讨[D].苏州:苏州大学,2014.

[9] 孟杰.基于大数据技术应用的商业模式设计路径研究[D].南京:东南大学,2015.

[10] 马可.大数据技术在电商供应链成本控制中的应用模式研究[D].北京:首都经济贸易大学,2017.

[11] 黄蕾,陶锐.基于云计算的电力大数据分析技术与应用[J].数字技术与应用,2017(2):117.

[12] 万向区块链.区块链技术应用领域[EB/OL].(2021-03-12)[2022-02-28].https://www.zhihu.com/question/446970210.

[13] 吴军.信息论40讲[EB/OL].(2020-07-20)[2021-03-08].https://www.dedao.cn/course/detail?id=m0GbPnO9NwlJ9p1svZV7p6kr5LQxRd.

[14] 黄红桃,龚永义,许宪成,等.现代操作系统教程[M].北京:清华大学出版社,2016.

[15] 褚华.软件设计师教程[M].4版.北京:清华大学出版社,2014.

[16] 刘邦桂.服务器配置与管理:Windows Server 2012[M].北京:清华大学出版社,2017.

[17] 赵文庆.UNIX和计算机软件技术基础[M].上海:复旦大学出版社,2011.

[18] 张博,陈瑜.关于NTFS文件系统的几个问题[J].硅谷,2009(18):62-63.

[19] 唐世光.操作系统的设备管理[EB/OL].(2017-04-21)[2020-04-10].https://www.cnblogs.com/tangshiguang/p/6746245.html.

[20] 谢希仁.计算机网络[M].8版.北京:电子工业出版社,2021.

[21] 谢希仁.计算机网络简明教程[M].3版.北京:电子工业出版社,2017.

[22] 梁树军,周开来.计算机网络组建与管理标准教程(实战微课版)[M].北京:清华大学出版社,2021.

[23] 卢加元.计算机组网技术与配置[M].2版.北京:清华大学出版社,2013.

[24] 钱燕.实用计算机网络技术:基础、组网和维护实验指导[M].北京:清华大学出版社,2011.

[25] 施威铭研究室.正确学会 Photoshop 的 16 堂课[M].北京:机械工业出版社,2010.

[26] 金昊.Photoshop 中文版入门到精通[M].北京:机械工业出版社,2012.

[27] 佚名.GoldWave 音频编辑教程[EB/OL].(2021-08-06)[2022-07-25]. http://wk. baidu. com/view/e1162c77e73a580216fc700abb68a98270feac53.

[28] 赵子江.多媒体技术应用教程[M].北京:机械工业出版社,2009.

[29] 谭浩强.C 程序设计[M].5版.北京:清华大学出版社,2017.

[30] 阳小华.计算思维漫谈——感悟数字化生存的智慧[EB/OL].(2016-05-26)[2017-12-08]. http://www. icourses. cn/viewVCourse. action? courseCode=11936V001.

[31] 严蔚敏,吴伟民.数据结构(C 语言版)[M].北京:清华大学出版社,2012.

[32] 陈跃新,李暾,贾丽丽,等.大学计算机基础[M].北京:科学出版社,2012.

[33] 谭立新,于思博.办公软件从入门到精通 Word 卷[M].汕头:汕头大学出版社,2020.

[34] 秋叶.和秋叶一起学 Word[M].2版.北京:人民邮电出版社,2017.

[35] 徐宁生.Word/Excel/PPT 2016 应用大全[M].北京:清华大学出版社,2018.

[36] 刘玉红,王攀登.Excel 2016 高效办公[M].北京:清华大学出版社,2017.

[37] 谢华.Excel 图表与表格实战技巧精粹[M].北京:清华大学出版社,2019.

[38] 秋叶.和秋叶一起学 PPT[M].3版.北京:人民邮电出版社,2017.

[39] 杨臻.PPT,要你好看[M].2版.北京:电子工业出版社,2015.

[40] 邵云蛟.PPT 设计思维[M].北京:电子工业出版社,2016.

[41] 微软 office 论坛[EB/OL]. https://answers. microsoft. com/zh-hans/msoffice/forum? sort＝LastReplyDate&dir＝Desc&tab＝All&status＝all&mod＝&modAge＝&advFil＝&postedAfter＝&postedBefore＝&threadType＝All&isFilterExpanded＝false&page＝1.